建设部、人事部、国家文物局联合资助项目

王瑞珠 编著

世界建筑史

俄罗斯古代卷

·下册·

中国建筑工业出版社

第七章
18世纪莫斯科及行省的新古典主义建筑

第一节 新古典主义的庄园府邸及教堂

一、历史背景

当彼得堡的建筑师在公共建筑和私人宅邸领域发展出一种新的古典主义风格之时，莫斯科及其周围行省地区对采用这种风格并没有表现出多大的兴趣，特别是在政府层面及上层人士当中。甚至可以说，在18世纪后半叶，莫斯科的主流文化及其建筑多少有一点和彼得堡上流社会对峙的倾向。但另一方面，也应该看到，这时期莫斯科的这类建筑尽管规模较小也算不上奢华，但仍然展现出对新古典主义构造和装饰原则的把控能力。

实际上，在莫斯科及行省地区，新古典主义主要用于富足的地主和商人的建筑，包括他们在莫斯科和自己领地内建造的宅邸或某些公益机构（贵族会所、

（上）图7-1 莫斯科 库斯科沃庄园。西南侧俯视全景

（下）图7-2 莫斯科 库斯科沃庄园。西南侧全景

慈善设施、教堂,在叶卡捷琳娜时期,这也是某种地位和身份的象征)。彼得和安娜·伊凡诺芙娜统治时期社会和军事的激变自然不利于创造投资不动产的稳定环境;虽说国家根据贵族的地位及贡献赐予土地和农奴,与某些商人、实业家签订有利可图的合同,但除了少数独裁统治者的宠臣能够获得俄罗斯中心地带的领地并建造退隐宫邸外,甚至是富豪巨贾在投资建造大型庄园府邸时也要受到种种限制。

这一切都因1762年彼得三世即位后颁布的一系列法令迅速改变,1762年2月发布的《贵族自由法令》(Edict on the Freedom of the Nobility)不仅重申和认可贵族已有的大量特权,还免除了他们服役的规定(彼得大帝时期俄罗斯贵族要终身服役,安娜女皇时代须服役25年),而且可随时出国,随意处置其名下的封地。主攻俄国史的美籍波兰裔历史学家理查德·派普斯(1923~)在评论这一法令在俄国社会和文化史上的重要意义时指出,它在这个君主政体的国家里,创造出一个前所未有的人数众多、享有特权和西

左页：

（上）图7-3莫斯科 库斯科沃庄园。西南区，自东南方向望去的景色

（右下）图7-4彼得·鲍里索维奇·舍列梅捷夫（1713~1788年）画像 [1760年，作者 Иван Петрович Аргунов（1729~1802年）]

（左下）图7-5莫斯科 库斯科沃庄园。曼德利翁救世主圣像教堂（仁慈救世主教堂，1737~1738年），南侧远景（左面为钟楼）

本页：

（上）图7-6莫斯科 库斯科沃庄园。曼德利翁救世主圣像教堂及钟楼，南侧全景

（下）图7-7莫斯科 库斯科沃庄园。曼德利翁救世主圣像教堂及钟楼，西侧景色

本页：
（上）图7-8莫斯科 库斯科沃庄园。曼德利翁救世主圣像教堂及钟楼，东北侧景观
（左下）图7-9莫斯科 库斯科沃庄园。曼德利翁救世主圣像教堂，南门廊圣像画
（右下）图7-10莫斯科 库斯科沃庄园。曼德利翁救世主圣像教堂，山墙及穹顶，近景

右页：
（左上）图7-11莫斯科 库斯科沃庄园。曼德利翁救世主圣像教堂，顶饰细部
（下）图7-12莫斯科 库斯科沃庄园。荷兰府邸（1749年），西南侧全景
（右上）图7-13莫斯科 库斯科沃庄园。荷兰府邸，东南侧景色

方化的有闲阶层。与此同时，国家也开始从欧洲的长期纷争中摆脱出来（特别是七年战争，虽在短期内巩固了俄国在东欧的势力，提高了国家的地位，但也付出了惨重的代价；彼得三世在战争后期的倒戈行为解

1522·世界建筑史 俄罗斯古代卷

第七章 18世纪莫斯科及行省的新古典主义建筑·1523

救了普鲁士,却引来奥地利和法国的一片骂声)。

1785年,叶卡捷琳娜大帝颁布了《御赐贵族特权诏书》(Charter of the Nobility,全称为Charter of the Rights, Freedoms, and Privileges of the Noble Russian Dvorianstvo)和《御赐城市特权诏书》(Charter of the Towns,亦称Charter of the Cities,全称Charter on the Rights and Benefits for the Towns of the Russian Empire),使贵族完全成为社会上的特权阶级,拥有大批土地和农奴,当然,这也在一定程度上提高了市民的经济和政治地位,导致新的投资高潮(特别集中在中部省份大片的乡间领地内)。事实上,还在18世纪60年代,这一进程已经开始,但只有少数顶级富豪或最受宠的贵族才能够找到像夸伦吉或斯塔罗夫这样的著名建筑师为他们服务,另一些富足的俄罗斯人只能依赖农奴出身的建筑师或工匠按直接或间接取自彼得

左页：

（左上）图7-14莫斯科 库斯科沃庄园。荷兰府邸，立面细部

（左下）图7-15莫斯科 库斯科沃庄园。荷兰府邸，内景

（右）图7-16莫斯科 库斯科沃庄园。意大利宅邸（1754~1755年），南侧远景

本页

（上）图7-17莫斯科 库斯科沃庄园。意大利宅邸，西侧远景

（下）图7-18莫斯科 库斯科沃庄园。意大利宅邸，西南侧全景

堡或西方的设计图纸施工（当然，新古典主义还有更丰富的内涵，并不仅仅是时髦地模仿帝王的宫殿）。

二、主要庄园府邸

[库斯科沃庄园]

在莫斯科，按西方样式设计的领地宅邸始于彼得时期，然而很难精确地追溯这种形式的演进过程，因为少数留存下来的实例均经过频繁的改造。不过，到18世纪60年代，新古典主义的构图手法已被卡尔·布兰克这样一些建筑师引进到莫斯科及其周围地区，布兰克的后期巴洛克教堂及其他建筑（如沃罗诺沃的救世主教堂，见第五章第二节）在采用表面装饰上要比同时期的彼得堡作品更为节制。此后不久，布兰克又

第七章 18世纪莫斯科及行省的新古典主义建筑·1525

本页：
（上）图7-19莫斯科 库斯科沃庄园。意大利宅邸，东南侧景色
（下）图7-20莫斯科 库斯科沃庄园。洞窟阁（1755~1761年），地段形势，自东面池塘处望去的景观

右页：
（左上）图7-21莫斯科 库斯科沃庄园。洞窟阁，西侧远景（前为法国式园林）
（下）图7-22莫斯科 库斯科沃庄园。洞窟阁，东侧全景
（右上）图7-23莫斯科 库斯科沃庄园。洞窟阁，东南侧，自栏墙外望去的景色

参与了库斯科沃庄园的创作，它不仅属于莫斯科地区第一批重要的新古典主义领地建筑组群，而且保存得极好（图7-1~7-3）。

位于莫斯科北面的库斯科沃村本是和彼得关系密切的波尔塔瓦战役的总指挥鲍里斯·舍列梅捷夫于1715年获得的领地，他在那里建了一栋木结构的夏季宅邸。鲍里斯·舍列梅捷夫的儿子彼得·鲍里索维奇·舍列梅捷夫（1713~1788年；图7-4）不仅同为俄罗斯贵

族和廷臣，而且还是当时俄罗斯仅次于沙皇的富豪，特别是1743年他和另一位重要廷臣的女儿、带来了大量嫁妆的瓦尔瓦拉·阿列克谢耶芙娜·切尔卡斯卡娅结婚后，库斯科沃领地很快繁荣起来。这次联姻不仅促成了俄罗斯最富有的一个家族的诞生，更值得注意的是女方的丰厚嫁妆中还包括几位天才的农奴建筑师和画家，在落实舍列梅捷夫宏伟的领地规划中他们均起到了重要的作用。这片土地和韦什尼亚基的切尔卡斯

(上)图7-24莫斯科 库斯科沃庄园。洞窟阁,东南侧全景

(下)图7-25莫斯科 库斯科沃庄园。洞窟阁,西南侧现状

（上）图7-26 莫斯科 库斯科沃庄园。洞窟阁，入口近景

（下）图7-27 莫斯科 库斯科沃庄园。洞窟阁，内景

基领地相邻，附近拉斯特列里为女皇伊丽莎白建造的宫殿（位于莫斯科西北属同一地区的佩罗沃）显然对其建设起到了激励的作用。

现存库斯科沃的最早建筑是建于1737~1738年的曼德利翁救世主圣像教堂（外景：图7-5~7-8；近景及细部：图7-9~7-11），建筑采用了当时流行的简化巴洛克风格（檐口雕饰已失）。彼得·舍列梅捷夫婚后设计的第一座建筑则是砖砌的荷兰府邸（建于1749

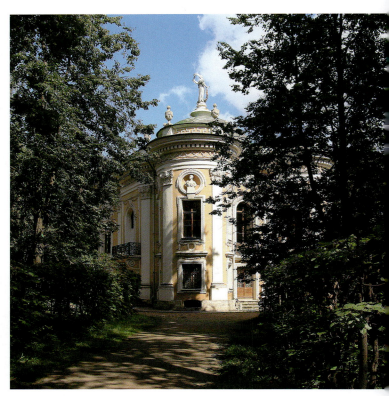

（左上）图7-28莫斯科 库斯科沃庄园。埃尔米塔日（1765~1767年），西侧远景

（右上）图7-29莫斯科 库斯科沃庄园。埃尔米塔日，西南角楼远观

（下）图7-30莫斯科 库斯科沃庄园。埃尔米塔日，东立面全景

年，系纪念喜爱荷兰器物的彼得大帝，内部收藏了荷兰城市代尔夫特的陶器，一些房间墙面上还覆以荷兰的彩色面砖）。楼阁外部形体简洁，比例优美，基本仿17世纪荷兰城市建筑的形式（外景：图7-12~7-14；内景：图7-15）。18世纪60年代，卡尔·布兰克在沃罗诺沃也用了这类构图，且规模更大。

（上）图7-31莫斯科 库斯科沃庄园。埃尔米塔日，东北角楼近景

（下）图7-32莫斯科 库斯科沃庄园。庄园府邸（夏季宫邸，1769~1775年），平面（取自Tikhomirov：《Arkhitektura Moskovskikh Usadeb》）

（中）图7-33莫斯科 库斯科沃庄园。庄园府邸，西南侧远景（自人工池面上望去的景色）

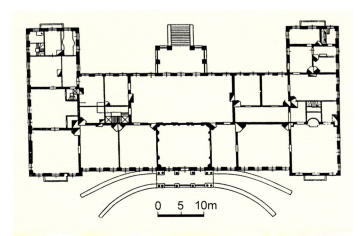

在这个初始阶段，库斯科沃建筑设计是在尤里·克洛格里沃夫的监管下，他设计的所谓意大利宅邸采用了文艺复兴后期别墅的风格（1754~1755年；图7-16~7-19），反映了他在意大利学习期间的经历。后彼得时期的俄罗斯匠师在很大程度上舍弃了自己17世纪的建筑风格，竭力再造同时期欧洲的各种样式。在克洛格里沃夫1754年去世后，工程由农奴出身

（上）图7-34莫斯科 库斯科沃庄园。庄园府邸，西侧外景

（下）图7-35莫斯科 库斯科沃庄园。庄园府邸，西南侧全景

的费奥多尔·阿尔古诺夫（1733~1780年）接手，他于1755~1761年按一个类似皇村洞室（见图5-458等）的设计建造了洞窟阁（外景及细部：图7-20~7-26；内景：图7-27）。尽管屋顶上的雕刻现已无存，但粗面石双柱间的龛室内还可看到宙斯、维纳斯、弗洛拉、刻瑞斯和狄安娜的雕像。室内复杂的装饰图案由地中

（左上）图7-36 莫斯科 库斯科沃庄园。庄园府邸，东南侧景色

（右上）图7-37 莫斯科 库斯科沃庄园。庄园府邸，花园立面，远景

（左中）图7-38 莫斯科 库斯科沃庄园。庄园府邸，花园立面，自西北方向望去的情景

（右中）图7-39 莫斯科 库斯科沃庄园。庄园府邸，主入口，东南侧近景

（下）图7-40 莫斯科 库斯科沃庄园。庄园府邸，门廊，立面全景

海的贝壳坐在灰泥砂浆中组成（见图7-27）。中央空间上置穹顶，光线透过圆眼窗的绿色纱罩进入室内，创造出一种设计者期望的水中氛围。

1765年，卡尔·布兰克出任库斯科沃的建筑师，在这个岗位上一直干到1780年。在这期间，他主持了宫邸的重建工作，设计了埃尔米塔日（1765~1767

（上）图7-41莫斯科 库斯科沃庄园。庄园府邸，主立面山墙细部

（下）图7-42莫斯科 库斯科沃庄园。庄园府邸，主立面，西端近景

年）。后者为一高两层的楼阁，造型类似约20年前拉斯特列里和切瓦金斯基设计的皇村作品，同时也使人想起里纳尔迪建造的奥拉宁鲍姆楼阁那种过渡风格（图7-28～7-31）。和里纳尔迪一样，布兰克的巴洛克设计由圆柱形和凸出的多角形体组成，立面由科林斯壁柱分划，粗壮的檐口下饰有垂花饰。半球形的穹顶上立着女神弗洛拉雕像的复制品（最初为1770年代皮埃尔·洛朗制作）。由于亭阁位于八条花园道路的汇交点上，每条路均以它为对景，其丰富的质地和外廓得到了进一步的强化。

18世纪后期库斯科沃的主要工程是为舍列梅捷夫建造宏伟的庄园府邸（夏季宫邸；平面：图7-32；外景：图7-33～7-38；近景及细部：图7-39～7-42）。最初结构的重建始于18世纪50年代，1755年，在建筑前面挖了一个大的池塘。但建筑的主体设计直到18世纪60年代后期才在布兰克的主持下成形。主立面的最后

（右上）图7-43莫斯科 库斯科沃庄园。庄园府邸，"挂毯厅"，内景

（左上及左中）图7-44莫斯科 库斯科沃庄园。庄园府邸，台球室，内景及天棚仰视

（右下）图7-45莫斯科 库斯科沃庄园。庄园府邸，餐厅，内景（老照片）

（左下）图7-46莫斯科 库斯科沃庄园。庄园府邸，餐厅，现状

第七章 18世纪莫斯科及行省的新古典主义建筑·1535

（左上及左中）图7-47 莫斯科 库斯科沃庄园。庄园府邸，舞厅（镜厅、白厅），内景

（右上）图7-48 莫斯科 库斯科沃庄园。庄园府邸，舞厅，装饰细部

（下）图7-49 莫斯科 库斯科沃庄园。温室花房（1761~1763年），南立面，全景

（上）图7-50莫斯科 库斯科沃庄园。温室花房，东南侧景色

（下）图7-51莫斯科 库斯科沃庄园。温室花房，南立面，中央楼阁近景

方案及大部分室内装修均沿袭夏尔·德瓦伊的设计。结构立在石灰石和砖砌造的基础上，但墙体为木构；因此近距离观察时，木板面层的质地清晰可见；但立面的分划好似砖石结构，窗下设栏杆，上面有简单刻制的嵌板。两边向外凸出，爱奥尼柱上配曲线山墙和木头雕制的古典花饰，主要门廊前布置曲线坡道，山墙上带有精心雕制的舍列梅捷夫家族徽章。

室内分成两个平行系列，一组俯视着池塘，布置正式的礼仪房间；另一组面向规整的花园，布置更具有私密性质的起居房间。由于库斯科沃并不是作为主要宫邸，大部分室内装修或来自舍列梅捷夫在彼得堡的已有宫殿，或采用标准设计，如镶花地板。成型采用纸模或灰泥模具，较大的建筑细部以人造大理石制作。尽管在材料选用等做法上类似舞台布景，但整个

左页：

（上）图7-52莫斯科 库斯科沃庄园。温室花房，东北侧，背立面景色

（下）图7-53莫斯科 库斯科沃庄园。花园，自东南侧向北望去的景色，远景为温室花房

本页：

（上）图7-54莫斯科 库斯科沃庄园。花园，自中轴线北望全景

（下）图7-55莫斯科 库斯科沃庄园。瑞士楼，现状

设计仍可视为法国新古典主义装饰在莫斯科的最完美实例。

前厅内有白色的瓶饰，墙面上以素色浮雕表现古典神话场景，壁柱由人造大理石制作，柱头为纸模和灰泥成型。由前厅可通向两侧客厅等系列房间（包括音乐厅，内有18世纪英国奇彭代尔式座椅[1]、弗兰德地区的挂毯，以及费多特·舒宾制作的彼得和瓦尔瓦拉·舍列梅捷夫的胸像），最后到达位于西南角上色

第七章 18世纪莫斯科及行省的新古典主义建筑·1539

(上)图7-56莫斯科 库斯科沃庄园。厨房,东南侧景色

(左下)图7-57莫斯科 库斯科沃庄园。管理室,现状

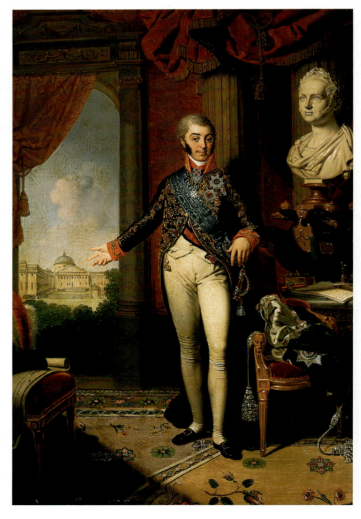

(右下)图7-58尼古拉·彼得罗维奇(1751~1809年)画像

彩绚丽的紫色客厅。每个房间的色彩主题(主要指织物,如丝绸、锦缎和凸花厚缎)不仅和相邻房间的关系协调,同时还考虑到外部环境和透过大窗进来的自然光线的特点(如所谓"挂毯厅"的表现;图7-43)。从紫色客厅拐直角可达主卧室[为丰坦卡的舍列梅捷夫宫同样房间(见第五章第二节)的复制品]。与主卧室相邻布置家庭使用的套房和一系列朝向花园的房间。像陶瓷炉这样一些俄罗斯特有的室内设施,

1540·世界建筑史 俄罗斯古代卷

(上)图7-59莫斯科 奥斯坦基诺。宫殿（1792~1800年），平面（首层及二层，据I.Golosov）

(中)图7-60莫斯科 奥斯坦基诺。宫殿，北立面（花园面）

(下)图7-61莫斯科 奥斯坦基诺。宫殿，南立面全景

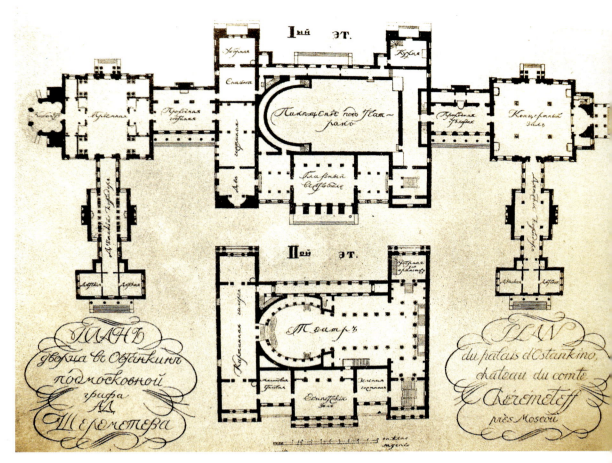

装饰上大都综合了新古典主义和俄罗斯建筑的传统母题。

前厅另一侧的系列房间包括绿色的台球室（图7-44）和餐厅（图7-45、7-46），大厅里挂有农奴出身的画家伊万·阿尔古诺夫绘制的鲍里斯和安娜·舍列梅捷夫以及阿列克谢和玛丽亚·切尔卡斯基的肖像（分别为彼得和瓦尔瓦拉·舍列梅捷夫的父母）。表现天后朱诺的天顶画出自路易·让-弗朗索瓦·拉格勒内之手，尚保存完好；室内最引人注目的装饰是内置亚历山大大帝大理石胸像的大型格构龛室（见图7-45）。这种肖像体系在随后新古典主义时期的俄罗斯宅邸建筑中变得非常流行。

第七章 18世纪莫斯科及行省的新古典主义建筑·1541

（上）图7-62莫斯科 奥斯坦基诺。宫殿，西南侧景观

（下）图7-63莫斯科 奥斯坦基诺。宫殿，东南侧全景

　　古典主义风格表现最突出的当属面向花园的系列房间中部的舞厅，因内墙与朝花园的外墙法国式窗户对应设镜窗也名镜厅（图7-47、7-48）。在库斯科沃，主要房间中大量采用这类镜子作为扩大空间感、增强自然光线和镀金烛台效果的手段。事实上，拉斯特列里及其前任在设计彼得堡帝王宫殿时也经常采用

（上下两幅）图7-64莫斯科奥斯坦基诺。宫殿，东南侧近景

第七章 18世纪莫斯科及行省的新古典主义建筑·1543

这种手法），只是由于库斯科沃舞厅要比拉斯特列里的皇村大厅（见图5-430）小，表现出来的纪念品性不是那么明显（该舞厅同样用于举办正式的宴会）。

舞厅的装饰表现出地方的文化情趣，特别是拉格勒内绘制的神化彼得·舍列梅捷夫的天顶画（主人四周围绕着各种各样的缪斯，画经19世纪80年代翻新）。天棚周围画着他的各种奖章，包括圣安德烈和圣安娜十字勋章。古典情调表现得最为明显的是约翰·朱斯特为舞厅端头设计的系列镀金浮雕嵌板，上面表现公元前6世纪罗马神话人物加伊乌斯·穆奇乌

本页及左页：

（左上）图7-65莫斯科奥斯坦基诺。宫殿，北立面，柱廊近景

（左中）图7-66莫斯科奥斯坦基诺。宫殿，舞厅剧场，内景（为最完美地保存下来的18世纪剧场之一，某些最初的器械仍在使用）

（左下）图7-67莫斯科奥斯坦基诺。宫殿，大厅，内景

（中上）图7-68莫斯科奥斯坦基诺。宫殿，通向意大利阁的廊厅

（右上）图7-69莫斯科奥斯坦基诺。宫殿，西厢房（位于一层），内景

（右下）图7-70阿尔汉格尔斯克 庄园宫邸（1780~1831年）。平面（取自Tikhomirov:《Arkhitektura Moskovskikh Usadeb》）

斯·斯卡埃沃拉的事迹[2]。这位罗马英雄在俄罗斯享有很高的声誉，特别在拿破仑入侵期间，作为具有爱国热情和献身精神的象征已深入民心。这些嵌板浮雕进一步表明，彼得·舍列梅捷夫这一代的俄罗斯贵族精英已接受并认可了西方古代的价值观念。

虽然舞厅已伸展到室内的整个高度，但沿花园布置的其他系列房间（包括起居套房在内），天棚要比正式厅堂为低。上部多出的空间形成夹层供仆人使用，虽然这些房间天棚较低（仅比人稍高一些），但通过沿整个花园立面延伸的第二层小窗具有良好的采

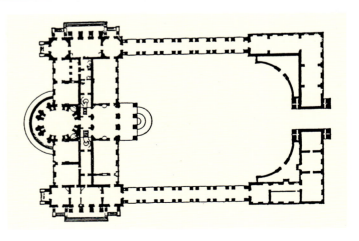

第七章 18世纪莫斯科及行省的新古典主义建筑 · 1545

光。楼层平面内空间的合理安排（见图7-32）和各系列房间之间交通的组织使在建筑内活动的人们可欣赏到各种各样的透视景观。从台阶走向花园草地时，视线直达宏伟的温室花房（建于1761~1763年，主持人

（上）图7-71阿尔汉格尔斯克 庄园宫邸。北面院落，入口门廊近景

（中）图7-72阿尔汉格尔斯克 庄园宫邸。院落，入口门廊内侧

（下）图7-73阿尔汉格尔斯克 庄园宫邸。院落，内景

（上）图7-74 阿尔汉格尔斯克 庄园宫邸。主体建筑，朝院落的北立面

（下）图7-75 阿尔汉格尔斯克 庄园宫邸。北立面，柱廊细部

（中）图7-76 阿尔汉格尔斯克 庄园宫邸。花园面（南立面），远景

费奥多尔·阿尔古诺夫，内有精心培育的可全年生长的园艺花木和从异域引进的热带植物；图7-49-7-52）。

宫邸后的花园布局规整（图7-53、7-54）。园内有两个叶卡捷琳娜大帝的纪念碑，包括一根立有密涅瓦寓意像的柱子。这位女皇曾于1783年，即彼得·舍列梅捷夫荣升莫斯科贵族头目那年造访库斯科沃。这对本来已有好客名声的主人不啻提出了更高的要求，随后库斯科沃宫殿及其花园进一步成为对公众开放的节庆中心，有时要接待几千名参观者。庄园内还建造了别致的瑞士楼（图7-55）、厨房和管理室等配套设施（厨房：图7-56；管理室：图7-57）。然而，到18世纪90年代，舍列梅捷夫的儿子尼古拉·彼得罗维

左页：

（上）图7-77阿尔汉格尔斯克 庄园宫邸。花园面，全景

（下）图7-78阿尔汉格尔斯克 庄园宫邸。花园面，台地近景

本页：

（上两幅）图7-79阿尔汉格尔斯克 庄园宫邸。花园面，台地雕刻（18世纪）

（下）图7-80阿尔汉格尔斯克 庄园宫邸。花园面，近景

（上）图7-81阿尔汉格尔斯克 庄园宫邸。东面景色

（左下）图7-82阿尔汉格尔斯克 庄园宫邸。室内，埃及风格的装修细部

（右下）图7-83阿尔汉格尔斯克 庄园宫邸。椭圆厅，剖面（取自Академия Строительства и Архитестуры СССР：《Всеобщая История Архитестуры》，II，Москва，1963年）

奇（1751~1809年；图7-58）已开始厌倦这样的生活（可能也包括库斯科沃的风格），他的大部分青年时代都在荷兰和法国度过，很熟悉西方艺术的最新发展，而且和大多数第三代权贵一样，更希望投身到艺术活动中去，对戏剧尤感兴趣。

[奥斯坦基诺庄园]

在库斯科沃组建了俄罗斯第一个由农奴组成的戏剧团队之后，尼古拉·彼得罗维奇·舍列梅捷夫于1792年开始在邻近的奥斯坦基诺领地建造宫邸-剧院，奥斯坦基诺即原来的切尔卡斯基村，其教堂由农奴出身的建筑师帕维尔·波捷欣主持建造，为17世纪后期装饰风格的杰出代表（见图4-130~4-139）。此时的舍列梅捷夫拥有21万农奴和大片的土地，完全有能力围

（左上）图7-84 阿尔汉格尔斯克 庄园宫邸。椭圆厅，内景

（右上）图7-85 阿尔汉格尔斯克 小宫。现状

（下）图7-86 阿尔汉格尔斯克 叶卡捷琳娜二世纪念碑亭。外景

第七章 18世纪莫斯科及行省的新古典主义建筑·1551

图7-87阿尔汉格尔斯克亚历山大三世纪念柱。现状

绕着剧院建造整个社区，上置圆堂的中央建筑的规模也要比库斯科沃的宫邸大得多。提交方案的若干建筑师中，包括后面还要讨论的在莫斯科的几个重要项目的设计师贾科莫·夸伦吉。结构的基本平面、立面和相邻花园的作者为弗朗切斯科·坎波雷西（1747~1831年），不过6年后，舍列梅捷夫又请夸伦吉、卡尔·布兰克，甚至温琴佐·布伦纳进行修改和在侧翼部分进行增建。工程的监管由舍列梅捷夫的农奴建筑师阿列克谢·米罗诺夫、格里戈里·迪库申和帕维尔·阿尔古诺夫（1768~1806年，为画家伊万·阿尔古诺夫的儿子，曾在彼得堡师从巴热诺夫）负责。

在奥斯坦基诺，整个宫殿及楼阁建筑群的建造用了10年时间（平面及立面：图7-59、7-60；外景：图7-61~7-65；内景：图7-66~7-69）。中央建筑高三层，配有一个高起的六柱科林斯门廊，上部为帕拉第奥式的圆堂（建筑具有宏伟的外貌，其实是木结构外

（左上）图7-88 阿尔汉格尔斯克 尼古拉一世纪念柱。立面景色

（右上）图7-89 阿尔汉格尔斯克 方尖碑。现状

（下）图7-90 阿尔汉格尔斯克 茶室（原图书馆楼）。现状

(上)图7-91阿尔汉格尔斯克 圣门(1823~1824年)。现状

(下)图7-92阿尔汉格尔斯克 尤苏波夫家族陵园(1911~1916年)。立面全景

覆彩色灰泥和人造大理饰面,但除木地板外,各处均看不到木料)。这个中央结构构成向外延伸的各个侧翼及附属楼阁(用作生活起居空间)的中心(图7-59)。室内最重要的是高两层、占据了中央结构大部分的剧场(有舞台、观众厅、休息厅、化妆室和18世纪完好的剧场机械设施,见图7-66)。其地面通过设计同时可作为大型舞厅使用。上层(bel étage)由朝向柱廊和一个画廊的成排礼仪房间组成。

在底层,廊道自中央结构两侧向两个主要楼阁处延伸:西面意大利阁配以雕刻展廊,朝西立面以一个

1554·世界建筑史 俄罗斯古代卷

（上）图7-93阿尔汉格尔斯克 尤苏波夫家族陵园。现状近景

（下）图7-94阿尔汉格尔斯克 尤苏波夫家族陵园。穹顶及山墙细部

第七章 18世纪莫斯科及行省的新古典主义建筑·1555

（上）图7-95阿尔汉格尔斯克 尤苏波夫家族陵园。陵寝，内景

（下）图7-97彼得罗夫斯克-阿拉比诺 杰米多夫宫邸。主体建筑，平面及剖面（平面取自Tikhomirov:《Arkhitektura Moskovskikh Usadeb》；剖面据D.P.Sukhova）

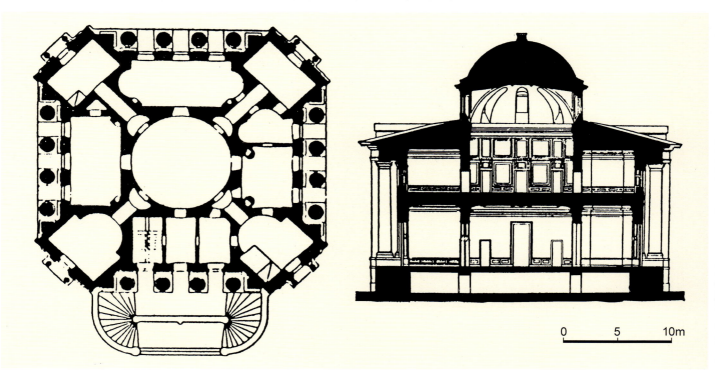

圆堂作为结束；东面埃及阁内有一个音乐厅。两个阁内布置了大量的艺术品和18世纪的家具，巨大的窗户使华丽的室内和外面的花园合为一体（庄园后面就是莫斯科最大的植物园）。实际上，三面为林木包围并以雕像界定边线的这个矩形花园，已具有"准室内"（quasiinterior）的空间特色。宫殿和花园的协调因花园立面的统一得到进一步的增强（该立面配有一个巨大的十柱爱奥尼敞廊，山墙上布置带盾形纹章的浮

雕，见图7-60、图7-65）。

宫殿及其楼阁的立面自由地装饰着布置在龛室内的雕刻，檐壁由抽象图案和古典场景组成（最值得注意的是费奥多尔·戈尔杰夫和加夫里尔·扎马拉耶夫制作的祭祀朱庇特和得墨忒耳的浮雕）。1801年，亚历山大一世作为其加冕典礼的部分内容造访了奥斯坦基诺；但仅两年后（1803年），由于尼古拉·舍列梅捷

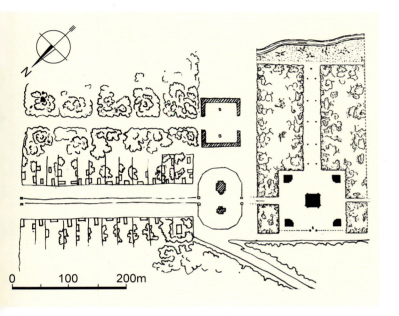

（左上）图7-96彼得罗夫斯克-阿拉比诺 杰米多夫宫邸（1776~1785年，已毁）。总平面（据D.P.Sukhova，经改绘）

（右上及右中）图7-98彼得罗夫斯克-阿拉比诺 杰米多夫宫邸。20世纪上半叶状态（老照片，约1930年）

（下）图7-99彼得罗夫斯克-阿拉比诺 杰米多夫宫邸。残迹初始状态

第七章 18世纪莫斯科及行省的新古典主义建筑·1557

本页及右页：

（左上）图7-100彼得罗夫斯克-阿拉比诺 杰米多夫宫邸。西北面现状

（左下）图7-101彼得罗夫斯克-阿拉比诺 杰米多夫宫邸。西南面景色

（中上）图7-102彼得罗夫斯克-阿拉比诺 杰米多夫宫邸。残墙近景

（右上）图7-103彼得罗夫斯克-阿拉比诺 杰米多夫宫邸。柱廊近景

（右下）图7-104彼得罗夫斯克-阿拉比诺 杰米多夫宫邸。柱头及檐口细部

夫的妻子（也是剧团的主要女演员）热姆丘戈娃病重去世，剧场开始衰退。1809年，舍列梅捷夫本人亦过早去世，这座家族宫殿在文化生活上的繁荣景象很快就成为明日黄花。

[阿尔汉格尔斯克庄园]

在18世纪后期莫斯科的重要庄园府邸中，第三个

本页及右页：
（左上）图7-105彼得罗夫斯克-阿拉比诺 杰米多夫宫邸。残柱仰视

（中上及右上）图7-106彼得罗夫斯克-阿拉比诺 杰米多夫宫邸。入口方尖碑，现状

（中下及右下）图7-107彼得罗夫斯克-阿拉比诺 杰米多夫宫邸。残迹内景

第七章 18世纪莫斯科及行省的新古典主义建筑·1561

大部完好留存下来的是莫斯科附近的阿尔汉格尔斯克庄园宫邸。尽管建筑直到19世纪20年代才完成，室内装修很多都反映了后期的情趣，但基本设计和留存下来的宫邸形式仍属叶卡捷琳娜时代。阿尔汉格尔斯克庄园1703年成为与彼得大帝关系密切的德米特里·戈利岑大公的领地，但实际上，直到27年以后，由于他与女皇安娜关系疏远才退隐到这里来。精力充沛且具有相当文化素养的戈利岑立即着手按巴洛克风格改建庄园和花园，但1736年他因涉嫌煽动叛乱被逮捕，领地也被没收、荒弃，直到18世纪70年代，戈利岑的孙子尼古拉重新取得了这片地产。

有关尼古拉·戈利岑改建庄园的文献信息很少，只知到1780年，老房子已被拆除，新宫邸按法国建筑师夏尔·德热尔内（此君从未来过俄国）拟定的平面，自侧翼部分开始建造。宫邸最突出的特点是位于山上台地的花园立面。建于1790年代的台地的设计人是1779年来俄国并在彼得堡任宫廷建筑师的贾科莫·特龙巴罗。但宫邸直到戈利岑1809年去世，还远没有完成。

次年，他的继承人将庄园卖给了尼古拉·尤苏波夫，他继续前任已开始的工程并进行扩建。在法国军队1812年短暂占领宫邸期间，尤苏波夫珍贵的艺术收藏品中仅有一小部分进行了疏散或隐藏；不过对宫邸及其花园的雕像来说，主要的损失是发生在法国人撤退之后，一次地方暴动期间尤苏波夫属下农民的洗劫和破坏。在秩序恢复以后，许多杰出的莫斯科建筑师都参与了庄园的建设。在19世纪20年代期间，主持和监管工程的是叶夫格拉夫·季乌林（1792~1870年）。

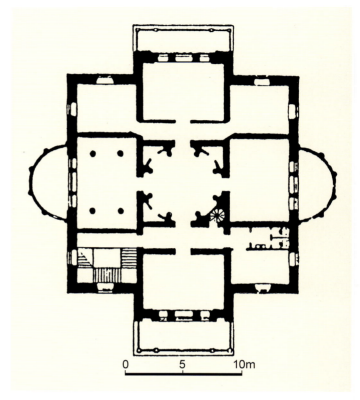

本页：

（上）图7-108莫斯科 布拉特舍沃。斯特罗加诺夫别墅（庄园府邸，18世纪后期），平面（据G.Oranskaia）

（下）图7-109莫斯科 布拉特舍沃。斯特罗加诺夫别墅，东侧全景

右页：

（上）图7-110莫斯科 布拉特舍沃。斯特罗加诺夫别墅，东南侧景观

（左下）图7-111莫斯科 布拉特舍沃。斯特罗加诺夫别墅，西侧远景

（右下）图7-112莫斯科 布拉特舍沃。斯特罗加诺夫别墅，西北侧全景

他在1820年的一次大火毁坏了大部分室内装修（所幸尤苏波夫的艺术藏品被抢救了出来）后，不仅进行了修复，还使宫邸在富丽堂皇上达到了新的高度。

阿尔汉格尔斯克庄园宫邸就这样代表了约50年期间新古典主义建筑和室内装修的综合成就（平面：图7-70；院落及北立面：图7-71~7-75；花园及南立面：图7-76~7-80；东面景色：图7-81；内景：图7-82）。

1817年斯捷潘·梅尔尼科夫设计的宏伟院落大门边上

本页及右页：

（左上）图7-113莫斯科 布拉特舍沃。斯特罗加诺夫别墅，西南侧近景

（左下）图7-114莫斯科 布拉特舍沃。斯特罗加诺夫别墅，南侧现状

（右）图7-115莫斯科 利乌布利诺。杜拉索夫庄园府邸（1801年），平面（据O.Sotnikova）

（中上）图7-116莫斯科 利乌布利诺。杜拉索夫庄园府邸，20世纪初景色（约1900年明信片上的版画，作者Afanasyev）

（中中）图7-117莫斯科 利乌布利诺。杜拉索夫庄园府邸，东侧远景

（中下）图7-118莫斯科 利乌布利诺。杜拉索夫庄园府邸，东南侧全景

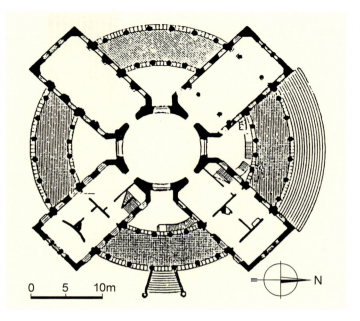

立有成对的塔司干-多立克柱子（见图7-71），由此确立了宫邸立面的基调——简朴的古典主义。主立面中央为四柱爱奥尼式门廊，两边柱廊由成对的塔司干柱子组成，所有柱式部件均遵循维尼奥拉确定的比例及尺寸。门廊檐口及山墙配有粗大的齿饰，墙面按温暖气候条件下乡间府邸的样式开大窗，墙面其他部分基本无饰（参见斯塔罗夫的陶里德宫，见图6-228、6-229）。中央结构上引人注目地安置了一个细高的圆堂式观景楼，在带扇形窗和拱心石的法国式窗子边上配成对的科林斯立柱。

宫邸室内房间沿纵向布置成两列，一排朝院落（北侧），一排朝花园台地（南侧），两端各布置一排横向房间（见图7-70）。室内中央占主导地位的是面对花园向外凸出的椭圆厅（图7-83、7-84）。两列主要房间均通向这个高两层的明亮大厅，厅内于成对配置的黄色大理石科林斯立柱和壁柱间布置法国式窗户。柱子支撑位于半圆券下的檐口及栏杆，光线自面向花园的立面窗处透进来，照亮了带藻井的穹顶，穹顶中央绘制的裸体女像盘旋在巨大的枝形吊灯上。通过椭圆厅的窗户，可以欣赏到花园的美景。事实上，俄罗斯的大型庄园府邸通常都具有像库斯科沃舞厅那样的厅堂，通过其巨大的尺寸和明亮的采光形成室内空间和外部花园之间的过渡。

和库斯科沃或奥斯坦基诺相比，阿尔汉格尔斯克花园在地形和景观上变化更为丰富。楼阁位于大片草地（240×70米）两侧的丛林中，规整的花园向南一直伸展到莫斯科河岸边。除主要宫邸外，还有

小宫和一系列纪念柱及碑亭（小宫：图7-85；叶卡捷琳娜二世纪念碑亭：图7-86；亚历山大三世纪念柱：图7-87；尼古拉一世纪念柱：图7-88；方尖碑：图7-89）。在西侧留存下来的亭阁中，原图书馆楼的中央部分（现改名为茶室）是F.I.佩通季仿古典圆堂设计的一个较为紧凑的变体形式，立面为仿面石的灰泥抹面，内部带藻井的穹顶支撑在科林斯柱子上（图7-90）。在同一地区还有一栋木结构抹灰的庄园剧场[1817~1818年，设计人奥西普·博韦（1784~1834年），施工主持人季乌林和梅尔尼科夫]，其中最值得注意的是帕拉第奥风格的室内，其设计人是1791年应尤苏波夫之邀来到俄罗斯的意大利剧场设计师彼得罗·贡扎戈。在花园东侧，靠近16世纪的大天使米迦勒教堂（见图4-140~4-144）处为另一个组群，包

（上）图7-119莫斯科 利乌布利诺。杜拉索夫庄园府邸，南侧全景

（左下）图7-120莫斯科 利乌布利诺。杜拉索夫庄园府邸，西北侧雪景

（右下）图7-121莫斯科 利乌布利诺。杜拉索夫庄园府邸，东侧，柱廊近景

（上）图7-122莫斯科 利乌布利诺。杜拉索夫庄园府邸，南侧，柱廊及穹顶近景

（左中）图7-123莫斯科 利乌布利诺。杜拉索夫庄园府邸，窗饰细部

（左下）图7-124圣安娜勋章式样

（右中）图7-125瓦卢埃沃 庄园府邸（1810~1811年）。平面（取自Tikhomirov:《Arkhitektura Moskovskikh Usadeb》）

（右下）图7-126瓦卢埃沃 庄园府邸。院落入口，现状

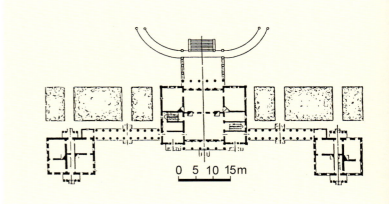

第七章 18世纪莫斯科及行省的新古典主义建筑·1567

本页：

（上）图7-127瓦卢埃沃 庄园府邸。主立面（东北侧），全景

（右下）图7-128瓦卢埃沃 庄园府邸。主楼，立面近景

（左中）图7-129瓦卢埃沃 庄园府邸。主楼，东南侧现状

（左下）图7-130瓦卢埃沃 庄园府邸。主楼，东北侧景色

右页：

（左上）图7-131尼古拉·利沃夫（1751~1803年）画像[1789年，作者Дмитро Григорович Левицький（1735~1822年）]

（右）图7-132尼古拉·利沃夫纪念碑（位于托尔若克）

（左下）图7-133彼得堡 彼得-保罗城堡。涅瓦门（1786~1787年），城门及伸向涅瓦河的码头[18世纪末景色，油画，1797年前，作者Benjamin Patersen（1750~1815年）]

括带宏伟拱门和科林斯柱子的圣门（建于1823~1824年，设计人季乌林，因其位于通往教堂的路上而得名；图7-91）。

到1831年尼古拉·尤苏波夫去世时，宫殿和楼阁还没有最后完成。他的继承人既无兴趣也无能力维系这片庄园，直到20世纪初，当人们对庄园文化的兴趣再次兴起的时候，阿尔汉格尔斯克庄园才成为亚历山大·伯努瓦这样一些艺术家和艺术评论家关注的中

(上)图7-134彼得堡彼得-保罗城堡。涅瓦门,西南侧地段俯视景色

(下)图7-135彼得堡彼得-保罗城堡。涅瓦门,南侧景观

心。在1917年前约20年期间,尤苏波夫家族后人花费了大量钱财用于维持庄园的运行,1910年,他们委托复兴新古典主义的头面人物罗曼·克莱因(1858~1924年)建造家族陵园(图7-92~7-95),只是它从未按原设想使用,这座宏伟的建筑已命里注定成为这个没落家族及其庄园的最后绝唱和挽歌。

[其他庄园府邸]

库斯科沃、奥斯坦基诺和阿尔汉格尔斯克庄园展示了从叶卡捷琳娜执政初期到亚历山大一世统治时期

（左上）图7-136彼得堡 彼得-保罗城堡。涅瓦门，西南侧近景

（右上）图7-137彼得堡 彼得-保罗城堡。涅瓦门，北侧（内侧）景色

（下）图7-138彼得堡 邮政局（1782~1789年）。现状，自东面望去的景色

（上）图7-139彼得堡 邮政局。东南侧柱廊，近景

（下）图7-140彼得堡 邮政局。东北面景色（自北侧望去的情景）

俄罗斯新古典主义庄园建筑各种风格的发展历程。这些宫邸和楼阁大都是团队合作设计，参与工作的还有富有才能的农奴建筑师和工匠，因而具有那个时期的典型特征，既有准巴洛克风格的喜庆、帕拉第奥风格的宏伟，也具备新古典主义后期（帝国）风格的高雅和庄重。

然而，与此同时，也有个人独立主持的项目，其中给人印象最深的是位于莫斯科西部阿拉比诺村附近彼得罗夫斯克庄园里的尼基塔·杰米多夫宫邸。在18世纪初，这片当时称克尼亚日谢沃的庄园是和彼得大帝关系密切的杰出外交官P.P.沙菲罗夫的领地。1740年代，沙菲罗夫的继承人将它卖给了18世纪俄罗斯最杰出的实业家之一阿金菲·杰米多夫。杰米多夫家族拥有乌拉尔地区的大片矿藏及金属加工厂房等设施，

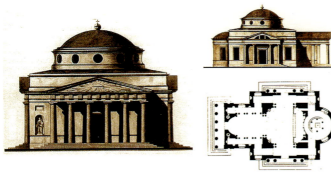

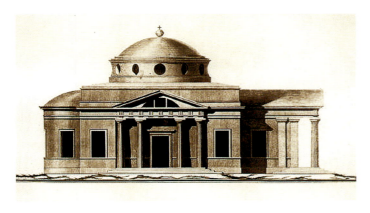

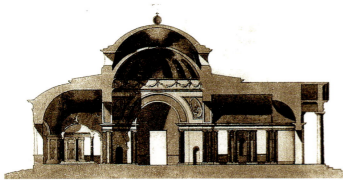

（左上）图7-141彼得堡 邮政局。主营业厅，现状

（右上）图7-142彼得堡 邮政局。屋顶天窗仰视

（左中上）图7-143莫吉廖夫 圣约瑟夫大教堂（1781~1798年）。平面及立面设计（作者尼古拉·利沃夫，1780年代）

（左中下及左下）图7-144莫吉廖夫 圣约瑟夫大教堂。立面及剖面设计（作者尼古拉·利沃夫，约1780年）

（右下）图7-145莫吉廖夫 圣约瑟夫大教堂。20世纪初景色（老照片）

由于巨大的财富和对国家的贡献，他们获封为贵族并进入宫廷和社会高层。阿金菲的儿子尼基塔继续监管他1745年通过继承分到的部分工厂，但到叶卡捷琳娜统治时期，他将更多的精力转向文化事业，大力赞助艺术和科学，并于1771~1773年，携他的第三个妻子泛游欧洲。与他的两个兄弟一样，尼基塔在莫斯科、乌拉尔和彼得堡拥有多处宫邸。

18世纪70年代后期，尼基塔·杰米多夫将注意力

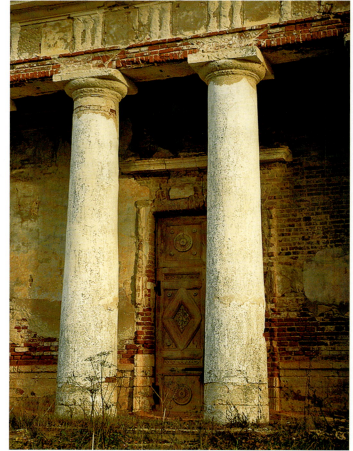

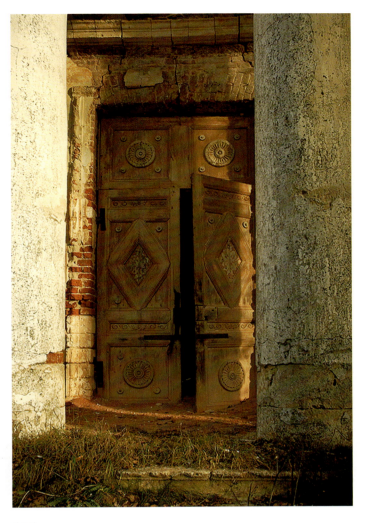

左页：

（左上）图7-146莫吉廖夫 圣约瑟夫大教堂。西北侧，现状

（左中上）图7-147莫吉廖夫 圣约瑟夫大教堂。西立面

（左中下）图7-148莫吉廖夫 圣约瑟夫大教堂。西南侧全景

（左下）图7-149莫吉廖夫 圣约瑟夫大教堂。南侧景色

（右上）图7-150莫吉廖夫 圣约瑟夫大教堂。西面近景

（右中）图7-151莫吉廖夫 圣约瑟夫大教堂。柱子近景

（右下）图7-152莫吉廖夫 圣约瑟夫大教堂。柱廊仰视

本页：

（左上）图7-153莫吉廖夫 圣约瑟夫大教堂。入口近景

（右下）图7-154莫吉廖夫 圣约瑟夫大教堂。中央空间，内景

（右上）图7-155莫吉廖夫 圣约瑟夫大教堂。室内，柱列现状

转向位于彼得罗夫斯克的庄园，委托马特维·卡扎科夫在那里建造一栋带有相连侧翼的大型宫邸。这座建筑于20世纪30年代焚毁，仅留砖墙和石灰石柱子的宏伟残墟（总平面、平面及剖面：图7-96、7-97；历史图景：图7-98；残迹状态：图7-99～7-107），有关最初建筑的设计人也成为一个有争议的问题。20世纪初在一块角石上发现了一则铭文，注有1776年和深刻的卡扎科夫的名字，后者有可能是指建筑师；但该建筑的形制与瓦西里·巴热诺夫的集中式结构颇为相似，因而有人认为，卡扎科夫可能只是主持施工，真正的设计人是他的导师巴热诺夫。

巴热诺夫和卡扎科夫在莫斯科的作品将在下面讨

1576·世界建筑史 俄罗斯古代卷

论；在彼得罗夫斯克，无论是谁设计或他们在怎样的程度上合作（事实上，作为建筑师，卡扎科夫也完全可以胜任），建筑的宏伟壮丽都是无可否认的。四个对称立面均有四根塔司干-多立克柱组成的敞廊，两边另布置壁柱，上部承柱顶盘及檐口。每个敞廊后面皆有一个大型礼仪厅堂（见图7-97）。建筑角上斜面凸出部分配双柱爱奥尼门廊，后面是位于对角线廊道端头的一个较小的矩形房间，廊道交会处为一圆堂，第二层亦重复了这种形式（圆堂位于中央穹顶下）。四个立面仿面石的两层翼房重复了这种对角线的构图，它们确定了荣誉院的四角并通过一道砖墙连接起来（见图7-96）。在这个中央组群之外布置了一座风景园林。

在彼得罗夫斯克建造杰米多夫宫邸的辉煌时光很快便因尼基塔不争气的儿子尼古拉而成为明日黄花，后者终日混迹于高层贵族圈子里，花费无度。杰米多夫家族的大部分工厂企业以及部分庄园都被抵押或出售，如果不是他撞上了好运在19世纪初和亚历山大·斯特罗加诺夫的女儿巴罗尔梅斯·伊丽莎白结婚的

本页及左页：

（左上）图7-156莫吉廖夫 圣约瑟夫大教堂。室内，柱式细部
（左中上）图7-157莫吉廖夫 圣约瑟夫大教堂。穹顶基部，内景
（左中下）图7-158莫吉廖夫 圣约瑟夫大教堂。穹顶，仰视内景
（右上）图7-159莫吉廖夫 圣约瑟夫大教堂。半圆室，俯视景色
（左下）图7-160莫吉廖夫 圣约瑟夫大教堂。室内，壁画遗存
（右下）图7-161托尔若克 圣鲍里斯和格列布修道院。北侧全景（自城市土墙上望去的情景）

话，想必早已破产。斯特罗加诺夫家族本是杰米多夫家族商业上最早的竞争者，在联姻之后，他们当即恢复了后者的工厂企业，并使它们正常运行到19世纪。但在尼基塔1788年去世后，彼得罗夫斯克庄园便处在疏于管理的状态。

斯特罗加诺夫家族在18世纪末的莫斯科地区同样很活跃，虽然亚历山大·斯特罗加诺夫没有像杰米多夫家族那样进行大规模的建筑活动（这时期他们主要关注家族在彼得堡的大片宫邸和文化活动），但他同

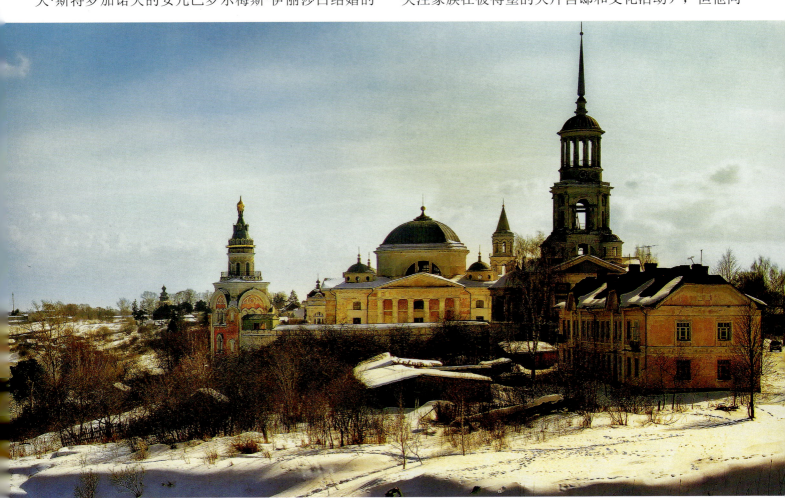

（上）图7-162托尔若克圣鲍里斯和格列布修道院。东北侧全景（自左至右分别为烛塔、大教堂和带奇迹救世主教堂的钟塔）

（右下）图7-163托尔若克圣鲍里斯和格列布修道院。烛塔，西北侧景观

（左下）图7-164托尔若克圣鲍里斯和格列布修道院。烛塔和钟塔，东南侧近景

样叫人在莫斯科西北（现已在城市边界内）布拉特舍沃的家族庄园内建造了一栋新古典主义的别墅。从平面和布局可知，设计人正是他们早先的农奴和19世纪初俄罗斯最伟大的新古典主义建筑师之一安德烈·沃罗尼欣（见第八章第一节）。建筑内外均围绕着一个穹顶圆堂布置，其形式与东西两个立面向外凸出的半圆堂相互呼应（平面：图7-108；外景：图7-109~7-

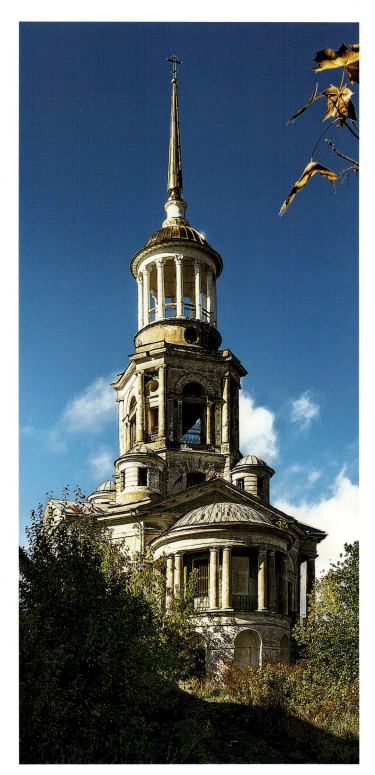

114)。主要立面（南北两面）向外凸出，于粗面石的背景上立爱奥尼式门廊。门廊上，一道栏杆围着上层半圆形的所谓"浴室窗"。

这种紧凑的集中式设计很容易将装饰部件纳入到结构本身的肌理中去并和周围山坡上的自然环境——草地及丛林——协调。在这个淳朴静谧的"自然"花园内，唯一的建筑是一个与别墅建筑同样节制和优雅的

（左）图7-165托尔若克 圣鲍里斯和格列布修道院。钟塔和奇迹救世主教堂，东侧景色

（右上）图7-166托尔若克 圣鲍里斯和格列布修道院。钟塔和奇迹救世主教堂，南侧现状

（右下）图7-167托尔若克 圣鲍里斯和格列布修道院。圣鲍里斯和格列布大教堂（1785~1796年），平面、西立面及剖面（据N.Lvov）

穹顶亭阁（爱奥尼列柱围绕着一个模仿古代祭坛的方形体量，同样为沃罗尼欣的作品）。似乎没有什么形式能比这个造型庄重的单一建筑更清楚地表现出贵族文化的世俗特点，在向周围自然开放的同时，又以穹顶藻井下的空间为中心保持自身大一统的格局（布拉特舍沃村里有一个17世纪的教堂，但与花园隔着一条路，在庄园里无法看到）。

位于莫斯科东北利乌布利诺的杜拉索夫庄园府邸尽管在设计及细部上不及布拉特舍沃别墅那样精美，但平面设计相当独特，在这时期的建筑中表现颇为特殊，可视为象征性建筑（或所谓"architecture parlant"，即富有表现力的建筑）的典型实例。其设计人为伊万·叶戈托夫（1756~1814年）。建筑由自中央圆堂处向外辐射伸展的四个翼组成，各翼间以一条复合柱式的环廊连接（平面：图7-115；历史图景：图7-116；外景及细部：图7-117~7-123）。这种形式据说是来自N.A.杜拉索夫本人的愿望和要求（为纪念他获得圣安娜勋章，因此采用了勋章那种环状十字的平面形式；图7-124）。然而，利乌布利诺府邸设计上这种独特的构思倒是满足了庄园府邸最重要的功能之一，即提供一个可直接观察周围自然环境的庇护所。在采光充足的室内，礼仪房间和中央厅堂都饰有带透视幻觉的单色墙面浮雕，表现建筑母题及檐壁，其细部如此逼真，以致很难看出它们和同样装饰着墙面上部的圆形灰泥图案的区别。室内墙面本身则是综合使用深浅程度不一的人造大理石，这也是18世纪末莫斯科城市和乡村府邸的典型做法。

在19世纪初，俄罗斯中部地区的庄园文化可说极为丰富，如果进行详尽的研究，仅莫斯科及其周围地区的乡间府邸（许多现已无存）即可单独成卷。特别令人感到惊奇的是，有些庄园和美国南北战争前南方的所谓"希腊复兴"建筑非常类似，如莫斯科西南瓦卢埃沃的木构庄园府邸（建于1810~1811年，高两层，于木构外抹灰；平面：图7-125；外景：图7-126~7-130）。从带凉廊的爱奥尼门廊和观景楼上可看到来自大家族的影响[其所有者考古学家亚历山大·穆辛-普

希金是俄罗斯最重要的中世纪史诗《伊戈尔远征记》（The Igor Tale）的出版者]；府邸本身则因其建筑的良好保存状态和整体的统一具有极大的价值。

府邸中央结构和两边侧翼之间通过多立克柱廊连接，和这组建筑的新古典主义风格相反，庄园侧面的办公和附属建筑仍露着未施抹灰的粗糙砖墙并配以粗面石柱墩，而围括庄园正面砖围墙上的角塔则采用了哥特复兴的后期变体形式（约19世纪30年代）。整个组群的设计就这样，从中心精美的府邸到更为"古拙"和怪异的形式。在府邸外英国风格的风景园林里，采用新古典主义风格的猎庄（在明亮的黄色墙面上突出白色的装饰部件）与位于山洞沉重粗面石上的塔司干门廊之间，也呈现出类似的对比。

三、尼古拉·利沃夫和新古典主义的自然观

18世纪下半叶，"英国式"园林（即自然风景园）在俄罗斯地方庄园里的流行表明，叶卡捷琳娜大帝在

左页：

图7-168 托尔若克 圣鲍里斯和格列布修道院。圣鲍里斯和格列布大教堂，西北侧俯视全景

本页：

（上）图7-169 托尔若克 圣鲍里斯和格列布修道院。圣鲍里斯和格列布大教堂，西北侧地段形势

（下）图7-170 托尔若克 圣鲍里斯和格列布修道院。圣鲍里斯和格列布大教堂，南侧全景

本页：
图7-171托尔若克 圣鲍里斯和格列布修道院。圣鲍里斯和格列布大教堂，西柱廊，近景（左侧为钟塔和奇迹救世主教堂）

右页：
（右上）图7-172托尔若克 兹纳缅斯克-拉耶克庄园（1787~1790年代）。地段俯视全景

（左上）图7-173托尔若克 兹纳缅斯克-拉耶克庄园。荣誉院，主立面全景

（左下）图7-174托尔若克 兹纳缅斯克-拉耶克庄园。主楼全景（耸立在柱廊立面上的圆堂明显表现出意大利、特别是帕拉第奥风格的特色）

（右下）图7-175托尔若克 兹纳缅斯克-拉耶克庄园。主楼，正立面

皇村这类帝国庄园内引进的鉴赏情趣的变化（见第六章）已产生了巨大的影响。然而，在尼古拉·利沃夫（1751~1803年；图7-131、7-132）和安德烈·博洛托夫的作品里，在使自然环境顺应新古典主义庄园及其附属建筑的设计上很快便具有了俄罗斯的特色。尽管在这部建筑史里只能简略地提及他们的贡献及在风景园林上的其他进步，但满足人们凝视"真正的"、具有永恒不变法则的自然景色的愿望，显然是新古典主义建筑设计上应考虑的一个重要方面。

这种从认知、美学和文化等方面将新古典主义和自然法则统一起来的思想具有各种来源，在很大程度上还包括英国和法国的文学作品（如霍勒斯·渥波尔，特别是卢梭的著作）。在自学成才、博学多闻的博洛托夫看来（他于1780年代早期曾在隶属图拉省的博戈罗季茨克皇家庄园的公园里工作过），风景园林及其楼阁应有助于唤起人们的某种心境，如淡淡的哀愁和乡恋；在这个前浪漫主义时期，类似的伤感情调，特别能引起人们的共鸣。

尼古拉·利沃夫同样是位自学成才的专家，通晓当时的文学作品；但与热情奔放但专业素养不足的博洛托夫不同，利沃夫还是位高层次的建筑师，无论在彼得堡还是行省，其作品几乎可与叶卡捷琳娜

在位的最后几十年期间最杰出的建筑设计媲美。在彼得堡，利沃夫的主要作品是彼得-保罗城堡的涅瓦门（1786~1787年；历史图景：图7-133；外景：图7-134~7-137）和高三层、底层饰粗面石的彼得堡邮政局（1782~1789年；外景：图7-138~7-140；内景：图7-141、7-142）。

不过，利沃夫最重要的工作均在行省，最早的是莫吉廖夫的圣约瑟夫大教堂（1780年设计，1781~1798年建造，施工的主要负责人为亚当·梅涅拉斯；平面、立面及剖面：图7-143、7-144；历史图景：图7-145；外景及细部：图7-146~7-153；内景：图7-154~7-160）。建筑采用集中形制，配有一个多立克式的六柱门廊，外观端正刻板，没有装饰，表现颇不寻常（与斯塔罗夫设计的彼得堡三一大教堂比较），其灵感可能部分来自意大利帕埃斯图姆的神殿（这些古风时期的遗迹对俄罗斯建筑开始产生越来越大的影响）。但中央的双壳穹顶显然是效法万神庙的做法。

利沃夫设计的托尔若克的圣鲍里斯和格列布大教堂采用了同样的风格，尽管设计上更为复杂（托尔若克位于特维尔北面，自彼得堡到莫斯科的主要大道上）。教堂建于1785~1796年，位于同名修道院内（修道院全景：图7-161、7-162；烛塔：图7-163、7-164；钟塔和奇迹救世主教堂：图7-165、7-166），为俄罗斯新古典主义杰作之一（平面、立面及剖面：图7-167；外景：图7-168~7-171）。西立面的六柱塔司干门廊在东端（祭坛端）再次出现，形成向穹顶的形象过渡，穹顶立在多边形的鼓座上，鼓座上开大型浴室窗。大教堂就这样，采用了某些俄罗斯-拜占廷宗教建筑的基本要素（如集中式的平面，其拱券跨间的外观也使人想起12世纪诺夫哥罗德的教堂），但在这里，拱券内被纳入了来自古典建筑的浴室窗（将俄罗斯建筑的传统特色融入古典体系内正是利沃夫的过人之处）。在托尔若克大教堂内部，中间开有通道的沉重角柱墩侧面立多立克双柱，上承通向十字形各翼的拱券。拱券本身向上达浴室窗和中央带藻井的穹顶（穹顶在室内呈半球形）。古典建筑的严谨就这样再次在设计中以最明确的方式表现出来，它们虽是来自万神庙和古代浴场，但由此形成的室内空间同样满足了东正教礼仪的需求。

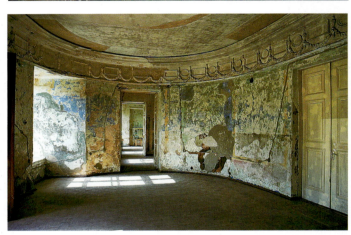

(左上）图7-176托尔若克 兹纳缅斯克-拉耶克庄园。主楼，背立面

(右上）图7-177托尔若克 兹纳缅斯克-拉耶克庄园。面向院落的侧翼，柱廊及附属建筑

(左中）图7-178托尔若克 兹纳缅斯克-拉耶克庄园。柱廊及院落入口拱门（构图颇似托马斯·杰斐逊设计的美国弗吉尼亚大学柱廊，在俄罗斯很少看到这种做法）

(左下）图7-179托尔若克 兹纳缅斯克-拉耶克庄园。大楼梯，内景

(右中）图7-180托尔若克 兹纳缅斯克-拉耶克庄园。圆堂，内景

这座新古典主义的大教堂，和具有世俗和实用性质的彼得堡邮政局一样，完全按利沃夫尊崇的帕拉第奥的建筑样式建造。他不仅精心钻研帕拉第奥的著作，而且在意大利实地考察过他的作品。1798年，他发表了第一部帕拉第奥《四书》（Quattro libri）的俄文译本，并在前言里宣称：让帕拉第奥的精神在我的祖国永存。利沃夫与俄罗斯其他的帕拉第奥追随者（如夸伦吉和卡梅伦）一样，主要对这位大师的"乡间"建筑——特别是别墅——感兴趣。只是夸伦吉和卡梅伦是将取自帕拉第奥别墅的设计原则加以变换，用于城市和乡村环境；而利沃夫则是把它们用于庄园领地的景观环境或地方城镇的开敞空间。

在这些帕拉第奥风格的建筑中，利沃夫的大教堂类似他在一些庄园领地（包括他自己在托尔若克地

（左上）图7-181托尔若克 兹纳缅斯克-拉耶克庄园。穹顶，仰视内景

（下）图7-182圣彼得堡 亚历山德罗夫斯克。三一教堂（1785~1787年），南侧全景

（右上）图7-183圣彼得堡 亚历山德罗夫斯克。三一教堂，西侧景观

第七章 18世纪莫斯科及行省的新古典主义建筑·1585

区的领地）内建造的府邸和楼阁。尽管他为一些显贵设计的庄园建筑具有相当的规模（如参议员F.I.格列博夫将军在兹纳缅斯克-拉耶克的庄园，外景：图7-172~7-178；内景：图7-179~7-181），但利沃夫更成功的作品还是位于他自己的切连奇齐庄园内（现称尼科利斯克）。1784年，他在那里建造了一栋圆堂式的教堂-陵寝（建于1789~1804年）。尤为怪异的是他在亚历山德罗夫斯克（位于彼得堡南郊）的A.A.维阿热姆斯基大公领地内建造的三一教堂（采用了类似的圆堂形式，周围绕16根爱奥尼柱，西面前方布置一个金字塔式的钟塔；图7-182、7-183）。建于1785~1787年的这个建筑显然是来自古典时期的先

（上）图7-184莫斯科 涅斯库希诺庄园。亚历山德里内宫，19世纪下半叶景况（老照片，1884年，取自Nikolay Naidenov系列图集）

（中）图7-185莫斯科 涅斯库希诺庄园。亚历山德里内宫，远景

（下）图7-186莫斯科 涅斯库希诺庄园。亚历山德里内宫，立面现状

例[为罗马的维斯塔神殿（灶神殿）和金字塔的复制品]，但从这个实例中也可看到在17世纪末纳雷什金时代[3]业已开始的俄罗斯教堂设计的世俗化倾向。从涅斯库希诺庄园的亚历山德里内宫（该地现属莫斯科南部；图7-184~7-186）可看到利沃夫作品中所体现的统一在俄罗斯新古典主义庄园府邸中扩散的速度，建筑目前的基本形式可能是18世纪90年代对一栋早期府邸进行改造的结果，建筑的主人费奥多尔·奥尔洛夫是叶卡捷琳娜统治初期所宠幸的该家族五兄弟之一[4]。建筑于1832年被售与尼古拉一世，并由宫廷建筑师叶夫格拉夫·季乌林进行了一系列改造，但主要外貌未变。带有成组布置的柱子及拱券的中央门廊具有优雅的纪念品性，但缺乏更严格的新古典主义造型所特有的各部分之间的协调。

第二节 莫斯科的新古典主义建筑

一、早期项目（弃儿养育院和军需部大楼）

尽管在莫斯科，新古典主义主要表现在宅邸设计上，但城市内也有不少由国家投资建造的公共机构及设施。其中最宏伟的是始建于1764年的弃儿养育院（总平面及俯视图：图7-187、7-188；平面、立面及剖面：图7-189；历史图景：图7-190、7-191；外景：图7-192、7-193），尽管这个庞大组群的第一阶段工程是在卡尔·布兰克（1728~1793年）的主持下完成于1767年，但有可能是按照费尔滕的一个设计。它不仅是个慈善机构，同时也是由伊万·伊万诺维奇·别茨科伊[5]（图7-194）发起的一种新教育模式的实验场

图7-187莫斯科 弃儿养育院（1764年）。地段总平面（设计人Карл Бланк）

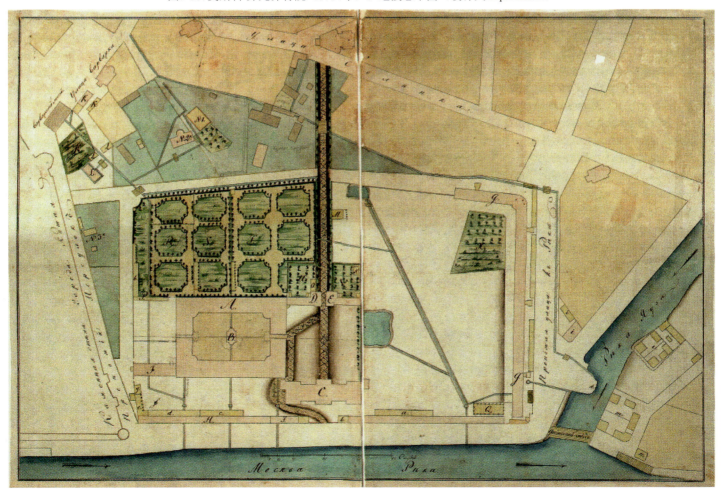

所。这座养育院和其他一些主要在彼得堡的机构——如艺术科学院学校（School at the Academy of Arts）和贵族女青年教育学院（Institute for the Education of Young Noblewomen，均见第六章）——一样，受到叶卡捷琳娜启蒙教育观念的支持，其目的是造就理想的公民。但就养育院这个实例来说，这种有可能是来自约翰·洛克和卢梭的理想观念已被证明不切实际，这也是导致别茨科伊失望的主要原因。

不过，从建筑和规划的角度来说，养育院对莫斯科的发展还是起到了很大的推动作用。由于位于莫斯

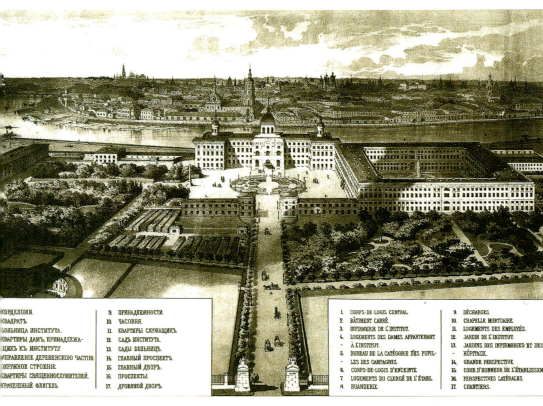

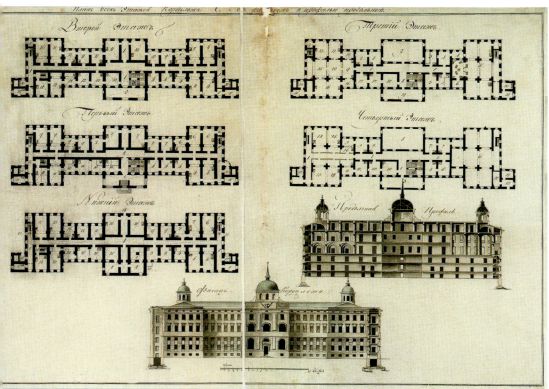

本页：

（上）图7-188莫斯科 弃儿养育院。俯视图（1820年代）

（下）图7-189莫斯科 弃儿养育院。主楼，平面、立面及剖面（18世纪，作者Карл Бланк）

右页：

（左上）图7-190莫斯科 弃儿养育院。19世纪上半叶景色[版画，作者Fedor Alekseev（1753～1824年）]

（左下）图7-191莫斯科 弃儿养育院。19世纪下半叶景色（老照片，1883年，取自Nikolay Naidenov系列图集）

（右上）图7-192莫斯科 弃儿养育院。东南侧现状（前景为莫斯科河，建筑现为战略火箭部队研究院占用）

（右中）图7-193莫斯科 弃儿养育院。西南侧立面

（右下）图7-194伊万·伊万诺维奇·别茨科伊（1704～1795年）画像（作者Alexander Roslin，1777年）

科河左岸，中国城外侧，建筑采取了集中布局的总平面形式，于东西两侧配置巨大的四方形建筑（每个长130米）。结构高4层，下两层为粗面石墙。整个组群计划容8000名孩童；尽管东翼未建，但到20世纪中叶（此时整个组群已被改造成军事学院），仅卡尔·布兰克设计的朴素西翼通过更新设计（于中央廊道两边布置房间）已可容纳数千名孩童。主要行政建筑建于1771~1781年，由实业家尼基塔的兄弟普罗科皮·杰米多夫提供资金，建筑类似费尔滕设计的彼得堡亚历山德罗夫学院（1764年，见第六章）。

在莫斯科中心地区，其他大型新古典主义建筑主要是在景观上作为养育院的补充或在莫斯科河对面与之相对。尼古拉·列格兰（1738~1799年）设计的军需部大楼（1778~1780年代）包括一个面向河面高三层的中央行政建筑和两侧高两层的侧翼，侧翼端头以上置穹顶的圆形塔楼作为结束（立面：图7-195；外景：图7-196~7-198）。准备作弹药库的侧翼拐直角延续形成建筑后部的开敞院落。建造这座宏伟的军事建筑显然是受到普加乔夫起义和第一次俄-土战争的影响（两者均发生在1774年左右，普加乔夫起义军曾

第七章 18世纪莫斯科及行省的新古典主义建筑 · 1589

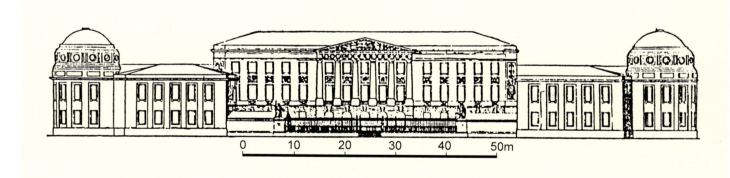

一度威胁到莫斯科)。

二、瓦西里·巴热诺夫作品

[早期职业生涯]

养育院和军需部大楼的出现,甚至在它们还没有完全完成之时,已对莫斯科中世纪的环境形成了挑战,这些建筑的巨大尺度表明,有可能在更大的规模上改建作为俄罗斯卫城的克里姆林宫。这一宏伟设

本页及左页：

（左中）图7-195莫斯科 军需部大楼（1778~1780年代）。立面（取自William Craft Brumfield:《A History of Russian Architecture》，Cambridge University Press，1997年）

（左下）图7-196莫斯科 军需部大楼。临街立面全景

（左上）图7-197莫斯科 军需部大楼。中央柱廊，夜景

（右上）图7-198莫斯科 军需部大楼。背立面，全景

（右下）图7-199瓦西里·伊万诺维奇·巴热诺夫（1737~1799年）和家庭成员在一起（画像，作者I.Nekrasov，1770~1780年代）

（中上）图7-200瓦西里·伊万诺维奇·巴热诺夫：剧场装饰手稿（1764年，原稿33.8×23.7厘米）

第七章 18世纪莫斯科及行省的新古典主义建筑·1591

（左上）图7-201兹纳缅卡村（坦波夫省）圣母圣像教堂（1768~1789年）。西南侧景观

（下）图7-202叶卡捷琳娜二世（约1770年画像，作者F.Rokotov）

（右上）图7-203莫斯科 克里姆林宫。大教堂广场，18世纪末景色（水彩画，1797年，作者Giacomo Quarenghi，原画43.2×57.2厘米，现存埃尔米塔日国家博物馆）

1592·世界建筑史 俄罗斯古代卷

(上)图7-204莫斯科 克里姆林宫。大教堂广场,19世纪初景色(油画,作者Feodor Alex)

(下)图7-205莫斯科 克里姆林宫。大教堂广场,现状(自左至右分别为大天使米迦勒教堂、报喜大教堂、大克里姆林宫和多棱宫)

第七章 18世纪莫斯科及行省的新古典主义建筑·1593

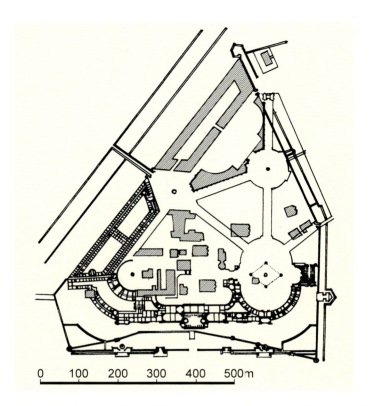
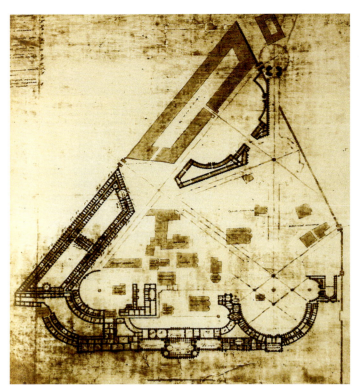
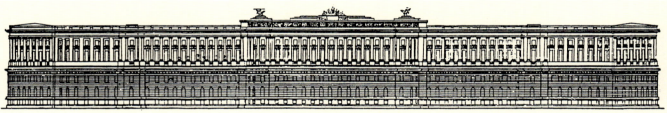
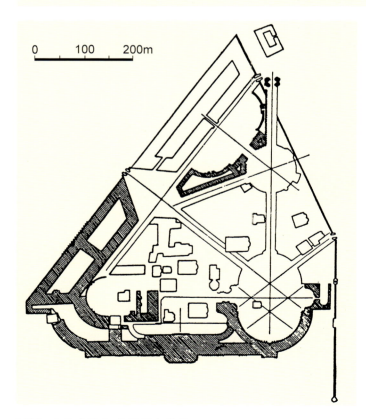

计的作者是俄罗斯杰出的新古典主义建筑师、版画艺术家、建筑理论家和教育家瓦西里·伊万诺维奇·巴热诺夫（1737~1799年；图7-199、7-200），他和马特维·卡扎科夫、伊万·斯塔罗夫一样，为俄罗斯启蒙时期最主要的本土建筑师（在俄国，这时期占主导地位的均为外国建筑师，如查理·卡梅伦、贾科莫·夸伦吉、安东尼奥·里纳尔迪等）。在巴热诺夫的作品里，俄罗斯人对怪异建筑的鉴赏力得到了充分的表现，但同时他也有能力把握以罗马帝国建筑作为范本

和灵感来源的新古典主义风格。

不过，有关巴热诺夫的生平，还有许多问题没有搞清，包括他出生的准确年代和地点。现人们只知他于1737或1738年出生在莫斯科或小雅罗斯拉韦茨附近多尔斯克村的一个教士家庭里。按后一种说法，在他仅3个月大时全家迁到莫斯科。1753~1755年，瓦西里自愿（但没有正式聘用）到德米特里·乌赫托姆斯基具有克里姆林宫背景的建筑公司去工作和学习（当时只有莫斯科能提供基本的建筑教育，贫穷迫使他要找一份有报酬的工作而不是在课堂上学习）。在那里，

左页：

（上两幅）图7-206莫斯科 克里姆林宫。新宫总平面设计（约1768~1772年，设计人瓦西里·巴热诺夫，图面上深色部分示新宫，颜色较浅的为老建筑，线条图据Rzyanin）

（中及左下）图7-207莫斯科 克里姆林宫。新宫总平面及朝向莫斯科河的立面（设计方案，建筑师瓦西里·巴热诺夫，取自William Craft Brumfield：《A History of Russian Architecture》，Cambridge University Press，1997年）

（右下）图7-208莫斯科 克里姆林宫。新宫方案模型

本页：

图7-209莫斯科 察里津诺庄园。宫殿及园林建筑群，总平面（1775年）

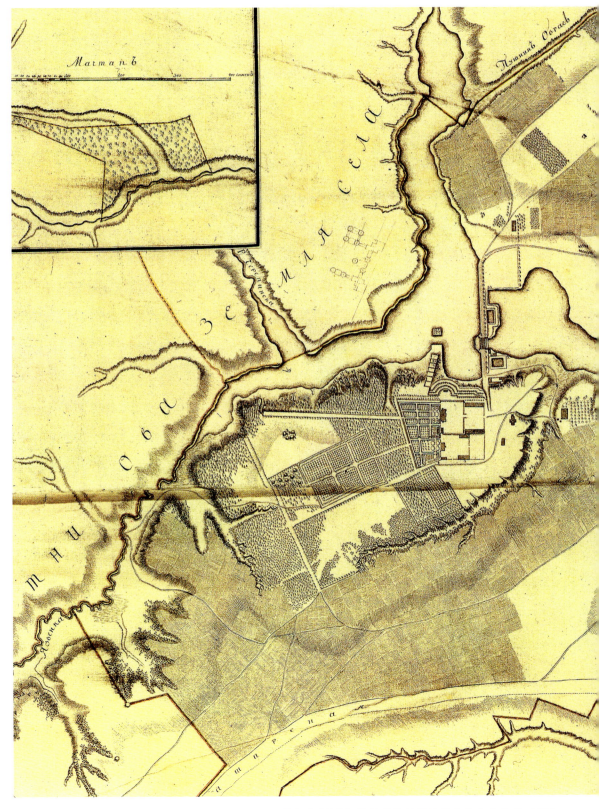

第七章 18世纪莫斯科及行省的新古典主义建筑·1595

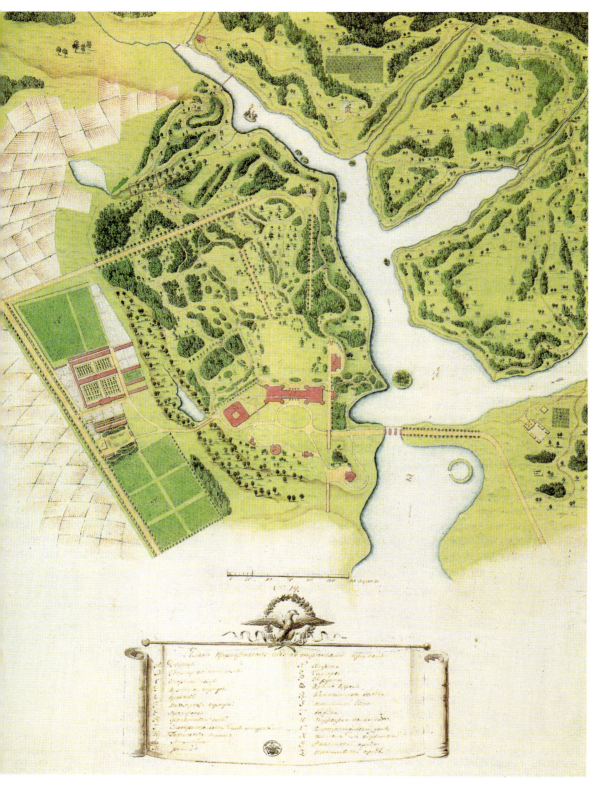

本页:

图7-210莫斯科 察里津诺庄园。宫殿及园林建筑群,总平面(1816年)

右页:

(上)图7-211莫斯科 察里津诺庄园。主要建筑群,总平面

(左下)图7-212莫斯科 察里津诺庄园。中心区卫星图,图中:1、大宫,2、"面包楼",3、小宫(半圆宫),4、歌剧院,5、"图案"门,6、八角楼,7、"图案"桥,8、沟壑桥(大桥),9、面包门

(右中)图7-213莫斯科 察里津诺庄园。19世纪上半叶景色(油画,1836年)

(右下)图7-214莫斯科 察里津诺庄园。中心区,现状俯视全景

他师从德米特里·乌赫托姆斯基学装饰,并获得了实际的建筑和施工技能。

1755年,巴热诺夫进入刚开办的莫斯科国立大学(Moscow State University)上一年级。巴热诺夫的第一位传记作家欧根·博尔霍维季诺夫(1767~1837年)说他还在斯拉夫希腊拉丁学院(Slavic Greek Latin Academy)学习过,但这一说法已为20世纪的传记作家否定。

1758年初,应伊万·舒瓦洛夫之邀,大学选派了包括巴热诺夫和伊万·斯塔罗夫在内的16个学生去圣彼得堡,到新成立的帝国艺术学院(Imperial Academy of Arts)深造。他们和圣彼得堡选送的20个学生

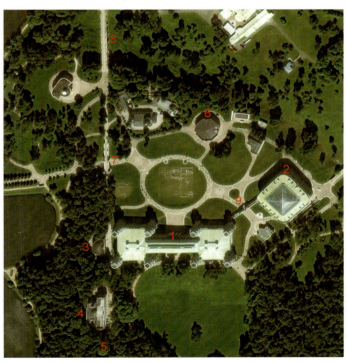

一起，组成学院的第一班。到1758年5月，该班缩减为30个学生。第一次考试，20岁的巴热诺夫获第一名，同时他也是班上年纪最大的学生，14岁的斯塔罗夫获第七名，最年轻的什蒂凡·卡尔诺维奇当时只有12岁。根据巴热诺夫自己的申请，他被分配到海军部总建筑师萨瓦·切瓦金斯基的班上学习，在萨瓦·切瓦

1598 · 世界建筑史 俄罗斯古代卷

本页及左页:
(上下两幅)图7-215莫斯科 察里津诺庄园,全景图及细部(设计方案,作者瓦西里·巴热诺夫,1776~1780年代;歌剧院和"图案"门位于右侧,中心为大宫,其他楼阁及两座桥在左面;原稿现存莫斯科Shchusev State Museum of Architecture)

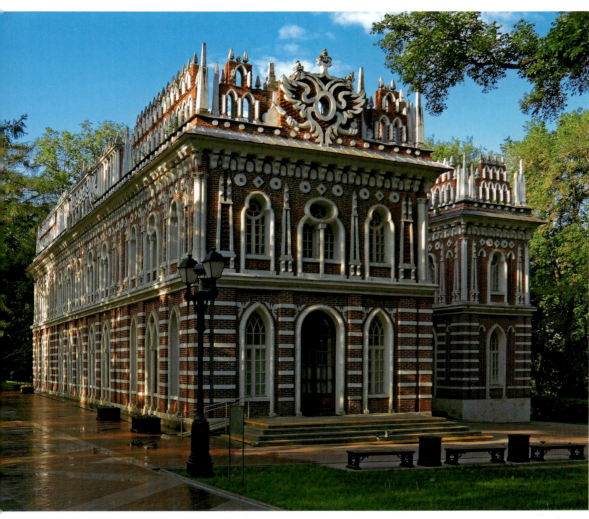

（上）图7-216莫斯科 察里津诺庄园。歌剧院（1776~1778年），东北侧全景

（下）图7-217莫斯科 察里津诺庄园。歌剧院，东南侧近景

金斯基和伊万·科科里诺夫指导下攻读建筑学并参与了圣尼古拉教堂的建设工作，成为年轻的斯塔罗夫的良师和密友。

几年后，巴热诺夫和画家安东·洛先科成为艺术学院第一批获留学奖金的学生。巴热诺夫遂于1760年到巴黎在宫廷建筑师夏尔·德瓦伊的工作室里工作和学习（到1762年10月，斯塔罗夫也参加进来）。在那里，夏尔·德瓦伊的新古典主义风格给他留下了深刻的印象。巴热诺夫参加法国建筑学院（French Academy of Architecture）的竞赛并获得成功。在巴黎，他被推荐得到罗马奖学金，虽由于教派等具体问题没有被接纳，但引起了伊万·切尔内绍夫这样一些使团高层人士和时任艺术学院院长伊万·舒瓦洛夫的注意，后者为他提供了额外的基金去意大利，到罗马圣路加研究院（Roman Academy of Saint Luke）、佛罗伦萨美术学院（Academy of Fine Arts of Florence）和波伦亚美术学院（Academy of Fine Arts of Bologna）进修。1764年，他获得了几个意大利学院和社团的会员资格并于同年回到巴黎。尽管他在学业上获得了成功，但经济上并没有摆脱窘境。

巴热诺夫于1765年5月学成回国。虽说他已有会员资格，但在彼得堡，艺术学院的新领导对他的任职申请并不热情，他也未能谋得教授的职位。倒是叶

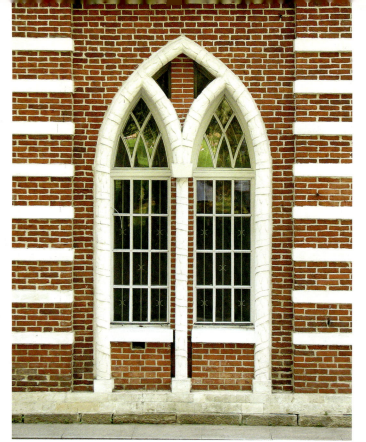
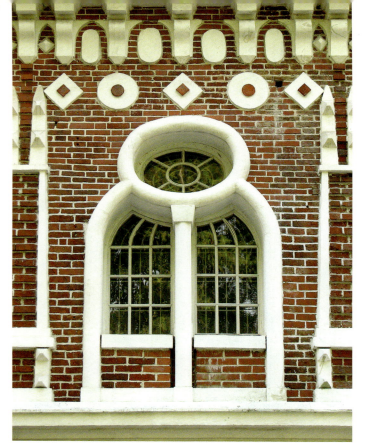
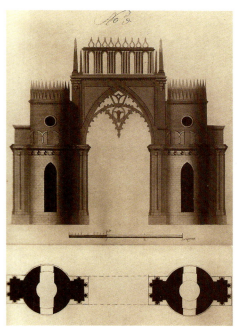

（上两幅）图7-218莫斯科 察里津诺庄园。歌剧院，墙面及窗饰细部

（左下）图7-219莫斯科 察里津诺庄园。"图案"门（1776~1778年），平面及立面

（右下）图7-220莫斯科 察里津诺庄园。"图案"门，东北侧景色

第七章 18世纪莫斯科及行省的新古典主义建筑 · 1601

(上)图7-221莫斯科察里津诺庄园。"图案"门,北立面全景

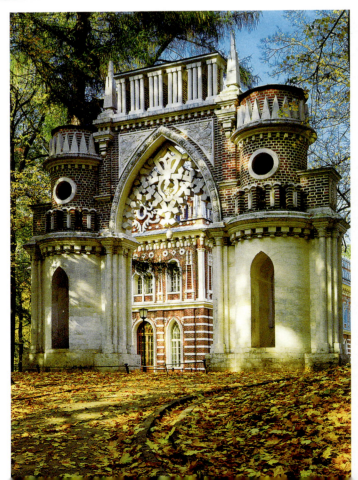

(下)图7-222莫斯科察里津诺庄园。"图案"门,东南侧景观

卡捷琳娜二世和她的儿子、未来的沙皇保罗注意到他的才干,委托他设计和建造位于石岛上的私人宫邸,巴热诺夫也因此能和都城的高层人士接触。1766年末,时任帝国炮队司令且本人也是军事工程师的格里戈里·奥尔洛夫聘他为随员,领炮兵上尉军衔,并委托他建造圣彼得堡军械库(1767年,位于利泰内大街)。在这个项目里,巴热诺夫将简朴的古典主义和某些前古典时期的要素(椭圆窗、圆角)相结合,创造出自己独特的风格(在他随后的作品中,经常可看到这样的表现)。

没有得到彼得堡艺术学院承认的巴热诺夫,终于有幸于1767年跟随格里戈里·奥尔洛夫进入莫斯科,此后他一生的大部分时间都在这座大都会里度过,并在那里按夏尔·德瓦伊的理念,确立了莫斯科新古典主义风格的规章,成为法国新古典主义风格在俄罗斯的主要推手,创造了一个俄罗斯版本的法国古典主义和意大利帕拉第奥风格。

但有关他在这座城市工作的早期细节,人们了解

（上）图7-223莫斯科 察里津诺庄园。"面包楼"（厨房和服务翼，1784年），西侧，现状全景

（下）图7-224莫斯科 察里津诺庄园。"面包楼"，西北立面，全景

的并不是很多，只知他在1768年受命检视科洛缅斯克原建于阿列克谢·米哈伊洛维奇时代的大型木构皇宫。这座结构用松木，细部用橡木或其他坚硬木材的建筑当时已开始朽坏，巴热诺夫建议拆除。不过其自由的布局和生动的形式似乎激发了这位建筑师的想象力（从随后他扩建克里姆林宫时的表现可看出来），

第七章 18世纪莫斯科及行省的新古典主义建筑·1603

巴热诺夫的作品很快就表现出一种独特的品位，颇似欧洲其他地区发展起来的仿哥特建筑，同时在其中纳入了中世纪俄罗斯建筑的特色，形成别具一格的外貌。这种将仿哥特风格和17世纪莫斯科教堂特有的砖石装饰相结合的一个早期实例，即莫斯科东南坦波夫省兹纳缅卡村的圣母圣像教堂。这座教堂直到1789年才完成，1796年举行奉献仪式，它很可能是巴热诺夫1768年设计的（尽管和其他类似教堂一样，缺乏相关的文献依据）。这是个采取对称形制的集中式教堂，以尖塔取代了穹顶，配有极富想象力的砖和石灰石的装饰造型（图7-201）。由于采用了尖券山墙，中央结构形成金字塔状的形体，使人联想到哥特式的扶壁，实际上其基本设计和莫斯科波克罗夫卡大街上的圣母安息教堂（见图4-553）并没有实质性的区别。

[克里姆林宫改造方案]

1767年，叶卡捷琳娜二世登基的第5个年头（图7-202），她开始推行自己改革中最关键的一步——将欧洲的法制引入俄国。为此，她亲笔起草了《法典起草指导书》，并成立了立法委员会，在克里姆林宫讨论新《法典》的起草工作。为了适应改革后的新形势，她希望改造克里姆林宫内的陈旧宫殿使之变成新的国家行政中心（实际上，早在1763年，皇室建筑总

(左上) 图7-225莫斯科 察里津诺庄园。"面包楼"，南侧近景

(左下) 图7-226莫斯科 察里津诺庄园。"面包楼"，墙面及窗饰细部

(右下) 图7-227莫斯科 察里津诺庄园。"面包楼"，内院现状

(上)图7-228莫斯科 察里津诺庄园。服务翼拱廊（1784年），南侧全景

(下)图7-229莫斯科 察里津诺庄园。服务翼拱廊，西北侧景色

（上）图7-230莫斯科 察里津诺庄园。服务翼拱廊，"面包门"，西北侧全景

（下）图7-231莫斯科 察里津诺庄园。服务翼拱廊，"面包门"，东南立面近景

(上下两幅)图7-232 莫斯科察里津诺庄园。服务翼拱廊,"面包门",细部

管别茨科伊就提出了改建破旧的克里姆林宫宫殿的想法)。巴热诺夫对此自然是积极响应,当年就出了第一稿,并以其丰富的想象力将这个本来是一般性的修缮计划变成了一个乌托邦式的庞大规划,由奥尔洛夫呈报女皇。奥尔洛夫觉得这个宏伟的设计相当诱人,但对其可行性提出质疑,巴热诺夫则无所畏惧,勇往直前,到1768年夏末,已经完成了初步设计,其规模要远远超过拉斯特列里的任何构想。如果完成的话,它将全面取代克里姆林宫本身(仅保留教堂组群未动),成为全欧洲最大的新古典主义建筑群。

巴热诺夫在1769或1770年发表的关于克里姆林宫建设的演说中,曾仔细分析了古代的各种遗迹,特别是前不久在罗马和巴黎得到复兴的希腊和罗马的古代建筑。他对中世纪建筑的欣赏和复兴中世纪风格的兴趣在他为察里津诺皇家领地所做的设计中得到进一步的发展(见下文);然而,在拟定改建克里姆林宫本身的方案时,他却转向采用新古典主义风格,这点倒是颇值得注意。按照他的规划,克里姆林宫将成为一个由宫殿及广场构成的建筑组群,新宫高4层,占据了面对莫斯科河的整个克里姆林宫正面(即南侧,从东面的康士坦丁-叶列宁斯科塔楼直到西面的博罗维茨克塔楼,长达630米),然后沿克里姆林宫西墙向北延伸到军械库。宫殿下面两层为辅助和服务房间,外饰粗面石,供宫廷使用的上两层设计成封闭的爱奥尼式柱廊。原来的中世纪建筑中仅主要的几个大教堂得到保留,但被围在宫殿组群之内,从莫斯科河对岸观察它们的视线亦被新宫阻断。庞大的新宫并没有建在克里姆林宫所在山头的高台上,而是建在高台和宫墙之间的陡坡上;宫墙准备拆除,利用巨大的石构扶壁防止滑坡到河内。河道本身亦需清理,用原木整修

第七章 18世纪莫斯科及行省的新古典主义建筑·1607

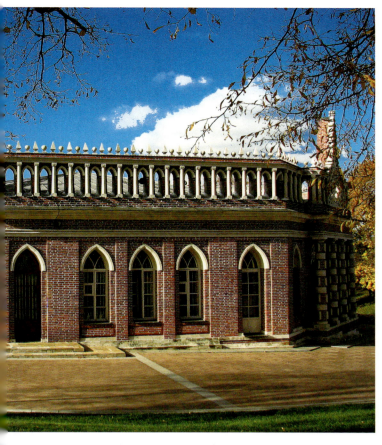

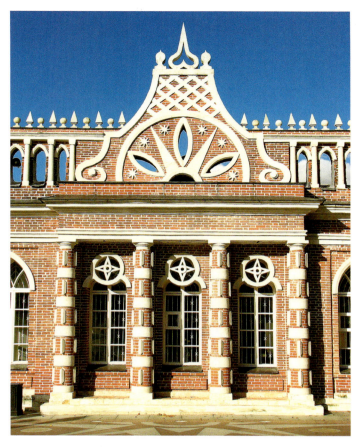

本页及左页：

（左上）图7-233莫斯科 察里津诺庄园。第二骑士楼（八角楼），西南侧全景

（左下）图7-234莫斯科 察里津诺庄园。第二骑士楼，南侧景观

（中上）图7-235莫斯科 察里津诺庄园。第二骑士楼，东南侧景色

（右上）图7-236莫斯科 察里津诺庄园。第二骑士楼，南侧近景

（右下）图7-237莫斯科 察里津诺庄园。第一骑士楼，现状外景

第七章 18世纪莫斯科及行省的新古典主义建筑·1609

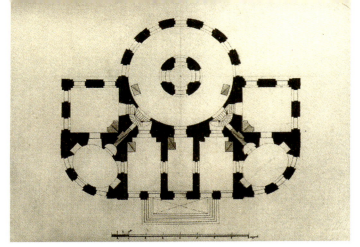
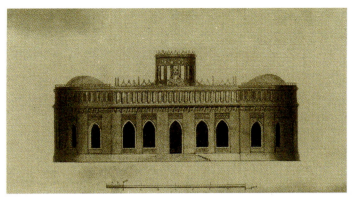

（上两幅）图7-238莫斯科 察里津诺庄园。第三骑士楼，平面及立面

（中）图7-239莫斯科 察里津诺庄园。第三骑士楼，西侧景观

（下）图7-240莫斯科 察里津诺庄园。第三骑士楼，东南侧全景

(上)图7-241莫斯科察里津诺庄园。第三骑士楼,西北侧全景

(下)图7-242莫斯科察里津诺庄园。沟壑桥(大桥,1776~1785年),西南侧景色

堤岸。

这个新克里姆林宫的规划,按阿尔贝特·J.施密特的说法,"是叶卡捷琳娜统治时期最富有创意的规划尝试"[6]。巴热诺夫保留了历史上形成的大教堂广场(广场历史图景:图7-203、7-204;现状:图7-205),同时还打算在克里姆林宫东部另辟一个新广场,使之成为莫斯科市的新中心和三条新的辐射干道的起点(三条干道分别指向北、西北和东北方向)。北面一条穿过规划的克里姆林宫围墙上的开口与特韦尔斯克大街直接相连。也就是说,巴热诺夫已将他的规划扩展到近代城市本身(新宫总平面及立面设计:图7-206、7-207;方案模型:图7-208)。

尼古拉·卡拉姆津在1817年写道:"著名建筑师巴热诺夫的规划,类似柏拉图的《理想国》(Re-

（上）图7-243莫斯科察里津诺庄园。沟壑桥，东侧全景

（下）图7-244莫斯科察里津诺庄园。沟壑桥，东侧近观

public）或托马斯·莫尔的《乌托邦》（Utopia），在理念上值得称赞，但永远无法付诸实践"[7]。但在彼得·科任和尼古拉·列格兰的努力和推动下，这个规划竟在1775年得到官方的认可和批准，政府还为此成立了克里姆林宫建设处（Kremlin Construction Board，或按18世纪的说法称Expedition）。

巴热诺夫在他1769或1770年的演说中同样谈到在他主持下的克里姆林宫建设处的作用（不仅在具体设计中集体合作，同时也是一个培训建筑师的机构）。这个机构一直延续到19世纪，实际上确如他所说，变成了一座培养本地学生的新型建筑学校。主持人中包括他的助手马特维·费奥多罗维奇·卡扎科

（右上）图7-245莫斯科 察里津诺庄园。沟壑桥，西北侧近景

（左上）图7-246莫斯科 察里津诺庄园。"图案桥"（1776~1785年），西侧外景

（右中）图7-247莫斯科 察里津诺庄园。"图案桥"，东侧全景

（下）图7-248莫斯科 察里津诺庄园。"图案桥"，西北侧近景

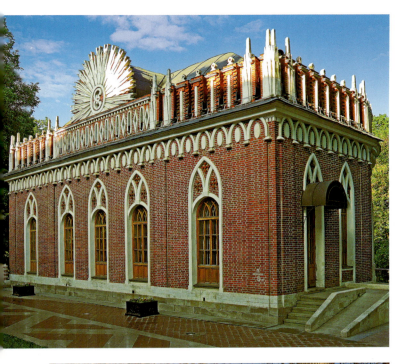

夫（1738~1812年）。他们两位实际上是同龄人，但所受的教育大不相同，和有丰富留学经历的巴热诺夫相反，卡扎科夫很少去国外。他从1768年起参与克里姆林宫的工作，1770年后已开始和巴热诺夫平起平坐，1786年进一步成为建设处的掌门人。作为教育工

(左上) 图7-249莫斯科 察里津诺庄园。小宫（半圆宫），东北侧现状
(左下) 图7-250莫斯科 察里津诺庄园。小宫，西侧外景
(右上) 图7-251莫斯科 察里津诺庄园。小宫，东立面细部
(右下) 图7-252莫斯科 察里津诺庄园。悦目亭，20世纪初景象（老照片，1900年）

作者，其成就甚至在巴热诺夫之上，他不仅为德米特里·乌赫托姆斯基建筑学校（Architectural School of Dmitry Ukhtomsky）注入了新的活力，还培养出了约瑟夫·博韦、伊万·叶戈托夫和阿列克谢·巴卡列夫等一批新人。

在1773年6月1日举行的克里姆林宫新宫开工典礼上，巴热诺夫宣称："今天，莫斯科将被我们更新"（В сей день обновляется Москва），甚至还用了"第三个罗马"，"沙皇城"（Tsargrad, 意君士坦丁堡）这样的字眼。但值得注意的是，女皇没有参加这次典

（左上）图7-253莫斯科 察里津诺庄园。悦目亭，现状景观

（右上）图7-254莫斯科 察里津诺庄园。涅拉斯坦基诺亭，西南侧现状

（左中）图7-255莫斯科 察里津诺庄园。涅拉斯坦基诺亭，东北侧景色

（下两幅）图7-256莫斯科 察里津诺庄园。大宫，设计方案（两个，作者马特维·卡扎科夫）

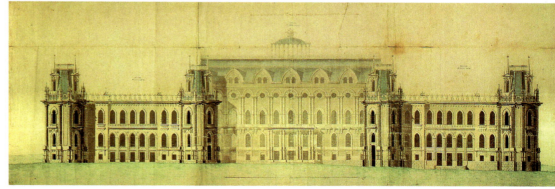

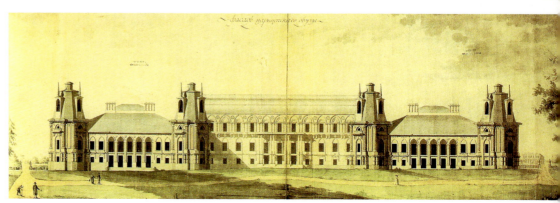

第七章 18世纪莫斯科及行省的新古典主义建筑·1615

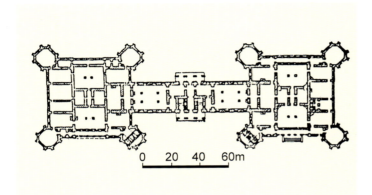

1616·世界建筑史 俄罗斯古代卷

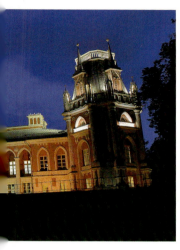

本页及左页：

（左上）图7-257莫斯科 察里津诺庄园。大宫，屋顶设计方案（之一，局部，作者马特维·卡扎科夫）

（左中上）图7-258莫斯科 察里津诺庄园。大宫，平面（取自Matvei Kazakov:《Al'bom》）

（左中下）图7-259莫斯科 察里津诺庄园。大宫，19世纪下半叶景色（版画）

（左下）图7-260莫斯科 察里津诺庄园。大宫，21世纪初实况（摄于2003年修复前）

（右上）图7-261莫斯科 察里津诺庄园。大宫，现状，俯视全景（自北面望去的景色，修复后）

（右中及右下）图7-262莫斯科 察里津诺庄园。大宫，修复后立面全景

礼，说明此时她的热情已开始消退。

巴热诺夫的学生按他的设计制作了一个壮观的宫殿模型（木制，比例1:44，长17米，图7-208示模型东部，约占总长度1/3，表现自河面上望去的情景），现收藏在莫斯科建筑博物馆（Museum of Architecture Collection）内，模型本身就花去了6万卢布（具有讽刺意味的是，所用的木料系来自被拆除的科洛缅斯克的宫殿）。

模型完成后即开始初步进行开挖，工程从修整克里姆林宫所在山头南坡和奠定支撑扶垛的基础开始。克里姆林宫南墙中央部分，连同一些破旧的建筑在1773年盛大的开工典礼后被悉数拆除。整个项目的成本预计将达5千万卢布，超过以往的所有工程，既然帝国有如此雄厚的资源，这些实际的考虑一时都不在话下。

但问题接踵而来，开挖后不久，紧挨着大天使大教堂右侧的地面开始出现凹陷；次年，滑坡问题已开始困扰着巴热诺夫和他的工程师们。在两年后的1775年，叶卡捷琳娜终于下令撤销了这一项目。表面上的理由是考虑到大天使大教堂的安全和克里姆林宫所在山头不适宜的地质条件。但历史学家们认为，实际上

第七章 18世纪莫斯科及行省的新古典主义建筑·1617

（上）图7-263莫斯科 察里津诺庄园。大宫，主立面，西北侧景色及广场残迹

（左下）图7-264莫斯科 察里津诺庄园。大宫，东翼，西北角塔楼近景

（右下）图7-265莫斯科 察里津诺庄园。残墟塔，19世纪中叶景色（版画，1848年）

她还有其他更深层次的考虑。在俄国人看来,克里姆林宫的改造工程只是补救两个都城建设上的失衡状态,而叶卡捷琳娜支持这个项目则是把它作为向外国使团显示俄罗斯帝国国势的手段,特别是在和土耳其

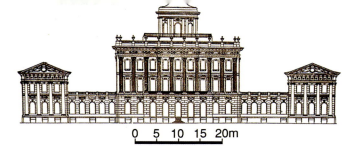

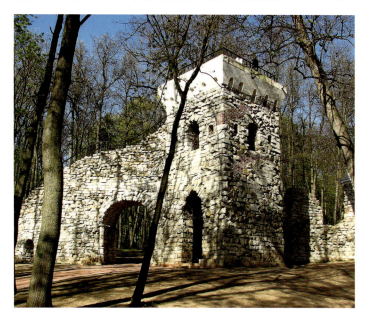

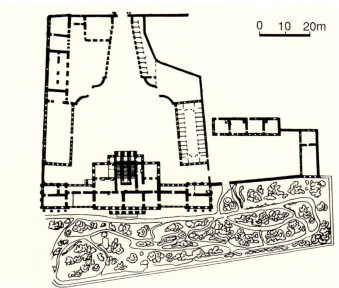

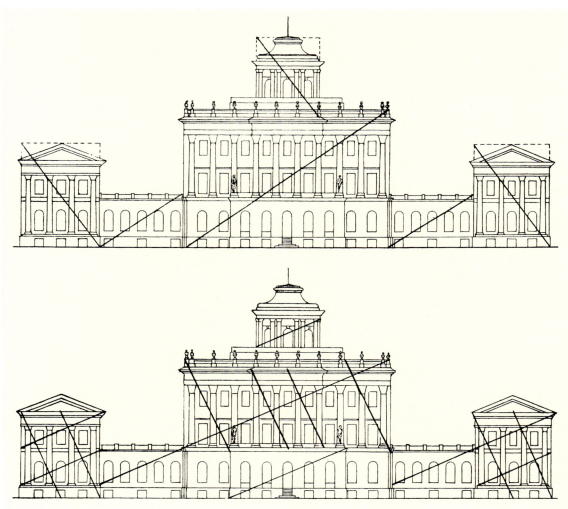

(左上)图7-266 莫斯科 察里津诺庄园。残墟塔,现状

(右中)图7-267 莫斯科 帕什科夫宫邸(1784~1788年)。总平面(取自 Академия Стройтельства и Архитестуры СССР:《Всеобщая История Архитестуры》,II, Москва,1963年)

(右上)图7-268 莫斯科 帕什科夫宫邸。立面

(右下)图7-269 莫斯科 帕什科夫宫邸。立面比例分析(上下两图所用矩形比例分别为1.4:1和1.7:1,据 М.В.Федоров)

重新开战的关键时刻（1768～1774年的俄-土战争）；在这方面，倒是和伊丽莎白在七年战争期间下决心要完成新的冬宫工程颇为相似。但到1773年，和土耳其的战争已接近尾声，因战争带来的财政困境也开始显现，她不能不考虑建造新宫的巨大开销，特别是在立法委员会的工作夭折后，她更不愿在莫斯科，这座对她的权力构成潜在威胁，在帝国的现代化进程中一直持消极态度的古城进行大规模的投资。

从建筑和文化保护的观点来看，叶卡捷琳娜的决定——无论她的动机如何——应该被视为俄罗斯建筑史上的一个重要举措，因为按照这个改造克里姆林宫的计划，不仅一系列重要古迹要遭到破坏（特别是宫墙及塔楼），大教堂组群的环境也将彻底改变。不过，巴热诺夫在重建克里姆林宫的规划中采用古典柱式自然也有他的道理。首先，无论从美学还是从意识形态的角度来看，新古典主义都是叶卡捷琳娜最钟意的风格。她重新规划和设计行省城镇的意图（按有序的平面，在市中心布置采用新古典主义风格的主要行政建筑）理应在作为卫城的克里姆林宫得到终极的体现。况且，巴热诺夫的规划还可视为延续了俄罗斯历史上重建克里姆林宫圣区的理想（如鲍里斯·戈杜诺夫之类的方案设想）。

克里姆林宫的设计方案同样反映了一种重新制定建筑语言的愿望，以此作为手段宣扬来自古代世界的

（左上）图7-270莫斯科 帕什科夫宫邸。18世纪景色（水彩，作者J.Delabart）

（下）图7-271莫斯科 帕什科夫宫邸。19世纪末～20世纪初景观（老照片，1890～1905年）

（右上）图7-272莫斯科 帕什科夫宫邸。东侧远景（自亚历山大公园望去的景色）

(上)图7-273莫斯科 帕什科夫宫邸。东侧全景

(下)图7-274莫斯科 帕什科夫宫邸。正立面景观

（上）图7-275莫斯科 帕什科夫宫邸。正立面，仰视近景

（下）图7-276莫斯科 帕什科夫宫邸。东南侧全景

（上）图7-277莫斯科 帕什科夫宫邸。西南侧，侧立面近景

（下）图7-278莫斯科 帕什科夫宫邸。后院现状

文化遗产。尽管这一进程在彼得大帝时代已经开始，但巴热诺夫设计中表达的思想要比彼得时代的建筑改造更为激进（彼得从来没有设想过毁掉俄罗斯中世纪的建筑遗产）。对巴热诺夫及其支持者来说，借助古典柱式体系，采用新古典主义风格的克里姆林宫，可能是一个正确的选择，然而它只是一个选择；事实

第七章 18世纪莫斯科及行省的新古典主义建筑·1623

上，巴热诺夫的后期作品就改用了另一种具有奇异想像力的仿哥特风格。从这个意义上说，克里姆林宫的设计，已成为19世纪选择性地采用某种建筑风格（不仅用作装饰，也用于表达某种意识形态）的所谓历史主义[8]的先兆。

[察里津诺庄园]

位于莫斯科南部的察里津诺庄园本是叶卡捷琳娜二世一处没有完工就被废弃的行宫。该地原名"黑土"（或"黑泥潭"，Черная Грязь），是S.坎捷米尔大公的产业。1775年夏季叶卡捷琳娜二世到此巡游，为这里的如画美景所吸引，遂想在这块地面上为自己建一座行宫，于是把庄园买了下来，并更名为"察里津诺"（Tsaritsyno，意"沙皇庄园"）。

实际上，巴热诺夫至少在叶卡捷琳娜执政的上半

1624·世界建筑史 俄罗斯古代卷

期，就已经充分了解了这位女皇的情趣和风格倾向，和新古典主义相比，她更倾心于启蒙时代的作品。1775年在莫斯科西北霍登卡旷野举行的小凯纳尔贾和约（Treaty of Küçük Kaynarca）庆典会上，巴热诺夫一改模仿英国哥特复兴的做法，力图为俄罗斯建筑创造一种万能的风格，将东方和西方中世纪建筑的典型部件，以及来自古代和纯属想象的母题，全都综合到一起。这个临时的应景作品实际上为叶卡捷琳娜决定在莫斯科郊区建造的两座皇宫作了前期铺垫（1775年她住在科洛缅斯克一个临时的木构建筑里）。她将规模较小的彼得罗夫斯基城堡（位于通往圣彼得堡的路边）交卡扎科夫负责，把较大的察里津诺庄园委托给巴热诺夫。

由宫邸、楼阁和服务建筑组成的察里津诺庄园占地面积甚大，规模不亚于彼得堡附近的皇家领地（总

左页：

（上）图7-279贝科沃 弗拉基米尔圣母教堂（1789年）。西南侧现状

（下）图7-280贝科沃 弗拉基米尔圣母教堂。西立面全景

本页：

（右上）图7-281贝科沃 弗拉基米尔圣母教堂。入口台阶近景

（右中及右下）图7-282贝科沃 弗拉基米尔圣母教堂。北侧装饰细部

（左下）图7-283莫斯科 显容教堂（抚悲圣母教堂，1780年代后期）。平面

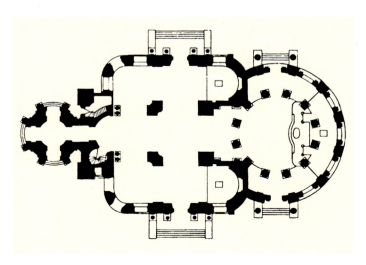

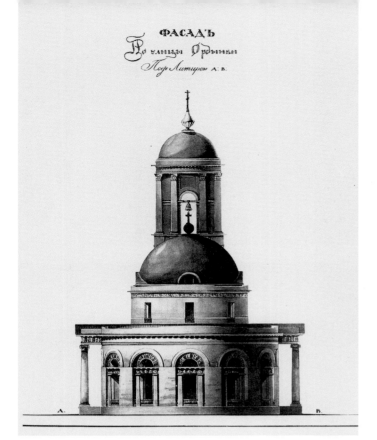

平面：图7-209~7-211；卫星图：图7-212；历史图景：图7-213；中心区俯视全景：图7-214）。在这块布满了小河和峡谷沟壑的地面上，叶卡捷琳娜决定不再用新古典主义风格，巴热诺夫更是在这个项目上充分展示了自己在驾驭各种建筑形式上的才能。1775年夏季他拟定的察里津诺初步方案稿虽已佚失，但从其他资料可知，方案系按叶卡捷琳娜喜好的"农民风格"（peasant style），在精心规划的所谓"自然"风景园里，零散地布置了许多采用新哥特乡间风格的小屋。在叶卡捷琳娜1776年春批准的"完全舍弃古典主义"的第二稿总平面里用了同样的手法，但这次巴热诺夫增加了一栋占支配地位的主宫，由两个同样的宫邸组成，中间以温室相连。两栋建筑分别供叶卡捷琳娜和她的儿子及继承人保罗使用。巴热诺夫计划用俄罗斯

传统的彩色陶板（izraztsy）作为装饰材料，但被叶卡捷琳娜否决，后者坚持用更简单的红（砖墙）、白（装饰部件）、黄（上釉的屋面瓦）色的搭配方案（但在俄罗斯冬季的酷寒条件下，屋面瓦很难持久，因此不久就用铁皮进行了置换）。

建筑群采用了所谓"摩尔-哥特"风格（图7-215）。尽管其教堂和楼阁均有先例可寻，但整个组群出自这样一位精通新古典主义的建筑师之手，多少有点出乎人们的意料。巴热诺夫的创作实际上是对传统的俄罗斯要素及材料（石灰石和砖）重新进行诠释并给它们穿上了哥特复兴的外衣，同时还采用了18世纪中叶巴洛克建筑的复杂几何布局。

巴热诺夫自前排小建筑、大门及桥梁处开始建造。在较大的楼阁建筑中，随后被称作歌剧院（1776~1778年；图7-216~7-218）的一座和其他建筑一样采用了砖立面，但在檐口上方，安置了一组用石灰石制作的双头鹰徽章和全套装饰部件，其中很多都受到古典建筑的启迪。和彼得堡建筑不同（在那里，用得最多的是抹灰立面，只有少数以自然石料作为饰面），巴热诺夫在这里以砖墙和石灰石细部相搭配作为帝王的标记，从而也为莫斯科带来了一种帝国建筑风格。事实上，在随后的重要建筑中，人们很少采用

左页：

（上两幅）图7-284莫斯科 显容教堂（抚悲圣母教堂）。立面改建设计（1832年图版，作者奥西普·博韦）

（右下）图7-285莫斯科 显容教堂（抚悲圣母教堂）。圆堂剖面（1832年图版，作者奥西普·博韦）

（左下）图7-286莫斯科 显容教堂（抚悲圣母教堂）。圆堂剖面（1832年）

本页：
（上）图7-287莫斯科 显容教堂（抚悲圣母教堂）。柱式及拱券细部

（下）图7-288莫斯科 显容教堂（抚悲圣母教堂）。西南侧全景

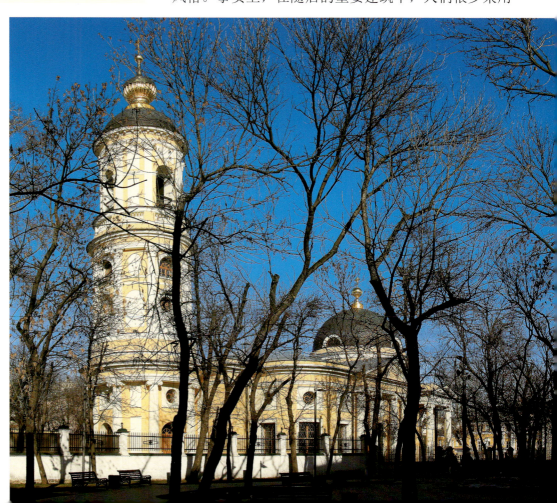

这种不施面层的砖构外墙，直到19世纪中叶，作为建筑上的一种"民族风格"，人们开始复兴前彼得时期的形式时，情况才有所变化。也就是说，这位想把克里姆林宫改造成一座新古典主义宫堡的建筑师，就这样，通过他浪漫主义的诠释，同样预示了一种来自俄罗斯中世纪砖构建筑的民族风格（见第九章）。

在察里津诺建筑群中，充分体现巴热诺夫想象力的一个最小但也是最精致的作品即位于花园入口处的所谓"图案"门（建于1776~1778年；平面及立面：图7-219；外景：图7-220~7-222）。它通过混合各种样式，精心打造美学幻景，创造怀旧的氛围，建筑师本人则认为这种仿哥特风格体现了一种"风雅"（нежная，相当英文的gentle和法文的précieux）的情趣。大门下部墙体由石灰石砌筑，使人想起西方或俄罗斯的中世纪建筑；它们构成上部精心砌造的砖塔基座，塔楼则以微缩的形式展现了克里姆林宫围墙的某

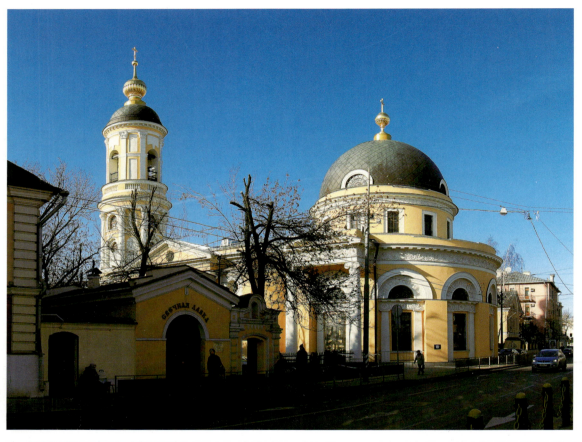

（上）图7-289莫斯科显容教堂（抚悲圣母教堂）。东南侧，地段形势

（左下）图7-290莫斯科显容教堂（抚悲圣母教堂）。东南侧全景

（右下）图7-291莫斯科显容教堂（抚悲圣母教堂）。圆堂，东北侧景色

（左上）图7-292莫斯科 显容教堂（抚悲圣母教堂）。圆堂，门廊近景

（左下）图7-293莫斯科 显容教堂（抚悲圣母教堂）。窗券细部

（右上）图7-294莫斯科 显容教堂（抚悲圣母教堂）。东南侧近景

些母题。在砖墙和石灰石拱券内部，一组悬垂而下的石构图案以粗放和简化的形式再现了哥特式券窗的花饰。大门设计上的这些特色成为19世纪发展起来的折中主义建筑的先兆。

在察里津诺建设的最后阶段（1778年后曾有一段延搁），巴热诺夫这种俄罗斯-哥特风格在更大的规模上得到展示。体量上甚大的一个独立结构是与宫邸相邻的厨房和服务翼，被称为"面包楼"的这部分始建于1784年。其平面为一个带圆角的巨大四边形，立面高两层，底层布置尖券窗，上层为复合式三叶窗（外景及细部：图7-223~7-226；内院：图7-227）。尽管和帝国楼阁相比，在石灰石细部上并没有表现出更

第七章 18世纪莫斯科及行省的新古典主义建筑·1629

（左上）图7-295莫斯科 显容教堂（抚悲圣母教堂）。柱廊近景

（左下）图7-296莫斯科 显容教堂（抚悲圣母教堂）。西南转角处近观

（右上）图7-297莫斯科 显容教堂（抚悲圣母教堂）。塔楼近景

（右下）图7-298莫斯科 绘画、雕塑和建筑学校。现状（现为俄罗斯绘画、雕塑及建筑学院）

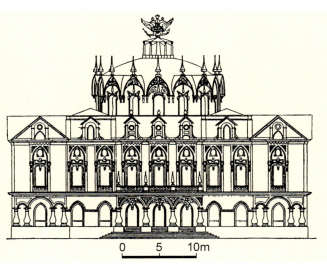

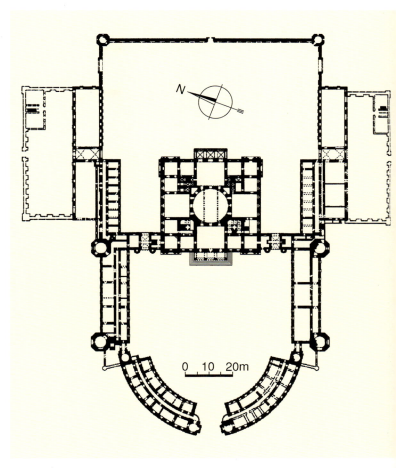

（左上）图7-299莫斯科 多尔戈夫府邸。立面现状

（左中）图7-300莫斯科 彼得罗夫斯基中转宫（1775~1782年）。平面（取自Matvei Kazakov:《Al'bom》）

（右上）图7-301莫斯科 彼得罗夫斯基中转宫。立面（取自Matvei Kazakov:《Al'bom》）

（下）图7-302莫斯科 彼得罗夫斯基中转宫。1812年大火后景色（版画，作者I.T.James，1812年）

多的创意，但这个服务翼和主要宫邸组群之间通过一个带大门的拱廊相连，在18世纪的俄罗斯建筑中，倒是一个极为特殊的表现（图7-228、7-229）。特别是大门（所谓"面包门"）的半圆形砖券，镶着石灰石的"尖牙利齿"，看上去颇为吓人，不过两边塔楼的皇冠母题，多少缓和了一点这样的气氛（图7-230~7-232）。

为了迎接1785年女皇的正式视察，1784年又建造了最后一批重要建筑，如八角楼[又称第二骑士楼（图7-233~7-236），第一和第三骑士楼虽平面形式不同，但具有类似的装饰（第一骑士楼：图7-237；第三骑士楼：图7-238~7-241）]，其复杂的石灰石装饰图案，和类似功能的早期结构一起，使人想起和巴热诺夫关系密切的共济会的某些神秘象征。在装饰母题上更富有创意的是跨越沟壑的桥（大桥，属巴热诺夫在察里津诺完成的最后一批工程），其中包括自两端支撑拱券上辐射出的一些石灰石制作的"光芒"，还有一批题材可能是来自民间艺术的几何图案（图7-242~7-245）。不远处的"图案桥"（图7-246~7-248）和主要宫邸边上的小宫（半圆宫；图7-249~7-

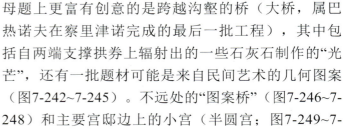

（左上）图7-303莫斯科 彼得罗夫斯基中转宫。19世纪上半叶景色（彩画，19世纪30~40年代）

（下）图7-304莫斯科 彼得罗夫斯基中转宫。19世纪上半叶景色（版画，1838年，作者Jean-Marie Chopin）

（左中）图7-305莫斯科 彼得罗夫斯基中转宫。19世纪末景色（老照片，1884年，取自Nikolay Naidenov系列图集）

（右上）图7-306莫斯科 彼得罗夫斯基中转宫。20世纪初景色（老照片，1900年代，Карл Андреевич Фишер摄）

（右中）图7-307莫斯科 彼得罗夫斯基中转宫。西南侧，俯视全景

（上）图7-308莫斯科 彼得罗夫斯基中转宫。南侧，建筑群全景

（下）图7-309莫斯科 彼得罗夫斯基中转宫。主楼，自围墙门处望去的景色

251）也都采用了同样的风格。雕刻精美的白色石头镶嵌是这些建筑的一大特色，但在后期建筑和一些小品建筑[如花园亭阁：悦目亭（图7-252、7-253），涅拉斯坦基诺亭（图7-254、7-255）]里已不再采用，可能是由于技工短缺，也可能是巴热诺夫本人风格上的考虑。

1777年，巴热诺夫拆除了原先察里津诺的主人坎捷米尔家族的老木构庄园府邸，接着开始建造供帝王

第七章 18世纪莫斯科及行省的新古典主义建筑 · 1633

（上）图7-310莫斯科 彼得罗夫斯基中转宫。主楼，西南侧立面全景

（下）图7-311莫斯科 彼得罗夫斯基中转宫。主楼，立面近景

（上）图7-312莫斯科 彼得罗夫斯基中转宫。主楼，穹顶，西南侧景观

（下）图7-313莫斯科 彼得罗夫斯基中转宫。主楼，墙面装饰细部

家族使用的主要宫邸，到1782年，供叶卡捷琳娜和皇位继承人保罗使用的两个宫邸及供保罗孩子们使用的第三个结构墙体部分已经完成，但工程的进展此时开始遇到了危机。

现在看来，巴热诺夫可能是俄罗斯伟大建筑师中运气最差的一个。尽管在工程上马的时候，他试图得到资金方面的保证，但来自宫廷的承诺总是无法及时兑现。由于资金不到位，项目从一开始就磕磕绊绊。巴热诺夫留下的文书档案中，大部分都是有关拨款及调拨熟练劳动力之类的申请。事实上，到1783年，他

第七章 18世纪莫斯科及行省的新古典主义建筑 · 1635

已在积极寻找新的工作,想摆脱这份苦差事。

1784年接管察里津诺的官员雅各布·布鲁斯对组群没有正式的前院颇为困惑,不过他还是向叶卡捷琳娜提交了一份热情的报告,特别对桥梁和景观的设计表示赞赏。叶卡捷琳娜当即于1785年6月来察里津诺视察,让人大跌眼镜的是,她不仅对工程的缓慢进展颇为不满(此时大部分建筑也就刚刚完成了墙体工程,原计划建筑群3年内完成),在给保罗和梅尔希奥·格林的信中还指责说,这是个"黑乎乎的地方,拱顶很矮,楼梯很窄,并不适合居住"。

实际上,到1785年,巴热诺夫的宫邸设计政治上也出了问题,由于叶卡捷琳娜和保罗的关系已无可逆转地恶化,这位女皇已打算取消保罗的继承资格,因此双宫的设计需要改为她自己的单一宫邸。叶卡捷琳娜终于下令拆除和重建主要宫邸,但巴热诺夫这次并没有立即响应;随后他和助手马特维·卡扎科夫受命分别递交重新设计的方案。巴热诺夫于1785年末提交了一个新的设计,但被否决和解聘。1786年2月,叶卡捷琳娜最后将察里津诺的改建工程交由卡扎科夫负责。巴热诺夫的宫邸于1786年夏季被拆除,其形象只能从他早期绘制的一幅察里津诺的设计草图上去了解(见图7-215,从图上可知,外部很多都有华美的装

(上)图7-314莫斯科彼得罗夫斯基中转宫。主楼,圆堂,内景(整修后)

(下)图7-315莫斯科彼得罗夫斯基中转宫。主楼,圆堂,穹顶仰视

（上）图7-316莫斯科 彼得罗夫斯基中转宫。塔楼组群，自南侧望去的景色

（左下）图7-317莫斯科 彼得罗夫斯基中转宫。院落南翼角塔

（右下）图7-318莫斯科 彼得罗夫斯基中转宫。北侧角塔近景

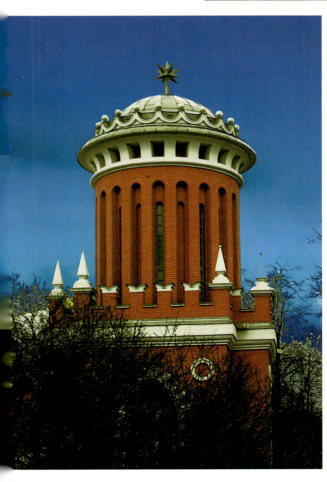

第七章 18世纪莫斯科及行省的新古典主义建筑·1637

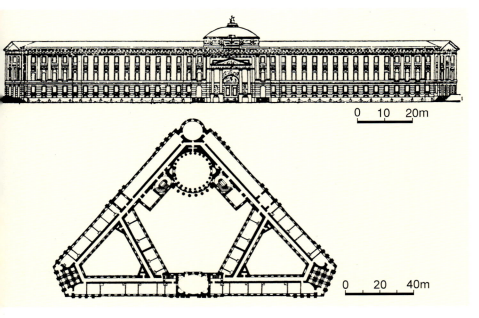

（上）图7-319莫斯科 克里姆林宫。参议院大楼（1776~1787年），平面及立面（平面取自Академия Стройтельства и Архитестуры СССР:《Всеобщая История Архитектуры》, II, Москва, 1963年；立面取自Matvei Kazakov:《Al'bom》）

（左中）图7-320莫斯科 克里姆林宫。参议院大楼，圆堂剖面（取自William Craft Brumfield:《A History of Russian Architecture》, Cambridge University Press, 1997年）

（左下）图7-321莫斯科 克里姆林宫。参议院大楼，19世纪20年代景色（1812年大火后，取自Gadolle莫斯科全景图集）

（右两幅）图7-322莫斯科 克里姆林宫。参议院大楼，19世纪末景色（老照片，1884年，取自Nikolay Naidenov系列图集，分别表现自红场和宫墙内望去的景色）

（上）图7-323 莫斯科 克里姆林宫。参议院大楼，西南侧全景

（下）图7-324 莫斯科 克里姆林宫。参议院大楼，南侧景观

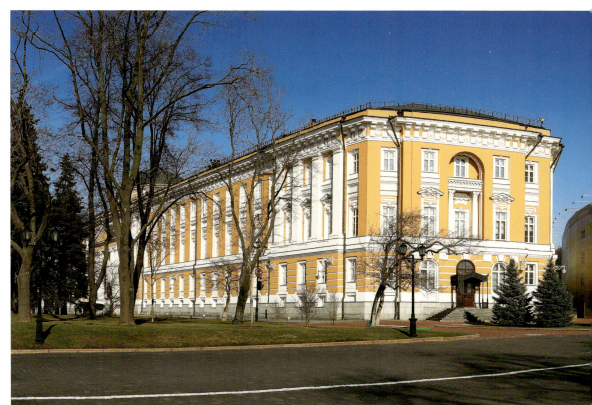

第七章 18世纪莫斯科及行省的新古典主义建筑 · 1639

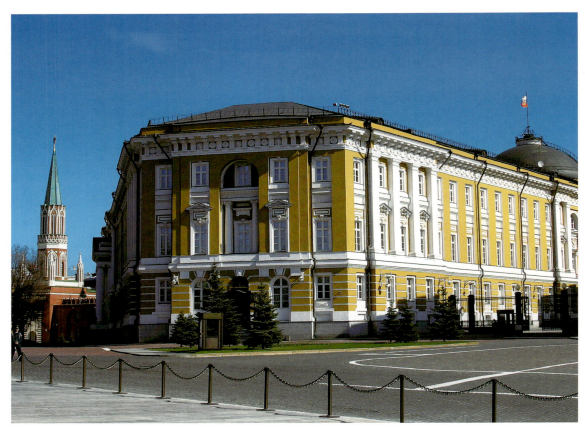

(上)图7-325莫斯科克里姆林宫。参议院大楼,南侧近景

(下)图7-326莫斯科克里姆林宫。参议院大楼,东侧,自红场上望去的情景

图7-327 莫斯科 克里姆林宫。参议院大楼，内院，朝圆堂望去的景色

饰）。很多人认为女皇迁怒于巴热诺夫是由于他和共济会的联系或他采用的哥特风格；但事实上，卡扎科夫也保留了哥特风格和共济会的某些特色，况且巴热诺夫设计的大多数附属建筑都保留了下来。

卡扎科夫构思了一个虽想象力不算丰富但足够宏伟的宫殿，将仿哥特建筑的式样和明显来自古典柱式体系的部件结合在一起（在外凸塔楼的柱子上表现尤为明显，见图7-264）。卡扎科夫已有一个属他名下的重要哥特式宫殿，即供叶卡捷琳娜视察莫斯科时居住的彼得罗夫斯基中转宫（建于1775~1782年，见下文）。因此这个新设计很快准备就绪并于1786年在已夷平的基址上开始建造。巴热诺夫设想的两个宫殿现布置在一个矩形核心的两端，第二层贯穿整个建筑长度（设计方案：图7-256~7-258；历史图景：图7-259；外景：图7-260~7-264）。但第二次俄-土战争的爆发再次导致经费的缩减和工期的延搁。1793年，高两层的宫殿墙体上只安置了临时的屋顶。叶卡捷琳娜1796年去世后，工程再未进行下去。

具有讽刺意味的是，在察里津诺组群里，有专门设计的"残墟"景观（所谓残墟塔，历史图景：图7-265；现状：图7-266），实际上，长期以来大部分建筑都处于残墟状态，整个组群本身也变成了一个乔瓦尼·巴蒂斯塔·皮拉内西[9]所欣赏的那种壮观的遗迹。直到2005~2007年，建筑群才进行了大规模整修，完成或增添了屋顶及内部装修等部分，以崭新的面貌展现在人们面前，惟历史面貌已有所变更。有的建筑现辟作俄罗斯民俗和应用艺术博物馆，面包楼的中庭则用于举办音乐会。

[帕什科夫宫邸及后期作品]

巴热诺夫在莫斯科设计的最后一批重要建筑中，建于1784~1788年的帕什科夫宫邸属新古典主义的

（上）图7-328莫斯科 克里姆林宫。参议院大楼，圣叶卡捷琳娜大厅，内景

（下）图7-329莫斯科 克里姆林宫。参议院大楼，议长室，内景

又一力作（总平面及立面：图7-267~7-269；历史图景：图7-270、7-271；外景：图7-272~7-278）；但判定为巴热诺夫设计只是根据口头传说和类似他的风格，并无确凿的文献根据，因而在整个20世纪，有关建筑的设计人并非没有争议（事实上，许多建筑都是根据风格判定为他的作品，在这方面的另一个著名例子是贝科沃的弗拉基米尔圣母教堂（建于1789年），为一座高两层、仿哥特风格、外部以白石饰面的建筑；图7-279~7-282）。

帕什科夫宫邸的主人是曾为皇家近卫骑兵团首领的贵族P.E.帕什科夫，这座砖构抹灰的新古典主义建

（上）图7-330莫斯科 克里姆林宫。参议院大楼，总统图书室，内景

（左下）图7-331莫斯科 克里姆林宫。参议院大楼，冬季花园，现状

（右下）图7-332莫斯科 大主教菲利普教堂（1777~1788年）。平面及剖面（取自Академия Стройтельства и Архитестуры СССР：《Всеобщая История Архитестуры》，II，Москва，1963年）

（上）图7-333莫斯科 大主教菲利普教堂。组群西侧全景

（右下）图7-334莫斯科 大主教菲利普教堂。东南侧全景

（左下）图7-335莫斯科 大主教菲利普教堂。东侧近景

筑代表了和彼得堡宫殿相对应的莫斯科作品。它独自耸在俯瞰着16世纪克里姆林宫西墙的瓦甘科夫山上，位于一个完全不同的环境里（19世纪成为莫斯科第一个公共博物馆，现属国家图书馆），在同时期的彼得堡，没有一座建筑在气势上能超过它。从风格上看，帕什科夫宫邸和彼得堡建筑也有所不同，它使人想起18世纪初英国的巴洛克风格（如查茨沃思的德文郡公爵乡间府邸，两个建筑立面的古典细部尤为接近）。带爱奥尼门廊的两翼和主要结构之间通过粗面石廊道分开，后者长度相当于中央立面的一半。这一距离，以及它和侧翼高度的关系，创造了均衡的比例关系，

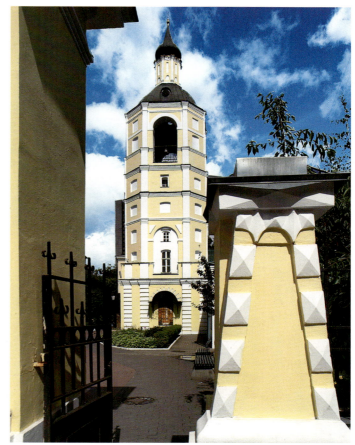

（左上）图7-336莫斯科 大主教菲利普教堂。南侧近景

（右上）图7-337莫斯科 大主教菲利普教堂。塔楼，南侧景色

（下）图7-338尼科洛-波戈列洛庄园 巴雷什尼科夫陵寝-教堂（1784年，现已无存）。平面、西立面及剖面（据L.I.Batalov和A.M.Kharlamov）

将三个形体统一在一起。尽管每个组成部分都有充分的空间可以独立欣赏，人们却能充分意识到它们和整体的关系。

在18世纪80年代后期，随着改建17世纪后期的显容教堂（后根据一个礼拜堂的名字改为供奉抚悲圣母），巴热诺夫完成了他的系列古典风格作品。教堂位于克里姆林宫南面莫斯科河对岸商业区扎莫斯克沃雷切的中心，南北向贯穿的大奥尔登卡大街上，由富商A.I.多尔戈夫投资建造（平面、立面、剖面及细部：图7-283~7-287；外景：图7-288~7-291；近景及细部：图7-292~7-297）。巴热诺夫主要负责改建餐厅和钟楼部分（主要圣所于1830年代改建，主持人博韦）。餐厅柱廊采用爱奥尼柱式（柱子由浅黄色石头制作），立面的圆窗和两端墙面的圆角呈现出巴洛

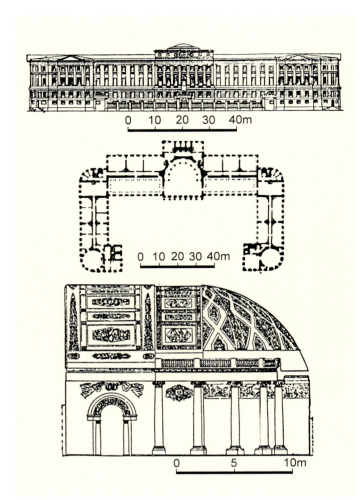

克的品性，这些都是巴热诺夫新古典主义作品特有的作风，在他设计的莫斯科其他建筑中亦可看到[如绘画、雕塑和建筑学校（图7-298）、多尔戈夫府邸（图7-299）]。特别是圆形的钟楼，在莫斯科教堂建筑中很少看到这样的例证。钟楼由三个递升的层位组成，同样配有石灰石的柱子（至顶层改为壁柱）。

尽管巴热诺夫于1780年代在察里津诺这一项目上遇到了挫折，之后又迁到了加特契纳，但仍然和一些

左页：

（左上）图7-339莫斯科 莫斯科大学（1786~1793年）。平面、立面及礼仪大厅剖面（平面及立面取自Matvei Kazakov:《Al'bom》，剖面据N.L.Apostolova）

（右上）图7-340莫斯科 莫斯科大学。18世纪末景色（水彩画，1798年）

（右中）图7-341莫斯科 莫斯科大学。19世纪后期景色（老照片，1884年，取自Nikolay Naidenov系列图集）

（下）图7-342莫斯科 莫斯科大学。老楼（1812年后改建），东北侧远景

本页：

（上）图7-343莫斯科 莫斯科大学。老楼，主立面全景

（下）图7-344莫斯科 莫斯科大学。老楼，中央柱廊近景

重要的投资人——特别是皇位继承人保罗——保持着联系。到18世纪末，他终于得到了迟来的艺术学院的认可，于1799年2月被选为它的第一副院长。在被任命后的一个月内，巴热诺夫就提出了一份改进学院组织机构的报告。尽管皇帝保罗私下赞同报告的大部分内容，但同年8月巴热诺夫的去世使这项改革未能彻底实施。不过，作为教师，巴热诺夫在莫斯科的发展上仍具有很大的影响，特别是在他的优秀学生马特维·卡扎科夫的作品上，表现得尤为突出。

三、马特维·卡扎科夫和莫斯科新古典主义风格的创立

[纪念性建筑]

从马特维·卡扎科夫作品的清单中不难看出，新古典主义风格几乎可适应所有的纪念性建筑——教堂、医院、政府机构、会堂或大学。如同夸伦吉在同时期彼得堡所扮演的角色，卡扎科夫的天分和旺盛的创造力在莫斯科独特的新古典主义风格的形成上也起

本页：

（上）图7-345莫斯科 莫斯科大学。老楼，中央柱廊，柱式及山墙细部

（下）图7-346莫斯科 莫斯科大学。老楼，侧翼景色

右页：

（左上）图7-347莫斯科 莫斯科贵族代表大会（1784~1787年，现工会大楼）。平面及柱厅剖面（据L.I.Batalov）

（右上）图7-348莫斯科 莫斯科贵族代表大会。自北面望去的街立面景色

（左下）图7-349莫斯科 莫斯科贵族代表大会。北角圆堂，自北面望去的情景

（右中及右下）图7-350莫斯科 莫斯科贵族代表大会。柱厅，现状内景

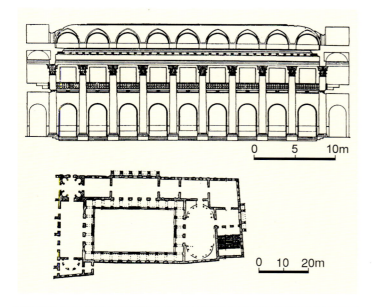

到了不可估量的作用。卡扎科夫有幸得到许多良师的指点，开始时（1750年代）他在德米特里·乌赫托姆斯基主办的学校里学习。乌赫托姆斯基1760年退休后，卡扎科夫又协助接替乌赫托姆斯基主持学校的彼得·尼基京（1735~1790年代）工作，后者在特维尔市遭1763年大火破坏后监管老城的重建，其设计被认为是俄罗斯新古典主义城市规划中最优秀的实例之一，卡扎科夫在很多方面都对这个设计有所贡献。1768年，卡扎科夫的工作引起了当时正从事大克里姆林宫规划和设计的巴热诺夫的注意。虽然卡扎科夫缺乏广泛游历和国外留学的经历，但由于跟随俄罗斯最优秀的建筑师学习和工作，仍然受到了很好的专业训练。

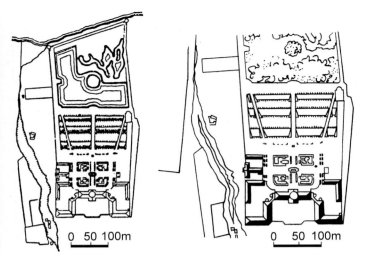

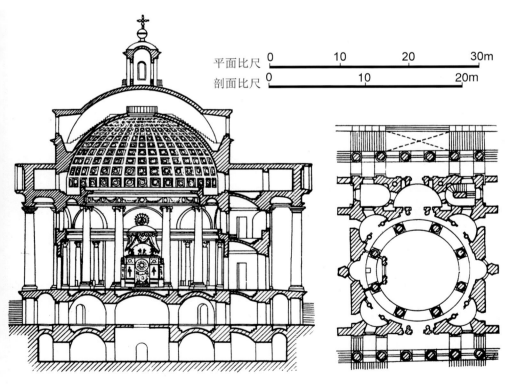

（左上）图7-351莫斯科 戈利岑医院（1796~1801年）。地段总平面[左右两图分别取自William Craft Brumfield：《A History of Russian Architecture》（Cambridge University Press，1997年）和Академия Строительства и Архитестуры СССР：《Всеобщая История Архитестуры》（II, Москва，1963年）]

（中）图7-352莫斯科 戈利岑医院。立面（取自Matvei Kazakov：《Al'bom》）

（下）图7-353莫斯科 戈利岑医院。圆堂，平面及剖面（取自Академия Строительства и Архитестуры СССР：《Всеобщая История Архитестуры》，II，Москва，1963年）

（右上）图7-354莫斯科 戈利岑医院。19世纪后期景色（老照片，1884年，取自Nikolay Naidenov系列图集）

卡扎科夫的第一个重要作品是1775~1782年为叶卡捷琳娜在莫斯科北郊建造的彼得罗夫斯基中转宫（平面及立面：图7-300、7-301；历史图景：图7-302~7-306；外景及细部：图7-307~7-313；内景：图7-314、7-315；附属建筑：图7-316~7-318）。和同时期巴热诺夫在察里津诺的作品一样，卡扎科夫设计的宫殿也是综合采用时尚的哥特复兴式样和来自中世纪俄罗斯建筑的母题（诸如在砖墙上布置石灰石装饰部件，在主立面上采用瓶式柱等）。坡顶山墙的阁楼窗在丰富立面的同时不免显得有些琐碎，但通过建

（上）图7-355莫斯科 戈利岑医院。俯视夜景

（下）图7-356莫斯科 戈利岑医院。主立面，门廊近景

筑中央圆堂上的巨大穹顶缓解了这种印象，华丽的灰泥装饰和他设计的大主教菲利普教堂（1777~1788年，见图7-334）的类似空间极其相近。宫殿平面包括带塔楼的两个较矮的侧翼，它们自主立面开始向前延伸，最后形成一个半圆形的场地，入口大门处另设两座警卫塔楼。尽管综合了乡土"哥特"风格和庄园建筑的特色，但细部上仍可看到许多巴洛克手法的表现（特别是穹顶下的窗户边饰），因而构成了一个颇为怪异的设计。

在同一时期，卡扎科夫所受的古典训练集中体现在他设计的克里姆林宫参议院大楼上，这是叶卡捷琳娜时期最重要的国家建筑之一。在1763年法制改革之后，作为第二个都城的莫斯科是国家两个最高司法机构的所在地。1776年，就参议院的方案在卡扎科夫和卡尔·布兰克之间举行了一次设计竞赛。卡扎科夫获胜的方案是个位于克里姆林宫东北角高4层的巨大三角形建筑组群。对称的平面内安置了两个内翼，使等边三角形各边的房间具有更便捷的联系通道（平面、

第七章 18世纪莫斯科及行省的新古典主义建筑·1651

（上）图7-357莫斯科 戈利岑医院。主立面，山墙及穹顶细部

（下）图7-358莫斯科 戈利岑医院。花园立面（背立面）

立面及剖面：图7-319、7-320；历史图景：图7-321、7-322；外景：图7-323~7-326；内院：图7-327；内景：图7-328~7-330；冬季花园：图7-331）。

由于三角形内插进两个内翼内部形成了三个院落。在中间的五边形大院顶端安置了统领整个建筑群的大圆堂（圣叶卡捷琳娜大厅），为参议院和最高法院的主要集会场所。圆堂外部于底层上绕多利克柱廊，内部（见图7-320）饰华丽的科林斯立柱，柱间寓意浮雕出自加夫里尔·扎马拉耶夫之手，其主题及内容由著名诗人加夫里尔·杰尔查文及其朋友、诗人-建筑师利沃夫共同拟定。圆堂上部，由柱子支撑的檐口-廊道之上，古典造型的大型圆盘内为俄罗斯沙皇

1652·世界建筑史 俄罗斯古代卷

（左上）图7-359 莫斯科 戈利岑医院。侧翼立面

（右上）图7-360 莫斯科 巴甫洛夫斯克医院（1802~1807年）。19世纪后期景色（老照片，1884年，取自Nikolay Naidenov系列图集）

（下）图7-361 莫斯科 巴甫洛夫斯克医院。现状，近景

第七章 18世纪莫斯科及行省的新古典主义建筑·1653

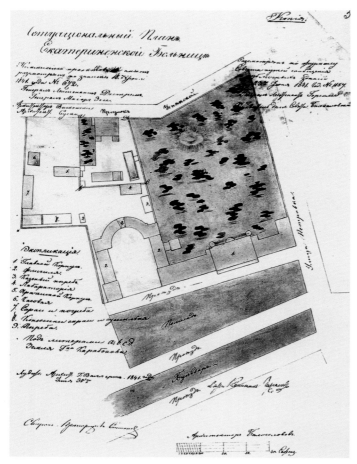

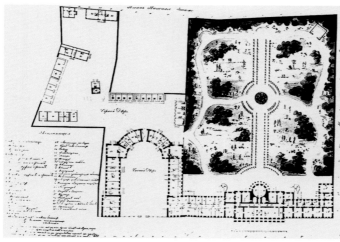

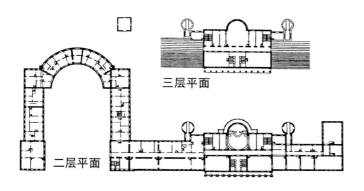

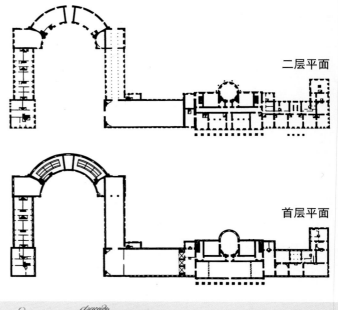

（左上）图7-362莫斯科 新叶卡捷琳娜医院（1786~1790年）。地段规划（1841年，作者Visconti、Rusco、Wallert和Belogolovov）

（左中）图7-363莫斯科 新叶卡捷琳娜医院。总平面及首层平面（作者Joseph Bove，1827~1833年）

（左下）图7-364莫斯科 新叶卡捷琳娜医院。二层及三层平面（作者Joseph Bove，1827~1833年）

（右上）图7-365莫斯科 新叶卡捷琳娜医院。首层及二层平面（1790年代，作者Matvey Kazakov）

（右中）图7-366莫斯科 新叶卡捷琳娜医院。立面（图版，1790年代）

（右下）图7-367莫斯科 新叶卡捷琳娜医院。19世纪后期景色（老照片，1883年，取自Nikolay Naidenov系列图集）

（上）图7-368莫斯科 新叶卡捷琳娜医院。东翼，主立面西南侧景色

（左下）图7-369莫斯科 新叶卡捷琳娜医院。东翼，主立面中央柱廊现状

（右下）图7-370莫斯科 新叶卡捷琳娜医院。东翼，西南角近景

和大公们的灰泥塑像。

朝西的主立面对着军械库，中央椭圆形的前厅上同样配一穹顶。建筑的巨大尺度和因过长而显得有点单调的立面，由于分成两个区段而有所缓和（下两层饰面石墙，上两层重点部位由多利克壁柱分划）。多利克入口门廊尺度不大，人们的注意力能集中到通向中央院落的通道。中央和两端几个跨间稍稍向外凸出，形成整个形体的框架；安德烈扬·扎哈罗夫在彼得堡海军部的设计中也用了类似的手法，且效果更为显著（见第八章）。在接下来的半个世纪里，俄罗斯许多行省城市

第七章 18世纪莫斯科及行省的新古典主义建筑 · 1655

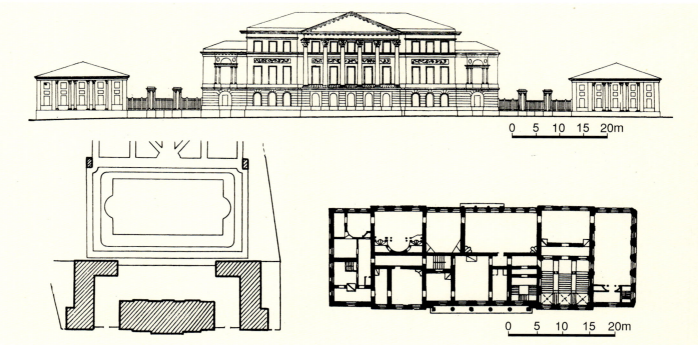

左页：

（左上）图7-371莫斯科 杰米多夫（I.I.）府邸（戈罗霍夫巷，1789~1791年）。立面现状

（中）图7-372莫斯科 古宾府邸（1793~1799年）。总平面、主楼平面及立面（取自Академия Стройтельства и Архитестуры СССР：《Всеобщая История Архитестуры》，II, Москва, 1963年）

（右上）图7-373莫斯科 古宾府邸。北侧远景

（下）图7-374莫斯科 古宾府邸。东北侧，立面全景

本页：

（左下）图7-375莫斯科 古宾府邸。东南侧全景

（上）图7-376莫斯科 古宾府邸。东南侧近景

（右下）图7-377莫斯科 古宾府邸。侧翼近景

的行政建筑都效法参议院的做法，只是规模较小。

在卡扎科夫设计的许多建筑里（包括前面提到的彼得罗夫斯克的杰米多夫宫邸），都可看到他把圆堂纳入到一个大型结构里的技巧，但他更多是在教堂设计里采用这类古典圆堂的形式，其中最早的实例是前面提到过的莫斯科大主教菲利普教堂（建于1777~1788年；平面及剖面：图7-332；外景：图7-333~7-336；塔楼：图7-337）。和通常教堂的做法

第七章 18世纪莫斯科及行省的新古典主义建筑·1657

相反，矩形的主体部分在这里变为圆堂，东面的半圆室则变成一个向外突出的矩形体量（只是内部仍为半圆形）。西面有一个和基址上最初17世纪的教堂相连的不高的餐厅（属18世纪中叶）和一座钟塔，看上去和卡扎科夫后建的这个圆堂颇不协调。其实，即便没有这些组成部分，卡扎科夫这个教堂的比例也显得颇为笨拙，特别是在门廊和主体关系的把握上。不过，在室内，华美的灰泥装饰仍属卡扎科夫最优秀的作品之列。在圆堂穹顶下的中央空间里，巨大的爱奥尼柱子围成半圆形，后面多利克柱墩的拱廊上承歌坛廊道（见图7-332）。在圣所部分，较小的科林斯柱子围括着祭坛。在这个并不很大的室内空间里，堆积如此多的形式不免显得有些纷乱，但在采用集中式布局并

本页：

（上）图7-378莫斯科 古宾府邸。门厅，内景

（下）图7-379莫斯科 古宾府邸。楼梯间，内景

右页：

（上）图7-380莫斯科 巴雷什尼科夫府邸（1793~1802年）。平面及立面（取自Академия Стройтельства и Архитестуры СССР:《Всеобщая История Архитестуры》，II, Москва, 1963年）

（下）图7-381莫斯科 巴雷什尼科夫府邸。外景，现状

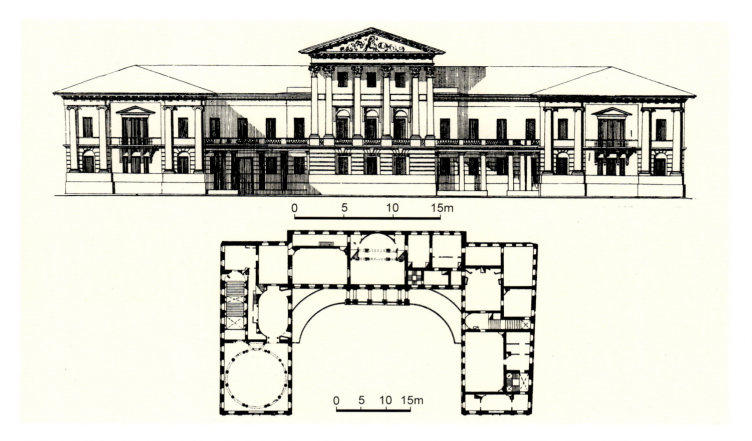

借鉴了前基督时期罗马建筑某些手法的东正教教堂里，其结构设计应该说还是颇有新意的。

1784年始建的巴雷什尼科夫陵寝-教堂（现已无存；平面、立面及剖面：图7-338）是另一个采用圆堂的古典先例且表现得更为明晰，它位于多罗戈布日附近这个家族的尼科洛-波戈列洛庄园里。巴雷什尼科夫家族为卡扎科夫的主要雇主之一。他的这一设计尺度宏伟，平面类似菲利普教堂，只是在这里，自圆堂向外凸出的矩形形体系作为西面的大门廊，而不是半圆室的延伸部分，因而功能上显得更为合理。外部沿墙而立的爱奥尼圆柱与室内的科林斯壁柱对应，使这个使用上不要求设歌坛廊道的建筑内部空间显得更为宽阔。由于没有钟塔和餐厅，巴雷什尼科夫陵寝的尺度和比例，以及圆堂上穹顶的造型，都显得颇为精炼，和圣菲利普教堂那种略嫌杂乱的构图相比，明显高出一个档次。

除了这些皇室的项目和教堂外，卡扎科夫还为莫斯科建造了包括大学在内的一批文化和慈善机构。尽管早在1757年，莫斯科大学已购得一块面向克里姆林宫西墙的地皮，但直到1786年[10]，主体工程才开始（整座建筑的施工分三个阶段，侧翼部分于1782年开始建造，主体部分1793年完工）。该部分采用了新帕

拉第奥风格（Neo-Palladian Style），总高4层，中央为爱奥尼八柱柱廊，其后布置端头呈圆堂状的礼仪大厅（见图7-339）。立面构图类似元老院，下面两层仿粗面石墙，上两层仅靠窗户分划（平面、立面及大厅剖面：图7-339；历史图景：图7-340、7-341；外景及细部：图7-342~7-346）。严谨的构图和协调的比例恰如其分地体现了这些公共建筑的性质以及立法和教育系统的理性基础[建筑于1812年大火后在多梅尼

（上两幅）图7-382莫斯科 巴雷什尼科夫府邸。柱头细部

（右中）图7-383莫斯科 总督宫邸（现市议会）。外景（老照片，1902年，改造前状况）

（左下）图7-384莫斯科 总督宫邸。外景（绘画，改造后景观）

（右下）图7-385莫斯科 总督宫邸。东北侧远景（自特维尔广场望去的景色）

科·吉拉尔迪（1788~1845年）主持下进行了改建，外观改用了沉重的帝国后期风格]。

自初建以来外观改变更大的还有莫斯科贵族代表大会，其主要部分建于1784~1787年，位于莫斯科中部瓦西里·多尔戈鲁基大公庄园基址上并纳入了它的部分墙体。在1812年的大火中建筑遭到严重破坏，此后由卡扎科夫的学生阿列克谢·巴卡列夫（1762~1817年）于1814年重建，1903年A.F.迈斯纳又进行了大规模的改建（平面及柱厅剖面：图7-347；外景：图7-348、7-349）。因此，目前改作工会大楼的这栋建

图7-386莫斯科 总督宫邸。主立面（东北侧），现状

筑外观上和卡扎科夫的设计已相去甚远。保存相对较好的部分是柱厅（内景：图7-350），其高度要超过结构其他部分，以便通过一排宏伟的弦月窗采光。大厅现纳入到扩建后的建筑里，科林斯柱列支撑着精美的檐口（图7-347），成为叶卡捷琳娜时期莫斯科贵族文化的豪华和繁荣的见证。

卡扎科夫在莫斯科的最后一个重要作品是建于1796~1801年的戈利岑医院，建筑目前保存状态较好。位于莫斯科河南面卡卢加大道上的这座医院系由德米特里·戈利岑投资建造，是他计划在自己领地上建造的一个建筑群的组成部分（其中还包括宽阔的花园）。主体建筑高三层，入口处设一宏伟的六柱塔司干门廊，中央的圆堂式教堂是卡扎科夫最成功的作品之一（总平面：图7-351；平面、立面及剖面：图7-352、7-353；历史图景：图7-354；外景及细部：图7-355~7-359）。高两层的爱奥尼柱廊支撑着带藻井的半球形穹顶，由次级科林斯柱组成的拱廊进一步丰富了建筑细部和装饰造型，这种构图手法在此前20来年卡扎科夫的作品里经常得到应用并有所发展。室外半球形的穹顶在侧面两座穹顶钟塔的烘托下效果尤为突出，它们还起到了统一纵长水平立面的作用。立面两端以高两层的侧翼作为结束（图7-352）。这些侧翼使医院看上去好似乡间宽阔的庄园府邸，但两翼在端头进一步拐直角向外沿卡卢加大道延伸，每翼均配细节丰富的入口。

[城市府邸及庄园]

马特维·卡扎科夫是位极其勤奋和多产的建筑师[就现在人们所知，至少他还参与了另外两个医院的建设，即巴甫洛夫斯克医院（1802~1807年；历史图景：图7-360；现状：图7-361）和新叶卡捷琳娜医院（1786~1790年；总平面、平面及立面：图7-362~7-366；历史图景：图7-367；外景：图7-368~7-370）]，还有人认为，他在莫斯科新古典主义环境的

（左上）图7-387莫斯科 总督宫邸。北侧景色（前为特维尔大街）

（下）图7-388博罗季诺战役（1812年9月7日，油画，作者Louis-François Lejeune，1822年，原画210×264厘米）

（右上）图7-389（1812年）莫斯科大火[油画，作者Viktor Mazurovsky（1859~1923年）]

形成上最大的贡献是城市府邸的设计。多少世纪以来，在莫斯科，占主导地位的是被称作"城市庄园"（Городская усадьба）的建筑类型，这是一种独特的城市宅邸组群，大都由布置在围地内的主体建筑和相邻的服务设施组成，一般均为木结构。到18世纪后期，在城市中央地区，新出现的宅邸多具有新古典主义的立面，与街道齐平并配有门廊及较矮的侧翼。自街道进入院落后，再通向宅邸的主要入口。在城市密度不大的扩展区，府邸也可背向街道，在建筑主立面前通过翼房或其他侧面结构围成院落。不论是哪种组合，内部大都沿纵向成列布置房间，主要厅堂位于正面，较小的居住房间布置在后面，通常带夹层。

卡扎科夫设计的府邸中最考究的一栋位于戈罗霍夫巷，建于1789~1791年，建筑的主人是已退休的I.I.杰米多夫将军。在上一代人期间（1760和1770年代），这个城乡接合部的基址上已有一栋住宅和花

（上）图7-390莫斯科大火（油画，19世纪，作者不明）

（下）图7-391拿破仑在大火中的莫斯科（油画，作者Albrecht Adam，1841年）

园，卡扎科夫通过对这栋早期建筑的改建，使它成为莫斯科装饰最豪华的宅邸（图7-371）。立面配有华丽的灰泥装饰，中央六柱科林斯门廊立在粗面石底层上。室内最重要的系列礼仪厅堂被称为"金堂"（因每个雕饰均有奢华的镀金）。镀金叶片和贵重的织物墙面及彩绘天棚相搭配，使人想起40年前彼得堡的巴洛克风格。

不过，卡扎科夫设计的城市宅邸中，更典型的是

（左上）图7-392凝视着莫斯科大火的拿破仑[彩画，作者Vasily Vereshchagin（1842~1904年）]

（右上）图7-393莫斯科 受难者圣马丁教堂（1782~1793年）。19世纪后期景色（老照片，1882年）

（下）图7-394莫斯科 受难者圣马丁教堂。南侧，俯视全景

1793~1799年为富商M.P.古宾（其财富来自乌拉尔地区的工厂）设计的三层府邸。在莫斯科中心区，街道往往非常狭窄，很难欣赏到主立面，而卡扎科夫却能在这样的条件下，创造出一种既宏伟又不失均衡的建筑。在古宾府邸，卡扎科夫通过半凹进的门廊，创造出一种敞廊的效果，使科林斯柱头和山墙在街立面上显得非常突出（总平面、平面及立面：图7-372；外景：图7-373~7-377；内景：图7-378、7-379）。卡扎科夫在两侧增添了高两层的延伸部分，布置成对的爱奥尼壁柱。室内有节制地采用优雅的新古典主义装饰，主要前厅冷色调的浮雕画表现来自埃及的母题，较小的房间里饰有秀丽的彩色天棚画（很多表现花环图案），惟室内装修保存得都不太好。

卡扎科夫为富商I.I.巴雷什尼科夫设计的米亚斯尼茨基大街府邸位于莫斯科中心区东北一个更为宽敞的地段上，因而能在建筑前面布置一个带入口大门和门塔的院落，同时配置两层高的侧翼。如莫斯科通常的做法，府邸于1793~1802年期间对基址上的早期结构进行了改建扩大，增加了楼层（平面及立面：图7-380；外景及细部：图7-381、7-382）。建筑最出彩之处即中央高起的科林斯门廊，为卡扎科夫最优秀的

（上）图7-395莫斯科 受难者圣马丁教堂。西南侧全景

（左下）图7-396莫斯科 受难者圣马丁教堂。西北侧近景

（右下）图7-397莫斯科 受难者圣马丁教堂。南侧景观

帕拉第奥风格作品，这种向外凸出的门廊（其两端立双柱）和檐壁代表了18世纪莫斯科新古典主义发展的后期阶段（包括在主要楼层上设夹层，所有这些均属改建后期）。和卡扎科夫设计的其他府邸一样，室外造型突出的山墙取代了他在重要公共建筑中央形体上常用的圆堂穹顶，但在室内，特别是主要大厅或舞厅，圆形和椭圆形仍是常用的平面形式。位于东翼端头俯视着街道的这个厅堂外形接近方形，由人造大理石制作的科林斯柱子形成内接圆，上承造型华丽的檐口，后者本身则围括着漂浮在上的天顶画（为新古典主义府邸中广泛采用的这种装饰形式中最优秀的作品之一）。

从前面考察的这三个府邸可以看到，卡扎科夫在为莫斯科富商设计大型府邸时所用新古典主义手法的多样性，这些商贾尽管在社会地位和特权享受上不及贵族，但能在建造这类府邸上炫耀他们的财富。这些实例仅是卡扎科夫这类作品的一部分，还有一些毁于

本页及左页：

（左上及左中）图7-398莫斯科 受难者圣马丁教堂。南侧过厅入口及圣马丁像

（左下）图7-399莫斯科 圣瓦尔瓦拉教堂（1796~1804年）。西南侧全景

（中）图7-400莫斯科 圣瓦尔瓦拉教堂。东南侧形势

（右上）图7-401莫斯科 圣瓦尔瓦拉教堂。西北侧景色

（右下）图7-402莫斯科 圣瓦尔瓦拉教堂。西侧景观

1812年。在历经改造特别是在20世纪已变得面目皆非的建筑中，最著名的是前莫斯科总督的宫邸[现为莫斯科市议会，建筑于1930年代进行了一次扩建，1946年建筑师德米特里·N.切舒林（1901~1981年）又在顶上增建了两层，同时由于所在的特韦尔斯克大街拓宽，整个建筑后移了约14米；由于加层，原来水平扩展的立面遂变为向上延伸，白色构件的底面也刷成了醒目的红色；历史图景：图7-383、7-384；外景：图7-385~7-387]。不过，卡扎科夫的作品中，更多的是毁于火灾。1806年身体欠佳的卡扎科夫最后退休。1812年拿破仑率60万大军入侵俄国，在博罗季诺战役[11]（图7-388）之后，由于法国人逼近，卡扎科夫举家撤到梁赞，亲属们最初不让他知道莫斯科大火的消息（博罗季诺战役后，库图佐夫下令于9月14日放弃莫斯科，实行焦土政策。法军进入莫斯科的头一天，城里一片火海，烈火一直烧到9月18日，整个城市化为一片废墟；图7-389~7-392）。但最后没有瞒

住，得到这一消息后疾病缠身的卡扎科夫深受刺激，于1812年10月26日（旧历）在梁赞去世，葬在梁赞三一修道院内。不过他的大部分最重要的作品却奇迹般地留存下来，只有小的损伤，包括克里姆林宫内的参议院。

四、其他建筑师的作品

[罗季翁·卡扎科夫等建筑师的作品]

在为莫斯科设计新古典主义建筑的过程中，马特维·卡扎科夫曾和更年轻的建筑师如罗季翁·卡扎

左页：

（左上）图7-403莫斯科 圣瓦尔瓦拉教堂。南柱廊，仰视近景

（右上）图7-404莫斯科 圣瓦尔瓦拉教堂。南柱廊，柱式细部

（右中）图7-405莫斯科 圣瓦尔瓦拉教堂。北柱廊，仰视近景

（左下）图7-406莫斯科 圣瓦尔瓦拉教堂。塔楼，南侧近景

（右下）图7-407莫斯科 圣瓦尔瓦拉教堂。塔楼，窗边饰

本页：

（上）图7-408莫斯科 巴塔绍夫府邸（1796~1805年）。入口景色

（右下）图7-409莫斯科 巴塔绍夫府邸。立面全景

（左下）图7-410莫斯科 塔雷津（A.F.）府邸（1787年）。19世纪末景况（老照片，1899年）

科夫合作（两人同姓但没有亲戚关系）。罗季翁·卡扎科夫（1754/1755~1803年）特别善于教堂设计，其中最大的是位于塔甘卡区的受难者圣马丁教堂（1782~1793年），这是个采用不同形体组合并搭配使用立柱的宏伟建筑（历史图景：图7-393；外景及细部：图7-394~7-398），尽管不乏装饰但总体给人以近于单色调的严朴印象，特别是和同一地区色彩绚丽的17世纪教堂相比的时候。

尺度较小、形式明快的圣瓦尔瓦拉教堂（1796~1804年）给人的印象正好相反，它位于自红场通往中国城的瓦尔瓦尔卡大街上。其投资人是I.I.巴雷什尼科夫和另一位富商N.A.萨姆金，教堂的垂直造型虽然突出，但并没有压倒周围的环境（外景：图7-399~7-402；近景及细部：图7-403~7-407）。位于橙色抹灰底面上的白色结构和装饰部件使立面分划线条显得极为清晰，带穹顶和顶塔的中央形体比例更加突出。相毗邻的方形钟楼于南面布置一个起扶垛作用的半圆形体（内置楼梯），进一步突出了方形和圆形的对比。南北两个立面布置华丽的科林斯四柱门廊，使这个带半圆室和前厅的纵长矩形平面看上去好似等肢的希腊十字形。由于基址是个斜坡，在南面，门廊位于一个很高的基台上，因此建筑师在强调结构的垂向构图时无须着意扩大柱子和穹顶的尺寸。造型突出的科林斯门廊和较少的立面细部相结合，正是18和19世纪之交莫斯科新古典主义建筑的一大特色（参见图7-381巴雷什尼科夫府邸）。

有些府邸的设计人是否是罗季翁·卡扎科夫目前尚无法最后确定。例如莫斯科东部伊奥扎河以外的巴

第七章 18世纪莫斯科及行省的新古典主义建筑·1669

（左上）图7-411莫斯科 塔雷津（A.F.）府邸。西北侧全景（建筑现为休谢夫国立建筑博物馆）

（右上）图7-412莫斯科 塔雷津（A.F.）府邸。院落立面（南立面），自东南方向望去的景色

（中）图7-413莫斯科 塔雷津（A.F.）府邸。院落立面（南立面），柱式细部

（下两幅）图7-414莫斯科 塔雷津（A.F.）府邸。街立面（北立面）山墙及柱式近景

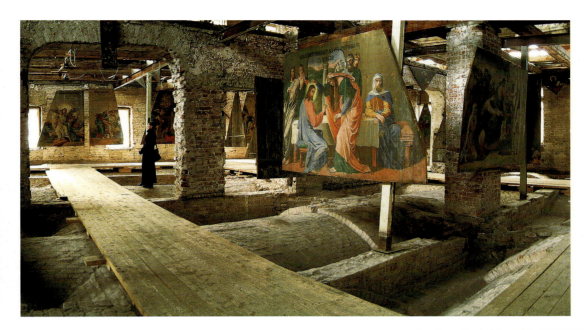

(上及中)图7-415莫斯科 塔雷津（A.F.）府邸。展厅内景

(下)图7-416莫斯科 塔雷津（A.F.）府邸。室内，浮雕细部

塔绍夫府邸，认为它是罗季翁·卡扎科夫的作品只是根据其风格特色。建于1796~1805年的这栋府邸的主人是著名的实业家和铁工厂的厂主I.R.巴塔绍夫，建筑的规模和装饰的华丽与巴热诺夫设计的帕什科夫宫邸不相上下。中部科林斯六柱门廊立在粗面石的底层上（图7-408、7-409）。

巴塔绍夫府邸的主要院落在沿街一面由两座大的独立翼房确定，其间以带花岗石柱墩的铸铁栅栏连接，围栏尺度和设计均类似彼得堡夏园的做法。中央山门两侧上置蹲伏的狮像，不仅起护卫门廊的作用，本身亦是纪念性建筑作品。对称布置的主要立面为整个建筑群的布局定下了基调，由府邸及其附属建筑组成的整个组群一直延伸到相邻的花园。府邸位于一个有许多小山丘的地区，它本身就在其中之一的顶部，可清楚地看到其他一些位于高处的建筑，如受难者圣马丁教堂和柱头修士圣西门教堂。后者高起的圆堂和巨大的穹顶完成于1812年（建筑师不明），同样是巴塔绍夫投资建造，他可能是希望能在自己的住处看到远处的这座圆堂。

除了18世纪后期马特维或罗季翁·卡扎科夫设计的这些府邸外（其中有的究竟属于谁还没有最后搞清），还有一批无法确认建筑师的作品。实际上，有的可能原来就没有正式聘任的建筑师，只有主持施工的匠师（往往是农奴），室外采用当时的标准设计，室内装修则交给专业的技师团队。通过改建的各个阶段，府邸逐渐获得新古典主义的面貌。值得注意的

倒是，这样的结构往往能获得优雅的外貌和协调的比例。

能说明这一演进过程的实例之一是离克里姆林宫西墙不远处沃兹德维任卡大街上的A.F.塔雷津府邸。这是由几个结构组成的不规则的四边形建筑（其中有的属17世纪），通过1787年沿街道线建起来的主楼统合成一个整体（历史图景：图7-410；外景及细部：图7-411~7-414；内景：图7-415~7-417）。结构中部布置六根壁柱及由它们支撑的山墙，精美的科林斯柱头成为平坦、对称的立面上最引人注目的视觉要素。第二层布置一系列可俯视街道的正式厅堂，舞厅位于院落一侧。尽管建筑已改为休谢夫国立建筑博物馆，但大部分室内装饰均保留下来，包括表现古典神话题材的几幅天顶画和许多高浮雕的灰泥嵌板（见图7-416）。

位于新巴斯曼大街的斯捷潘·库拉金大公府邸（18世纪后期；图7-418）规模虽小，但同样能使人们感受到柱式体系特有的比例协调；特别可贵的是，点缀着门廊的古典寓意装饰保留完好，仅有部分损坏。尽管1801年斯捷潘·库拉金主管克里姆林宫建设工程，因而成为时任总建筑师的罗季翁·卡扎科夫的上司，但并没有证据表明后者曾参与其府邸的建造，看来他们之间关系处得并不是很好。

这时期的许多建筑都展现出对古典艺术和英雄精

左页：

（左上）图7-417莫斯科 塔雷津（A.F.）府邸。室内，柱式及天顶画

（下）图7-418莫斯科 斯捷潘·库拉金府邸（18世纪后期）。立面（图版，取自Matvei Kazakov：《Al'bom》，休谢夫国立建筑博物馆藏品）

（右上）图7-419莫斯科 陆军医院（1798~1802年）。20世纪初景色（老照片，约1900年，取自Iurii Shamurin：《Ocherki Klassicheskoi Moskvy》）

（左中）图7-420莫斯科 陆军医院。现状夜景

本页：

（上）图7-421莫斯科 叶卡捷琳娜宫（1773~1781年）。东北侧全景

（下）图7-422莫斯科 叶卡捷琳娜宫。敞廊，东北侧景色

神的崇拜，然而其中没有一个能像伊万·叶戈托夫设计的莫斯科陆军医院那样清晰地表现出这种倾向。建于1798~1802年的这座建筑系作为彼得大帝创建的勒福托沃医院的补充和扩展。巨大的结构中央为一个由科林斯双柱构成的敞廊（图7-419、7-420），从中可看到叶戈托夫的导师马特维·卡扎科夫的影响。灰泥

（上）图7-423莫斯科 叶卡捷琳娜宫。敞廊，西北侧夜景

（中）图7-424莫斯科 舍列梅捷夫朝圣者（流浪者）收容所（1796~1810年）。平面及剖面（据V.N.Taleporovskii）

（下）图7-425莫斯科 舍列梅捷夫朝圣者（流浪者）收容所。西北侧，俯视全景

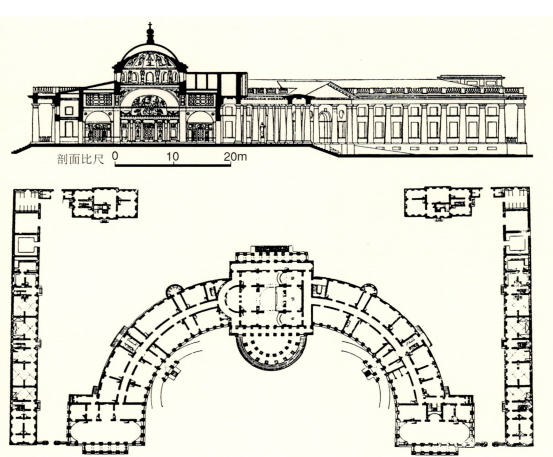

制作的高浮雕中包括山墙上的军队徽章和敞廊两侧名为"康复"及"祝福"的嵌板，以及入口两边龛室内表现古典战士和医学之父希波克拉底[12]的雕像（现已无存）。

[贾科莫·夸伦吉的莫斯科作品]
如前所述，这时期莫斯科的建筑师们创造出了

（上）图7-426莫斯科舍列梅捷夫朝圣者（流浪者）收容所。东南侧全景

（下）图7-427莫斯科舍列梅捷夫朝圣者（流浪者）收容所。前门廊及中央门廊

（中）图7-428莫斯科舍列梅捷夫朝圣者（流浪者）收容所。中央门廊近景

一种综合了典雅和纪念品性的新古典主义建筑，与此同时，彼得堡以设计帕拉第奥风格建筑见长的贾科莫·夸伦吉也参与了某些重要工程的设计，包括位于伊奥扎河边采用新古典主义风格的叶卡捷琳娜宫（位于莫斯科勒福托沃区，勿与叶卡捷琳娜更著名的皇村宫邸混淆；图7-421~7-423）。宫殿原称戈洛温宫，以其最早的所有者、彼得时代俄罗斯帝国首席大臣费奥多尔·阿列克谢耶维奇·戈洛温（另译费岳多，1650~1706年）伯爵的名字命名。在他死后，女皇安娜委托拉斯特列里在其基址上建造了一座巴洛克宫邸（安娜霍夫宫）。这是安娜最喜欢的住所，由两栋高两层的木构建筑组成（夏宫和冬宫）。1746年大火后，安娜霍夫宫被弃置。至18世纪60年代末，建筑不

（上）图7-429莫斯科舍列梅捷夫朝圣者（流浪者）收容所。西翼中门廊

（下）图7-430莫斯科舍列梅捷夫朝圣者（流浪者）收容所。西翼端头

（中）图7-431莫斯科舍列梅捷夫朝圣者（流浪者）收容所。东翼中门廊

仅式样陈旧且因年久失修濒临毁坏，叶卡捷琳娜二世遂下令将这两座建筑拆除，并着手按里纳尔迪的设计建造新宫；但新构墙体因材质问题很快又被拆除。1773年后，女皇另委托卡尔·布兰克重建；新建筑的主体结构在布兰克主持下完成于1781年，随后夸伦吉受命使这座宫殿具有宏伟的外貌；为此他建造了一个由16根砂岩柱组成的蔚为壮观的大敞廊（柱身具有各种黑灰的色调），实际上，这也是宫殿外部装饰中唯

（右上）图7-432莫斯科 舍列梅捷夫朝圣者（流浪者）收容所。东翼端头

（左上）图7-433莫斯科 老商业中心（1789~1805年，19世纪中叶）。19世纪后期景色（老照片，1886年，取自Nikolay Naidenov系列图集）

（下）图7-434莫斯科 老商业中心。北侧现状

一留存下来未受改动的部分。叶卡捷琳娜去世后，对母亲没有好感的保罗登位，马上将这座宫殿改成了营房。

1812年拿破仑占领莫斯科后，在奥西普·博韦监管下对宫殿进行了修复。以后建筑被几个军事机构占据，不对公众开放。安娜霍夫公园则大部毁于1904年莫斯科的龙卷风。

相对而言，夸伦吉建造的舍列梅捷夫朝圣者（流浪者）收容所命运要更好一些，建筑的最初设计人是叶利兹沃伊·纳扎罗夫（1747~1822年），他于18世纪90年代后期在靠近苏哈列夫塔楼的地方建了一座带端翼的巨大曲线建筑作为穷人的救济所和医院。夸伦吉随后作为业主尼古拉·舍列梅捷夫的私人朋友参与工作（在建造奥斯坦基诺宫殿期间他曾担任舍列梅捷夫的顾问）。在舍列梅捷夫的妻子于1803年过早去世后，夸伦吉受托将救济所的中央教堂改造成她的纪念堂。夸伦吉对这类曲线立面已是驾轻就熟，他设计的彼得堡国家银行就是用双柱廊连接一个半圆形建筑的两端（见图6-382）。舍列梅捷夫收容所实际上和卡扎科夫设计的戈利岑医院一样，有一个界定明确的功能中心：教堂-陵寝。夸伦吉在教堂上安置了一个大的穹顶，穹顶虽然矢高不大，但由于中央部分立面前

（上）图7-435莫斯科 老商业中心。东南侧景色

（下）图7-436莫斯科 老商业中心。西南侧景色

配了长长的山墙并加了一个半圆形的塔司干双柱柱廊，形成了一个开敞的圆堂-圣殿，使这部分显得非常突出，真正起到了统领整个组群的作用（平面及剖面：图7-424；外景：图7-425~7-432）。中间这个柱廊形成了围地内的围地，大院中的小院，其反曲线不仅突出了结构的造型表现力，同时在中心创造出一个舞台般的环境（见图7-424）。主要圆堂的室内装修简朴但不失典雅，呈现出一种成熟的新古典主义风格（夸伦吉设计，浮雕出自扎马拉耶夫之手，天顶画为乔瓦尼·斯科蒂的作品），只是这部分直到1810年才完成，其时舍列梅捷夫本人已去世一年有余。

夸伦吉另一个重要的公共建筑作品是莫斯科的老商业中心（为中国城内的主体结构）。出资的商人们在提供资金上的拖沓是出了名的（他们的彼得堡同行在建造城市"商人场院"时就是这样），不过，即便还没有完成，它已经成为周边地区最突出的建筑。夸伦吉设计过许多这类商业中心，1789年他设计的这个新古典主义风格的中心系自原有的中世纪建筑改造而成，为一平面梯形内部采用拱廊的大型结构，各边

（上）图7-437莫斯科老商业中心。南侧，东段柱列

（左下）图7-438亚历山大·安德烈耶维奇·别兹博罗德科（1747~1799年）画像（1790年代，作者Johann Baptist von Lampi the Elder）

（右下）图7-439莫斯科"德国区"。18世纪初景象[版画，约1700年，作者Hendrik de Witt（1671~1716年）]

第七章 18世纪莫斯科及行省的新古典主义建筑·1679

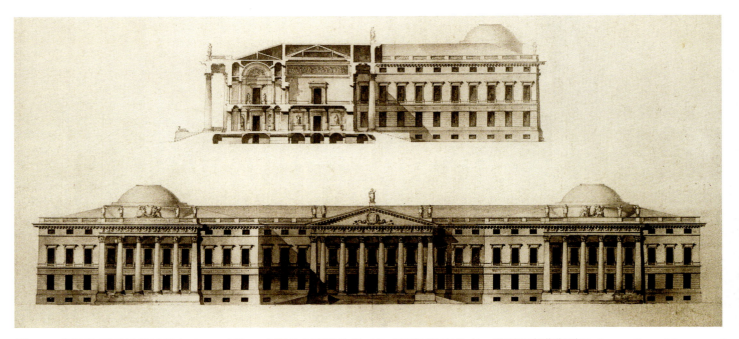

图7-440莫斯科 别兹博罗德科宫（1797年）。立面及剖面设计图（作者贾科莫·夸伦吉，原图现存莫斯科Shchusev State Museum of Architecture）

可根据需求的增长逐步完善。目前的建筑是在马特维·卡扎科夫监管下建成，主持施工的几位莫斯科的地方建筑师谢苗·卡林、伊万·叶戈托夫和I.A.谢利霍夫又引进了一些变更（由于基址是个坡面，因此拱廊尺寸随地形而变）。第一阶段工程因叶卡捷琳娜大帝去世搁置下来，到1805年仅建成了三边。随后奥西普·博韦为适应地面的坡度又进行了一些修改，并于1830年按夸伦吉的最初平面完成了整个工程。19世纪的增建和改造把夸伦吉的最初平面变成了一个开敞的外拱廊，绕院落周边布置封闭的内廊。1923年，商场进一步细分成办公室，原有设计变化较大。现存结构保留了夸伦吉宏伟的科林斯柱列，两层高的拱廊外面大都用窗户封闭，内院的玻璃拱顶系1995年增建（历史图景：图7-433；外景：图7-434~7-437）。

夸伦吉在莫斯科承接的一个最大的设计项目来自他的老雇主、叶卡捷琳娜统治后期的大臣亚历山大·安德烈耶维奇·别兹博罗德科（1747~1799年；图7-438）。别兹博罗德科在莫斯科原有一栋宫殿——斯洛博达宫[如此命名是因为它位于老的"德国区"（Немецкая Слобода，图7-439）内，俄语"斯洛博达"（слобода）意"郊区、关厢"]，夸伦吉于1790~1794年对它进行了重新设计，用了极其豪华的装饰。1796年，这座宫邸被当做礼物送给了在莫斯科加冕的沙皇保罗。作为回报，保罗付给了别兹博罗德科63万卢布和一块供建新宫的地皮。别兹博罗德科本打算从手头拮据的尼古拉·杰米多夫那里买一栋宫邸，未果后，于1797年决定建一座新宫，按他自己的说法是好让后代知道他那个时代的情趣。

别兹博罗德科自然毫无悬念地选用这位具有深厚艺术修养的建筑师，规模和造价也都不是问题。然而遗憾的是，建筑刚建到基础以上，别兹博罗德科就于1798年（另说1799年）6月去世了，工程就此打上了句号。不过夸伦吉的设计图仍留存下来，从中不仅可以看到这座宫殿的规模（巨大的两翼配有科林斯式的敞廊，围合成一个方院），同时也能感受到设计的富丽堂皇（图7-440）。内部设计草图表明，为了收藏古典艺术作品，别兹博罗德科打算创造一个类似博物馆那样的氛围（其中包括一座剧场，样式系仿夸伦吉设计的彼得堡埃尔米塔日剧场）。虽然这个设计未能实现，但通过对古典和自然风景园的扩展设计（设计人可能是夸伦吉和利沃夫），同样对俄罗斯风景园林的发展产生了很大的影响。

第三节 行省的新古典主义建筑

一、特维尔和卡卢加

叶卡捷琳娜时期莫斯科的规划和建设,以及人们致力于创建一个理性的平面和新古典主义城市景观的努力(尽管在某些方面没有成功),无疑为各地新的城镇规划树立了样板(在叶卡捷琳娜去世的1796年,其数量已逾300),其影响不仅远达帝国刚刚吞并的南部和东部地区,也包括老的中世纪城镇,已经残破的防卫圈此时纷纷被格网式的街巷、辐射状的干道和广场取代。

第一个采取新规划措施的是位于莫斯科北面特维尔老城的改建(1763年的大火使城市的大部分化作废墟;中心区规划:图7-441)。伊万·别茨科伊领导下的圣彼得堡和莫斯科砖石结构建设委员会当即颁发了城市重建指导守则,并将委员会的监管范围扩大到几乎包括帝国各个城市的规划。1763年稍后,委员会批准了彼得·尼基京(在马特维·卡扎科夫协助下)提交的城市规划,其中确立了许多随后得到应用的手法,

(上)图7-441特维尔 中心区规划(1763年,取自Академия Строительства и Архитестуры СССР:《Всеобщая История Архитестуры》,II,Москва,1963年)

(下)图7-442卡卢加 城市总平面(1782年)

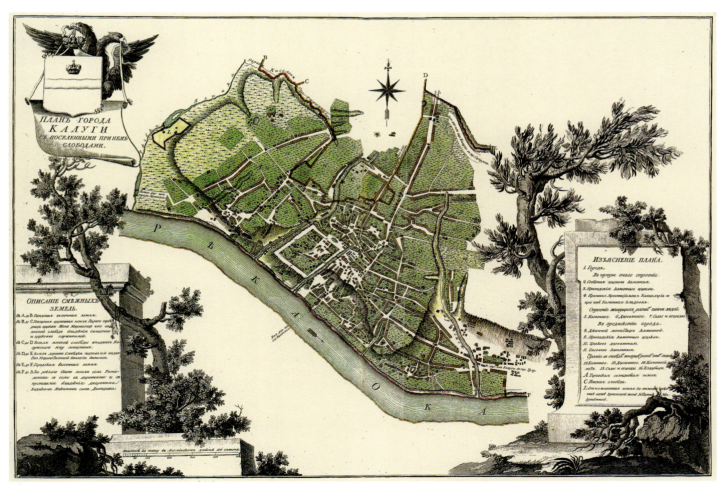

如街道格网和几何布局法则。此外，规划还尝试为各个阶层制定住宅和商业结构的标准设计[实际上是18世纪上半叶彼得堡采用的所谓"典型住宅"（model house）的一种变体形式]。在缺少专业技术力量（特别是建筑师）的广大乡村地区，这种标准化的方法显然有很大的好处，没有经过设计培训的工匠拿到图纸后照样可进行施工。

随着委员会的检察大员在帝国各地的巡视，每个指定的行政中心都得到了一份新的平面设计。但当新古典主义的行政建筑和宫邸与中世纪的大教堂并存的

（左上）图7-443卡卢加 佐洛塔廖夫府邸（1805~1808年）。街立面现状

（左下）图7-444卡卢加 佐洛塔廖夫府邸。侧立面，入口近景

（右四幅）图7-445卡卢加 采用标准设计建成的住宅

（上）图7-446 卡卢加 贵族代表大会。现状

（下）图7-447 卡卢加 施洗者圣约翰教堂。立面全景

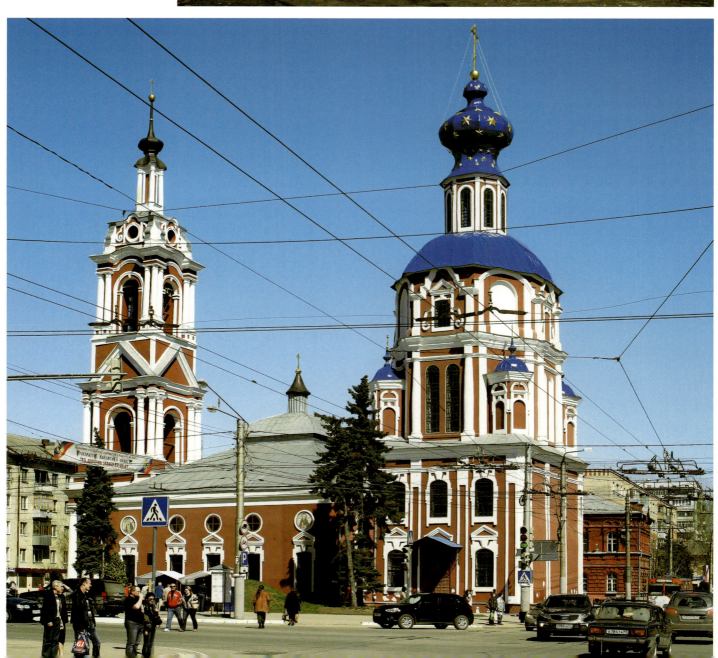

（上）图7-448卡卢加 （市场后的）圣乔治教堂。现状

（下）图7-449卡卢加 大天使米迦勒教堂。外景

图7-450 卡卢加 三一大教堂。现状

时候,情况便很尴尬(如弗拉基米尔);当然,也有一些城市能如委员会所愿做到设计明确、功能合理,位于莫斯科西南约160公里处的卡卢加城就是这样的一个例证。在18世纪末,卡卢加曾是一个繁荣的商业和运输中心。1778年彼得·尼基京拟订了一个平面如巨大梯形的规划,同时他还负责清理场地和监管许多项目的施工(城市总平面:图7-442)。在自莫斯科和图拉来的两条主要道路的交会处原城堡(克里姆林)的基址上,建了一个商业中心,主要建筑是1784~1796年间分两个阶段建成的仿哥特样式的拱廊(主体为砖构,装饰部件及细部由石灰石制作)。

从卡卢加城的宅邸建筑上可看到这座城市的富足和繁荣,其主人大都是富商,建筑的规模和风格模仿相近的莫斯科府邸。其中给人印象最深,而且也是保存得最好的是佐洛塔廖夫府邸[13],建筑各方面都不逊于像A.F.塔雷津或科雷舍夫府邸这样一些莫斯科的建筑。由一位不知名的建筑师建于1805~1808年的这栋府邸的主人、富商P.M.佐洛塔廖夫是卡卢加一位著名的银器匠师之子,祖上是从事金银买卖的商人[家族之名即来自"金器商"(goldsmith)一词]。与街道线齐平的府邸高两层,砖构外施抹灰,侧面设两个拱券入口,通向院落和花园(图7-443、7-444);后者一直伸展到奥卡河边。立面中央立一道山墙,壁柱面稍稍凹进墙内;壁柱间三块高浮雕灰泥嵌板上分别表现史诗《伊利亚特》(Iliad)有关女神、帕里斯和献祭的三个场景;两侧入口安有装饰精美的锻铁栅门,门两侧科林斯双柱以上椭圆形嵌板内饰吹号的人物浮雕,甚至封闭院落的附属建筑上也有表现古典神话题材的圆形灰泥浮雕板。通向建筑的入口布置在铁门内两个侧立面上,门边饰有精美的铸铁花饰。

佐洛塔廖夫的职业使他能跻身莫斯科和彼得堡富豪圈内,在那里,他得以熟悉新古典主义建筑和设计的最新动向,这在由莫斯科S.P.坎皮奥尼公司(firm of S.P.Campioni)完成的室内装修中表现得最为清楚。前厅采用了透视幻景手法,墙面和天棚上绘满了奇花异草,主要房间系列宛如装饰艺术的展厅。空间最大的舞厅墙面上为于贝尔·罗贝尔风格的壁画,在

富有浪漫色彩的环境中点缀着古典残墟。天棚最主要的部分为单色调的浮雕画，边上的檐壁仿古代陶罐绘画风格表现古典神话的各个场景。墙面上部装饰着具有寓意内涵的高浮雕灰泥圆盘。显然坎皮奥尼团队里有意大利匠师，在莫斯科和彼得堡生产和制作出这类高质量的作品。从这座建筑中可知，行省的富商，在接受新古典主义的图像文化上可以达到怎样的水平（当然，这只是指其中最优秀的而言）。

在卡卢加的优秀建筑中，佐洛塔廖夫府邸并不是孤例（在1812年战争中，卡卢加因其重要的战略地位，成为俄罗斯反击拿破仑溃退大军时的补给站，因而没有像其他俄罗斯中部城市那样被毁，甚至还促进了城市的繁荣）。市内尚有一些按标准设计建成的更为简朴的住宅（图7-445）。除公共机构（如贵族代

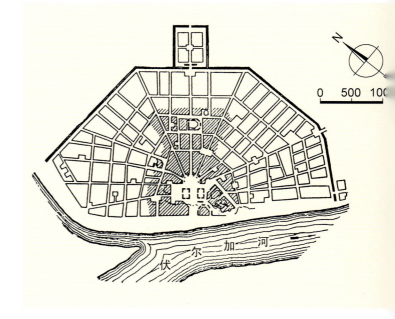

左页：

（左上）图7-451卡卢加 没药者教堂钟楼。仰视景色

（右上）图7-452卡卢加 显容教堂钟楼（1709~1717年）。仰视景色

（右下）图7-453科斯特罗马 城市总平面示意（1781~1784年，取自William Craft Brumfield:《A History of Russian Architecture》，Cambridge University Press，1997年）

本页：

（上）图7-454科斯特罗马 城市总平面（1860年）

（下）图7-455科斯特罗马 城市中心区。鸟瞰全景

（中）图7-456科斯特罗马 商业中心。现状

表大会；图7-446）外，有的组群内还包括新古典主义的教堂和钟塔[类似罗季翁·卡扎科夫的作品，如施洗者圣约翰教堂（图7-447）、（市场后的）圣乔治教堂（图7-448）、大天使米迦勒教堂（图7-449）、三一大教堂（图7-450）、没药者教堂钟楼（图7-451）、显容教堂钟楼（图7-452）等]。20世纪初某些俄罗斯建筑评论家认为，在地方城市设计上这种富有创意的统一当属俄罗斯文化史上的一个黄金时代。

第七章 18世纪莫斯科及行省的新古典主义建筑·1687

二、科斯特罗马和喀山

[科斯特罗马]

在地方重要城市中，能在府邸建筑的数量和质量上与卡卢加相媲美的不多（如果有的话），但在其他方面，特别是城市总体规划的完整和规则上，位于伏尔加河和科斯特罗马河汇交处的中世纪城市科斯特罗马，表现要更为突出。1781~1784年拟定的新平面，保留了中世纪的城堡（克里姆林）及其圣母安息大教堂（1775~1778年改建，现已无存），但在紧靠着它的北面，创建了一个新的中心，从这里辐射出12条街道（城市总平面及中心区鸟瞰全景：图7-453~7-

本页及左页：

（左上）图7-457 科斯特罗马 商业中心。尼古拉礼拜堂

（左下）图7-458 科斯特罗马 大面粉市场（1789~1793年）。现状外景

（中上及右上）图7-459 科斯特罗马 红拱廊及钟楼（1792年）。外景

（右下）图7-460 科斯特罗马 红拱廊及钟楼。院内景色[钟楼左侧为市场区显容教堂（救世主教堂，18世纪早期），前景为糕点市场（1820年代）]

本页：
（上）图7-461科斯特罗马 市场区显容教堂（救世主教堂），近景

（下）图7-462科斯特罗马 火警观察塔（1823~1826年）。南侧现状

右页：
（上）图7-463科斯特罗马 火警观察塔。东南侧（主立面）全景

（下）图7-464科斯特罗马 火警观察塔。东侧全景

第七章 18世纪莫斯科及行省的新古典主义建筑 · 1691

（上）图7-465科斯特罗马警卫总部（1823~1825年）。远景（自市中心广场望去的景色，左侧为火警观察塔）

（下）图7-466科斯特罗马警卫总部。立面全景

455）。在接下来的50年里，直到19世纪30年代，科斯特罗马的平面虽有所发展，但保持了连贯性和合理性。参与工作的建筑师有斯捷潘·沃罗季洛夫、卡尔·克勒和P.I.福尔索夫，后者为科斯特罗马最多产的建筑师，自1817年从帝国艺术学院毕业后，在那里一直工作了30年。

科斯特罗马中央广场边上布置了一系列商业建筑（商业中心：图7-456、7-457），市场多以主要商品命名，如面粉市场（一大一小两个）、鱼市、姜饼市场、黄油市场、蔬菜市场、烟草市场（按彼得堡建筑师瓦西

（上）图7-467 科斯特罗马 市政厅。现状

（下）图7-468 科斯特罗马 博尔谢夫府邸。立面全景

里·斯塔索夫的平面修建），蛋糕拱廊和红拱廊等。大面粉市场（图7-458）是个由拱廊组成的四边形建筑，体量和形式均和位于中央广场对面的红拱廊类似；两者皆由卡尔·克勒设计，1789~1793年在沃罗季洛夫主持下施工并有所修改。红拱廊西南侧构图上占主导地位的钟楼建于1792年，设计人沃罗季洛夫，旁边还有一个不大的五穹顶教堂——市场区显容教堂（救世主教堂，属18世纪早期）。这组建筑表明，只要在尺度和形体搭配上把握得当，新古典主义和俄罗斯早期的建筑形式完全可以做到协调一致。19世纪20年代，在红拱廊四方院内部，又增建了一个糕点市场，于纵长的矩形结构内配置形体简单、但视觉效果突出的塔司干柱廊（图7-459~7-461）。

1823~1826年，福尔索夫主持建造的火警观察塔（图7-462~7-464）可能是城市里最壮观的新古典主义复兴作品，充分体现了新一轮城市规划对防止火灾

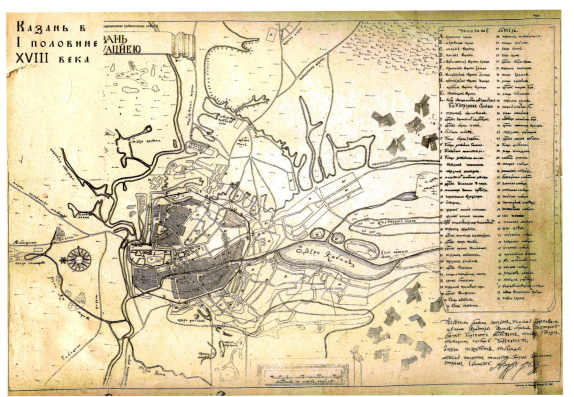
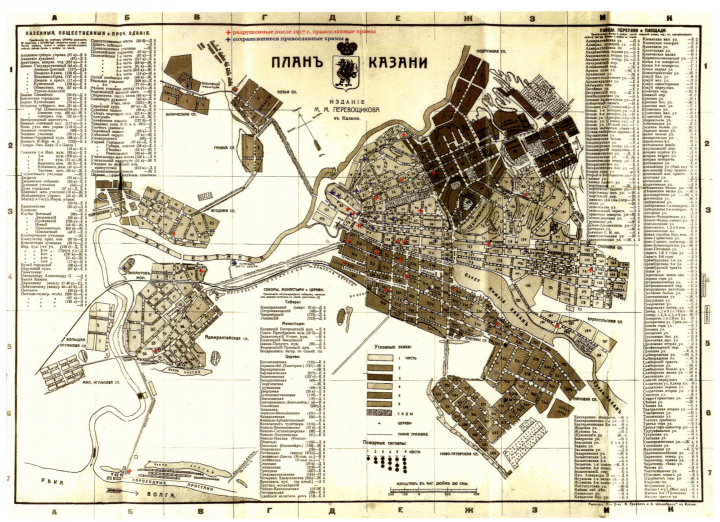

本页：

（上）图7-469喀山 18世纪上半叶城市总平面（1739年）

（下）图7-470喀山 19世纪城市总平面（图上分别以红蓝十字标示1917年后被毁和得以留存下来的教堂）

右页：

（上）图7-471喀山 19世纪下半叶城市总平面（1884年）

（下）图7-472喀山 19世纪末城市总平面（1887年）

1694·世界建筑史 俄罗斯古代卷

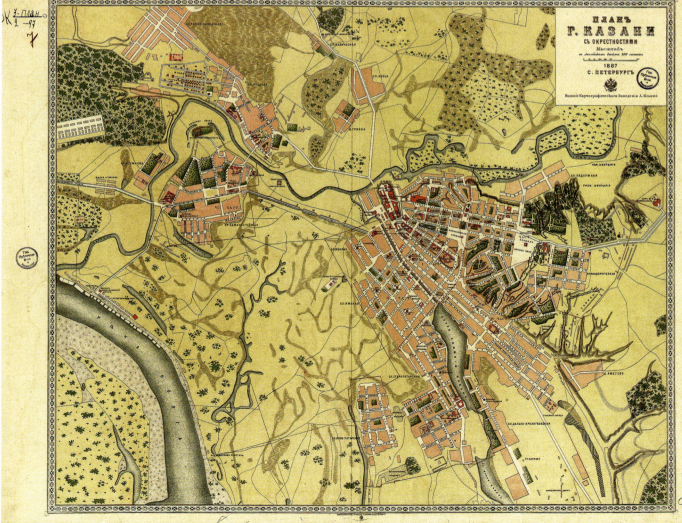

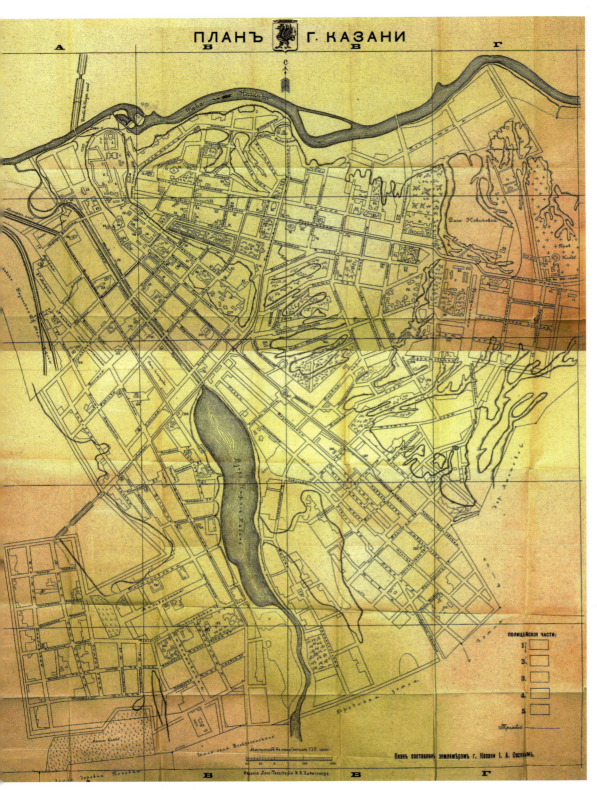

图7-473喀山 19世纪末城市总平面（1899年，作者А.И.Овсяный）

的重视。主体建筑内有行政办公及消防队用房，外观似古典神殿，配有华美的爱奥尼门廊。山墙上不高的粗面石基座实为下部墙体的延伸部分，上部瞭望塔本身好似一个小的神殿，粗面石的墙身上以涡卷支撑挑出的瞭望平台。这个复杂结构各部分的细部和比例都经过仔细推敲。中央形体两侧以对称的形式向外延伸布置带拱门的单层马厩和车棚，其水平形式和塔楼形成悦目的对比。作为火警观察塔的补充，1823~1825年，福尔索夫在相邻辐射干道的楔角上，建了警卫总部（图7-465、7-466）。建筑同样为砖构外施抹灰，于橙色底面上起白色的结构和装饰细部；主立面上饰有整套的古典部件，包括塔司干-多立克式门廊和窗

（左上）图7-474喀山 喀山大学。主楼（1822~1825年），19世纪上半叶景色（版画，1832年，作者B.C.Турин）

（右上）图7-475喀山 喀山大学。主楼，现状，俯视全景

（下）图7-476喀山 喀山大学。主楼，街立面景色

户边饰，并有标示建筑用途的灰泥军事徽章。这种新古典主义风格事实上已构成了城市内许多重要建筑的基调[如市政厅（图7-467）、博尔谢夫府邸（图7-468）]。

[喀山]

从喀山城的建设可看到新古典主义时期行省城市重建和改建的幅度及规模（历代城市总平面图：图7-469~7-473）。在19世纪下半叶铁路兴建之前，喀山是伏尔加河中游最重要的运输和商业中心。大火仍然是城市最主要的祸害，在1742、1749、1765、1797、1815和1842年的火灾中，城市大部分均遭破坏。此外，城市还于1774年遭到叶梅利扬·普加乔夫义军的围攻，破坏惨重。在1765年大火后，圣彼得堡和莫斯科建设委员会的主要建筑师阿列克谢·克瓦索夫拟定了一份改建喀山的初步计划并委托瓦西里·卡夫特列夫（为德米特里·乌赫托姆斯基的另一位学生）具体实施，后者于1767年抵达喀山并于次年提交了最后的规划。

在接下来的15年里，卡夫特列夫继续完善这个在复杂地形条件下采用几何形式的规划以便付诸实施。遗憾的是，这些使喀山成为俄罗斯最壮观城市之一（尽管在19世纪初城市仅有2.5万人口）的新古典主义建筑许多都在1815和1842年的大火中遭到焚毁或严

图7-477喀山 喀山大学。主楼，柱廊近景

重破坏，包括1798年F.E.叶梅利亚诺夫主持建造的商业中心（配有18根爱奥尼柱子组成的大门廊）。尽管建筑于1815年后进行了修复，但在1842年大火后进行的大规模改造中取消了门廊，使来自城堡（克里姆林）的主要街道失去了重要的景观标志。

在同一街道的另一端为喀山尚存的新古典主义杰作——喀山大学的主楼。创建于1804年的喀山大学是19世纪俄罗斯最重要的教学和科研机构之一。由安德烈·沃罗尼欣的学生彼得·G.皮亚特尼茨基（1788~1855年？）主持建造的中央主楼极为壮观，160米长的巨大立面配置了三个爱奥尼门廊：两侧为六柱门廊，中间为十二柱（历史图景：图7-474；现状：图7-475~7-477）。整个设计极为明确，柱子、立面和中央门廊上胸墙的和谐比例关系避免了单调乏味的感觉。到19世纪30年代，主要结构又通过附加建筑进行了扩充[设计人米哈伊尔·P.科林夫斯基（1788~1851年）同样是沃罗尼欣的学生]。还有人说（也可能是戏称），这个严格按线性原则设计的组群想必是在喀山大学校长、非欧几何的创始人尼古拉·罗巴切夫斯基的支持和监管下建造的。

第七章注释：

[1]奇彭代尔式家具（Chippendale furniture），其名来自18世纪英国家具设计师托马斯·奇彭代尔（Thomas Chippendale，1719~1778年）。

[2]加伊乌斯·穆奇乌斯·斯卡埃沃拉（Gaius Mucius Scaevola），罗马历史上的英雄人物。传说中他独自一人去伊特鲁里亚人的大营刺杀他们的国王拉斯·波希纳，但由于没能认出对方结果杀错了人；被擒后为了表示自己的勇敢，他将右手伸入火中以示不怕任何肉体的痛苦，波希纳为其坚韧感动，最后释放了他。

[3]纳雷什金家族（Naryshkins），俄罗斯贵族，其名来自彼得大帝的母亲、沙皇阿列克谢·米哈伊洛维奇1671年迎娶的第二任妻子纳塔利娅·基里洛夫娜·纳雷什金娜（Natalia Kirillovna Naryshkina，1651~1694年）；彼得一世1689年登位后，其母在国家政治生活中起到重要的作用，彼得的舅舅列夫·基里洛维奇·纳雷什金（Lev Kirillovich Naryshkin）自1690~1702年为外交部门的首脑并在国家事务中起主导作用；自18世纪初开始，纳雷什金家

族的作用开始衰退。

[4]其中格里戈里·格里戈里耶维奇·奥尔洛夫（Grigory Grigoryevich Orlov，1734~1783年）是叶卡捷琳娜的情夫，在助其上台的政变中出了大力。

[5]伊万·伊万诺维奇·别茨科伊（Ivan Ivanovich Betskoy，1704~1795年），俄罗斯学校教育改革家，任叶卡捷琳娜二世的教育顾问，同时担任帝国艺术学院（Imperial Academy of Arts）院长达30年之久（1764~1794年）。

[6]见Albert J.Schmidt：《The Architecture and Planning of Classical Moscow：A Cultural History》，1989年。

[7]见Nikolay Karamzin：《Notes on Moscow Landmarks》，1817年。

[8]历史主义（Historicism），指视某一特定背景（如历史时期、地理位置或地方文化）有重要意义的思维方式。

[9]乔瓦尼·巴蒂斯塔·皮拉内西（Giovanni Battista Piranesi，1720~1778年），意大利著名版画艺术家，特别擅长表现古代建筑残迹。

[10]始建年代据威廉·克拉夫特·布伦菲尔德，另说1784年。

[11]博罗季诺战役（Battle of Borodino），1812年在莫斯科西面约120公里处博罗季诺发生的战役；是年9月7日，拿破仑率领的法军在这里和库图佐夫统率下的俄国军队进行了一场激战，双方伤亡惨重。

[12]希波克拉底（Hippocrates，约公元前460~前370年），古希腊名医师，号称医学之父。

[13]英译house，但对这种具有古典韵味的建筑来说，使用意大利palazzo一词似更为恰当。

第八章 19世纪早期：亚历山大时期的新古典主义建筑

18世纪俄罗斯独裁统治者对新的所谓"文明"建筑环境的追求，在叶卡捷琳娜的孙子亚历山大一世统治期间（1777~1825年，1801~1825年在位；图8-1、8-2）达到了顶峰，宏伟壮观的新古典主义在这时期完成了它的最后一次绝唱。亚历山大的建筑师们，在社会经济复兴的形势下，凭借对这种风格的新理解，再次在彼得堡大兴土木，如今人们看到的城市新古典主义建筑群多属这时期新建或扩建。他们不仅在这座帝国都城创建了主次分级的建筑空间，同时也考虑到各个不同组群之间的相互关系（各时期城市总平

左页:

(左)图8-1亚历山大一世(1777~1825年),青年时期画像(作者V.Borovikovsky,绘于1800年,即亚历山大登位前1年)

(右)图8-2亚历山大一世画像(作者George Dawe,绘于1824年,原画87.9×60厘米,现存彼得霍夫宫殿)

本页:

(上)图8-3圣彼得堡18世纪中叶城市总平面图(标示出中心区主要建筑状态,作者M.I.Makhaev,1753年)

(下)图8-4圣彼得堡19世纪上半叶城市总平面图(1834年)

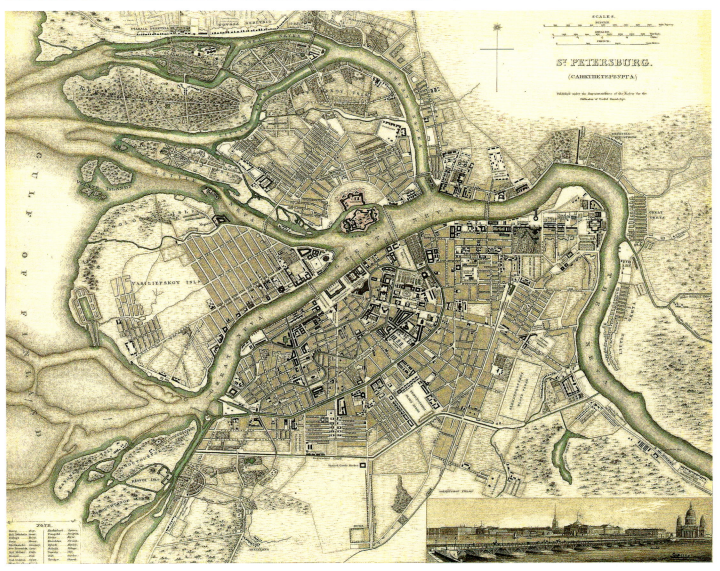

第八章 19世纪早期:亚历山大时期的新古典主义建筑·1701

本页：

（上）图8-5圣彼得堡 19世纪上半叶城市总平面图（1835年）

（下）图8-6圣彼得堡 19世纪后期城市总平面图（1885~1887年）

右页：

（上）图8-7圣彼得堡 19世纪末城市总平面图（1893年）

（左下）图8-8圣彼得堡 19世纪末城市总平面图（1894年）

（右下）图8-10圣彼得堡 20世纪初城市总平面图（1911~1915年）

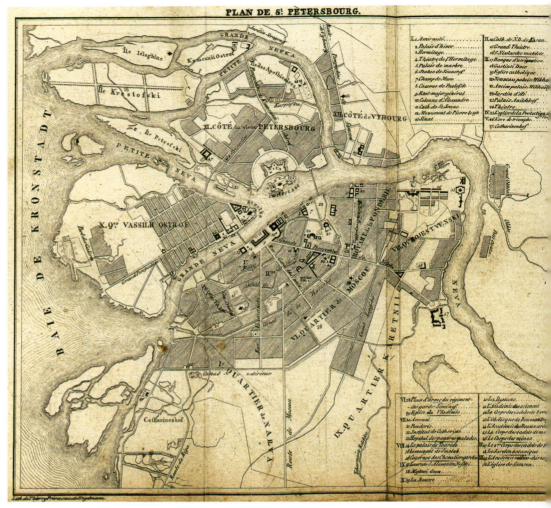

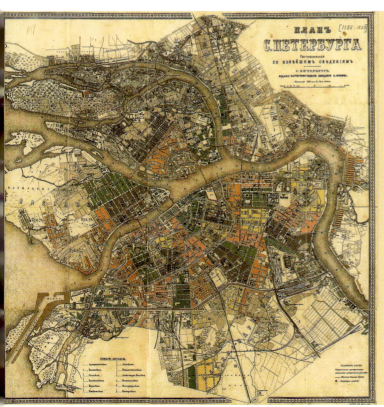

面图：图8-3~8-10；中心区规划：图8-11）。甚至在1796年叶卡捷琳娜时期主管规划的主要机构圣彼得堡和莫斯科砖石结构建设委员会解散之后，这一进程在某些方面仍在延续。

在亚历山大统治期间，彼得堡的人口翻了一番（从20万到44万）；在战胜拿破仑以后，随着城市的急剧扩展，沙皇决定重新建立中央规划机构，新机构名为"建筑工程及水工结构委员会"（Committee for Construction Projects and Hydraulic Works），根据一位同时代人的记载：

"（亚历山大）希望把彼得堡建得比他参观过的任何欧洲都城都更为壮丽，为此他决定成立专门的建筑委员会，并委任奥古斯丁·德·贝当古将军[1]（图8-12）为主席。但这个委员会既不管私人产权的法律问题，也不问公共或私人建筑的结构是否坚固耐用，它所关心的只是新立面的设计，通过审查决定接受、否决或提出修改意见；它还从事街道和广场的规划，开凿运河和架设桥梁，以及整治城市外围的建筑；总

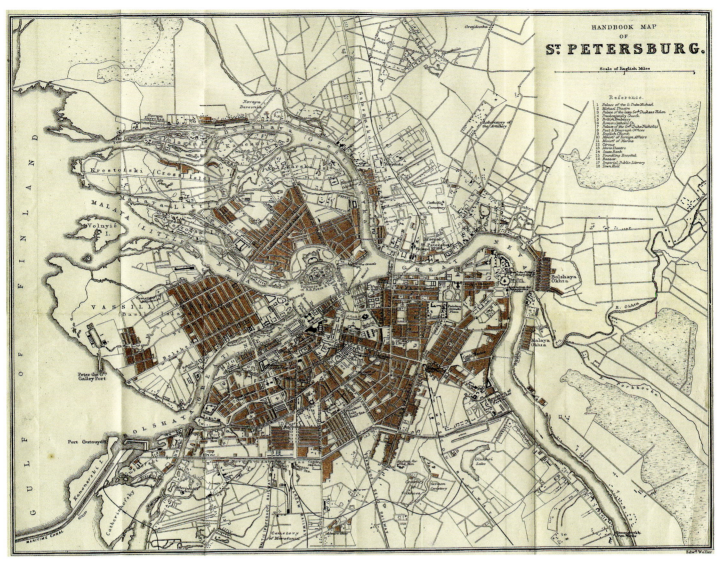

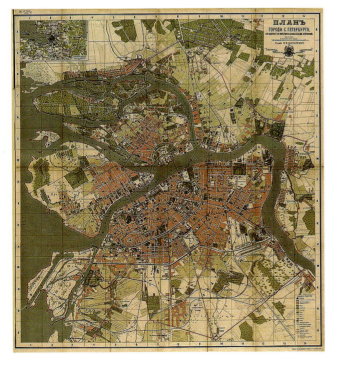

第八章 19世纪早期：亚历山大时期的新古典主义建筑·1703

之，它只管城市的外部景观。"[2]

没有哪个私人或公共建筑能够摆脱这个权力无限的彼得堡规划机构的监管。在贯彻这一意图时，亚历山大有幸拥有一帮与他志同道合的建筑师，包括在彼得堡宏伟城市空间的创造上贡献多多的安德烈·沃罗尼欣、托马斯·德·托蒙、安德烈扬·扎哈罗夫、瓦西里·斯塔索夫和卡洛·罗西。贯穿在他们作品里的权衡意识和分寸的把握在某种程度上是来自斯塔罗夫和夸伦吉，但19世纪初彼得堡建筑所表现出来的那种华丽的风格和对几何形式的强调同样在很大程度上是受

左页：

图8-9圣彼得堡 19世纪末至20世纪初城市总平面图[取自Brockhaus and Efron Encyclopedic Dictionary（1890~1907年）]

本页：

（左下）图8-11圣彼得堡 中心区规划示意（1840年，取自Акаде-мия Строительства и Архитестуры СССР：《Всеобщая История Архитестуры》，II，Москва，1963年）

（上两幅）图8-12奥古斯丁·德·贝当古（画像1810年代，漫画像作者Eulogia Merle）

到以克洛德-尼古拉·勒杜和艾蒂安-路易·部雷等人为代表的法国新古典主义的影响。在亚历山大和尼古拉一世统治的40年期间，新古典主义成功地表现了俄罗斯帝国的威权，但最后也导致了细部过多的弊端；新的结构技术推动了不同构造方式的诞生，同时也促成了建筑上不同意识形态的表现。此后新古典主义便开始走下坡路，到19世纪中叶，所谓"国家建筑"（state architecture）已成为这种帝国风格的贬义词，甚至被讽刺为"营房建筑"（barracks architecture）。

第八章 19世纪早期：亚历山大时期的新古典主义建筑·1705

第一节 圣彼得堡的新古典主义建筑

一、安德烈·沃罗尼欣：喀山大教堂及矿业学院

在彼得堡，新古典主义建筑始于保罗一世的短暂统治时期（1796~1801年；图8-13），使东正教和罗马天主教和解的愿望显然影响到1800年喀山圣母大教堂的设计。这是彼得堡大教堂中最宏伟的一个，其主持人建筑师和画家安德烈·尼基福罗维奇·沃罗尼欣（1759~1814年；图8-14）是俄罗斯新古典主义的代

图8-13 保罗一世（1754~1801年）画像（1790年代早期，作者不明）

（上）图8-14 安德烈·尼基福罗维奇·沃罗尼欣（1759~1814年）画像（作者V.A.Bobrov，19世纪初）

（左下）图8-15 圣彼得堡 斯特罗加诺夫别墅。19世纪初风景[油画，1804年，作者Benjamin Paterssen（1748~1815年）]

（右下）图8-16 圣彼得堡 斯特罗加诺夫别墅。19世纪景况[油画，作者Stepan Philippovich Galaktionov（1779~1854年）]

表人物和帝国风格的创始人之一，但在当时的彼得堡并没有多大名气，也没有建造过大教堂的经历。他出生在乌拉尔地区斯特罗加诺夫庄园的一个农奴家庭里，其主人是长期担任帝国艺术学院（Imperial Academy of Arts）院长的亚历山大·谢尔盖耶维奇·斯特罗加诺夫伯爵（也有人认为亚历山大·斯特罗加诺夫就

本页：

（上）图8-17彼得霍夫 下花园。柱廊（1800年），东廊，西南侧景色

（下）图8-18彼得霍夫 下花园。柱廊，东廊，南侧景观

右页：

（左上）图8-19彼得霍夫 下花园。柱廊，东廊，端头阁楼

（右上）图8-20彼得霍夫 下花园。柱廊，西廊，狮雕

（下）图8-21圣彼得堡 喀山圣母大教堂（1801~1811年）。平面、纵剖面及栏杆立面（平面示带双柱廊的最初设计，图版取自Академия Строительства и Архитестуры СССР:《Все-общая История Архитес-туры》, II，Москва，1963年）

是他的生父)。在当时,斯特罗加诺夫们不仅是俄罗斯最富有的家族之一,同时也是知识渊博的艺术保护人。在这样的环境里诞生的沃罗尼欣自然是幸运的。他早年在乌拉尔圣像画家加布里埃尔·尤什科夫的画室里学习绘画,其天分很快引起了斯特罗加诺夫伯爵的注意,后者遂于1777年把这个18岁的青年人送往莫斯科,跟随瓦西里·伊万诺维奇·巴热诺夫和马特维·卡

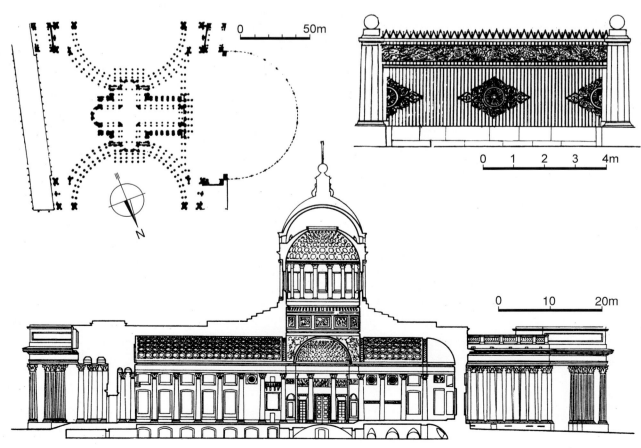

本页：

（上）图8-22圣彼得堡 喀山圣母大教堂。19世纪下半叶景色（老照片，1874年）

（下）图8-23圣彼得堡 喀山圣母大教堂。柱廊近景[彩画，1901年，作者Евгéний Евгéньевич Лансерé（1875~1946年）]

（中）图8-24圣彼得堡 喀山圣母大教堂。东北侧俯视景色

右页：

（上下两幅）图8-25圣彼得堡 喀山圣母大教堂。东北侧全景（上下两幅分别示自涅瓦大街及其运河桥处望去的景色）

扎科夫这样一些大师们学习了两年。1779年后，沃罗尼欣在圣彼得堡工作，被吸收到都城斯特罗加诺夫家族的圈子里，并于1786年获得解放，成为自由民。1781~1785年，他陪伴伯爵的儿子帕维尔周游俄罗斯，1786~1790年又去欧洲（瑞士、德国和法国），在法国和瑞士随私人学习建筑、力学和数学（只是在那里工作和学习的详情尚不清楚）。

沃罗尼欣1790年回到俄罗斯，他的第一个重要项目是在1793年改造和完成斯特罗加诺夫宫的室内装修工程，原由拉斯特列里设计的华美巴洛克形式被沃罗尼欣简洁、精炼的古典柱式取代。从留存下来的部分可知，他对新古典主义建筑形式及室内装饰有透彻的理解。同时，他还对彼得堡黑河边上斯特罗加诺夫别墅的室内装修进行了改造（1795~1796年，木结构，19世纪中叶焚毁；图8-15、8-16），建造了戈罗德尼

亚庄园（1798年）。到18世纪末，他的成绩已给人们留下了深刻的印象。1797年，他因两幅画作得到艺术学院（Academy of Fine Arts）的表彰，1799年，学院授予他绘画院士的头衔（自19世纪初开始，沃罗尼欣在该学院任教）。在经历了一段衰退期后，学院在他的保护人、于1800~1811年担任院长的亚历山大·斯特罗加诺夫领导下开始复兴。沃罗尼欣因其在1800年设计的彼得霍夫柱廊（位于大瀑布两边；图8-17~8-

20)被正式任命为建筑师。在同一时期,他还参与了巴甫洛夫斯克宫殿许多室内装修的改造工程。

不过,沃罗尼欣最重要的项目还是在都城圣彼得堡本身,特别是喀山大教堂的建设。实际上,早在18世纪80年代,人们就打算重建米哈伊尔·泽姆佐夫设计的圣诞堂,位于涅瓦大街的这栋极为简朴的建筑内收藏着由彼得大帝带到彼得堡来的喀山圣母圣像,据传能产生奇迹的这个圣像被认为是皇室罗曼诺夫家族的保护神。夸伦吉曾递交了一个教堂的改建方案,但

本页及左页:

(上)图8-26圣彼得堡 喀山圣母大教堂。正立面全景

(左下)图8-27圣彼得堡 喀山圣母大教堂。西北侧景色(柱廊东段)

(右下)图8-28圣彼得堡 喀山圣母大教堂。西北侧景色(柱廊西段)

（上）图8-29圣彼得堡喀山圣母大教堂。西南侧景观

（下）图8-30圣彼得堡喀山圣母大教堂。东南侧全景

没有留存下来。到1799年，保罗再次为供奉喀山圣母圣像举办新教堂的设计竞赛。这个宏伟殿堂的设计表明，沙皇希望实现与罗马天主教的和解，并通过这一行动，把自己的都城变为新的罗马，即俄国人心目中向往已久的天堂城市（在已完成的喀山大教堂半圆室的檐壁上，雕着基督进入耶路撒冷的场景，就这样确立了和莫斯科早期壕沟边圣母代祷大教堂的联系）。作为统一后基督教的营垒，彼得堡理应具有一个能和罗马圣彼得不相上下的大教堂。

查理·卡梅伦和托马斯·德·托蒙均参加了这次方案竞赛，虽然保罗于1799年10月批准了卡梅伦的设计，但一个月后他又推翻了自己的决定，指定由斯特罗加诺夫为首的委员会领导建设。委员会当即选沃罗尼欣为建筑师。尽管沃罗尼欣的资历在一开始受到强烈质疑，但随着工程的进展，事实证明这一决定是明智

（上）图8-31 圣彼得堡 喀山圣母大教堂。东南侧近景

（下）图8-32 圣彼得堡 喀山圣母大教堂。东北侧近景

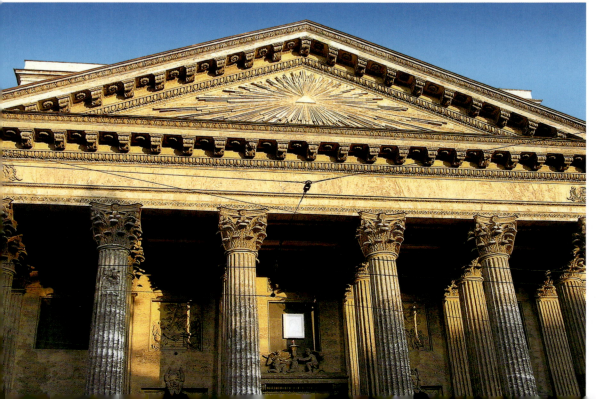

本页：
（上）图8-33圣彼得堡 喀山圣母大教堂。中央门廊及穹顶

（下）图8-34圣彼得堡 喀山圣母大教堂。中央门廊，近景

右页：
图8-35圣彼得堡 喀山圣母大教堂。穹顶近景

的，无论从这一庞大工程的施工组织还是从设计本身的宏伟壮观上看，都是如此，斯特罗加诺夫对"他的"建筑师的信任也因此得到了人们的理解。沃罗尼欣的大教堂和罗马的圣彼得大教堂，特别是和雅克·热尔曼·苏夫洛设计的巴黎圣热纳维耶芙教堂（先贤祠，1755~1792年）一样，具有强烈的古典气息和纪念品性。在沃罗尼欣之前的俄罗斯，能在如此量级上采用罗马古典形式的先驱人物只有巴热诺夫（大克里姆林

1718·世界建筑史 俄罗斯古代卷

左页：

（上）图8-36圣彼得堡 喀山圣母大教堂。中央门廊，仰视

（下）图8-37圣彼得堡 喀山圣母大教堂。中央门廊，柱式细部

本页：

（上）图8-38圣彼得堡 喀山圣母大教堂。中央门廊，内景

（下）图8-39圣彼得堡 喀山圣母大教堂。中央门廊，山墙雕刻

本页及右页：

（左）图8-40圣彼得堡 喀山圣母大教堂。中央门廊，主要入口大门

（中上）图8-41圣彼得堡 喀山圣母大教堂。中央门廊，龛室雕像[圣安德烈，作者Василий Иванович Демут-Малиновский（1779~1846年）]

（右两幅）图8-42圣彼得堡 喀山圣母大教堂。中央门廊，嵌板浮雕：《天使报喜》和《逃往埃及》（作者F.G.Gordeev）

（中下）图8-43圣彼得堡 喀山圣母大教堂。西柱廊

1720·世界建筑史 俄罗斯古代卷

第八章 19世纪早期：亚历山大时期的新古典主义建筑 · 1721

本页及右页：

（左上）图8-44圣彼得堡 喀山圣母大教堂。西柱廊端头（自东侧望去的情景）

（左中）图8-45圣彼得堡 喀山圣母大教堂。西柱廊端头，北侧雕饰带

（下）图8-46圣彼得堡 喀山圣母大教堂。东柱廊，端头雕饰带：《摩西和泉水的奇迹》（作者И.П.Мартос，1806年）

（中上）图8-47圣彼得堡 喀山圣母大教堂。东侧近景

（中中）图8-48圣彼得堡 喀山圣母大教堂。东侧雕刻带及檐口

（右中）图8-49圣彼得堡 喀山圣母大教堂。东南侧壁柱

1722·世界建筑史 俄罗斯古代卷

宫的宫殿设计方案，或许还有帕什科夫宫邸，可能都对沃罗尼欣有所影响）。

喀山大教堂始建于1801年3月27日，1811年完成。主体部分取拉丁十字平面，北面、南面和西面均设科林斯柱廊，东面半圆室带栏墙檐壁（平面、剖面及栏杆立面：图8-21；历史图景：图8-22、8-23；外景：图8-24~8-30；近景及细部：图8-31~8-51；雕像：图8-52、8-53；内景：图8-54~8-61；库图佐夫墓：图8-62）。整个结构上置大型栏墙，十字交叉处设加长的穹顶，鼓座上的壁柱与下面的柱列相互呼应。在一个早期方案里，穹顶和鼓座均较大，鼓座外绕一圈柱廊，颇似巴黎先贤祠的形式。最后完成的穹顶和鼓座立在坚实的主体结构上，造型相对秀气，效果明快。

教堂所处的位置和涅瓦大街（在19世纪初，沿街虽有若干宫殿，但都不是很壮观）的关系，是摆在建

第八章 19世纪早期：亚历山大时期的新古典主义建筑·1723

（上）图8-50圣彼得堡 喀山圣母大教堂。南柱廊，东南侧景色

（下）图8-51圣彼得堡 喀山圣母大教堂。南柱廊，柱头细部

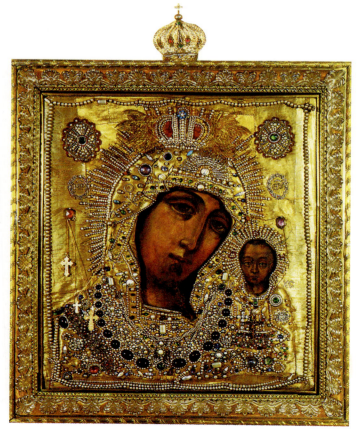

筑师面前的一个棘手问题。由于教堂东西纵向主轴与大街平行（按一般教堂主立面朝西，半圆室朝东的模式，实际上有一个较大的偏角），因此和西侧主入口相比，建筑师必须在朝向街道的北侧建一个宏伟的立面。为此他在该面布置了一个很大的曲线柱廊，东西两端以平面方形的柱墩门廊作为结束，其上设栏墙檐壁雕刻（见图8-44、8-45）。雄伟的科林斯柱廊上承分划明确的柱顶盘和屋顶栏杆，自两端向北门廊和穹顶汇聚，高耸的穹顶成为整个构图的中心。按最初的

（左上）图8-52圣彼得堡 喀山圣母大教堂。陆军元帅米哈伊尔·巴克莱·德托利亲王雕像（位于西柱廊端头前）

（右上）图8-53圣彼得堡 喀山圣母大教堂。陆军元帅、俄军总司令米哈伊尔·库图佐夫雕像（位于东柱廊端头前）

（左下）图8-54圣彼得堡 喀山圣母大教堂。喀山圣母像（16世纪）

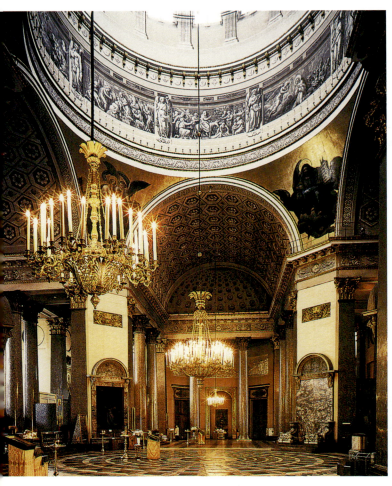

本页及左页：

（左上）图8-55圣彼得堡 喀山圣母大教堂。室内，自北向南望去的景色

（左下）图8-56圣彼得堡 喀山圣母大教堂。南侧景色

（中两幅）图8-57圣彼得堡 喀山圣母大教堂。东端圣坛现状

（右）图8-58圣彼得堡 喀山圣母大教堂。柱式近景（室内共56根这样的花岗石柱）

（上）图8-59圣彼得堡 喀山圣母大教堂。穹顶仰视

（下）图8-60圣彼得堡 喀山圣母大教堂。沙皇门，装饰细部

（上）图8-61圣彼得堡 喀山圣母大教堂。柱础细部

（左下）图8-62圣彼得堡 喀山圣母大教堂。库图佐夫墓（1813年，沃罗尼欣设计，是这位建筑师在教堂里完成的最后一项工作）

（右下）图8-63圣彼得堡 矿业学院（1806~1811年）。平面（取自William Craft Brumfield：《A History of Russian Architecture》，Cambridge University Press，1997年）

（中）图8-64圣彼得堡 矿业学院。立面（取自Академия Строительства и Архитестуры СССР：《Всеобщая История Архитестуры》，II，Москва，1963年）

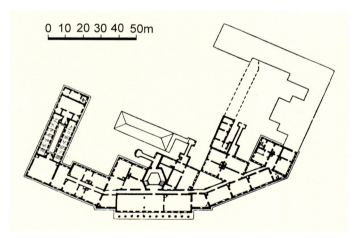

设计，在南侧还有第二个同样的柱廊，但由于造价超标，一直未建。

喀山大教堂给人的总体印象是严谨朴实，沃罗尼欣在外部装饰上下了很大气力，结构于砖墙外覆普多斯特石灰石（这种自加特契纳附近采得的石头，开采时较易处理，暴露在空气中会逐渐变硬，因此提供了

一种理想的细部雕刻材料)。沃罗尼欣在设计东西两端柱墩门廊和半圆室檐壁的圣经题材雕刻,以及三个门廊的嵌板雕饰时,充分利用了这种材料的特性。外廊柱子及柱头四根一列,同样采用普多斯特石,各种各样的细部则用花岗石、石灰石和大理石三种不同类型的石材制作。此前只有里纳尔迪的大理石宫能如此慷慨地使用石料。建筑同时还大量采用铜像,如布置在北柱廊两侧斯捷潘·S.皮缅诺夫制作的民族英雄和圣人弗拉基米尔及亚历山大·涅夫斯基的雕像。北柱廊大门的设计则仿佛罗伦萨洗礼堂的样式,外覆铜嵌板。围绕着穹顶空间的室内中心以沉重的柱墩界定,

左页:

(上)图8-65圣彼得堡 矿业学院。东侧现状

(下)图8-66圣彼得堡 矿业学院。南侧景观

本页:

(上)图8-67圣彼得堡 矿业学院。正立面(东南侧),全景

(下)图8-68圣彼得堡 矿业学院。柱廊近景

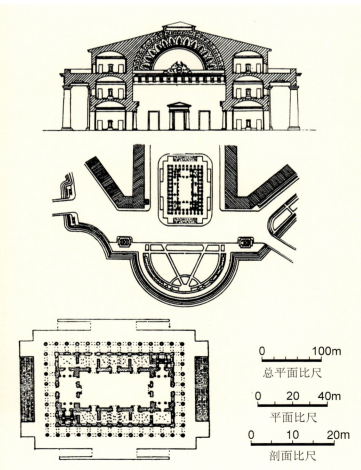

（上两幅）图8-69圣彼得堡 矿业学院。柱廊两边的雕刻组群（《珀尔塞福涅的劫持》和《赫拉克利斯制服安泰俄斯》）

（右下）图8-70圣彼得堡 矿业学院。内景

（左下）图8-71圣彼得堡 证券交易所（1805~1810年）。地段总图、平面及剖面（总图及剖面取自Академия Строительства и Архитестуры СССР：《Всеобщая История Архитектуры》，II，Москва，1963年；平面取自William Craft Brumfield：《A History of Russian Architecture》，Cambridge University Press，1997年）

（上）图8-72 圣彼得堡 证券交易所。剖析模型（取自William Craft Brumfield：《A History of Russian Architecture》，Cambridge University Press，1997年）

（左下）图8-73 圣彼得堡 证券交易所。19世纪初景色[淡彩版画，1810年代，原画作者M.I.Sthotoshnikov，版画制作Ivan Chesky（1777~1848年）]

（中）图8-74 圣彼得堡 证券交易所。自东面望去的地段景色（彩画，作者Enluminure de Ch. Beggrow）

（右下）8-75 圣彼得堡 证券交易所。远景（水彩画，自宫廷滨河路望去的情景）

本页：

（左上）图8-76圣彼得堡 证券交易所。俯视全景（水彩画，1820年，作者A.Тозелли）

（右上）图8-77圣彼得堡 证券交易所。东南侧，俯视全景

（下）图8-78圣彼得堡 证券交易所。东北侧，俯视全景

右页：

图8-79圣彼得堡 证券交易所。北侧，俯视景色

其上帆拱处为各福音书作者的彩色形象，鼓座上单色调的浮雕嵌板表现基督的生平事迹（见图8-59），新古典主义的造像体系在这里已完全取得了支配地位。实际上，在它完成的时候，大教堂已获得了国家军事祠堂的光环，1812年缴获的法国战利品曾在此展示，1813年7月，抗击拿破仑时的俄军总司令、陆军元帅米哈伊尔·库图佐夫的葬礼在教堂内举行，所有这些都表明，教堂已成为宣扬爱国主义和军事业绩的圣堂。

喀山圣母大教堂同样是祈求上帝保佑罗曼诺夫王朝的纪念堂，为创造富丽堂皇的室内，不惜花费大量人力物力，甚至连室内柱廊的柱头柱础都是铜铸外部镀金。大教堂穹顶采用双壳结构，内层带藻井；十字形结构中央本堂和两个臂翼成对布置56根科林斯柱

左页：

图8-80圣彼得堡 证券交易所。东北侧，俯视夜景

本页：

（上下两幅）图8-81圣彼得堡证券交易所。东南侧远景

第八章 19世纪早期：亚历山大时期的新古典主义建筑·1737

左页：

（上）图8-82 圣彼得堡 证券交易所。外景：东南侧，地段形势

（下）图8-83 圣彼得堡 证券交易所。东南侧全景

本页：

（上）图8-84 圣彼得堡 证券交易所。南侧景观

（下）图8-85 圣彼得堡 证券交易所。主立面全景

子，柱高10.7米，柱身由磨光的红色花岗石制作；所有这些似乎都在昭显着国家和教会至高无上的权威。然而这座大教堂却是由一个被解放的农奴设计，这点倒是意味深长，他不仅对风格及形式的内涵有深刻的理解，对贵重材料的使用也能掌控得体（和圣伊萨克大教堂那种覆盖整个结构的奢华装饰形成了鲜明的对比，见第九章）。甚至筒拱顶也因底面六边形的藻井网格和内嵌的圆花饰显得非常轻快。由艺术学院监管

本页：

（上）图8-86圣彼得堡 证券交易所。东北侧景色

（中）图8-87圣彼得堡 证券交易所。主立面，柱廊近景

（左下）图8-88圣彼得堡 证券交易所。柱头细部

（右下）图8-89圣彼得堡 证券交易所。顶部海神雕刻组群

右页：

（上）图8-90圣彼得堡 交易所广场。船首柱（1805~1810年），东南侧地段全景（柱内有螺旋楼梯，可通顶部；由于码头一直沿用到19世纪中叶，因而纪念柱同时起灯塔作用，顶部金属三脚架上固定烧燃油的碗灯；1957年起引入燃气，充当节日庆典时的火炬）

（左下）图8-91圣彼得堡 交易所广场。船首柱，西北侧景色

（右下）图8-92圣彼得堡 交易所广场。船首柱，北柱，南侧全景（基座雕像寓意伏尔加河）

1740·世界建筑史 俄罗斯古代卷

第八章 19世纪早期:亚历山大时期的新古典主义建筑·1741

1742·世界建筑史 俄罗斯古代卷

本页及左页：

（左上）图8-93圣彼得堡 交易所广场。船首柱，北柱，北侧雕刻（基座雕像寓意第聂伯河）

（右上）图8-94圣彼得堡 交易所广场。船首柱，南柱，南侧基座雕像（寓意涅瓦河）

（中上）图8-95圣彼得堡 交易所广场。船首柱，南柱，东北侧景色（基座上的雕像寓意沃尔霍夫河）

（右中）图8-96圣彼得堡 交易所广场。船首柱，南柱夜景（远方可看到彼得-保罗城堡）

（左下）图8-97圣彼得堡 证券交易所。北库房，地段形势（自东北侧涅瓦河方向望去的景色）

（中下）图8-98圣彼得堡 证券交易所。北库房，北立面（自东北方向望去的景色）

（右下）图8-99圣彼得堡 证券交易所。北库房，北立面柱列近景

第八章 19世纪早期：亚历山大时期的新古典主义建筑·1743

（左上）图8-100圣彼得堡证券交易所。南库房，东南面景色

（中）图8-101圣彼得堡 证券交易所。南库房，东南面（自东侧望去的情景）

（右上）图8-102圣彼得堡拉瓦尔府邸（1806~1810年）。主立面（西北面，面对英国滨河路），全景

（左下）图8-103圣彼得堡拉瓦尔府邸。入口近景

（右下）图8-104圣彼得堡拉瓦尔府邸。入口边卧狮雕刻

制作的室内绘画包括帆布油画和灰泥装饰画。两个圣坛屏帏采用了学院派的古典画风，在参与制作的著名艺术家中有瓦西里·博罗维科夫斯基和安德烈·伊万诺夫（1777~1848年，为学院教授和19世纪最杰出的俄罗斯艺术家之一亚历山大·伊万诺夫的父亲）。

除了像斯莫尔尼女修道院这样一些宗教机构外，喀山圣母大教堂及其柱廊构成彼得堡具有完整空间规划的最早实例之一。在18世纪期间，都城的大型

（左上）图8-105圣彼得堡 拉瓦尔府邸。山墙及墙面雕饰

（右上）图8-106圣彼得堡 拉瓦尔府邸。展厅内景（水彩画，作者M.N.Vorobyev，1819年）

（右中）图8-107圣彼得堡 拉瓦尔府邸。大楼梯，内景

（左中）图8-108圣彼得堡 拉瓦尔府邸。希腊罗马厅，内景

（左下）图8-109安德烈扬·扎哈罗夫（1761~1811年）画像（作者Stepan Shchukin，1754~1828年）

宫殿组群均沿涅瓦河及运河建造，但它们周围地区的规划设计往往滞后（包括冬宫在内）。在大教堂完成的1811年，都城公园及广场的建设才随着安德烈扬·扎哈罗夫等人的新设计得以展开。尽管沃罗尼欣设计的喀山大教堂地段环境未能全面实现，特别是原设想的南面广场最后被取消，但通过建筑形式和外部空间的一体化设计，已经完成的这一部分已构成了市中心一条主要干道边的重要景点和公共活动中心。

在首都，沃罗尼欣设计的另一个大型建筑——圣彼得堡矿业学院和大教堂同年完成，但所采用的新古典主义形式完全不同（平面及立面：图8-63、8-64；外景及细部：图8-65~8-69；内景：图8-70）。1806年，他受命整合和扩建位于涅瓦河右岸、瓦西里岛上属矿业学院的五栋建筑。由叶卡捷琳娜创建于1773年的这个学院很快发展成为俄罗斯最重要的技术和工艺中心之一，特别是在开采及利用乌拉尔山脉的矿产资源上。作为学院的门面，沃罗尼欣在主入口处设计了一个由12根多利克柱子组成的门廊（按标准的希腊柱式造型，柱身带沟槽、不设柱础，上承典型的柱顶盘和山墙，图8-65~8-68）。和廊柱对应，门廊内墙上设置同样带沟槽的壁柱。

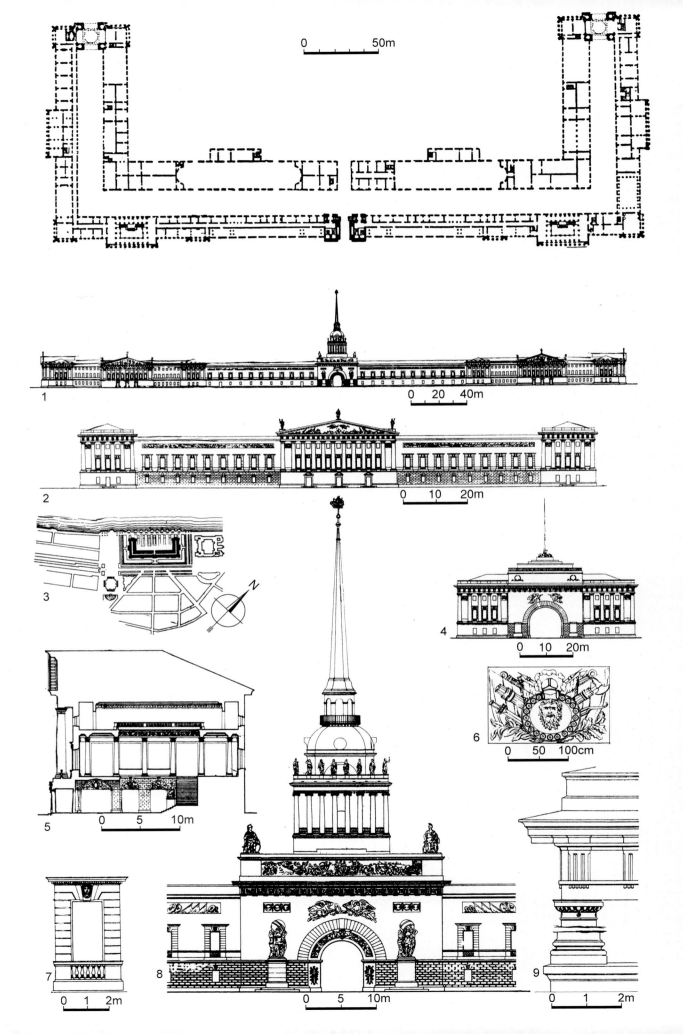

建筑简朴的外观有些类似夸伦吉的作品,但在沃罗尼欣这里,尺度要大得多。夸伦吉通常采用八柱塔司干-多利克式门廊,作为构图中心布置在简朴无饰的纵长立面中部,而沃罗尼欣则将十二柱门廊延伸到学院中心建筑的几乎整个长度。布置在两端的寓意雕像出自瓦西里·德穆特-马利诺夫斯基(1779~1846年)和斯捷潘·皮缅诺夫(1784~1833年)之手,表现天地之神的搏斗[《珀尔塞福涅的劫持》[3](Abduction of Persephone)和《赫拉克利斯制服安泰俄斯》(Heracles Crushing Antaeus)]。和喀山大教堂

左页:

(上)图8-110圣彼得堡 海军部(1810~1823年)。平面(取自William Craft Brumfield:《A History of Russian Architecture》,Cambridge University Press,1997年)

(下)图8-111圣彼得堡 海军部。总平面、立面、剖面及细部(取自Академия Стройтельства и Архитестуры СССР:《Всеобщая История Архитестуры》,II,Москва,1963年),图中:1、面对海军部广场和公园的立面,2、面对冬宫的立面,3、地段总平面,4、面对涅瓦河的尽端立面,5、前厅部分剖面,6、南立面六柱柱廊处雕饰,7、二层窗饰,8、中央塔楼立面,9、立面柱式

本页:

(上)图8-112圣彼得堡 海军部。东北侧,俯视全景

(下)图8-113圣彼得堡 海军部。西南侧,俯视景色

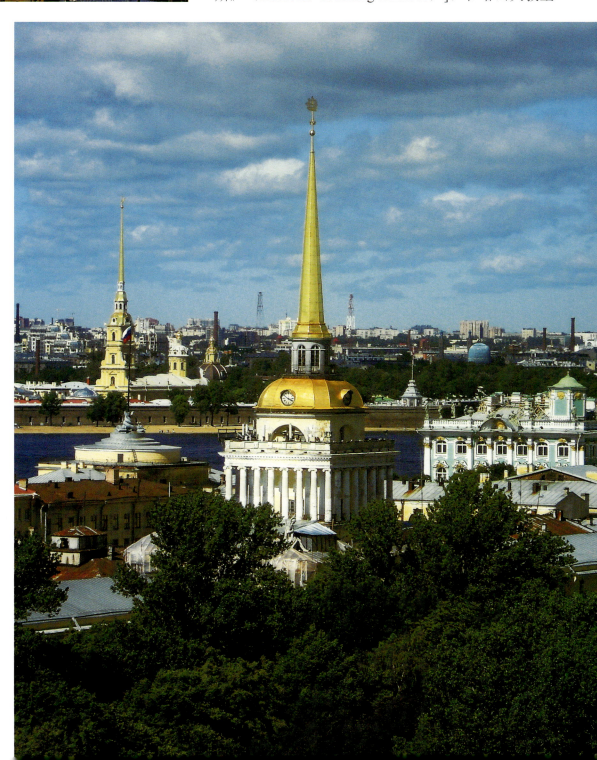

（上）图8-114圣彼得堡 海军部。主立面，西南侧景观

（下）图8-115圣彼得堡 海军部。主立面，中央区段现状

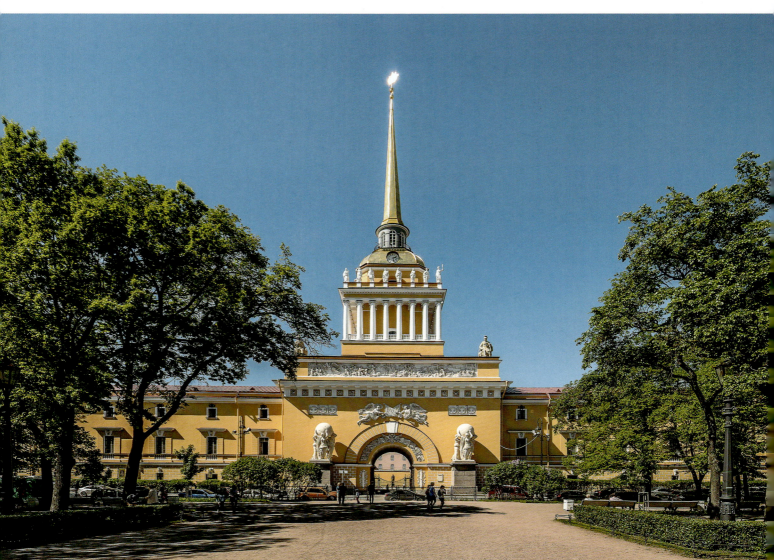

1748·世界建筑史 俄罗斯古代卷

一样,沃罗尼欣在这里特意突出纪念性雕刻的造型作用,视其为整体设计的一部分。1819~1821年(即在沃罗尼欣去世几年后),亚历山大·波斯尼科夫为学院设计了侧面布置爱奥尼柱的中央大厅,用于展示学院收集的重要矿石标本。1822年,乔瓦尼·斯科蒂在大厅内采用单色浮雕技术制作了表现皇室赞助采矿业的天顶画。

二、让-弗朗索瓦·托马斯·德·托蒙:证券交易所

矿业学院标志着沿瓦西里岛涅瓦河堤岸延伸的新古典主义和巴洛克建筑组群的西端。在与之对应的瓦西里岛东端,耸立着另一个亚历山大新古典主义早期

(右上)图8-116圣彼得堡 海军部。主立面,中央塔楼景色

(左上)图8-117圣彼得堡 海军部。主立面,东区(自南面望去的景色)

(下)图8-118圣彼得堡 海军部。主立面,东区(自东南方向望去的景色)

（左上）图8-119圣彼得堡 海军部。东角，自宫殿广场处望去的景色

（中）图8-120圣彼得堡 海军部。东侧景色（右侧为面对冬宫的立面）

（右上）图8-121圣彼得堡 海军部。东翼北端（自涅瓦河上望去的情景）

（下）图8-122圣彼得堡 海军部。东翼北端，远景（前景取造船匠形象的彼得雕像为贝林施塔姆的作品，作于1909～1910年，1919年拆除，1996年复归原位）

的建筑组群——证券交易所（1805～1810年；地段总图、平面、剖面及剖析模型：图8-71、8-72；历史图景：图8-73～8-76；地段俯视及远景：图8-77～8-81；外景：图8-82～8-86；近景及细部：图8-87～8-89）。其主体建筑采用希腊形式，建筑师为来自法国的移民让-弗朗索瓦·托马斯·德·托蒙。他在巴黎完成学业

1750·世界建筑史 俄罗斯古代卷

(上)图8-123圣彼得堡海军部。东翼北端,全景

(下)图8-124圣彼得堡海军部。中央塔楼,券门近景

(在那里可能是师从克洛德-尼古拉·勒杜,从他的早期草图上可看到这位建筑师的影响),1790年移居彼得堡后就一直在那里工作直到1813年去世。证券交易所是他留存下来的作品中最重要的一个,始建于1783年的这座建筑最初是依夸伦吉的平面,但工程在1787年因第二次俄-土战争的爆发而中止,到亚历山大统治初期,已建部分被拆除,另委托托蒙重新设计。导致这一重大变化的缘由可能是因为托蒙能更好地把握安德烈扬·扎哈罗夫拟定的新一轮瓦西里岛尖端综合规划的精神,从组群和整体效果出发而不是仅考虑单体。夸伦吉设计的交易所朝向河对面的冬宫,因而从

第八章 19世纪早期:亚历山大时期的新古典主义建筑·1751

属于涅瓦河左岸组群；托蒙改将主轴线转向东偏北方向，对着岛本身的端头（见图8-77、8-78），和夸伦吉的设计相比，建筑本身也更具有"希腊"的特色。为了突出交易所在构图上的中心地位（特别是从城堡到涅瓦河左岸之间广阔水面上看去的时候），托蒙在建筑前方交易所广场两侧布置了两根粗壮的船首柱（图8-90~8-96），基座上布置象征俄罗斯主要河流的寓意雕像（纪念柱除了装饰作用外，内部还有螺旋楼梯，可作为灯塔使用），同时还在建筑两侧布置了样式基本对称的两组库房建筑（北库房：图8-97~8-99；南库房：图8-100~8-101）。

托蒙设计的交易所表明，他很熟悉帕埃斯图姆古希腊时期的神殿。在18世纪末，这组意大利古迹对欧洲新古典主义建筑的发展产生了很大的影响（在"古风"形式上进一步提炼创造出一种古朴庄重的类型）。然而，正如休·昂纳所说，交易所是个"神殿建筑的自由创作，并不属历史复古主义作品"[4]。沉重的红色花岗石基座上承由44根柱子组成的围柱廊，塔司干-多利克式柱身具有明显的"卷杀"（entasis）和挑出甚大的馒形托（echinus，见图8-88）。围柱廊内砖

左页：

（左上及右）图8-125圣彼得堡海军部。中央塔楼，券门边雕刻组群[支撑地球的仙女（宁芙）群像]

（左中）图8-126圣彼得堡 海军部。中央塔楼，券门双头鹰雕饰细部

（左下）图8-127圣彼得堡 海军部。中央塔楼，檐壁雕饰细部

本页：

（上及中）图8-128圣彼得堡海军部。中央塔楼，柱廊及檐部栏墙群雕

（下）图8-129圣彼得堡 海军部。中央塔楼，檐部栏墙雕像

墙外施抹灰仿面石砌体，两端柱顶盘以上立普多斯特石制作的表现海上贸易的寓意群雕[《海神尼普顿和两条河流》（Neptune with Two Rivers）、《随墨丘利航海和两条河流》（Navigation with Mercury and two Rivers）]。

交易所室内为一宽敞的交易大厅，顶上覆带藻井的单一筒拱。主要大厅两端通向一个宽度相同的前厅，上部同样为筒拱顶，只是轴线与中央空间垂直

本页：

（左上）图8-130圣彼得堡 海军部。檐部栏墙雕像及大钟近景

（下三幅）图8-131圣彼得堡 海军部。中央塔楼，塔尖及风标（呈三桅战舰的造型）

（左中）图8-132圣彼得堡 海军部。南立面，六柱柱廊近景

（右中）图8-133圣彼得堡 海军部。南立面，东头近景（背景处为冬宫）

右页：

（上两幅）图8-134圣彼得堡 海军部。东翼，北端券门浮雕[左图前景为宫殿码头花岗石基座上的狮像（1820~1824年，1900年重建）]

（下）图8-135圣彼得堡 海军部。东翼，山墙浮雕细部（位于十二柱柱廊上，见图8-117）

（见图8-72）。在中部这三个厅堂两侧，沿建筑长边布置高三层的办公房间。室内的自然采光系通过矩形的天窗和两端的半圆形扇面大窗取得（在分隔前厅和主要大厅的内墙上亦开同样形式的半圆形窗口）。托蒙的设计草图表明，他格外关注自然光线下室内的空间效果，在这方面的感觉亦特别敏锐。

在这个精确的矩形结构里，多次采用了半圆形的母题，如侧立面墙体上部的扇面窗、主要楼层窗户

第八章 19世纪早期：亚历山大时期的新古典主义建筑·1755

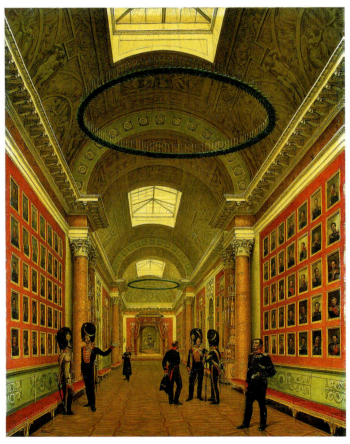

拱心石上的卸荷拱（窗户位于与廊柱对应的壁柱之间）。也就是说，在设计室外的各个部件时，建筑师不仅注意到它们的几何比例，同时也考虑到曲线和直线的图形对比。托蒙设计的巨大成功表明，在19世纪早期，俄罗斯帝国建筑的活力不仅基于新古典主义美学体系的多样化，同时也基于它自身的更

新能力，后者正是通过得到宫廷高层认可和支持的新一代建筑师的作品表现出来。亚历山大事实上为托马斯·德·托蒙提供了一个机会，实现克洛德-尼古拉·勒杜当年的梦想：按古朴粗犷的古代风范，建造一个宏伟气魄的市民建筑。遗憾的是，这位建筑师未能活着看到1816年交易所的正式揭幕（那时他已去世3年）。

在彼得堡，托马斯·德·托蒙其他尚存的重要作品还有拉瓦尔府邸。基址上18世纪的府邸属斯特罗加诺夫家族，该世纪90年代沃罗尼欣受他们之托进行了一次改建。到1800年，房产在几经转手之后落入A.G-拉瓦尔女伯爵手中，她于1806年委托托蒙对结构进行改造和扩建。托蒙拆除了主入口处沃罗尼欣建造的四柱门廊，将主立面稍稍前移，其九排窗户确立了整个三层楼房的比例体系（外景及细部：图8-102~8-105；内景：图8-106~8-108）。底层分划类似交易所墙体，抹灰面层仿粗面石效果，拱券窗上饰拱心石。主要大门上安置更大的拱心石状山墙，门侧面两个花

左页：

（左上及右）图8-136卡洛·罗西（1775~1849年），画像（作者B.S.Mityar，1820年）及胸像

（左下）图8-137圣彼得堡 冬宫。1812年廊厅（军事廊厅，1826年），内景（彩画，作者G.G.Chernetsov，1827年）

本页：

（上）图8-138圣彼得堡 冬宫。1812年廊厅，内景，现状（向东南方向望去的景色）

（下）图8-139圣彼得堡 冬宫。1812年廊厅，内景（向西北方向望去的景色）

本页：
（上两幅）图8-140圣彼得堡冬宫。1812年廊厅，厅内的亚历山大及库图佐夫画像

（下）图8-142圣彼得堡 冬宫。圣乔治大厅，御座近景

右页：
图8-141圣彼得堡 冬宫。圣乔治大厅（御座厅，1838~1841年），内景

1758·世界建筑史 俄罗斯古代卷

图8-143圣彼得堡 冬宫。圣乔治大厅,天棚细部

岗石制作的石狮可能是托蒙本人设计。上两层爱奥尼柱列跨越最初建筑的整个宽度。在两侧延伸部分,带山墙的爱奥尼门廊围括着主要楼层的三个窗户,山墙上的灰泥浮雕嵌板表现阿波罗和缪斯诸神。

尽管早在1818年,府邸部分进行了改造,但室内托蒙最初的装修大都保留下来(苏联时期建筑改作国家档案馆,1947年又进行了一次精心的维修)。入口大厅两边立粗壮的多利克柱子,由此通向一个圆堂,后者带红色花岗石制作的爱奥尼附墙柱,穹顶藻井内嵌圆花饰。礼仪厅堂内用的皆为这时期常用的材料和装饰母题(如人造大理石、精致的灰泥装饰、各种风格的壁画和表现罗马贵族及献身精神的单色檐壁浮雕)。女主人拉瓦尔就在这些高雅华美、采用新古典主义装修的厅堂内主持她的沙龙聚会。这是彼得堡当时最著名的文学沙龙之一,来客中包括亚历山大·格里博耶多夫、亚当·密茨凯维奇、米哈伊尔·莱蒙

(上)图8-144 圣彼得堡 耶拉金岛。宫殿(1816~1818年),平面及剖面(取自William Craft Brumfield:《A History of Russian Architecture》,Cambridge University Press,1997年)

(中)图8-145 圣彼得堡 耶拉金岛。宫殿,主立面(取自William Craft Brumfield:《A History of Russian Architecture》,Cambridge University Press,1997年)

(下)图8-146 圣彼得堡 耶拉金岛。宫殿,19世纪景色(版画,表现检阅皇家近卫军团的场景)

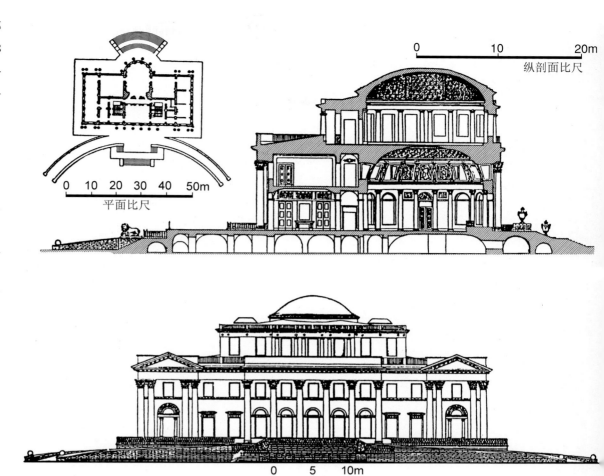

第八章 19世纪早期:亚历山大时期的新古典主义建筑·1761

本页:
(上)图8-147圣彼得堡 耶拉金岛。宫殿,东侧远景

(下)图8-148圣彼得堡 耶拉金岛。宫殿,西侧远景

右页:
(上及左下)图8-149圣彼得堡 耶拉金岛。宫殿,东侧全景

(右下)图8-150圣彼得堡 耶拉金岛。宫殿,东北侧景观

托夫、伊万·克雷洛夫和瓦西里·茹科夫斯基,在1828年的一个晚上,亚历山大·普希金就是在这里,第一次朗诵他的历史悲剧《鲍里斯·戈杜诺夫》(Boris Godunov)。

事实上,这座建筑,正如墙面上古典檐壁所表现的那样,同样见证了它自身的悲剧:拉瓦尔的女婿

谢尔盖·特鲁别茨科伊是1825年12月反对沙皇尼古拉一世的十二月党人的重要领导成员[5]，这次失败的政变标志着俄罗斯贵族政治上的进一步失势和社会知识精英与独裁者之间鸿沟的进一步扩大。尽管没有证据表明这件事牵扯到这位女伯爵本人，但有许多贵族同谋者经常应特鲁别茨科伊之邀在此聚会已不是什么秘密，况且她的女儿叶卡捷琳娜·特鲁别茨卡娅还是十二月党人妻子中自愿放弃优裕生活跟随丈夫去西伯利亚流放的带头人。这些事实似乎再次表明，新古典主义的图像表现有着更深刻的意义和内涵，装饰形式很可能是个人价值取向和荣誉准则的反映。拉瓦尔府邸属彼得堡最后一批新古典主义的城市宫邸，随着城市建设密度越来越高，富人宅邸的设计逐渐被纳入公寓式建筑的范畴内。

第八章 19世纪早期：亚历山大时期的新古典主义建筑 · 1763

三、安德烈扬·扎哈罗夫：海军部

到托马斯·德·托蒙的交易所接近完成的1810年，在涅瓦河对岸，一项规模大得多的工程——海军部正在进行之中。这是基址上的第三个建筑，在第五章第一节里已经提到，最初的海军部行政大楼及码头建于彼得大帝时代，随后于18世纪30年代在伊万·科罗博夫主持下进行了改建（见图5-269）。在最后这次重

左页：

（上）图8-151 圣彼得堡 耶拉金岛。宫殿，西侧地段形势

（下）图8-152 圣彼得堡 耶拉金岛。宫殿，西侧全景

本页：

（上）图8-153 圣彼得堡 耶拉金岛。宫殿，西南侧全景

（中）图8-154 圣彼得堡 耶拉金岛。宫殿，东南侧柱式细部

（下）图8-155 圣彼得堡 耶拉金岛。宫殿，南侧近景

建前不久，亚历山大的顾问们还在考虑是否要放弃位于市中心、面对着冬宫西南立面的这座包括造船厂在内的功能性建筑。事实上，早在1783年大火之后，人们就曾计划将海军部迁到喀琅施塔得的舰队基地去，只是这个提议并未付诸实施。到1806年，这个庞大的建筑组群已趋破败，安德烈扬·扎哈罗夫（1761~1811

本页及左页：

（左上）图8-156圣彼得堡 耶拉金岛。宫殿，西侧近景

（左下及中下）图8-157圣彼得堡 耶拉金岛。宫殿，西侧，主入口台阶

（中上）图8-158圣彼得堡 耶拉金岛。宫殿，西侧，北端柱廊近景

（右上）图8-159圣彼得堡 耶拉金岛。宫殿，西北侧近景

年；图8-109）提出一个改建方案并获得批准。尽管他于1811年辞世，建筑直到1823年才完成，但基本按他的设计，没有重大的变更。

扎哈罗夫1761年出生于海军部一个小官员的家庭里，曾就读于艺术学院，毕业后，他于1782年到巴黎去进修了4年，师从巴黎大凯旋门的设计人让·法兰西斯·泰雷兹·沙尔格兰。在这期间，他还去意大利广泛

本页：

（上）图8-160圣彼得堡 耶拉金岛。宫殿，大厅内景

（中）图8-161圣彼得堡 耶拉金岛。宫殿附属建筑，地段景色（右侧为厨房，左侧远处为马厩）

（下）图8-162圣彼得堡 耶拉金岛。厨房及辅助建筑，南侧全景

右页：

（全四幅）图8-163圣彼得堡 耶拉金岛。厨房及辅助建筑，龛室雕像

游历。尽管在1787年扎哈罗夫已得到彼得堡艺术学院的任命，成为建筑学的教授，但他的主要精力还是用在建筑设计上并于1805年成为海军部的总建筑师。除了在彼得堡地区为海军建造的一些建筑（包括一座医院和营房）外，扎哈罗夫还于1806~1809年设计了两个库房建筑群，再次使人想起部雷和勒杜那种古拙简朴的设计。他拟定的瓦西里岛尖端规划为托蒙及随后其他建筑师的作品提供了一个合宜的环境。尽管他的

(上)图8-164圣彼得堡耶拉金岛。马厩,南侧全景

(下)图8-165圣彼得堡耶拉金岛。马厩,柱廊近景

设计中付诸实施的不多,但仅海军部这一项设计已使他在欧洲新古典主义建筑史中占有了一席之地。

在改建原由科罗博夫设计、此时已部分毁坏的海军部时,扎哈罗夫将它的长度由300米扩展到375米,并增加了两个垂直翼,其长度几乎达到沿河一面的一半(总平面、平面、立面、剖面及细部:图8-110、8-111;外景:图8-112~8-123;近景及细部:图8-124~8-135)。从涅瓦河方向望去,组群由两个犹如俄文字母"П"的建筑组成,里外相套(见图8-110),两者之间最初由一条狭窄的运河分开。内

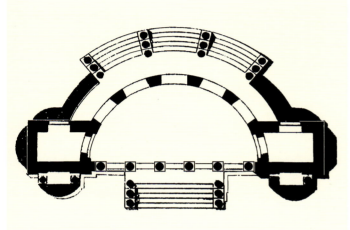

（上两幅）图8-166圣彼得堡耶拉金岛。温室（1819~1821年），现状外景

（左中）图8-167圣彼得堡 耶拉金岛。音乐亭，平面

（下）图8-168圣彼得堡 耶拉金岛。音乐亭，西北立面

（右中）图8-169圣彼得堡 耶拉金岛。音乐亭，南侧全景

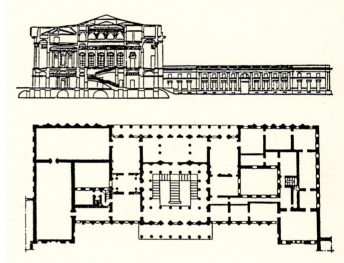

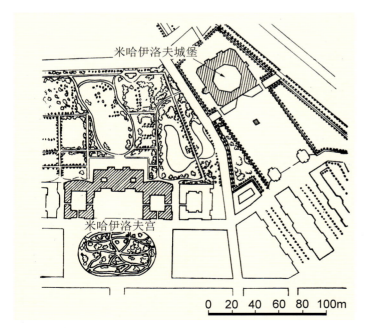

(左上）图8-170圣彼得堡 耶拉金岛。音乐亭，东南立面细部

(左中）图8-171圣彼得堡 耶拉金岛。音乐亭，半圆厅内景

(右上）图8-172圣彼得堡 耶拉金岛。花岗石墩座亭（1818~1822年），外景

(左下）图8-173圣彼得堡 米哈伊洛夫宫（1819~1825年）。地段总平面（右上方为米哈伊洛夫城堡，图版取自Академия Строительства и Архитестуры СССР：《Всеобщая История Архитестуры》，II，Москва，1963年）

(右中）图8-174圣彼得堡 米哈伊洛夫宫。平面及剖面（取自William Craft Brumfield：《A History of Russian Architecture》，Cambridge University Press，1997年）

圈建筑和它三面围括的场地系作为海军部的造船厂；外圈建筑供行政办公使用。另一侧沿主立面为一大广场（现为公园）。立面中央设一带尖顶的塔楼（见图8-111），它将科罗博夫的最初塔楼围括在内，拱门两侧为支撑地球的仙女（宁芙）雕像[雕刻师费奥多西·谢德林（1751~1825年）]。顶部栏墙檐壁浮雕表

（上）图8-175 圣彼得堡 米哈伊洛夫宫。远景（版画，自米哈伊洛夫大街望去的景色）

（下）图8-176 圣彼得堡 米哈伊洛夫宫。全景图（19世纪彩画，作者Joseph-Maria Charlemagne-Baudet）

第八章 19世纪早期：亚历山大时期的新古典主义建筑 · 1773

本页：

（上）图8-177圣彼得堡 米哈伊洛夫宫。19世纪景色（彩画，作者Enluminure de Ch. Beggrow）

（下）图8-178圣彼得堡 米哈伊洛夫宫。南侧俯视全景

（中）图8-179圣彼得堡 米哈伊洛夫宫。南立面全景（自栏墙外望去的景色）

右页：

（上）图8-180圣彼得堡 米哈伊洛夫宫。南立面全景（自院内望去的景色）

（下）图8-181圣彼得堡 米哈伊洛夫宫。西南侧全景

现海神尼普顿将象征海上霸权的三叉戟交给彼得大帝。栏墙顶部各角上为亚历山大大帝、希腊神话英雄埃阿斯、勇士阿喀琉斯和古希腊伊庇鲁斯王皮拉斯的雕像。顶上尖塔基座立在爱奥尼围柱廊上，后者檐部栏墙上布置28个神话或寓意雕像，表现季节和大自然的力量（风雨雷电等，见图8-128）。自12世纪弗拉基米尔的圣德米特里大教堂以来，还没有哪个建筑能与雕刻结合得如此紧密，采用如此丰富的造型手段宣扬世俗权力和祈求上帝的保佑。

扎哈罗夫同样理解简朴的价值：在中央塔楼的两

侧,仿粗面石的底层形成立面的基座,立面上仅有两层装修简单的窗户(最初立面上部为通长的一条灰泥檐壁,以后为第三层窗户取代)。长长的立面两端形成相对独立的两组构图,中间为巨大的多利克十二柱门廊,山墙内带雕刻(见图8-135)。各组两端以向外凸出的多利克六柱立面作为结束。与主立面垂直的两翼中间配置类似的多利克十二柱门廊,两端亦同样设向外凸出的多利克六柱立面。朝向涅瓦河的两个端

第八章 19世纪早期:亚历山大时期的新古典主义建筑 · 1775

头布置尽端单元，于中央巨大的仿面石拱门两边立同样的多利克柱（见图8-123）。

海军部的这两个尽端单元被休·昂纳称为"实体几何的构图试验"[6]。可能这也是18世纪末通过理想的纯净形体创造宏伟的效果和纪念品性的一次最大胆的尝试。扎哈罗夫通过在重点部位采用古典柱式解决了纵向过长、单调重复的问题，主立面中央和朝涅瓦河立面两端入口处简单的几何形体构成了巨大的仿面石拱门和高浮雕的底面。门廊、楼阁、尖塔和有限的窗户细部，以及山墙内和尖塔基部的寓意和纪念性雕刻，促成了一种既简朴又不失华美的神奇印象。

1776·世界建筑史 俄罗斯古代卷

左页：

（上及中）图8-182 圣彼得堡 米哈伊洛夫宫。东南侧景观

（下）图8-183 圣彼得堡 米哈伊洛夫宫。西翼，南立面

本页：

（上）图8-184 圣彼得堡 米哈伊洛夫宫。东翼，现状

（下）图8-185 圣彼得堡 米哈伊洛夫宫。北立面（花园面），全景

四、卡洛·罗西

随着交易所、海军部和喀山大教堂的完成，彼得堡获得了更多的地标建筑，它们周围城市环境的整治成为下一步要解决的主要问题。交易所确定了瓦西里岛尖端的主要轴线，海军部不仅是涅瓦河左岸的制高点，其塔楼和尖塔同时还是通向市内的三条辐射状干道的起点和交会中心。连接城市已有主要建筑并加以补充和统一筹划的工作是在亚历山大时期最后一位杰出的建筑师和天才的城市规划师卡洛·罗西（1775~1849年；图8-136）的主持下进行的。在彼得堡中心区，他创建或重新设计的广场至少有13个，街道12条；作为建筑师，他主持建造了4个重要建筑群，其中每一个都构成了他总体设计里的重要联系环节。

[生平及早期作品]

卡洛·罗西于1775年诞生于意大利的那不勒斯，母亲是位著名的芭蕾舞演员，在应邀到俄罗斯表演时也带着小罗西，因而从小他就生活在一个充满艺术氛围的环境里（继父也是位芭蕾舞艺术家）。他们在巴甫洛夫斯克定居，这对罗西的建筑教育来说倒是个理想的环境，正是在这里，他得以在温琴佐·布伦纳的工作室里接受培训，并跟随这位导师参加巴甫洛夫斯

（左上及中）图8-186 圣彼得堡 米哈伊洛夫宫。北立面，东段景色

（右上）图8-187 圣彼得堡 米哈伊洛夫宫。北立面，西段现状

（下）图8-188 圣彼得堡 米哈伊洛夫宫。南立面，柱廊近景

（上）图8-189 圣彼得堡 米哈伊洛夫宫。南立面，柱廊山墙

（下）图8-190 圣彼得堡 米哈伊洛夫宫。南立面，入口狮雕

（中）图8-191 圣彼得堡 米哈伊洛夫宫。南立面，东翼主入口近景

克皇宫的建造及室内装修工作（包括宫殿图书馆），也正是在这期间，他的才干得到了布伦纳的赏识。1795年，罗西进入海军建筑局工作，1796年，正式成为布伦纳的助手。除了巴甫洛夫斯克宫的收尾工作外，他同时还协助布伦纳建造加特契纳的宫殿和米哈伊洛夫城堡。1802年，布伦纳和罗西去欧洲（佛罗伦萨、罗马和巴黎）逗留了3年。从罗西日后的著作和设计中，可清楚地看到，罗马建筑给他留下了深刻

第八章 19世纪早期：亚历山大时期的新古典主义建筑 · 1779

的印象，影响至深。他从意大利回来后不久，就构想了一个新海军部码头的宏伟设计（没有实现），在边注中，他写道："为什么我们不敢和他们（指罗马人）在宏伟壮丽上一比高低呢？这个词并不意味着过量的装饰，而是形式的宏伟，比例的庄重和永恒的品性"[7]。

1806~1814年，罗西主要在莫斯科和行省城市特维尔工作。1806年他取得公职并获得建筑师的职称，1808年被派往莫斯科克里姆林宫考古考察队，在那里建造了耶稣升天修道院的圣叶卡捷琳娜教堂和阿尔巴特广场的剧院（后者在拿破仑入侵俄国时被焚毁）。其早期作品中还包括为尼洛夫隐修院（位于莫斯科和

左页：

（上两幅）图8-192圣彼得堡米哈伊洛夫宫。院落大门及柱墩顶饰

（左下）图8-193圣彼得堡普希金广场。普希金纪念像，现状

（右下）图8-194圣彼得堡米哈伊洛夫宫。前厅，内景

本页：

（上）图8-195圣彼得堡 米哈伊洛夫宫。大客厅（"白柱厅"），内景

（中）图8-196圣彼得堡 米哈伊洛夫花园。围栏

（左下）图8-197圣彼得堡米哈伊洛夫花园。罗西阁（1825年），东北侧地段形势（前为莫伊卡运河）

（右下）图8-198圣彼得堡米哈伊洛夫花园。罗西阁，东北侧全景

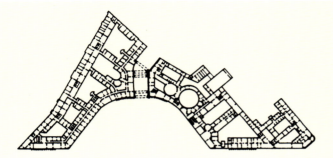

彼得堡之间的谢利格尔湖畔）设计的一个采用火焰哥特复兴风格、样式奇特的巨大钟塔。在为巴甫洛夫斯克的格拉佐沃村设计"农村风格"的住宅群时，他曾进一步尝试采用俄罗斯的木结构形式。1814（另说1815）年回到彼得堡后，他很快在编制亚历山大的城市总体规划中起到了主导作用，并于1816年被任命为城市结构和水工委员会成员。

罗西设计的建筑大都采用帝国风格，具有宏伟和庄重简洁的特色。他不仅做建筑师的工作，还是许多宫殿的室内设计师，包括冬宫的1812年廊厅（又称军事廊厅，1826年；图8-137~8-140），这是个纵长的大厅，由双柱分成三个区段，中央区段形成圣乔治大厅的入口；整个厅堂通过彩绘拱顶上的天窗采光，内有5排共332位参加1812年抗击拿破仑战争的将领画

本页及右页：

（左上）图8-199圣彼得堡 米哈伊洛夫花园。罗西阁，背面景色

（左中）图8-200圣彼得堡 总参谋部大楼（1819~1829年）。平面（取自William Craft Brumfield:《A History of Russian Architecture》，Cambridge University Press，1997年）

（中上）图8-201圣彼得堡 总参谋部大楼。19世纪景色（彩画，作者Enluminure de Ch.Beggrow）

（右上）图8-202圣彼得堡 总参谋部大楼。19世纪上半叶景色（彩画，作者Enluminure de Ch.Beggrow，1822年）

（下）图8-203圣彼得堡 总参谋部大楼。西北侧全景

1782·世界建筑史 俄罗斯古代卷

第八章 19世纪早期：亚历山大时期的新古典主义建筑 · 1783

（上及下）图8-204圣彼得堡 总参谋部大楼。主立面，中区全景

（中）图8-205圣彼得堡 总参谋部大楼。主立面，中区近景

像（油画为英国艺术家乔治·道主持绘制，参与的还有俄国画家亚历山大·波利亚科夫和威廉·戈利克）；同时展出的还有陆军元帅、总司令米哈伊尔·库图佐夫、米哈伊尔·巴克莱·德托利、君士坦丁·帕夫诺维

（上）图8-206圣彼得堡 总参谋部大楼。主立面，西翼全景

（下）图8-207圣彼得堡 总参谋部大楼。东侧，面对莫伊卡河的立面

奇大公和威灵顿公爵阿瑟·韦尔斯利的全身像（后者在1815年滑铁卢战胜拿破仑后同时被赋予俄军元帅称号），大厅端头挂着沙皇亚历山大一世的骑马像，两边墙中间为普鲁士国王腓特烈-威廉三世（以上两幅作者为弗朗茨·克鲁格）和奥地利皇帝弗兰西斯一世骑像（彼得·克拉夫特绘）。和这个大厅相连的圣乔治大厅又称御座厅，御座上方有俄罗斯军队和沙皇家族的守护神圣乔治的浮雕像（图8-141~8-143）。

1816年，罗西受命再次改建亚历山大一世刚刚作为结婚礼物送给他的弟弟、未来的沙皇尼古拉一世的阿尼奇科夫宫。1820年罗西完成了宫殿本身的改造，以及附属建筑及两座对称布置、采用新古典主义风格的楼阁（名为"俄罗斯英雄"的雕像组群出自斯捷潘·皮缅诺夫之手）。

在彼得堡，罗西承接的第一个重要项目是1816~1818年为亚历山大一世的母亲玛丽亚·费奥多罗

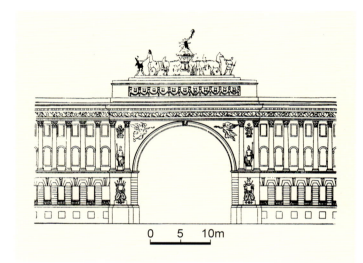

左页：

（左上）图8-208圣彼得堡 总参谋部大楼。拱门，立面（取自Академия Строительства и Архитестуры СССР：《Всеобщая История Архитестуры》，II，Москва，1963年）

（下）图8-209圣彼得堡 总参谋部大楼。拱门，19世纪景况（自拱门内望宫殿广场、亚历山大纪念柱及冬宫，彩画，作者Enluminure de Ch.Beggrow）

（右上）图8-210圣彼得堡 总参谋部大楼。拱门，19世纪景色（自第二道拱门处望宫殿广场及冬宫，彩画，作者Enluminure de Ch.Beggrow）

（右中）图8-211圣彼得堡 总参谋部大楼。拱门，19世纪状态（自第二道拱门处望亚历山大纪念柱，水彩画，作者Василий Семёнович Садовников，1830年代）

本页：

（上）图8-212圣彼得堡 总参谋部大楼。拱门，背面景色（对面为第三道拱门，通过中间的小百万大街和前景处涅瓦大街连接起来，彩画，作者Enluminure de Ch.Beggrow）

（下）图8-213圣彼得堡 总参谋部大楼。拱门，西北侧近景

第八章 19世纪早期：亚历山大时期的新古典主义建筑 · 1787

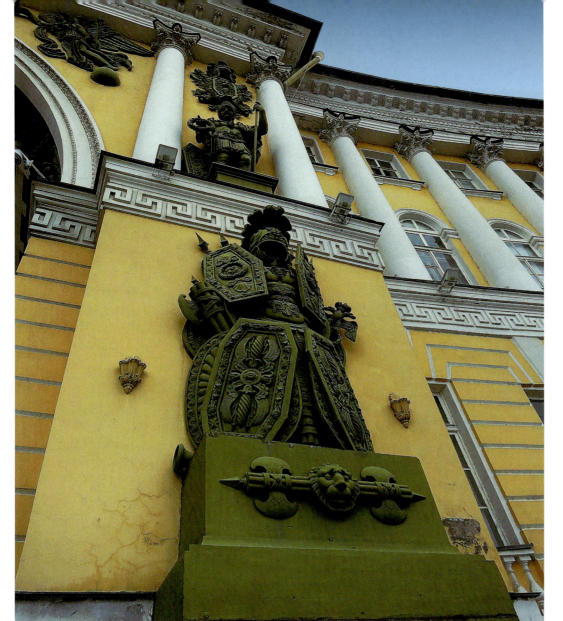

本页：

（上）图8-214圣彼得堡 总参谋部大楼。拱门，墙面雕饰及柱式细部

（下）图8-215圣彼得堡 总参谋部大楼。拱门，拱门内景

右页：

（上）图8-216圣彼得堡 总参谋部大楼。拱门，顶部胜利之神和战车群雕

（左下）图8-217圣彼得堡 总参谋部大楼。拱门，群雕侧景

（右下）图8-218圣彼得堡 宫殿广场。19世纪上半叶景色（自南侧望去的景色，亚历山大纪念柱左侧为冬宫，右侧为卫队总部；彩画，1830年代，作者Василий Семёнович Садовников）

芙娜设计的耶拉金岛（与石岛相邻）上的宫殿组群及花园。宫殿采用科林斯柱式，主立面中央设带上部栏墙的六柱门廊，有些类似卡梅伦设计的巴甫洛夫斯克宫殿（平面、立面及剖面：图8-144、8-145；历史图景：图8-146；外景：图8-147~8-153；近景及细部：图8-154~8-159；内景：图8-160）。朝向小岛内部俯视着花园的这个立面两边布置一对附加门廊，于双柱上承山墙，立面因此显得更为丰富。另一侧面对中涅夫卡河的立面（见图8-147、8-149）在形体上更为华丽，特别是立面中央高3层向外凸出的半圆堂和两端的科林斯门廊，格外引人注目。尽管建筑比例稍嫌笨拙，但装饰细部和瓶雕为建筑平添了几分华美

第八章 19世纪早期：亚历山大时期的新古典主义建筑·1789

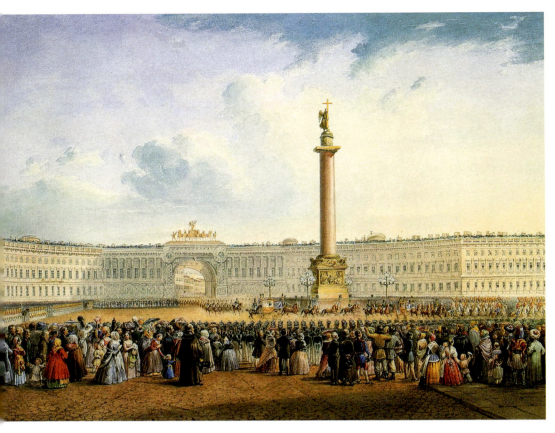

本页：

（上）图8-219圣彼得堡 宫殿广场。19世纪中叶景色（水彩画，1849年，作者Василий Семёнович Садовников，原画现存埃尔米塔日博物馆）

（下）图8-220圣彼得堡 宫殿广场。西侧俯视全景

右页：

（上）图8-221圣彼得堡 宫殿广场。北侧俯视（自冬宫顶上望去的景色）

（下）图8-222圣彼得堡 宫殿广场。西侧全景

和优雅，这也是罗西随后设计的帝国建筑的一大特色。

宫殿内部自中央前厅和椭圆形大厅开始，布置一系列礼仪房间（见图8-144）。室内装修在他早期作品（特别是他协助布伦纳建造的巴甫洛夫斯克宫及随后在特维尔的工作）的基础上又有所发展，采用墙面绘画并用建筑部件反映各个房间的结构设计和布局（装饰部件通常以人造大理石制作）。罗西在这个项目及随后的系列工程中，集结了一批艺术家和匠师来实现他的华美设计，其中有雕刻师瓦西里·德穆特-马利诺夫斯基和斯捷潘·皮缅诺夫，画家乔瓦尼-巴蒂斯塔·斯科蒂、彼得罗·斯科蒂（1768～1837年）、安东尼奥·维吉（1764～1845年）和巴纳巴斯·梅迪奇（1778～1859年）。

在耶拉金岛，罗西按同样的风格设计了一组附属建筑，包括厨房、马厩和温室等（地段景色：图8-161；厨房及辅助建筑：图8-162、8-163；马厩：图8-164、8-165；温室：图8-166）。厨房和服务建筑亦采用多利克柱式的门廊和内置雕像的壁龛，可说是不分场合滥用新古典主义风格的一个极端例证（见图8-163）。在花园建筑中，音乐亭（平面：图8-167；外景：图8-168～8-170；内景：图8-171）和花岗石墩

座亭（1818～1822年；图8-172）属罗西最优秀的作品。后者于一侧向外凸出形成开敞圆堂，另一半嵌入方形结构内。立面立多利克门廊（希腊多利克柱子下部无槽），不大的两侧墙面形成铸铁制作的献祭盆架的背景。柱顶盘下面表现垂花饰和古典面具的灰泥檐壁是罗西最喜用的外部装饰手法，丰富的细部和简洁的背景相互衬托，使人既不觉得单调，也不感到繁琐。

[米哈伊洛夫宫]

在彼得堡中心地区，罗西对皇家建筑群进行改造和重新规划的工作始自1819～1825年为亚历山大一世

第八章 19世纪早期：亚历山大时期的新古典主义建筑·1791

1792·世界建筑史 俄罗斯古代卷

的弟弟米哈伊尔·帕夫洛维奇建造的米哈伊洛夫宫，建筑位于布伦纳的米哈伊洛夫城堡附近一块空置的花园地段上（总平面、平面及剖面：图8-173、8-174；历史图景：图8-175~8-177；南侧外景：图8-178~8-184；北立面：图8-185~8-187；近景及细部：图8-188~8-192）。在建造宫殿的同时，罗西还对周围大片地区进行了规划设计，包括米哈伊洛夫花园及其亭阁，宫殿前的广场（现称普希金广场，立有普希金纪念像；图8-193），以及连接广场和涅瓦大街的一条街道。大道边各个建筑的风格也由他设计（也可能是监管），就这样为宫殿的展示创造了一个合宜的环境。

富丽堂皇、采用科林斯柱式的米哈伊洛夫宫立面为典型的罗西罗马风格作品（见图8-180）。位于附墙柱之间的檐壁表现古典人物，在整个纵长立面上展开（由罗西本人设计，瓦西里·德穆特-马利诺夫斯基和斯捷潘·皮缅诺夫负责制作）。中央结构两边有两个稍稍凸出的侧翼，上开威尼斯式大窗（见图8-181），相对简朴的侧翼衬托出华美的中部结构。院落由两边单层结构围合，西北部分本身随后又扩展成四方院。这是罗西第一次处理这种纵长水平立面的分划问题。值得注意的是，背立面（花园立面，见图8-185）似乎显得更为宏伟壮丽，入口立面的门廊在这里被十二根科林斯柱子组成的大敞廊取代，两边还有带山墙的六柱门廊。和正立面一样，在整个敞廊和两边的门廊上都布置了表现古罗马题材带人物形象的檐壁雕刻。

米哈伊洛夫宫的室内装修属罗西最富丽堂皇的作品之一，特别是内置大楼梯的中庭式前厅，上部一直伸展到钢丝网玻璃天棚处（图8-194）。中庭上层周边布置围柱廊，科林斯立柱上承柱顶盘及檐口，其上为采用透视幻觉技法的单色力士浮雕造型。宫殿两个主要楼层内沿正立面纵向布置系列房间，最主要

本页及左页：

（上）图8-223圣彼得堡 宫殿广场。西南侧景观（左侧为卫队总部）

（下）图8-224圣彼得堡 宫殿广场。自南侧望去的景色

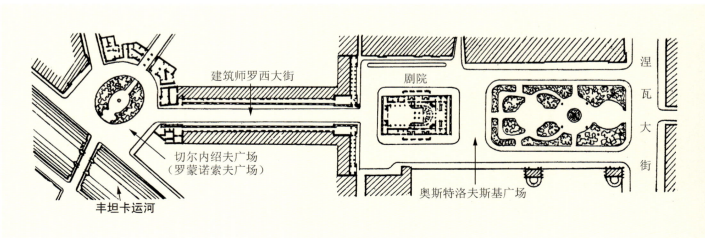

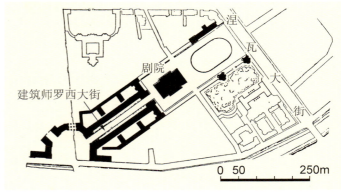
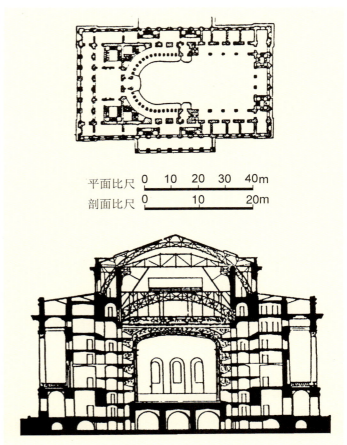

的礼仪厅堂安置在二层。不过，在1890年建筑被瓦西里·斯温因改造成博物馆后，除了天棚外，其他房间装饰中按原样保存下来的很少。

俯视着花园的前厅和大客厅（亦称"白柱厅"；图8-195）是罗西综合建筑和装饰艺术的杰作。室内空间通过人造大理石制作的科林斯柱子分成三部分，磨光的墙面和天棚上布置彩绘和镀金的装饰。和宫殿的其他部分一样，装饰将取自罗马史诗题材以单色灰泥制作的浮雕檐壁或嵌板和阿拉伯花纹及拉斐尔风格的彩色人物形象结合在一起。为了节约成本，罗西大量使用人工材料，使这座庞大的宫殿仅花费了700万

本页及左页：

（左上）图8-225圣彼得堡 宫殿广场。东南侧全景（背景为冬宫）

（左下）图8-226圣彼得堡 亚历山大剧院（1828~1832年）。地段总平面规划（设计人罗西，取自William Craft Brumfield：《A History of Russian Architecture》，Cambridge University Press，1997年）

（右上）图8-227圣彼得堡 亚历山大剧院。地段总平面，现状（取自Академия Стройтельства и Архитектуры СССР：《Всеобщая История Архитектуры》，II，Москва，1963年）

（右下）图8-228圣彼得堡 亚历山大剧院。平面及剖面（取自William Craft Brumfield：《A History of Russian Architecture》，Cambridge University Press，1997年）

第八章 19世纪早期：亚历山大时期的新古典主义建筑·1795

（上）图8-229 圣彼得堡 亚历山大剧院。19世纪景色（彩画，作者Enluminure de Ch.Beggrow）

（中）图8-230 圣彼得堡 亚历山大剧院。19世纪初景色（老照片）

（下）图8-231 圣彼得堡 亚历山大剧院。20世纪初地段形势（老照片，1917年）

（上）图8-232圣彼得堡 亚历山大剧院。立面远景（自奥斯特洛夫斯基广场上望去的景色）

（下）图8-233圣彼得堡 亚历山大剧院。主立面（北偏东）全景

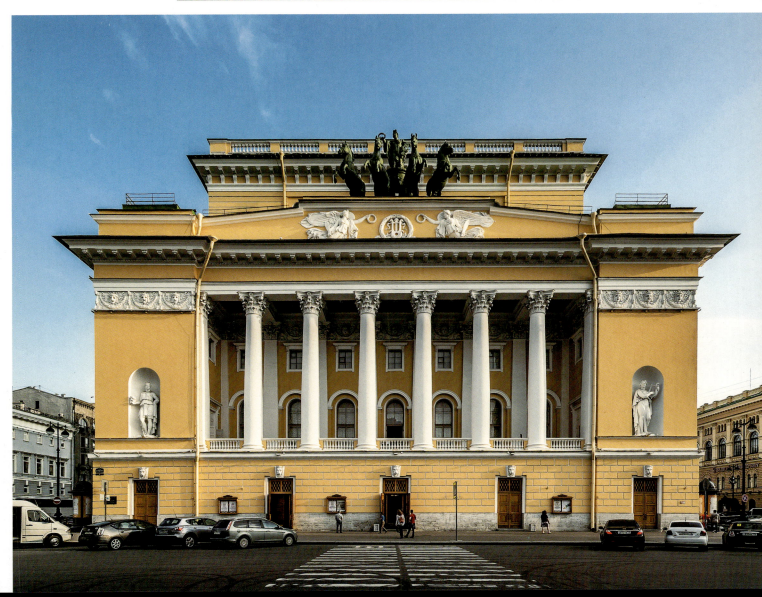

卢布，还不到米哈伊洛夫城堡的一半。宫殿后面为米哈伊洛夫花园（图8-196），其中仅有一个罗西1825年建造的亭阁（罗西阁；图8-197~8-199），不过这也是他最优秀的作品之一。建筑由两个方室组成，其间以多利克柱廊相连，柱廊在朝向花园的一面扩大形成半个圆堂。优雅的立面俯视着莫伊卡运河，对着他

1798·世界建筑史 俄罗斯古代卷

左页：

（左上）图8-234圣彼得堡亚历山大剧院。东北侧景色

（下）图8-235圣彼得堡 亚历山大剧院。东南侧景观

（右上）图8-236圣彼得堡亚历山大剧院。西北侧夜景

本页：

（上）图8-237圣彼得堡 亚历山大剧院。立面阿波罗战车群雕

（下）图8-238圣彼得堡 亚历山大剧院。观众厅，内景

本页及右页：

（中上）图8-239圣彼得堡 亚历山大剧院。观众厅，仰视景色

（左）图8-240圣彼得堡 亚历山大剧院。观众厅，舞台口近景

（中下）图8-241圣彼得堡 亚历山大剧院。观众厅，装修细部

（右上）图8-242圣彼得堡 亚历山大剧院。背立面，自剧院街望去的景色

（右下）图8-243圣彼得堡 剧院街（建筑师罗西大街）。向北（大剧院方向）望去的景色

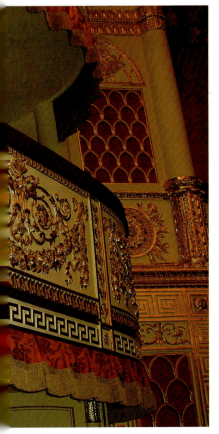

第八章 19世纪早期：亚历山大时期的新古典主义建筑 · 1801

设计的花岗石砌筑的码头。

[总参谋部大楼]

在建造米哈伊洛夫宫的同时，罗西还在致力于完成另一个无论从规模还是设计理念上看都要更加宏伟和大胆的项目。在冬宫南立面和莫伊卡运河之间的这片地区此时已部分得到了开发，但并没有一个整体和全面的空间规划。罗西的工作——自1819年开始至1829年结束——主要由两部分组成：一是建造一个包括总参谋部、财务部和外交部在内的综合行政中心；二是同时在冬宫前面创建一个宏伟的公共广场。他的

（上）图8-244圣彼得堡亚历山大广场（奥斯特洛夫斯基广场）。北面俯视全景

（下）图8-245圣彼得堡亚历山大广场（奥斯特洛夫斯基广场）。叶卡捷琳娜二世雕像（1873年），现状

解决方法是将各个行政中心和部委（随后通称为总参谋部大楼）纳入到一个面对着冬宫的巨大弧形建筑里，以莫伊卡运河和涅瓦大街形成建筑群的另两边（平面：图8-200；历史图景：图8-201、8-202；外景：图8-203~8-207）。在这个庞大组群的内部由若干与外立面垂直的区段划分成一系列院落和采光井。位于弧形主立面中央的凯旋门形成广场的构图中心，上立胜利战车群雕。后者带翼的胜利之神站在六马战车上（外加两名牵马的武士），尽管群雕的尺度很大，但由于是在铸铁骨架外覆铸造成型的铜板，因而整个重量控制在20吨以内。在拱门的设计上，罗西

（上）图8-246圣彼得堡 俄罗斯国家图书馆（公共图书馆）。新楼（1828~1834年），20世纪初景色（老照片，约1920年）

（中）图8-247圣彼得堡俄罗斯国家图书馆（公共图书馆）。新楼，东北侧全景（前景为涅瓦大街）

（下）图8-248圣彼得堡俄罗斯国家图书馆（公共图书馆）。新楼，东侧景色（面对奥斯特洛夫斯基广场立面）

（上）图8-249圣彼得堡 俄罗斯国家图书馆（公共图书馆）。新楼，东立面中央柱廊

（下）图8-250圣彼得堡 俄罗斯国家图书馆（公共图书馆）。新楼，北面转角处景观

(上)图8-251 圣彼得堡 俄罗斯国家图书馆(公共图书馆)。新楼,自西面望转角处(左侧为涅瓦大街)

(下)图8-252 圣彼得堡 参议院和宗教圣会堂大楼(1829~1834年)。平面(取自William Craft Brumfield:《A History of Russian Architecture》,Cambridge University Press,1997年)

(中)图8-253 圣彼得堡 参议院和宗教圣会堂大楼。拱门区段立面(取自Академия Строительства и Архитектуры СССР:《Всеобщая История Архитектуры》,II, Москва,1963年)

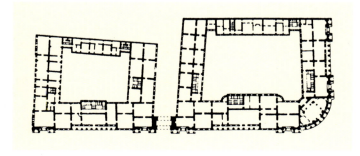

不仅使它成为庞大曲线立面的中心,同时还把它和周围地区联系起来(立面:图8-208;历史图景:图8-209~8-212;外景及细部:图8-213~8-217),特别是通过自宫殿广场穿越拱门至涅瓦大街的通道(被称为小百万大街)。这条通道由三道拱门组成,头两道和冬宫中央大门位于一条轴线上,最后一道则按通向涅瓦大街的通道转向。自拱券之间泻入的光线加强了

第八章 19世纪早期:亚历山大时期的新古典主义建筑·1805

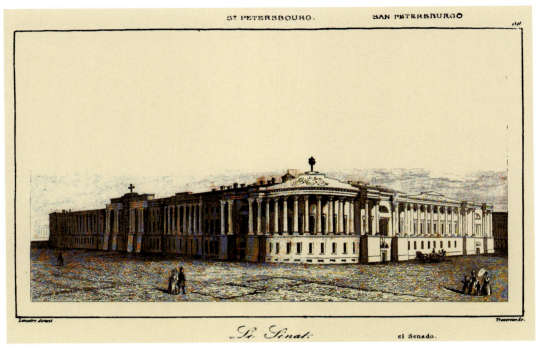

（上）图8-254圣彼得堡 参议院和宗教圣会堂大楼。19世纪景象（版画，1836年，作者Jean-Marie Chopin）

（下）图8-255圣彼得堡 参议院和宗教圣会堂大楼。东侧，俯视全景

通道的深度感觉，同时也照亮了面向城市主要广场的通道装饰细部。

总参谋部面向宫殿广场的立面除了檐口檐壁、屋顶栏杆和拱门两边的科林斯附墙柱外，没有其他装饰，它和对面拉斯特列里设计的冬宫的豪华巴洛克立面遥相呼应，成为后者的完美补充。罗西这栋建筑的色彩搭配和他的大多数其他作品一样，为浅灰色底面上起白色部件，但随后几代人可能更偏爱艳丽的色彩，将底面改成了橙色，结构和装饰部件仍为白色，但金属的军队徽章雕刻被刷成了黑色。当然，比色彩更主要的是主立面的外廊，它不仅使这个巨大的城市空间变得工整有序，同时也最后完成了这个著名广场的构图，并使它成为俄国近代史上举行大规模庆典活动（阅兵及游行）的重要场所（历史图景：图

1806·世界建筑史 俄罗斯古代卷

（上）图8-256圣彼得堡 参议院和宗教圣会堂大楼。西北侧远景（前景为涅瓦河，背景耸立着圣伊萨克大教堂）

（中）图8-257圣彼得堡 参议院和宗教圣会堂大楼。东北侧远景（自涅瓦河码头望去的景色）

（下）图8-258圣彼得堡 参议院和宗教圣会堂大楼。北侧远景

第八章 19世纪早期：亚历山大时期的新古典主义建筑·1807

（上下两幅）图8-259圣彼得堡 参议院和宗教圣会堂大楼。东南侧景观

（上）图8-260 圣彼得堡 参议院和宗教圣会堂大楼。东北立面（前景为广场上的彼得大帝雕像）

（下）图8-261 圣彼得堡 参议院和宗教圣会堂大楼。北侧转角处立面

第八章 19世纪早期：亚历山大时期的新古典主义建筑·1809

本页：

（上）图8-262圣彼得堡 参议院和宗教圣会堂大楼。东北立面，中央拱门近景

（下两幅）图8-263圣彼得堡 参议院和宗教圣会堂大楼。东北立面，中央拱门挑檐及屋顶雕刻（顶部两尊雕像寓意《公正》和《德善》）

右页：

（上两幅）图8-264圣彼得堡 参议院和宗教圣会堂大楼。东北立面，中央拱门檐壁雕刻饰带及柱间嵌板浮雕

（下）图8-265圣彼得堡 参议院和宗教圣会堂大楼。东北立面，南柱廊近景

8-218、8-219；俯视及全景：图8-220~8-225）。

[亚历山大剧院及周围地区的规划]

在设计阿尼奇科夫公园附近面向涅瓦大街的新剧院建筑群时，罗西的组群观念得到了更严格的体

现。在主体结构开始建造前，罗西用了整整10年时间（1816~1827年）研究各种各样的空间设计方案。大剧院面对着由阿尼奇科夫公园和公共图书馆（在同一时期，罗西对之进行了扩建）所形成的广场，它同时确定了后面一条东北向街道两侧建筑的风格（这条街道最后通向丰坦卡河边的另一个广场，见图8-226）。剧院正面立科林斯柱敞廊，上为站在四马二轮战车上的阿波罗雕像（地段总平面规划、平面及剖面：图8-226~8-228；历史图景：图8-229~8-231；外景及细部：图8-232~8-237；内景：图8-238~8-

第八章 19世纪早期：亚历山大时期的新古典主义建筑·1811

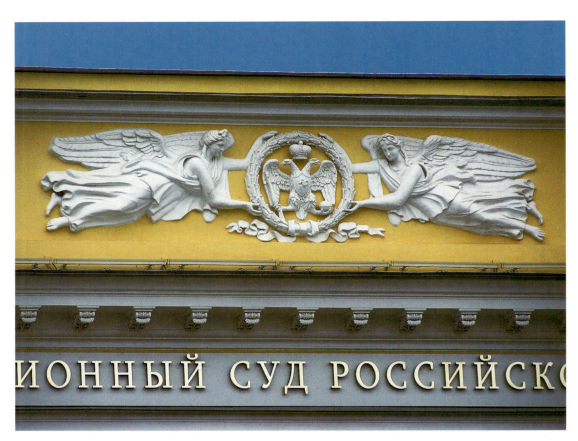

（上）图8-266圣彼得堡参议院和宗教圣会堂大楼。东北立面，北柱廊胸墙浮雕

（右中）图8-267圣彼得堡参议院和宗教圣会堂大楼。东北立面，北端墙龛雕像（寓意公正）

（左下）图8-268圣彼得堡参议院和宗教圣会堂大楼。北端转角处柱式近景

（右下）图8-269圣彼得堡参议院和宗教圣会堂大楼。西北立面，西端柱式及龛室雕刻夜景

1812·世界建筑史 俄罗斯古代卷

（上）图8-270圣彼得堡 参议院广场（十二月党人广场）。19世纪景色（彩画，作者Enluminure de Ch.Beggrow）

（中）图8-271圣彼得堡 参议院广场（十二月党人广场）。19世纪景色[彩画，1830年代，表现1825年12月14日十二月党人起义事件，作者Karl Kolman（1786~1846年）]

（下）图8-272圣彼得堡 参议院广场（十二月党人广场）。西南侧，俯视全景

（上）图8-273圣彼得堡参议院广场（十二月党人广场）。北侧，俯视全景

（中）图8-274圣彼得堡洛巴诺夫-罗斯托夫斯基宫邸（1817~1820年）。自东北方向望去的景色（可分别看到东立面和西北立面，背景上耸立着圣伊萨克大教堂的穹顶）

（下）图8-275圣彼得堡洛巴诺夫-罗斯托夫斯基宫邸。西北立面，全景

241）。侧立面同样具有宏伟的外观，特别是中部的科林斯八柱门廊，通过与结构其他部分的良好比例关系，大大缓解了庞大形体的沉重感觉。外部装饰上最引人注目的部件是檐壁雕刻（以垂花饰围着悲剧人物的面具）。

剧院内部布置成五层，可容1400人左右，通过系

1814·世界建筑史 俄罗斯古代卷

列大楼梯可通向各特定区域;观众空间(包括沙皇的包厢)有所扩大,舞台亦属当时欧洲最大之列。室内装饰大量采用铸铁部件,楼座和包厢在设计上亦考虑尽可能减少对视线的干扰,这两点都充分体现了罗西对建筑功能和工程造价的关注。同时,在结构和装饰部件上大量采用铸铁也降低了发生火灾的危险(1837年12月17日,冬宫第二和第三层在一次大火中几乎被烧光,大火持续了近30个小时,不仅拉斯特列里及其

(上及左下)图8-276圣彼得堡 洛巴诺夫-罗斯托夫斯基宫邸。西侧全景(可分别看到西北和西南立面)

(右下)图8-277圣彼得堡 洛巴诺夫-罗斯托夫斯基宫邸。西南立面,柱廊近景

第八章 19世纪早期:亚历山大时期的新古典主义建筑 · 1815

(上)图8-278圣彼得堡 洛巴诺夫-罗斯托夫斯基宫邸。西南立面,柱式细部

(左下)图8-279圣彼得堡 洛巴诺夫-罗斯托夫斯基宫邸。西南立面,柱廊顶部雕饰

(右下)图8-280诺夫哥罗德 圣乔治(尤里耶夫)修道院。入口钟楼,地段全景

他著名艺术家的室内装修毁于一旦,同时被焚的还有大量的艺术作品及生活用品,记载历史事件的手稿、文献和档案,见第九章)。尽管剧院及周围的建筑群仍然采用砖结构外部抹灰,但天棚以上用了大跨金属桁架体系,在结构工程上取得了重大进步(见图8-228)。这一体系是罗西和亚历山德罗夫铸铁厂(Aleksandrovskii Iron Foundry)总工程师马修·克拉

(上)图8-281诺夫哥罗德 圣乔治(尤里耶夫)修道院。入口钟楼,立面全景(自修道院内望去的景色)

(下)图8-282诺夫哥罗德 圣乔治(尤里耶夫)修道院。入口钟楼,仰视近景

克合作设计的成果（罗西作品中所用的金属部件均由该厂制作）。

亚历山大剧院的背立面在华美上并不亚于正立面，从狭窄的剧院街（现称建筑师罗西大街）望去时透视效果格外突出（见图8-242），街道两边为原教育部（Ministry of Education）及剧院管理局（Theater Directorate），长长的立面于仿面石底层上配置成对的多利克附墙柱，把人们的视线一直引向大剧院（图8-242、8-243）。街道另一端通向位于丰坦卡河边的切尔内绍夫广场（现称罗蒙诺索夫广场）。面向广场的建筑同样为罗西设计，虽然没有完全按他最初的设想实现，但这些在仿面石基层上立多利克柱子的建筑已构成了另一个工整有序的组群，并成为向北辐射的三条街道的起点（分别通向阿普拉克辛商业中心、花园大街和大剧院）。广场南面则通过切尔内绍夫桥直抵丰坦卡河南岸。在这里，和在总参谋部一样，罗西的原设计是采用灰色调的抹灰墙和白色的结构及装饰部件，金属雕塑为铜本色。这些柔和的色调到19世纪后半叶均被人们用更亮丽的色彩替代。

除了阿尼奇科夫公园的小亭阁外，剧院建筑群里唯一还保留有某些最初特色的是朝亚历山大广场（现奥斯特洛夫斯基广场，广场上立有叶卡捷琳娜的雕像；图8-244、8-245）的俄罗斯国家图书馆

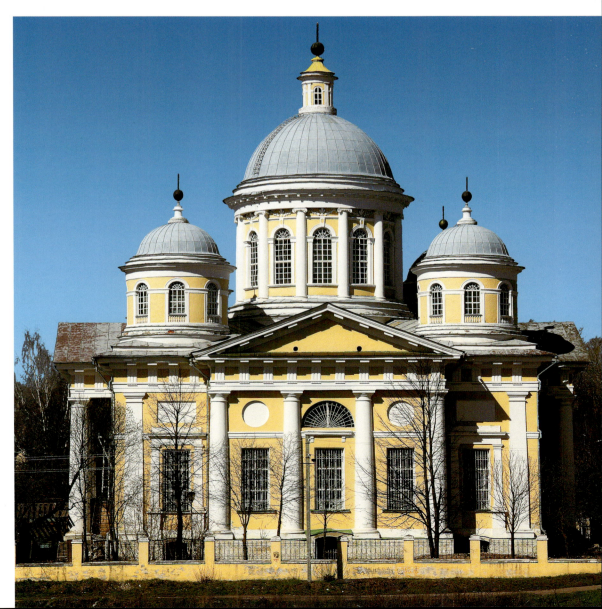

左页：

（上）图8-283特维尔 基督圣诞大教堂（1820年）。现状外景

（下）图8-284托尔若克 主显圣容大教堂（1822年）。西北侧景色

本页：

（上）图8-285托尔若克 主显圣容大教堂。东北侧全景

（下）图8-286托尔若克 主显圣容大教堂。东立面景观

（公共图书馆）的新楼，原来面向花园大街的老馆系1796~1801年叶戈尔·索科洛夫（1750~1824年）设计建造，新楼建于1828~1834年，是罗西主持的老楼扩建工程的一部分（历史图景：图8-246；外景：图8-247~8-251）。罗西沿袭索科洛夫的做法，在中央结构立面上采用了爱奥尼柱式，横跨立面的18柱敞廊立在仿面石的底层上。立面雕刻造型均与图书馆功能相关，如位于屋顶中央栏墙上的密涅瓦（智慧女神）

（左上）图8-287瓦西里·彼得罗维奇·斯塔索夫（1769~1848年）画像（作者Александр Григорьевич Варнек）

（右上）图8-288瓦西里·彼得罗维奇·斯塔索夫纪念碑

（左中）图8-289圣彼得堡 科托明公寓（1812~1815年）。19世纪景色（版画，1830年代）

（下）图8-290圣彼得堡 科托明公寓。面向涅瓦大街的立面，现状

（左中）图8-291圣彼得堡 涅瓦大街25号楼。20世纪初景况（老照片，1913年）

（上）图8-292圣彼得堡 涅瓦大街25号楼。街立面，现状

（右中）图8-293圣彼得堡 帕夫洛夫斯基军团营房（1817~1819年）。向南望去的景色（中央为战神广场，营房位于右侧，前方可看到米哈伊洛夫城堡）

（右下）图8-294圣彼得堡 帕夫洛夫斯基军团营房。东侧，俯视全景

雕像，柱间檐壁上表现知识母题的浮雕，以及柱子之间的古典诗人及哲学家群像。这些寓意雕刻的采用表明，人们坚信，新古典主义的建筑和艺术同样具有传播文明的使命。

[参议院及其广场]

罗西主持建造的最后一个建筑群是参议院和宗教圣会堂大楼（1829~1834年；平面及拱门立面：图8-252、8-253；历史图景：图8-254；俯视全景：图8-255；外景：图8-256~8-261；近景及细部：图8-262~8-269）。通过它的建设，完成了涅瓦河左岸（南岸）主要的城市广场系列，该系列自冬宫前的

第八章 19世纪早期：亚历山大时期的新古典主义建筑·1821

（上）图8-295圣彼得堡 帕夫洛夫斯基军团营房。东立面远景（自战神广场向西北方向望去的景色）

（中）图8-296圣彼得堡 帕夫洛夫斯基军团营房。东立面全景

（下）图8-297圣彼得堡 帕夫洛夫斯基军团营房。东立面，南端柱廊

（上及中）图8-298圣彼得堡 帕夫洛夫斯基军团营房。东立面，中央柱廊及胸墙浮雕

（下）图8-299圣彼得堡 帕夫洛夫斯基军团营房。东北角景色

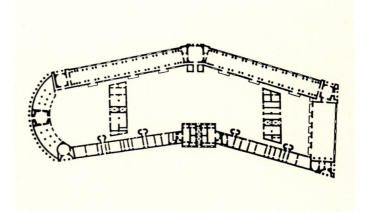

（左上）图8-300圣彼得堡 帕夫洛夫斯基军团营房。北立面全景

（中）图8-301圣彼得堡 帕夫洛夫斯基军团营房。北立面，柱廊近景

（右上）图8-302圣彼得堡 宫廷马厩（1817~1823年）。平面（取自William Craft Brumfield:《A History of Russian Architecture》，Cambridge University Press，1997年）

（下）图8-303圣彼得堡 宫廷马厩。19世纪初景观（北侧，自西北方向望去的景色，画面中央为莫伊卡运河；彩画，1809年，作者Андрей Ефимович Мартынов，原画60×68厘米，现存埃尔米塔日博物馆）

宫殿广场开始，经海军部广场一直延伸到法尔科内的彼得大帝雕像所在的参议院广场（曾称十二月党人广场；历史图景：图8-270、8-271；俯视全景：图8-272、8-273）。在靠近扎哈罗夫杰作的西南角地区，奥古斯特·里卡尔·德·蒙特费朗（1786~1858年）于1817~1820年为洛巴诺夫-罗斯托夫斯基大公建造了一栋大型宫邸（外景：图8-274~8-276；近景及细部：图8-277~8-279）。由于建筑位于沃兹涅先斯基大道（为海军部向南辐射的三条主要干道之一）与圣伊萨克广场东侧限定的一块三角形地段上，因此平面

（上）图8-304圣彼得堡 宫廷马厩。西南侧，俯视全景（前景为教堂）

（中）图8-305圣彼得堡 宫廷马厩。东北侧，远景（前景为莫伊卡运河）

（下）图8-306圣彼得堡 宫廷马厩。南侧景观（自东南方向望去的情景）

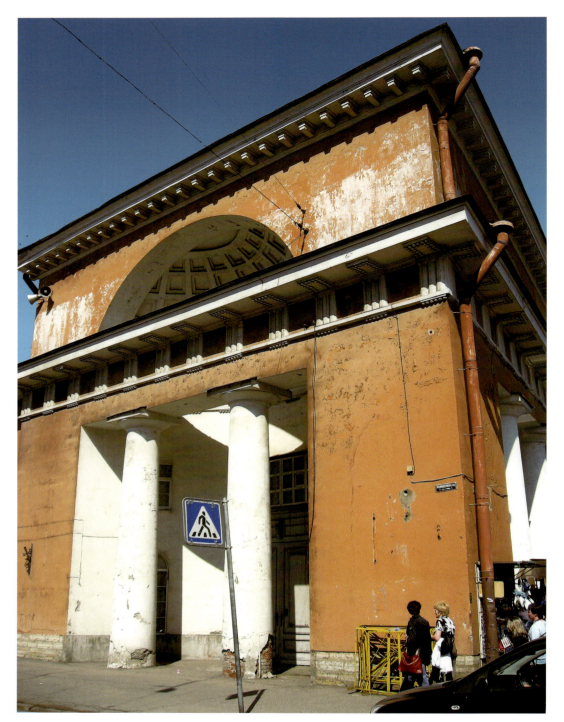

本页

(上) 图8-307圣彼得堡 宫廷马厩。东南角楼, 近景

(下) 图8-308圣彼得堡 宫廷马厩。南立面教堂, 东南侧景色

右页:

(左上及左中) 图8-309圣彼得堡 宫廷马厩。教堂, 嵌板浮雕

(右上) 图8-310格鲁济诺 阿拉克切夫庄园。宫邸, 20世纪初状态 (老照片, 1909年)

(左下) 图8-311格鲁济诺 阿拉克切夫庄园。灯塔 (1815年), 20世纪初状态 (老照片, 1909年)

(右下) 图8-312格鲁济诺 阿拉克切夫庄园。钟塔 (1822年), 20世纪初状态 (老照片, 1909年)

采用了不同寻常的三角形外廊,立面配科林斯门廊及敞廊。在圣伊萨克广场,蒙特费朗已于1818年成功地提交了一个圣伊萨克大教堂的改造计划(见第九章)。也就是说,当参议院建筑群上马的时候,周围地区的建设已基本安排就绪。在改建参议院时,罗西创造了一个朝向涅瓦河的宏伟立面(见图8-257),东端以一个圆弧形的拐角转向参议院广场,形成其西部边界。就这样完成了自宫殿广场开始的一系列城市空间构图。同时这座建筑还确定了城市内部一条新

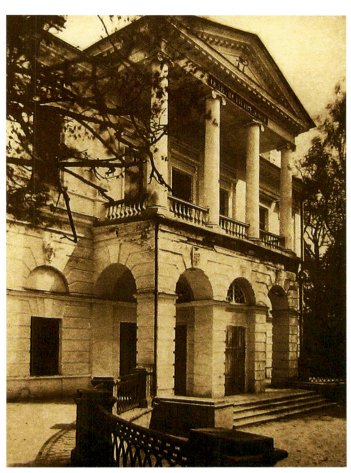

第八章 19世纪早期：亚历山大时期的新古典主义建筑 · 1827

（上）图8-313皇村 战友门（1817~1821年），现状

（左下）图8-314维尔纽斯总统府（1824~1834年）。19世纪中叶景色（版画，1850年，作者Benoist）

（右下）图8-315维尔纽斯总统府。19世纪下半叶景色（版画，1863年，作者J.Caildrau）

的、自夸伦吉设计的皇家骑兵卫队驯马厅和圣伊萨克大教堂之间穿过的垂直轴线。

尽管罗西为最后这组皇家建筑群制定的总平面和空间规划已经实现，但在1832年以后，他本人的健康状况却不容乐观，因而未能监管参议院和宗教圣会堂这两座建筑的施工，也未能像他的其他重要工程那样，亲自设计细部。这可能也是在某些地方表现得有些杂乱和简陋的原因（特别是在纵长立面的雕刻布置上）。不过，在总体设计上，仍可以看到罗西作品特有的那种均衡的布局和明晰的构造：两座建筑均在两

端安置成对的门廊，中央布置敞廊和阶梯状的屋顶胸墙，立面全部采用科林斯柱式。

两座建筑之间用拱门联为一体（见图8-252），拱门处提供了位于两座建筑之间的加莱内大街的深远透视。拱门本身基部构造明确，但上部雕刻似嫌过多。顶上檐壁内的人物显得过于拥挤，柱顶檐口上的带翼天使铜像被涂成黑色，看上去好似鹰鹫（特别是从侧面望去的时候）。但不可否认，这两座建筑尺度和构造节律的总体设计还是成功的，它为这个城市最

（上）图8-316维尔纽斯 总统府。东南侧，俯视全景

（中）图8-317维尔纽斯 总统府。大院，自南面望去的景色

（左下）图8-318维尔纽斯 总统府。大院，西翼柱廊

（右下）图8-319维尔纽斯 总统府。大院，西翼端头及门廊

第八章 19世纪早期：亚历山大时期的新古典主义建筑·1829

重要的公共空间之一提供了一个合宜的外部环境。

罗西设计的其他建筑作品中尚有大诺夫哥罗德附近圣乔治（尤里耶夫）修道院的入口钟楼（图8-280～8-282）、特维尔的基督圣诞大教堂（1820年；图8-283）、托尔若克的主显圣容大教堂（1822年；图8-284～8-286）。到1832年，部分由于健康原因，罗西逐渐退出一线，不再在城市规划及皇室工程上起主导作用。这位对帝国建筑做出了如此重大贡献的大师，仍然无法容忍朝廷的官僚和浮夸作风，在1831年，他至少有两次因"粗暴和无礼的言行"受到训斥（一次是来自尼古拉一世）。虽然他无意追求高官厚禄，但他仍是彼得堡薪俸最高的建筑师之一。他负责的项目得到了约6千万卢布的拨款，但1849年他本

（左上）图8-320维尔纽斯 总统府。大院，东北角景色

（右上）图8-321维尔纽斯 总统府。大院，东翼近景

（下）图8-322维尔纽斯 总统府。主楼背立面（东北侧），全景

（右中）图8-323维尔纽斯 总统府。主楼背立面，中央部分近景

（上）图8-324 维尔纽斯 总统府。主楼背立面，东段

（下）图8-325 圣彼得堡 主显圣容大教堂（1827~1829年）。19世纪景观（版画，表现8月6日教堂外举行苹果集市的盛况）

人还是在贫困中去世。罗西两次婚姻留下的10个孩子中，年幼的还要靠国家补助。他在建筑上为后人留下的遗产，既代表了新古典主义的高峰，同时也达到了其极限和拐点，此后便开始衰退，人们已开始思考，在一个不断变动的城市环境里，是否有必要强令建筑的统一或推行一种建筑风格。

五、瓦西里·斯塔索夫

[公寓、营房及其他早期作品]

作为罗西的同时代人、同为俄罗斯新古典主义建筑师的瓦西里·彼得罗维奇·斯塔索夫（1769~1848年；图8-287、8-288）在用不同档次的建筑充实和补

本页：

（上）图8-326圣彼得堡 主显圣容大教堂。东南侧全景

（下）图8-327圣彼得堡 主显圣容大教堂。西侧，自对面街道望去的景色

右页：

（上）图8-328圣彼得堡 主显圣容大教堂。西侧，地段全景

（下）图8-329圣彼得堡 主显圣容大教堂。西北侧景观

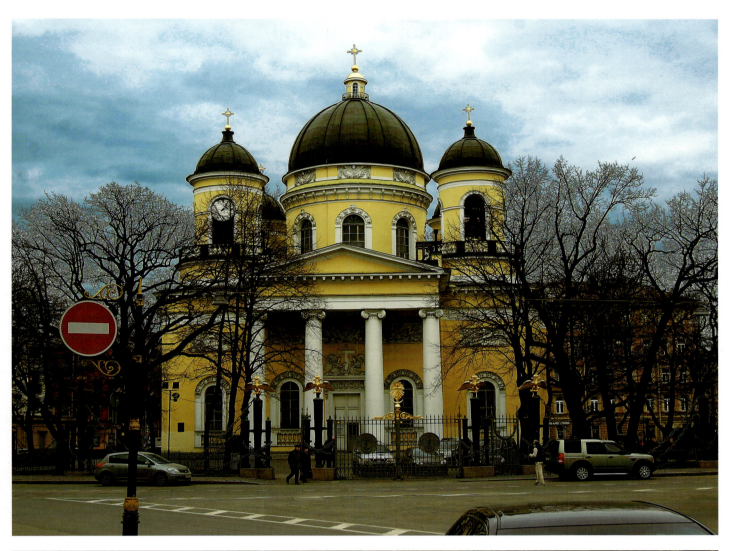

充主要建筑群方面做了大量工作。1783~1794年，斯塔索夫在莫斯科公共工程部（Moscow Department of Public Works）任助理建筑师。至18世纪90年代后期已开始独立工作。1802~1808年，斯塔索夫赴法国和意大利研习建筑，成为罗马圣路加研究院（St Luke Academy）的教授。1808年回国后，开始在圣彼得堡工作，1811年，被选为圣彼得堡艺术学院（St.Petersburg Academy of Arts）成员，1816年，担任圣彼得堡建筑工程与水工结构委员会的领导工作，1817年，被任命为宫廷建筑总监。1810~1820年，斯塔索夫还在行省设计了100多项标准住宅、装饰性围栏和商业建筑。

本页及左页：

（左）图8-330圣彼得堡 主显圣容大教堂。西南侧近景

（中）图8-331圣彼得堡 主显圣容大教堂。钟楼近景

（右）图8-332圣彼得堡 主显圣容大教堂。西立面，门廊近景

在彼得堡，斯塔索夫早期经手的多为居住建筑（包括在地价昂贵的中心区）。他改造的涅瓦大街单身公寓楼（科托明公寓，1812~1815年，原为两栋18世纪的结构；历史图景：图8-289；现状：图8-290）是在具有商业和居住综合功能的城市建筑中使用古典柱式体系的早期实例。建筑两端下两层用多利克敞廊进行整合，主要楼层按文艺复兴风格交替布置带山墙和不带山墙的窗户；水平方向则通过束带层、檐口及檐壁分划与联系。这时期的其他公寓建筑（包括斯塔索夫自己的）大都沿袭同样的手法（如斯塔索夫设计的涅瓦大街25号楼；图8-291、8-292）。

和莫斯科的城市住宅相比，彼得堡的居住建筑组

群在采用古典构造体系上显然要更为普遍（它们随后又为折中主义的立面装饰取代，见第九章）。在19世纪上半叶，彼得堡居住区的阶级划分并不明显，在周边式的住宅楼里往往住着各个阶层的人，许多俄罗斯作家（特别是尼古拉·果戈里和费奥多尔·米哈伊洛维奇·陀思妥耶夫斯基）都曾详细描述过这一现象。甚至像洛巴诺夫-罗斯托夫斯基宫邸这样的高档建筑里也有工匠、职员和小商人租用的房间和各种档次的咖啡馆、小客栈等。类似的一些住宅大楼甚至最后影响到宫殿的设计。

斯塔索夫还设计了一些专业性更强的住房形式，如彼得堡精锐军团的营房；这是在新古典主义后期，这种风格开始渗透到军事领域后迅速发展起来的一种类型。斯塔索夫设计的帕夫洛夫斯基军团营房（1817~1819年）面对着宽阔的战神广场，是这类建筑中最宏伟的一个，无论从规模还是从装饰上看都是如此（建筑后改作电力公司总部，现为高级旅馆；俯视及远景：图8-293~8-296；外景：图8-297~8-

本页及左页：

（左上）图8-333圣彼得堡 主显圣容大教堂。门饰

（中上两幅）图8-334圣彼得堡 主显圣容大教堂。窗饰及墙龛壁画

（下）图8-335圣彼得堡 主显圣容大教堂。墙龛，浮雕细部

（右上）图8-336圣彼得堡 主显圣容大教堂。以大炮制作的围栏

第八章 19世纪早期：亚历山大时期的新古典主义建筑·1837

（上）图8-337 圣彼得堡 主显圣容大教堂。内景

（下）图8-338 圣彼得堡 主显圣容大教堂。半圆室近景

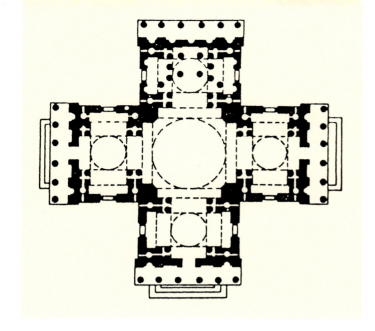

（左上）图8-339圣彼得堡 三一大教堂（1828~1835年）。平面（取自William Craft Brumfield:《A History of Russian Architecture》，Cambridge University Press，1997年）

（中）图8-340圣彼得堡 三一大教堂。远景（自西面丰坦卡河上望去的情景）

（右上）图8-341圣彼得堡 三一大教堂。西北侧远景（近景为圣伊西多尔教堂）

（下）图8-342圣彼得堡 三一大教堂。西侧现状

301）。这座军团建筑不仅在占地上要比普通城市街区大很多，立面设计也很多样，配有粗壮的多利克门廊和带雕饰的沉重屋顶栏墙，后者在很大程度上影响到苏联时期的仿古典风格（pseudo classicism）。

和营房相比，斯塔索夫在为骑兵设计的项目上表现出更多的独创精神。位于莫伊卡运河边的宫廷马厩于1817~1823年由斯塔索夫主持进行了改建（原建筑系尼古拉·弗里德里希·格贝尔设计于1720~1723年），这是个平面颇为复杂的组群，斯塔索夫的新建筑保留了原构的基础和大部分墙体（平面：图8-302；历史图景：图8-303；外景及细部：图8-304~8-309）。端部于多利克敞廊上承凹进的浴室窗，窗下的檐口几乎围绕整个结构。室外的构图重点放在各个端头和中央部位，特别是南立面中央的教堂，近方形的立面上配四柱爱奥尼敞廊，上置穹顶（见图8-308）。敞廊两边灰泥嵌板内的浮雕为德穆特-马利诺夫斯基制作：右侧表现基督进入耶路撒冷；左侧示基督背负十字架（见图8-309）。

斯塔索夫对古典建筑比例的熟练把控在诺夫哥罗德省格鲁济诺的阿拉克切夫庄园建筑里得到了充分的展现（尽管这些行省建筑名气不大），其中除宫邸外，还包括一座灯塔（1815年）和钟塔（1822年），两者均于粗面石的方形基座上起圆形敞廊。钟塔的设计尤为大胆，系将不同的几何形式（矩形和圆形）和谐地搭配在一起并达到很大的高度。可惜这些建筑均毁于二战（历史图景：图8-310~8-312）。

（上）图8-343圣彼得堡三一大教堂。西南侧全景

（下）图8-344圣彼得堡三一大教堂。东南侧，地段全景

（上）图8-345圣彼得堡 三一大教堂。东南侧，2006年8月25日大火后实况

（下）图8-346圣彼得堡 三一大教堂。东南侧，现状

第八章 19世纪早期：亚历山大时期的新古典主义建筑·1841

本页：

（上）图8-347圣彼得堡 三一大教堂。东侧全景

（左下）图8-348圣彼得堡 三一大教堂。西侧，柱廊近景

（右下）图8-349圣彼得堡 三一大教堂。西侧，南端近景

右页：

（左上）图8-350圣彼得堡 三一大教堂。西侧，柱廊龛室雕像（大天使米迦勒）

（下）图8-351圣彼得堡 三一大教堂。东侧，门廊及穹顶近景

（右上）图8-352圣彼得堡 三一大教堂。山墙及穹顶近景

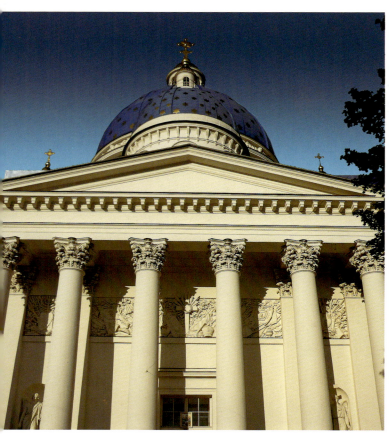

自1810年到该世纪20年代初,斯塔索夫在圣彼得堡主持的主要工程尚有骑士厅(1817~1823年,现为车库),车夫市场(1817~1819年,平面三角形,塔司干柱廊通过精心配置的简单部件获得悦目的形式)。在皇村(普希金城),斯塔索夫设计了著名的中学,极富想象力的中国村,以及战友门(1817~1821年;图8-313)、驯马厅(1819~1821年)、大温室(1820~1830年)和马厩(1823年)。

左页：

图8-353圣彼得堡 三一大教堂。穹顶近景（前景为广场光荣纪念柱上的胜利女神雕像）

本页：

（上）图8-354鄂木斯克 哥萨克圣尼古拉大教堂（1833年）。西南侧全景

（下）图8-355鄂木斯克 哥萨克圣尼古拉大教堂。南侧全景

（上）图8-356鄂木斯克 哥萨克圣尼古拉大教堂。东南侧景观

（下）图8-357鄂木斯克 哥萨克圣尼古拉大教堂。西北侧景色

在1820年大火后,还受命以新古典主义风格更新了叶卡捷琳娜宫部分采用巴洛克装饰的房间。在莫斯科,1820年代早期斯塔索夫主持的主要工程是储备物资库房(食品仓库,位于祖博夫大道,1821年动工,1835年完成;见图8-576等)。在现属立陶宛的维尔

(左上)图8-358鄂木斯克 哥萨克圣尼古拉大教堂。西北侧近景

(右上)图8-359尼古拉一世(1796~1855年)画像(1852年,作者Franz Krüger)

(下)图8-360波茨坦 亚历山大涅夫斯基纪念教堂(1826年)。19世纪上半叶景色[油画,1838年,作者Carl Daniel Freydanck(1811~1887年)]

第八章 19世纪早期:亚历山大时期的新古典主义建筑 · 1847

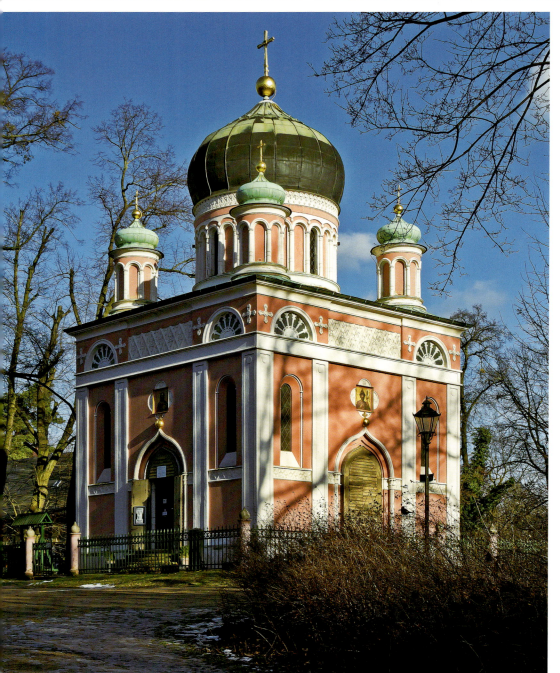

本页：

（上两幅）图8-361波茨坦 亚历山大涅夫斯基纪念教堂。地段形势（左右两图分别示从西侧和东南侧望去的景色）

（下）图8-362波茨坦 亚历山大涅夫斯基纪念教堂。西南侧全景

右页：

图8-363波茨坦 亚历山大涅夫斯基纪念教堂。南立面现状

1848·世界建筑史 俄罗斯古代卷

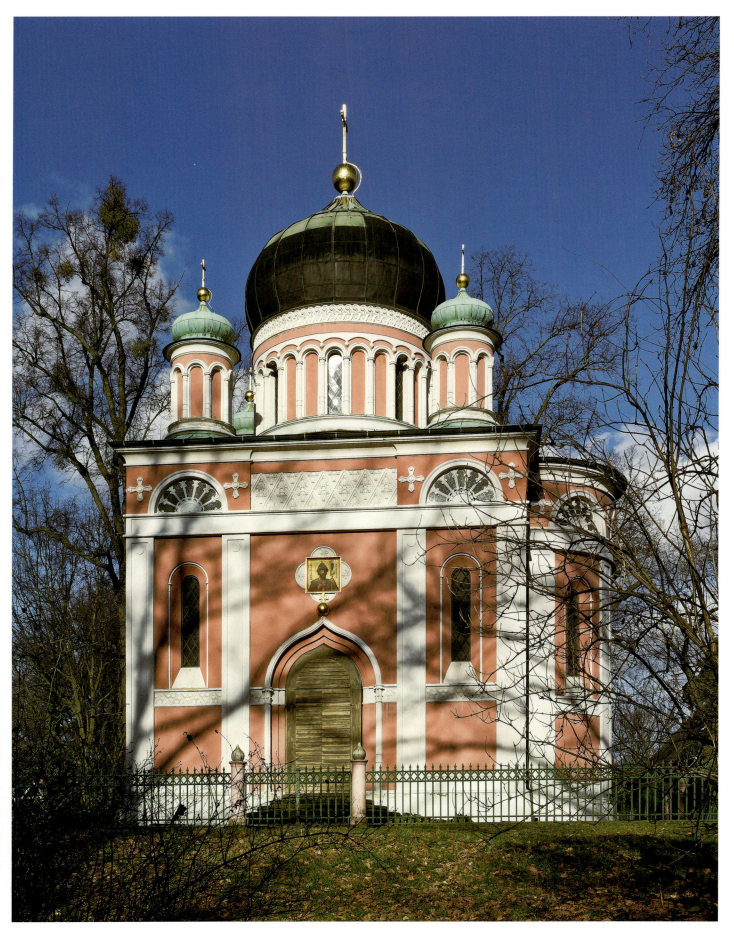

第八章 19世纪早期：亚历山大时期的新古典主义建筑 · 1849

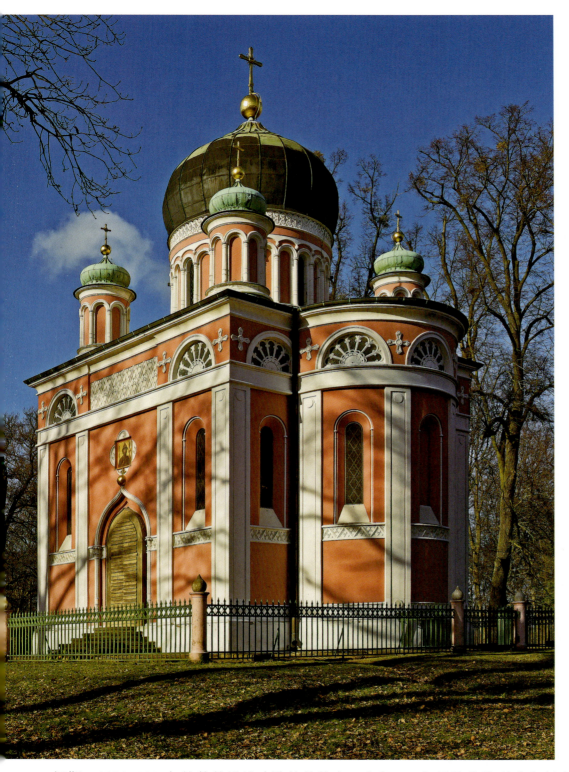

本页：

图8-364波茨坦 亚历山大涅夫斯基纪念教堂。东南侧全景

右页：

（上两幅）图8-365波茨坦 亚历山大涅夫斯基纪念教堂。西侧及南侧圣像

（左下）图8-366波茨坦 亚历山大涅夫斯基纪念教堂。内景（水彩画，约1850年，作者Friedrich Wilhelm Klose）

（右下）图8-367圣彼得堡 纳尔瓦凯旋门（1827~1834年）。19世纪景观（水彩画，1820年代，作者Enluminure de Ch.Beggrow）

纽斯，1824~1834年按他的设计建造的总统府一直留存至今（历史图景：图8-314、8-315；俯视全景：图8-316；外景：图8-317~8-324）。

[教堂及其他后期工程]

在彼得堡，斯塔索夫最著名的作品是1830年左右建造的两座大教堂，它们将内接十字形平面并带五个穹顶的传统形式和新古典主义的立面处理手法结合起来。1827~1829年，他接手重新设计和建造主显圣容大教堂。原教堂建于1743~1754年，设计人为米哈伊尔·泽姆佐夫和彼得罗·特雷齐尼。为普列奥布拉任斯基近卫军团（Preobrazhenskii Guards Regiment）建造的这座老教堂在1825年一次大火中严重损毁，仅存18世纪的墙体。斯塔索夫在中部加了一个巨大的四柱

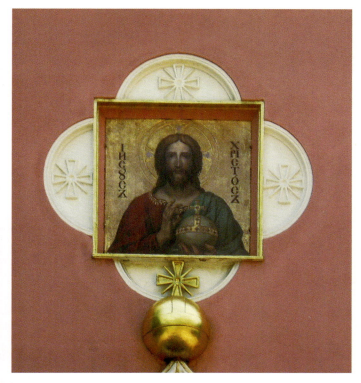
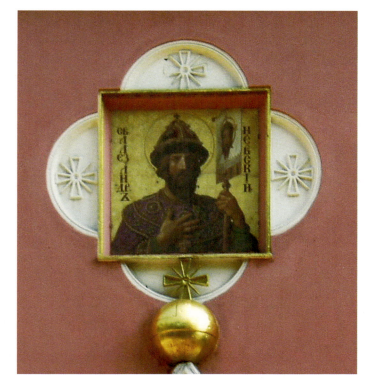

爱奥尼门廊（历史图景：图8-325；外景：图8-326~8-329；近景及细部：图8-330~8-336；内景：图8-337、8-338）。其山墙和结构的上下两部分取得了完美的均衡（上部由间距拉开的五个鼓座和和顶部半球形的肋券穹顶组成）。外墙高处装饰着采用古典风格表现《圣经》场景的灰泥嵌板。和斯塔索夫设计的其他教堂一样，室内线条清晰，装饰相对简朴。围绕着教堂的铸铁围栏由战利品制作，包括1828年俄-土战争期间缴获的大炮。

1828~1835年建造的三一大教堂（装饰雕刻作者S.I.哈尔贝格）规模要大得多，当年是老城南部最突出的地标建筑之一。同样是为一个精锐军团（伊斯梅洛夫斯基军团）建造的这座建筑最初为木结构，具有对俄罗斯教堂来说不同寻常的十字形平面（图

本页

（上）图8-368圣彼得堡 纳尔瓦凯旋门。东南侧地段形势

（下）图8-369圣彼得堡 纳尔瓦凯旋门。南立面全景

右页：

（左）图8-370圣彼得堡 纳尔瓦凯旋门。侧面近景

（右两幅）图8-371圣彼得堡 纳尔瓦凯旋门。柱间雕像

1852·世界建筑史 俄罗斯古代卷

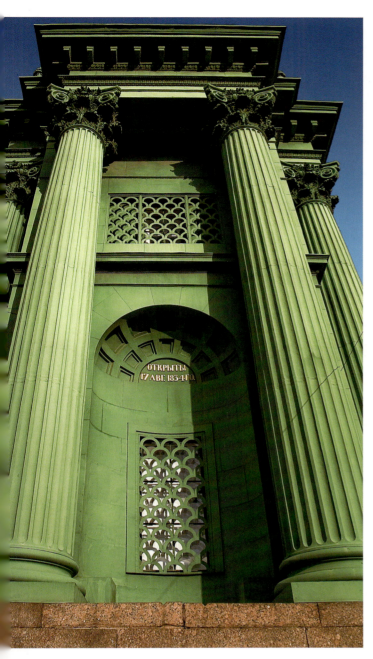

8-339）。斯塔索夫虽用了这样的平面，但加宽了十字形的各翼并采用了巨大的科林斯六柱门廊。整个结构墙体上部环绕灰泥制作的檐壁条带，其内垂花饰颇似罗西的亚历山大剧院，但白色墙面上如中世纪早期教堂一般素净，各面仅有一个大型拱窗（外景：图8-340~8-347；近景及细部：图8-348~8-353）。深蓝色的金属穹顶布置在平面的各个正交点上。

　　伊斯梅洛夫斯基三一大教堂最引人注目的特点是其中央穹顶，其大小（直径超过26米）和细部颇似斯塔罗夫的三一大教堂和喀山大教堂；但在彼得堡，没有一个五穹顶教堂——包括斯莫尔尼修道院的耶稣复活大教堂和当时正在建造的圣伊萨克大教堂在内——

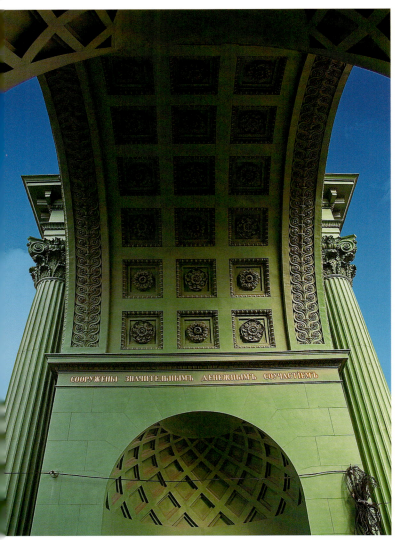

能像这样通过附属穹顶的配置和尺度达到金字塔式的轮廓效果。中央穹顶鼓座处由科林斯附墙柱组成的柱廊形成了一个大型圆堂，高耸在中央交叉处上。周围的穹顶配有檐口和带铸铁瓶饰的栏杆。室内则通过在平面主要节点处配置双柱强调十字形的空间结构。

1832～1835年斯塔索夫完成了斯莫尔尼修道院大

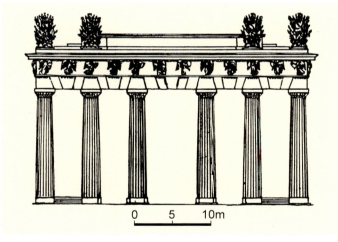

教堂工程及西面各建筑。这些修道院建筑室内均取古典风格。1833年，他为西伯利亚哥萨克人设计的鄂木斯克圣尼古拉大教堂为西伯利亚最早教堂之一，立面上也用了古典柱廊（图8-354~8-358）。

作为尼古拉一世（1825~1855年；图8-359）时期俄罗斯复兴运动的先驱，斯塔索夫设计了波茨

本页及左页：

（左上）图8-372 圣彼得堡 纳尔瓦凯旋门。柱头及拱肩浮雕

（左下）图8-373 圣彼得堡 纳尔瓦凯旋门。券底浮雕

（中上）图8-374 圣彼得堡 纳尔瓦凯旋门。檐部雕像

（中下）图8-375 圣彼得堡 纳尔瓦凯旋门。顶部战车组群

（右下）图8-376 圣彼得堡 莫斯科凯旋门（1834~1838年）。立面（取自Академия Строительства и Архитектуры СССР：《Всеобщая История Архитектуры》，II，Москва，1963年）

（右上）图8-377 圣彼得堡 莫斯科凯旋门。东南侧俯视全景

第八章 19世纪早期：亚历山大时期的新古典主义建筑 · 1855

（上）图8-378圣彼得堡莫斯科凯旋门。南侧地段形势

（下）图8-379圣彼得堡莫斯科凯旋门。南侧全景

坦的亚历山大涅夫斯基纪念教堂（1826年；历史图景：图8-360；外景及细部：图8-361~8-365；内景：图8-366），重建了基辅古代的什一税教堂（1828年），后者是一座具有拜占廷和俄罗斯特征的笨重建筑，建在基辅罗斯第一个教堂的位置上（原构仅留残墟，见图1-13等），内藏圣弗拉基米尔的遗骨（建筑已于20世纪30年代被苏联当局破坏）。在这个创作的高峰时期，斯塔索夫还负责改建或完成了某些其他

（上）图8-380圣彼得堡 莫斯科凯旋门。西北侧景色

（中）图8-381圣彼得堡 莫斯科凯旋门。南立面近景

（下）图8-382圣彼得堡 抚悲圣母教堂（1817~1818年）。19世纪上半叶景色（彩画，1820年代，作者不明）

建筑师设计的教堂，其中最重要的有斯莫尔尼修道院的耶稣复活大教堂的室内工程（1832~1835年，原结构拉斯特列里设计；见图5-544）。

在圣彼得堡，斯塔索夫设计和建造了两座凯旋门：纳尔瓦凯旋门（建于1827~1834年，铜战车作者彼得·卡尔洛维奇·克洛特和斯捷潘·S.皮缅诺夫，雕刻装饰作者M.G.克雷洛夫、N.A.托卡列夫等；历史图景：图8-367；外景及细部：图8-368~8-375）和莫斯科凯旋门（1834~1838年，为纪念俄罗斯战胜拿破仑而建，铸铁造，雕刻装饰作者鲍里斯·I.奥尔洛夫斯

第八章 19世纪早期：亚历山大时期的新古典主义建筑·1857

（上）图8-383圣彼得堡抚悲圣母教堂。东北侧地段形势

（下）图8-384圣彼得堡抚悲圣母教堂。东立面全景

（中）图8-385圣彼得堡抚悲圣母教堂。北立面，柱廊近景

基；立面：图8-376；外景：图8-377~8-381）。

斯塔索夫最后的一项重要工作是在1837年灾难性的大火后修复冬宫的立面、主要厅堂和教堂（1838~1839年），其中包括原由拉斯特列里设计的约旦楼梯和其他建筑师——如夸伦吉和罗西——设计的重要厅堂（1812年廊厅等）。在这项急迫任务中，他起到了重要的作用。这些修复表明，他完全能够领会前任的设计意图并在工作中加以贯彻。1838年在修复冬宫涅瓦系列（Nevskii Enfilade）厅堂时（其中有

（上）图8-386圣彼得堡 羽毛巷门廊（1802~1806年）。现状景色

（左下）图8-387圣彼得堡 博布林斯基宫（1790年代）。西北侧，院落入口

（中）图8-388圣彼得堡 博布林斯基宫。朝院落的主立面（西北立面），现状

（右下）图8-389圣彼得堡 博布林斯基宫。西南侧，自南面望去的景色

第八章 19世纪早期：亚历山大时期的新古典主义建筑·1859

（上）图8-390圣彼得堡 博布林斯基宫。西南侧，自西面望去的景色

（左中）图8-391圣彼得堡 博布林斯基宫。东南侧（花园面）全景

（右下）图8-392圣彼得堡 博布林斯基宫。主楼西南角，近景

（左下）图8-393圣彼得堡 博布林斯基宫。西南侧，花园栏墙雕像

宫中的几个主要的礼仪大厅），他还采用了当时欧洲最先进的工程技术，如以马修·克拉克设计的金属构架替换已损毁的屋顶及天棚木梁。特别是带弧形梁的铸铁桁架（用于覆盖跨度21米的最大厅堂），设计极为精巧，一直在发挥效用。

六、其他建筑师

在彼得堡，除了主导亚历山大时期新古典主义潮流的大师级人物外，还有一批名气没有那么大的建筑师，其建筑构成了罗西、斯塔索夫、扎哈罗夫、托蒙、沃罗尼欣和夸伦吉作品的必要补充。来自瑞士南部提契诺州卢加诺的新古典主义建筑师路易吉·伊

（左上）图8-394涅任 涅任学苑（涅任国立果戈里大学）。现状外景

（右上）图8-395基辅 商业中心。现状全景（自东面望去的景色）

（中）图8-396基辅 商业中心。东北翼近景（自北面望去的效果）

（下）图8-397新切尔卡斯克 北凯旋门。东南侧地段形势

（上）图8-398新切尔卡斯克北凯旋门。南侧全景

（下）图8-399新切尔卡斯克北凯旋门。南侧近景

(上)图8-400 新切尔卡斯克西凯旋门。西南侧全景

(下)图8-401 新切尔卡斯克西凯旋门。东北侧景色

万诺维奇·鲁斯卡(1762~1822年)是其中最活跃的一位。他师从乔治·费尔滕和贾科莫·夸伦吉,随后开始独立工作,1783~1818年在俄罗斯和乌克兰从业,1818年离开圣彼得堡回到瑞士,留下他妻子的侄儿路德维希·夏尔马涅(1788~1845年)监管和完成他设计的建筑。他和同时代的夸伦吉一样,在装饰俭省的

（上）图8-402迪卡尼卡凯旋门。正立面全景

（下）图8-403迪卡尼卡凯旋门。背面及侧面景色

立面上采用门廊和山墙。除了某些大型宅邸（如1801年为耶稣教团建的一栋，位于叶卡捷琳娜运河边）和为近卫骑兵军团营房设计的宏伟立面（1800～1803年）外，鲁斯卡还在19世纪初参加了冬宫的改造工作。他最优秀的作品包括圣彼得堡的抚悲圣母教堂（1817～1818年；历史图景：图8-382；外景：图8-383～8-385），这是一个具有方形体量的建筑，配有六柱爱奥尼门廊及山墙，巨大的屋顶栏墙进一步突出了建筑的立方体特色。围括大部分室内空间的圆形柱廊尤为引人注目，它事实上已构成一个圆堂，外部则通过低矮的鼓座和穹顶加以标示。

（上）图8-404圣彼得堡海关大楼（1829～1832年）。北立面（从涅瓦河上望去的情景）

（下）图8-405圣彼得堡海关大楼。西北侧景色（自涅瓦河岸边台阶处望去的景色）

鲁斯卡的另一个杰作是建于1802~1806年通向羽毛巷商业建筑入口处的门廊。这些与"商人场院"西立面平行的商业建筑原建于1797~1798年（建筑师未查明），位于瓦兰·德拉莫特的宏伟商业组群和夸伦吉新近刚完成的银器系列（珠宝店）之间。在那里，鲁斯卡创立了一个带山墙的六柱多利克门廊（羽毛巷门廊；图8-386），面对着涅瓦大街。由于卡洛·罗西设

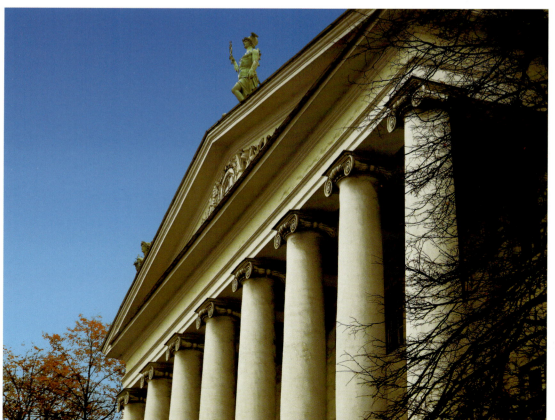

本页：

（上）图8-406圣彼得堡 海关大楼。东北侧景观（自交易所桥处望去的景色）

（中）图8-407圣彼得堡 海关大楼。西北侧全景（山墙上的铜像分别为海神尼普顿、商旅保护神墨丘利和谷物女神刻瑞斯）

（下）图8-408圣彼得堡 海关大楼。柱廊近景

右页：
图8-409圣彼得堡 海关大楼。内景（现为文学博物馆）

计的连接米哈伊洛夫宫广场和涅瓦大街的街道正对着这座门廊，大大提升了它在城市总体构图中的地位。

鲁斯卡设计的其他作品还有位于莫伊卡滨河路的博布林斯基宫（图8-387~8-393），斯特列利纳的祖博夫家族陵寝，莫斯科克里姆林宫的圣尼古拉塔楼（见图2-172~2-174），涅任学苑（位于今乌克兰涅任，最初系别兹博罗德科大公的学苑，此后曾多次易名，现为涅任国立果戈里大学；图8-394），基辅商业中心（图8-395、8-396），以及新切尔卡斯克和迪卡尼卡的凯旋门（新切尔卡斯克北凯旋门：图8-397~8-399；新切尔卡斯克西凯旋门：图8-400~8-401；迪卡尼卡凯旋门：图8-402~8-403）。

在瓦西里岛尖端，乔瓦尼·卢基尼于1826~1832年通过在托蒙的交易所两侧增建海关货栈完成了整个建筑群（其位置和尺寸系由扎哈罗夫在1804年的总平面中确定）。这个组群确定了岛尖的形式，同时还在交易所朝西的主立面前创建了一个半圆形的广场。其设计反映了新古典主义建筑将功能和有序的布局相结合的特色（中间为交易所的塔司干-多利克敞廊，两边建筑端头的相应立面配置大型拱窗）。在北面货栈的另一端，乔瓦尼·卢基尼建造了海关大楼（1829~1832年；外景及细部：图8-404~8-408；内景：图8-409），高耸在底层上的爱奥尼门廊山墙上立有雕像，使人们想起夸伦吉的风格。建筑中央的内院通过巨大的鼓座和穹顶采光，效果蔚为壮观。

第二节 莫斯科的改建

一、奥西普·博韦

在莫斯科，新古典主义的最后阶段在很大程度上是出于重建城市的急迫需求。1812年秋季法国军队进入莫斯科时开始燃起的那场灾难性的大火使城市的大部分地区化为废墟，其中包括自叶卡捷琳娜大帝以来新古典主义得到发展的约半个世纪期间建造起来的大部分建筑（大火后的城市总平面图：图8-410~8-412）。在莫斯科的9000栋房屋中，约6500栋全毁或遭到严重破坏，其中既有住宅和小店铺，也有一些宏伟的新古典主义建筑，如帕什科夫宫邸。城市的中世纪砖构教堂尽管许多都需要大修，但总的状况要好一些。在法国人撤退以后，人们立即着手重建城市，次年（1813年）成立的城市建设委员会在几十年期间对各地的大型项目进行了严格的审批和把关。

苏格兰裔的建筑师及城市规划师威廉·黑斯蒂（约1753~1832年）于1814年提交并得到彼得堡当局批准的总平面包括建造新的主要街道和广场体系，以及大规模修复城市历史街区等内容。但实际上人们只能在大火前城市的基础上进行有限的改造，因此1817年又批复了一个修订规划，此后莫斯科的面貌基本由此决定（1818年后各时期城市规划及总平面图：图8-413~8-419）。尽管委员会任命了一批建筑师负责各个区的建设，但实际上负责监管大火后重建的总建筑师是来自彼得堡但在莫斯科完成学业的奥西普·伊万诺维奇·博韦（1784~1834年；图8-420）。

博韦是一位具有意大利血统的俄罗斯新古典主义建筑师，其父是来自那不勒斯的一位画家，1782年移居俄罗斯。在圣彼得堡出生的博韦不久即随全家迁往莫斯科并在那里攻读建筑学（1802~1807年，他的两个弟弟米夏埃尔和亚历山德罗也都是建筑师，此后成为他的合作者）。自1807年起，博韦在莫斯科和特维尔参加工作，充当马特维·卡扎科夫和卡洛·罗西的助手。作为考察队的雇员，他同样参与了克里姆

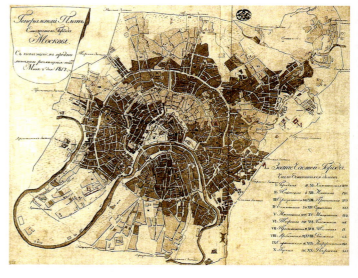

林宫的维修工作。1813年，在城市的大部分为1812年的大火摧毁后，博韦被莫斯科建筑委员会（Moscow Building Commission）聘用并主管立面局（Façade Department），负责审批新的立面设计和按新的总平面规划及街道控制线监管新建筑的布置。不过，由于总平面直到1817年才最后定局，私人建筑又如此之

左页：

（上）图8-410莫斯科 城市总平面（1813年，暗红色标示1812年大火毁坏的城区）

（左下）图8-411莫斯科 城市总平面（约1815年，暗褐色为1812年大火毁坏的城区）

（右下）图8-412莫斯科 城市总平面（1817年，深色示1812年大火毁坏的城区）

本页：

（上）图8-413莫斯科 城市规划图（《Прожектированный планъ столичнаго города Москвы》，1818年，编制人Егор Челиев，原图比例1∶12600）

（下）图8-415莫斯科 城市总平面[1830年，帝王陛下直属办公厅（Е.И.В.канцелярия）编制]

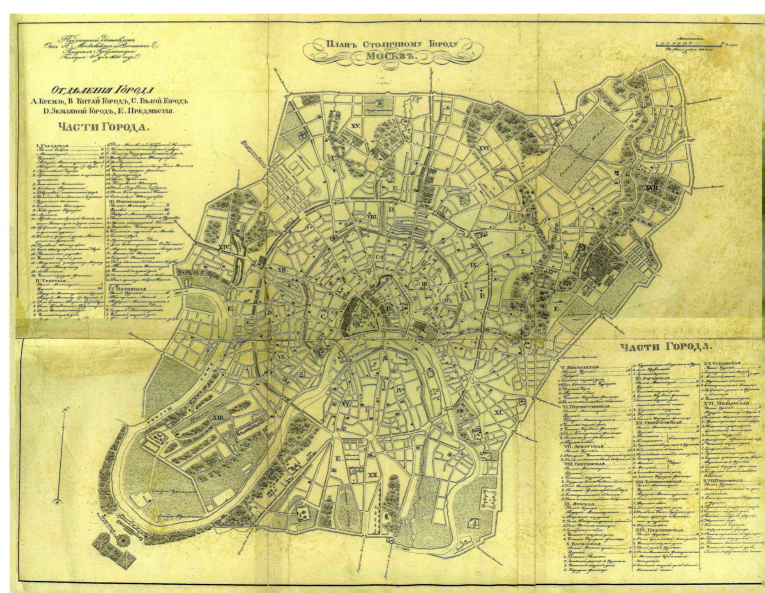

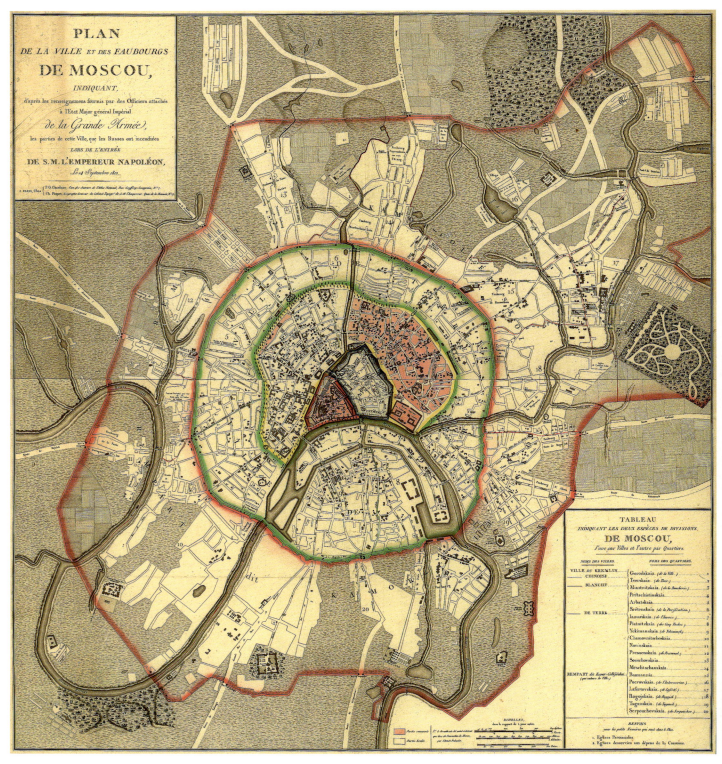

多，以致博韦和市政当局很难对之完全控制。沙皇亚历山大在视察莫斯科时，看到建筑外观被涂得花里胡哨（特别是深红和墨绿色），大为不满，因此颁布了一条法令，只限用浅淡适度的色彩。

重建设计主要在两个层面上展开，一是重要的国家及社会公共工程，二是大量的私人住宅。私人宅邸的街立面设计需提交博韦主管的部门审批，所依据的标准即1809~1812年为整个帝国范围内公共和私人建筑编纂的新古典主义范本设计（三卷本）。这种标准化反映了自彼得大帝以来俄罗斯行政官员在这方面的不懈努力；除了美学方面的考量和效果外，由于确立了一个人们可接受的标准，同样也起到了加快建设速度、降低修复成本的作用。在1812年后的莫斯科，私人重建的住房建筑规模和用地均有所减少，通常都用阁楼取代完整的第二层，住宅尽量与街道线齐平，不再设置前院。事实上，许多带砖石细部的抹灰住宅都是在砖石结构的基础上用原木建成，于原木墙体外钉板条以承抹灰（如小莫尔恰诺夫卡大街住宅；图8-421）。

左页：
图8-414莫斯科 城市及郊区平面（可能1810年代末，1812年烧毁的部分系根据帝国陆军总参谋部提供的资料）

本页：
（上）图8-416莫斯科 城市总平面（1835年）
（下）图8-417莫斯科 城市总平面（1836年，作者W.B.Clarke）

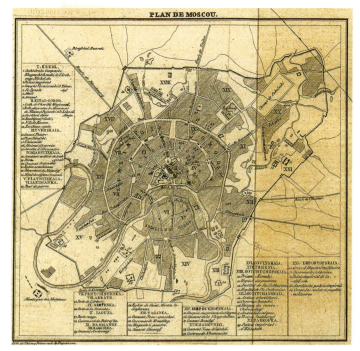

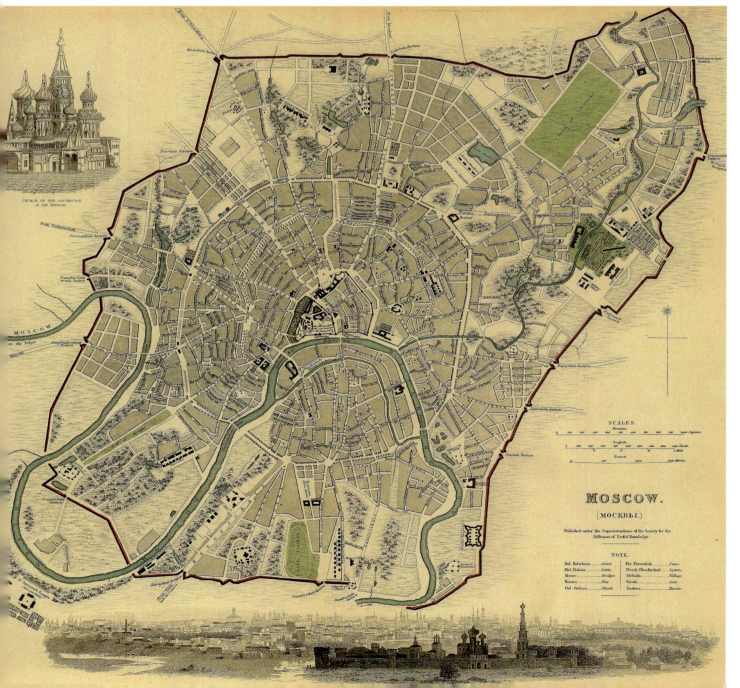

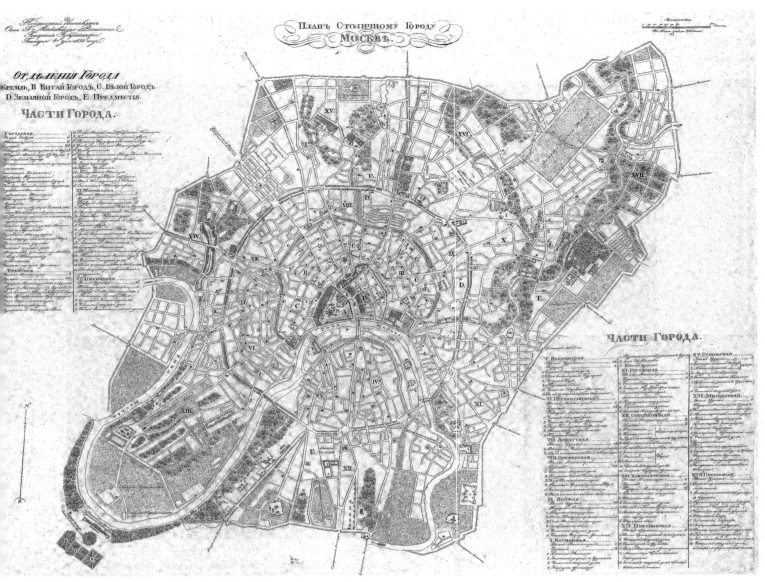

图8-418莫斯科 城市总平面[1839年，帝王陛下直属办公厅（Е.И.В.канцелярия）编制]

  莫斯科新的中央广场群及红场的设计和改造是博韦面临的首要任务。在红场，重点是集中了城市大量商贸活动的商业中心的建设，包括建于1815和1816年的上商业中心（见图9-589~9-593）及中商业中心（图8-422）。博韦在一直伸展到中国城的杂乱店铺和货摊前面加了一道采用新古典主义风格面对克里姆林宫东墙的柱廊，从而创造了有序的外观。他在成排商业建筑的中间布置了一个带穹顶的中央圆堂，与广场对面卡扎科夫设计的克里姆林宫参议院大楼的穹顶相互应和，形成了红场的一条新的横向轴线（这两座商业建筑均于1888年建造更大的商业中心时被拆除）。

  莫斯科最重要公共空间之一——剧院广场也是在博韦的监管下形成（完成于1825年），其主体建筑是重建的彼得罗夫斯基剧院（随后称大剧院）。原构毁于1805年的火灾，此后直到1821~1824年才建的新剧院由博韦和彼得堡建筑师安德烈·米哈伊洛夫（1773~1849年）设计，巨大的爱奥尼门廊上立着站在四马二轮战车上的阿波罗雕像（见图8-431并参阅罗西设计的彼得堡亚历山大剧院）。但它的新古典主义形式未能留存下来：1853年的一场大火毁掉了剧院的整个室内，19世纪50年代在阿尔贝特·卡沃斯主持下进行重建时，主立面增添了许多折中主义时期特有的文艺复兴部件，除了主要形体外，原来的形式已在很大程度上被改变（总平面规划及建筑设计图：图8-423~8-431；历史图景：图8-432~8-437；现状外景：图8-438~8-440；近景及细部：图8-441~8-444；内景：图8-445~8-450）。剧院广场两边布置高两层

图8-419 莫斯科 城市总平面（1852年）

（底层设拱廊）样式统一的附属建筑。只是除了现为小剧院（图8-451）的建筑外，这个规划并没有按原意图完全实现。由于大小剧院都在不同程度上进行了重建，广场亦失去了其新古典主义的对称格局。

在克里姆林宫另一侧，沿着它的西墙，博韦于1819~1823年在原内格利纳亚河床上建造了克里姆林宫公园（后称亚历山大公园，河流改行地下渠道；图8-452、8-453）。在这个纵长的花园中间有他设计的一个带希腊多利克柱廊的"洞穴"（位于克里姆林宫中武库塔楼脚下；图8-454~8-456）。位于同一地区的驯马厅更是当时工程技术上的一个杰出成就，在1817年仅用了6个月建成的这栋用于骑马训练和骑兵检阅的建筑要求很大的无阻碍空间，因此在长166米、宽44.7米的大厅内，没有设任何内部支撑（平面、立面、剖面及剖析图：图8-457~8-459；外景：图8-460~8-465；内景：图8-466）。木桁架屋顶的设计人为具有将军头衔的工程师奥古斯丁·德·贝当古（桁架随后于1823~1824年进行了加固，新结构一直用到2004年大火前）。博韦的主要工作是设计建筑细部，他用塔司干-多利克附墙柱作为立面的主要分划

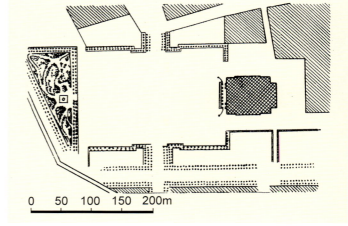

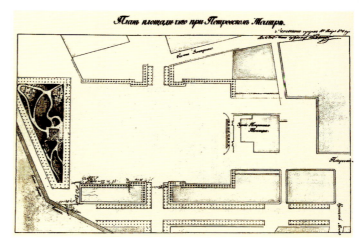

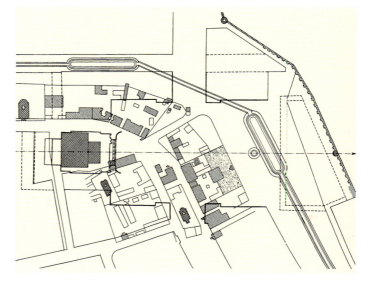

1874 · 世界建筑史 俄罗斯古代卷

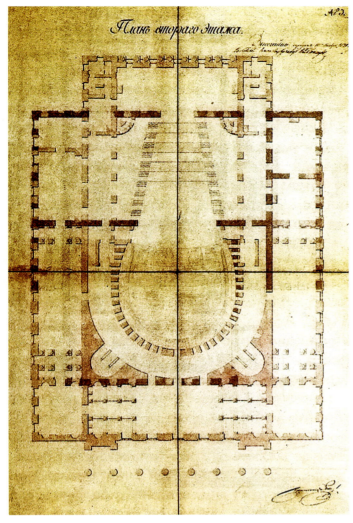

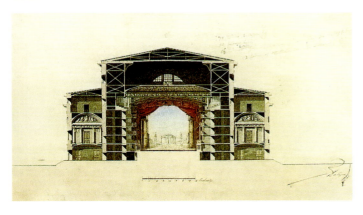

部件（在这种纯功能性的结构中，人们往往以这种方式使建筑具有宏伟的外观），檐口檐壁上饰有军队的纹章图案（见图8-461~8-465），这项工程完成于1825年。

博韦设计了大量的私人宅邸。1817年诺温斯基林荫大道尼古拉·S.加加林府邸的改建为他赢得了很大

左页：

（左上）图8-420奥西普·伊万诺维奇·博韦（1784~1834年）画像（19世纪20年代，作者不明）

（左中及左下）图8-421莫斯科 小莫尔恰诺夫卡大街住宅（约1820年）。外景[上下两幅分别示整修前后状况，建筑现为莱蒙托夫故居博物馆（Lermontov House-Museum），1830~1832年莱蒙托夫在莫斯科大学学习时，曾和他的祖母一起住在这里]

（右上）图8-422莫斯科 中商业中心（1816年，建筑师博韦，1888年拆除）。19世纪景观（老照片，1884年，取自Nikolay Naidenov系列图集）

（右中两幅）图8-423莫斯科 大剧院（1821~1824年）。剧院及广场总平面规划（博韦的最初设计，1821年；线条图取自Академия Строительства и Архитектуры СССР：《Всеобщая История Архитестуры》，II，Москва，1963年）

（右下）图8-424莫斯科 大剧院。剧院及广场总平面规划（博韦的最初设计，1821年；图上标出拆迁前的地段状况）

本页

（左上）图8-425莫斯科 大剧院。楼层平面（博韦设计，1833年）

（右上）图8-426莫斯科 大剧院。正立面（博韦设计，1832年）

（左中）图8-427莫斯科 大剧院。侧立面（博韦设计，1832年）

（左下）图8-428莫斯科 大剧院。横剖面（博韦设计，1821年）

的声誉（建筑毁于1941年7月的空袭，是在二战中受到破坏的少数莫斯科重要建筑之一）。尽管建筑规模不大，但构图均衡，特别是具有丰富的装饰细部，是新古典主义后期，莫斯科所谓"帝国"风格的典型作品（这后一名词来自法国，在建筑上，通常指莫斯科和行省的新古典主义后期建筑）。与街道齐平的侧翼和

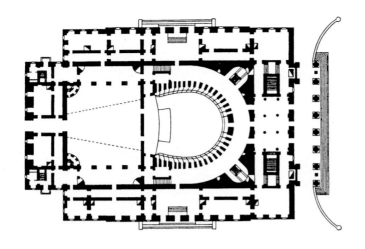

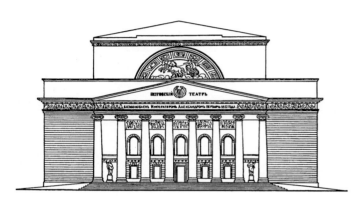

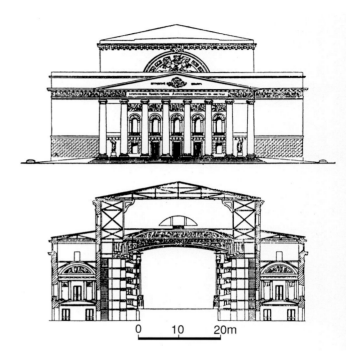

（左上）图8-429莫斯科 大剧院。平面方案（设计人Andrey Mikhailov, 1821年，未实现）

（左中）图8-430莫斯科 大剧院。立面方案（设计人Andrey Mikhailov, 1821年，未实现，比博韦的实施设计要高很多）

（右上）图8-431莫斯科 大剧院。正立面及横剖面（设计人博韦，取自William Craft Brumfield:《A History of Russian Architecture》, Cambridge University Press, 1997年）

（下）图8-432莫斯科 大剧院。19世纪上半叶景况[月夜景色，1830年代，作者Augste Cadolle，图版制作Godefroy Engelmann（1788~1839年）]

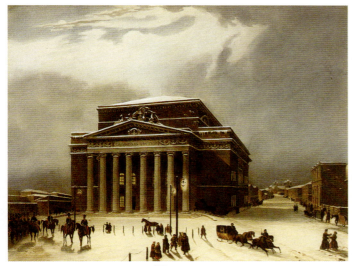

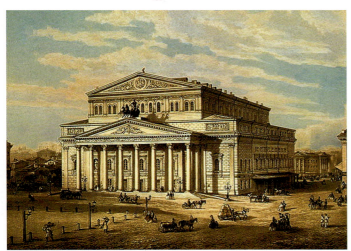

(左上)图8-433莫斯科 大剧院。19世纪初景色(绘画,作者L.Arnould)

(左中)图8-434莫斯科 大剧院。19世纪中叶景色(绘画)

(左下)图8-435莫斯科 大剧院。19世纪末景色(老照片,1883年,取自Nikolay Naidenov系列图集)

(右上)图8-436莫斯科 大剧院。19世纪末景色(老照片,1896年,剧院前方是为尼古拉二世登基典礼搭起的临时盖蓬)

(右中)图8-437莫斯科 大剧院。20世纪初景色(老照片,摄于1920年5月5日,正在演说的是托洛茨基,列宁和加米涅夫站在他右手下方)

(右下)图8-438莫斯科 大剧院。地段形势

(上)图8-439莫斯科大剧院。正立面全景

(下)图8-440莫斯科大剧院。东南侧景观

中央主体结构之间通过曲线廊道相连。主入口两边立复杂的多利克柱廊,颇似凯旋门的构图,中央巨大的扇形凹窗两侧饰有带翅膀的光荣女神浮雕造型(平面及立面:图8-467;历史图景:图8-468、8-469)。

在1812年以后博韦的作品中,拱券是他经常采用的母题,在新古典主义繁荣的最后阶段,这种形式很

（上）图8-441莫斯科大剧院。入口柱廊，自广场喷泉处望去的景色

（下）图8-442莫斯科大剧院。入口柱廊，西南侧近景

本页：

（左上）图8-443莫斯科 大剧院。立面，龛室及雕刻近景

（右上及下）图8-444莫斯科 大剧院。山墙及雕刻组群

右页：

（上）图8-445莫斯科 大剧院。19世纪中叶内景[油画，1856年，作者Michael von Zichy（1827~1906年）]

（下）图8-446莫斯科 大剧院。观众厅，内景

可能被视为莫斯科胜利复苏的象征。从尼古拉·S.加加林府邸的私人档案照片上可以看到（和许多帝国时期的宅邸不同，这栋建筑直到20世纪初，一直归私人所有），富丽堂皇的室内大量采用了拱券的母题（见图8-469），借助这些手法创造出一个亲切宜居的内部环境。支撑楣梁的双柱后面形成凹室，在主要起居室和卧室内借助帷幔创造了一个封闭空间。即便是最小的帝国宅邸，在设计礼仪厅堂时往往也采用这种手法，其大小可按条件和需求进行调节。

许多最宏伟的这类宅邸都位于在原白城[8]城址上形成的环形林荫大道上（包括诺温斯基林荫道）。但1775年提出的环路规划真正付诸实施的并不多，倒是1812年的大火为中心城区的重新规划提供了契机。同一时期，在原先的土城基址上，形成了另一个道路系统——花园环路。在19世纪的大部分时间，两条环路之间的地带，大部分仍然是由带院落的住宅组成，即

第八章 19世纪早期：亚历山大时期的新古典主义建筑·1881

在一个宽阔的封闭地带上布置前院或后院,周边安置附属建筑。

在莫斯科的规划和重建上,博韦的贡献涉及方方面面。只是他作品中的大部分都因战争、事故或在城市扩建时被毁。除前面几例外,1827~1834年建造的特韦尔斯克-扎斯塔瓦凯旋门亦于1938年被拆除,

左页：

（上下两幅）图8-447莫斯科大剧院。观众厅，楼座

本页：

图8-448莫斯科 大剧院。观众厅，包厢近景

只是于30年后在多罗戈米洛沃区建了个复制品（历史图景：图8-470、8-471；重建后现状：图8-472）。尚存的建筑中多为教堂及医院，如莫斯科巴拉希哈的圣母代祷教堂（图8-473~8-477）、科捷利尼基的圣尼古拉教堂（历史图景：图8-478；外景及细部：图8-479~8-484）、圣丹尼尔修道院的圣三一教堂（图8-485~8-

第八章 19世纪早期：亚历山大时期的新古典主义建筑·1883

本页及左页:

(左上)图8-449莫斯科 大剧院。观众厅,舞台

(中上)图8-450莫斯科 大剧院。帝王休息厅

(左下)图8-451莫斯科 小剧院。现状外景

(右上)图8-452莫斯科 克里姆林宫。亚历山大公园,入口大门

(右中及右下)图8-453莫斯科 克里姆林宫。亚历山大公园,无名战士墓及墓前的长明火

487)、克拉斯诺村的圣母庇护教堂(图8-488~8-491)、大耶稣升天教堂、斯特拉斯特诺伊林荫道的叶卡捷琳娜医院、列宁林荫道的第一城市医院(图8-492、8-493)、勒福托沃区的军事学校及营房、米亚斯尼茨基大街37号(图8-494、8-495),以及阿尔汉格尔斯克的圣米迦勒教堂(图8-496、8-497)等。

1831~1836年,他在18世纪80年代巴热诺夫建造的抚悲圣母教堂(位于大奥尔登卡大街上)的前厅

第八章 19世纪早期:亚历山大时期的新古典主义建筑 · 1885

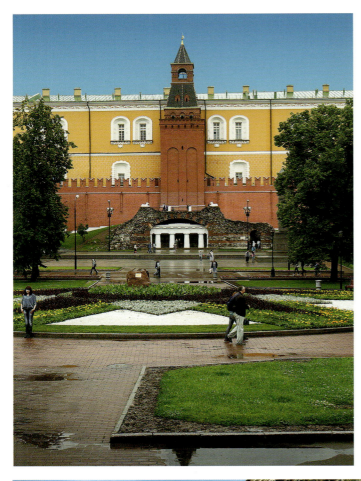

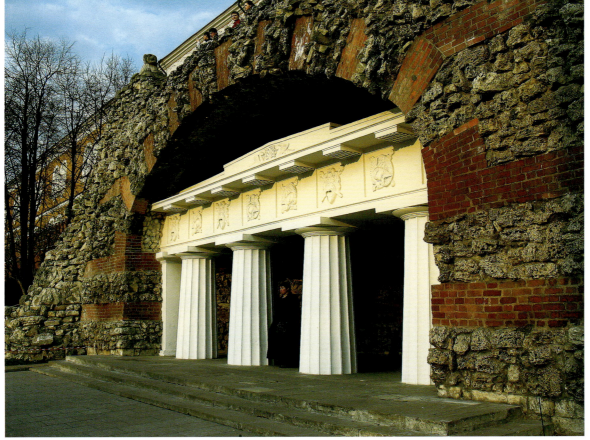

(左上)图8-454莫斯科 克里姆林宫。亚历山大公园,"洞穴"(1821~1823年),地段全景(背景为克里姆林宫中武库塔楼)

(下)图8-455莫斯科 克里姆林宫。亚历山大公园,"洞穴",近景

(右上)图8-456莫斯科 克里姆林宫。亚历山大公园,"洞穴",内景

1886·世界建筑史 俄罗斯古代卷

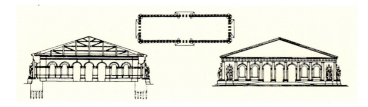
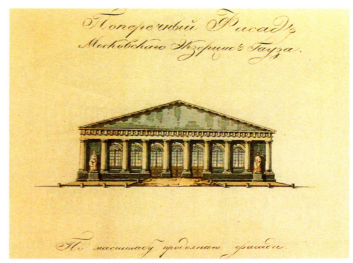

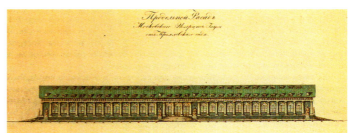
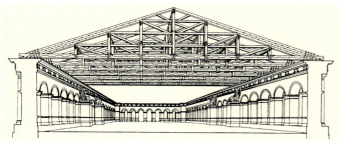

（左上）图8-457莫斯科 驯马厅（1817年，1823~1825年）。平面及剖面（作者Agustín de Betancourt，1817年）

（左中上、右上及右中）图8-458莫斯科 驯马厅。端立面及侧立面[图版取自项目监管图册（《Альбом комиссии для строений》，1825年）；线条图取自Академия Строительства и Архитектуры СССР：《Всеобщая История Архитектуры》，II，Москва，1963年]

（左中下）图8-459莫斯科 驯马厅。结构剖析图（1819年最初设计，作者Agustín de Betancourt）

（下）图8-460莫斯科 驯马厅。东北侧俯视全景

本页：
（上）图8-461莫斯科 驯马厅。东北侧景色（自广场喷泉处望去的情景）

（下）图8-462莫斯科 驯马厅。东北侧全景

右页：
（上）图8-463莫斯科 驯马厅。北立面景观

（下）图8-464莫斯科 驯马厅。西北侧景色

上增建了一个作为圣所的圆堂，这可能是在他职业生涯将近结束之时完成的一项最杰出的作品（见图7-289～7-292）。这座建筑可视为一个精心设计的圆形协奏曲：圆柱形的鼓座上支撑着半球形的穹顶，其外首层部分为一个直径更大的圆堂，其内形成圣坛（即通常的所谓"半圆室"）。南北两侧设简单的爱奥

尼式门廊，石灰石的柱子立在抹灰的墙面前。首层立面窗户两侧立多利克石灰石壁柱，上部扇形窗及拱券形成连拱廊的节奏。虽然并没有采用深凹的结构，但无论在外部还是室内，拱券都是主要的构图母题并呈现出各种优雅的变化。

博韦的这座教堂展示了一系列莫斯科新古典主义最后阶段特有的装饰手法。复杂的扇形窗花类似加加林府邸中央拱券内的窗户，只是后者的尺度要大得多。室外装饰中更为引人注目的是圆堂和门廊檐口下的檐壁，以及门窗楣梁和拱券上的雕饰（小天使的头

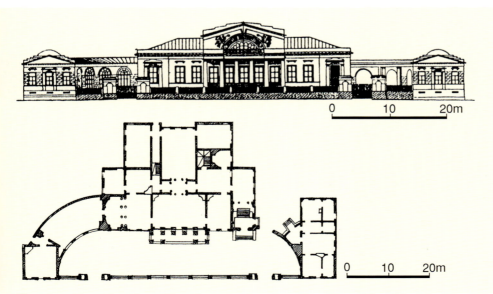

（上）图8-465莫斯科 驯马厅。西立面

（左中）图8-466莫斯科 驯马厅。现状内景

（下）图8-467莫斯科 尼古拉·S.加加林府邸（1817年，毁于1941年）。平面及立面（据A.M.Kharlamova）

（右中）图8-468莫斯科 尼古拉·S.加加林府邸。主门廊，外景（老照片，私人收藏）

1890·世界建筑史 俄罗斯古代卷

像和莨苕叶图案交替布置）。大门嵌板上醒目的金色浮雕图案以其富有想象力的细部进一步充实了这个条理分明的构图体系。具有同样品性的室内采用了50多年前卡扎科夫在大主教菲利普教堂里引进的空间形制，是这种类型最完美的实例之一。室内一圈爱奥尼

（左上）图8-469莫斯科 尼古拉·S.加加林府邸。主卧室，内景（老照片，1900年代早期，私人收藏）

（右上）图8-470莫斯科 特韦尔斯克-扎斯塔瓦凯旋门（1827~1834年，1938年拆除，1960年代后期易地重建）。19世纪中叶景色[绘画，1848年，作者Félix Benoist（1818~1896年）]

（右中）图8-471莫斯科 特韦尔斯克-扎斯塔瓦凯旋门。19世纪后期景色（老照片，1883年，取自Nikolay Naidenov系列图集）

（下）图8-472莫斯科 特韦尔斯克-扎斯塔瓦凯旋门。现状（重建后，位于胜利广场）

本页：

（上）图8-473莫斯科 巴拉希哈。圣母代祷教堂，西南侧全景

（下）图8-474莫斯科 巴拉希哈。圣母代祷教堂，东侧现状

右页：

（上）图8-475莫斯科 巴拉希哈。圣母代祷教堂，东南侧全景

（下）图8-476莫斯科 巴拉希哈。圣母代祷教堂，南侧，本堂近景

柱廊支撑穹顶,由此形成的内部圆形空间通过鼓座和穹顶上的大窗得到良好的采光。内部无论是设计还是制作工艺均有可圈可点之处,甚至地面都由带图案的铸铁嵌板组成。在这方面,它可说是集中体现了新古典主义后期对立面统一的美学特征:简朴的优雅和华美的装饰相结合。

二、多梅尼科·吉拉尔迪

博韦在重建莫斯科时确立的原则在像多梅尼科·吉拉尔迪这样一些新古典主义建筑师那里得到了延续和发展。吉拉尔迪属一个由意大利和瑞士籍的建筑师、艺术家和技师组成的帮派成员,他们自1787年

本页及右页:
（左）图8-477莫斯科 巴拉希哈。圣母代祷教堂，南侧，圆堂近景

（中上左）图8-478莫斯科 科捷利尼基。圣尼古拉教堂，19世纪后期景色（老照片，1882年）

（中上右）图8-479莫斯科 科捷利尼基。圣尼古拉教堂，西南侧全景

（右上）图8-480莫斯科 科捷利尼基。圣尼古拉教堂，东南侧景观

（右下）图8-481莫斯科 科捷利尼基。圣尼古拉教堂，南立面现状

开始参与莫斯科的工作。是年他的父亲乔瓦尼·吉拉尔迪（1759~1819年；设计图稿：图8-498）抵达莫斯科并在接下来的30年里确立了自己在建筑界的声望，其作品中最著名的是1809~1811年建造的亚历山德罗夫斯基学院。配置了宏伟科林斯门廊的立面类似"庄园府邸"的设计，这也是新古典主义时期莫斯科医疗卫生和教育机构的典型特色。实际上，其形式非常接近相邻的马林斯基贫民医院，乔瓦尼·吉拉尔迪曾负责监管它的施工（可能是按安德烈·米哈伊洛夫的设计）。

多梅尼科·吉拉尔迪1796年抵达莫斯科时年仅11岁。3年后他被送往彼得堡，跟一批意大利画家学习

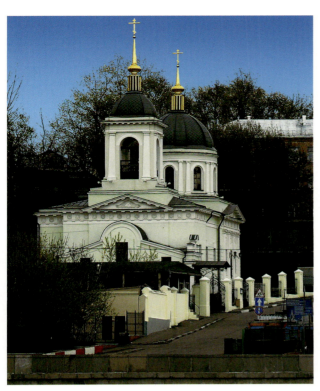

第八章 19世纪早期：亚历山大时期的新古典主义建筑 · 1895

绘画,随后又返回意大利在米兰学院(Milan Academy)进一步深造,在这期间,他将重点转向攻读建筑。1811年他回到莫斯科在他父亲那里工作,并于拿破仑入侵期间撤到喀山,随后(第二年)积极参与了重建莫斯科的工作。

他经手的第一项重要工作是重建已成为残墟的莫斯科大学主楼(1817~1819年,原来结构的设计人是

左页：

（左）图8-482莫斯科 科捷利尼基。圣尼古拉教堂，南侧，入口面近景

（右上）图8-483莫斯科 科捷利尼基。圣尼古拉教堂，钟楼，西南侧近景

（右下）图8-484莫斯科 科捷利尼基。圣尼古拉教堂，钟楼顶部

本页：

（上）图8-485莫斯科 圣丹尼尔修道院（丹尼洛夫修道院）。圣三一教堂，主立面，现状

（中）图8-486莫斯科 圣丹尼尔修道院（丹尼洛夫修道院）。圣三一教堂，背立面

（下）图8-487莫斯科 圣丹尼尔修道院（丹尼洛夫修道院）。圣三一教堂，入口门廊，近景

马特维·卡扎科夫）。吉拉尔迪明智地沿用了卡扎科夫结构的总体布局，但同时引进了重要的变化。位于石灰石基层上的中央门廊（见图7-343）有所扩大，柱子改用希腊多利克柱式（卡扎科夫原构为爱奥尼柱式），柱身带突出的沟槽，一如沃罗尼欣设计的矿业学院的门廊（见图8-65～8-68）。柱列后的檐壁表现9个缪斯的形象，为雕刻家加夫里尔·扎马拉耶夫制作（他曾和卡扎科夫一起完成了克里姆林宫参议院主要大厅的内部装修工程）。为了突出柱廊的构图作用，

(上)图8-488 莫斯科克拉斯诺村(红村)。圣母庇护教堂(1730~1851年,上部由博韦主持于1816~1838年进行了改造),东南侧景色(摄于2008年,全面粉刷前)

(下)图8-489 莫斯科克拉斯诺村(红村)。圣母庇护教堂,东南侧全景(新近粉刷后)

图8-490莫斯科 克拉斯诺村（红村）。圣母庇护教堂，西南侧全景

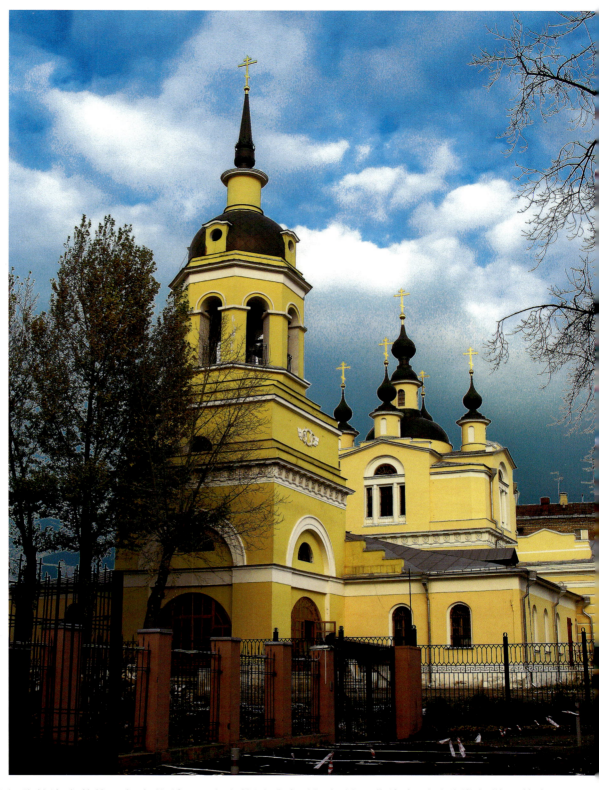

吉拉尔迪取消了立面其他部分的许多装饰（如卡扎科夫的壁柱），仅在仿粗面石的二层上保留了门窗拱心石上的面具头像和上层窗户之间的一些小型装饰。

在门廊后部，吉拉尔迪扩大了位于主要礼仪大厅上的穹顶尺寸，进一步增加了室内穹顶的高度（事实上已构成了半球形）。在穹顶上，他创造了莫斯科最杰出的浮雕式透视幻景。曲线底面以肋券勾勒，其内于精心制作的菱形图案里嵌入人物形象（均以单色浮雕的形式表现）。穹顶基部的檐壁同样采用单色浮雕，以寓意的方式表现艺术和科学，以及古典哲学家、阿波罗和缪斯诸神。

吉拉尔迪设计的其他城市建筑中，尚存的还

（左上）图8-491莫斯科 克拉斯诺村（红村）。圣母庇护教堂，南侧近景

（右上）图8-492莫斯科 第一城市医院（1832年）。19世纪后期景色（老照片，1884年，取自Nikolay Naidenov系列图集）

（下）图8-493莫斯科 第一城市医院。现状，柱廊近景

（右中）图8-494莫斯科 米亚斯尼茨基大街37号。街立面，现状

有装饰精美的叶卡捷琳娜学院（1818年，门廊1826~1827年增建；图8-499~8-502）、弃儿养育院的监护人（孤儿院）委员会大楼（1821年设计，建于1823~1826年）。后者最初设计是以一个巨大的中央结构作为主体，立面配爱奥尼门廊，中央大厅上冠穹顶（立面：图8-503；历史图景：图8-504）。两边侧翼通过砌筑的围墙与主体结构相连，围墙上带层层凹进的拱券。但到1846年扩建时这一形制便有了很大变化，扩建主持人德米特里·贝科夫斯基在主体结构和两翼之间各插入了一个高两层的结构，使整个建筑连为一体（图8-505~8-507）。不过，现存结构及其室内装修仍可视为莫斯科新古典主义后期的杰出实例（配有巨大的拱券、精美的灰泥线脚、带阿拉伯图案花纹和人物形象的单色浮雕）。尽管装饰设计有时显得过于累赘，但比例上确有皮拉内西的作风。室内的形式和装饰，和室外一样，很可能是为了使人们对这座公益性质的建筑（收养和培育孤儿）产生更深刻的

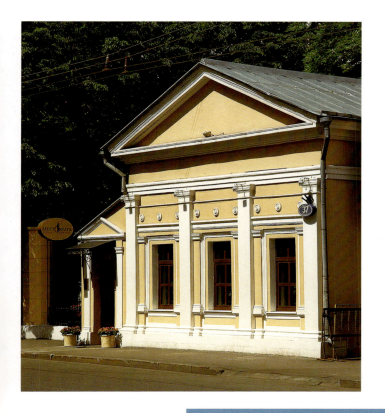

（上）图8-495莫斯科 米亚斯尼茨基大街37号。侧翼立面（尽管主要厅堂进行了多次改造，但18世纪70年代建造的侧翼基本上保留了原貌）

（下）图8-496阿尔汉格尔斯克 圣米迦勒教堂。2010年修复时景色

第八章 19世纪早期：亚历山大时期的新古典主义建筑·1901

印象。

除了这些公共设施外，多梅尼科·吉拉尔迪在住宅设计上也很有名气，事实上，这些宅邸和他的公共建筑（特别是监护人委员会大楼）有很多相似之处。他设计的第一个私人建筑是委员会主任的兄弟、P.M.卢宁中将的府邸（外景及细部：图8-508~8-513；

本页：
（上）图8-497阿尔汉格尔斯克 圣米迦勒教堂。现状
（下两幅）图8-498乔瓦尼·吉拉尔迪（1759~1819年）设计图稿：新伊凡大帝钟楼，立面及剖面（1815年）

右页：
（左上）图8-499莫斯科 叶卡捷琳娜学院（1818年，门廊1826~1827年增建）。20世纪初景色（老照片，1912年）
（右上）图8-500莫斯科 叶卡捷琳娜学院。街立面现状
（下）图8-501莫斯科 叶卡捷琳娜学院。主立面（东侧）全景

内景:图8-514)。在这里,新古典主义的宏伟立面采用了对称形制,特别是主体部分的科林斯敞廊,掩盖了因保留一系列18世纪结构的墙体而导致的复杂平面关系(这些建筑原来成组地围绕一个典型的莫斯科院落布置,如今都根据新的林荫环路规划进行了改造)。从街道上望去,建筑好似由两个独立部分组成,较小的一个于高基台上立爱奥尼门廊(完成于1818年左右,本打算作为双翼之一);主体建筑直到1823年才最后完成,卢宁的后人随即将房产卖给了商业银行(以后的国家银行),现建筑改为国立东方艺术博物馆。

从府邸转为金融机构或博物馆几乎没有什么困

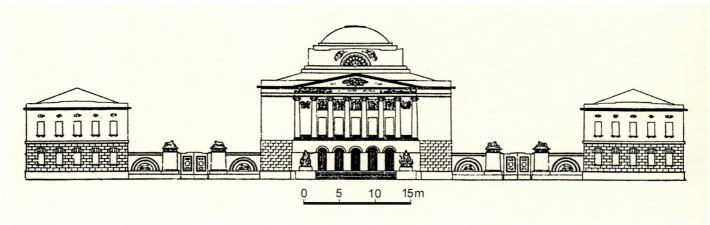

本页：
（上）图8-502莫斯科 叶卡捷琳娜学院。柱廊近景
（中）图8-503莫斯科 弃儿养育院。监护人（孤儿院）委员会大楼（1821年，1823~1826年），立面（最初设计，取自William Craft Brumfield：《A History of Russian Architecture》，Cambridge University Press，1997年）
（下）图8-504莫斯科 弃儿养育院。监护人（孤儿院）委员会大楼，19世纪上半叶景色（绘画，两翼未加层前）
右页：
（上）图8-505莫斯科 弃儿养育院。监护人（孤儿院）委员会大楼，现状，东侧全景
（下）图8-506莫斯科 弃儿养育院。监护人（孤儿院）委员会大楼，北侧景观

难，从这里也可看到莫斯科新古典主义建筑的特色。实际上，医院、社会机构和像卢宁府邸这样一些豪华私人宅邸设计上的相似表明，至少对新古典主义建筑而言，所谓建筑形式由功能确定的说法并不见得完全准确，在同样的美学框架内，似乎可包容各种需求。彼得堡的建筑同样可提供这方面的例证，只是在莫斯科，由于建筑类型更为复杂多样，表现也更为突出。

这时期吉拉尔迪最成熟的作品是为谢尔盖·加加林大公（尼古拉·加加林的弟弟，博韦设计的诺温斯基林荫大道府邸的所有者）设计的宅邸（S.S.加加

林府邸，建于1822~1823年，位于波瓦尔斯基大街上）。其主立面舍弃了一般的门廊造型，而是在山墙下布置三个同样高的窗券，在凹进的窗户两边立支撑楣梁的多利克柱（平面：图8-515；外景：图8-516；内景：图8-517）。这种解决问题的方式使人想起博韦采用的拱券，这两位建筑师看来都喜用嵌入的柱式

（上）图8-507莫斯科 弃儿养育院。监护人（孤儿院）委员会大楼，东北侧，主立面近景

（下）图8-508莫斯科 P.M.卢宁府邸（1817~1822年）。南侧全景

结构，看上去颇似小型神殿。

在室内，许多设计细部都使人想起卢宁府邸和监护人委员会大楼，如在大型拱券框架内，布置支撑楣梁的柱子，采用立在高帆拱上的穹顶为结构中央跨间提供采光，在天棚和檐口部分布置如古代雕刻檐壁那样的单色浮雕装饰，主要前厅内安置表现缪斯女神的

（上）图8-509莫斯科 P.M.卢宁府邸。主楼，西南侧主立面

（下）图8-510莫斯科 P.M.卢宁府邸。主立面，柱廊近景

寓意雕刻（她们所掌管的戏剧和音乐为府邸主人最喜爱的两个艺术门类）。平面的均衡协调创造了室内外的统一（见图8-515），和卢宁府邸那种分离的两部分表现完全不同。房间围绕着中央核心布置，室内空间随着行进逐渐展现，和以往那种成排布置的房间迥然异趣（见图8-517），成为该世纪末期住宅设计上创新的先兆。

在19世纪20年代和30年代初，吉拉尔迪参与了莫斯科地区许多郊区和乡间庄园府邸的设计工作。其中最接近莫斯科中心区的富商V.N.和P.N.乌萨乔夫的庄园府邸（1829~1831年）兼有城市和乡间府邸的典型特征。城市建筑的特色表现在位于基层上的爱奥尼门廊和高三层的主要结构上（平面及立面：图8-518、8-519；外景：图8-520、8-521），而通向花园的缓坡

（上两幅及左下）图8-511莫斯科 P.M.卢宁府邸。主立面，装修细部

（右下）图8-512莫斯科 P.M.卢宁府邸。侧翼，仰视近景

1908·世界建筑史 俄罗斯古代卷

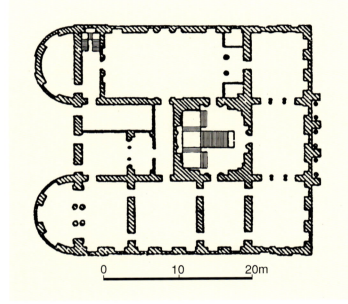

（左上）图8-513莫斯科P.M.卢宁府邸。侧翼，柱式细部

（右上）图8-514莫斯科P.M.卢宁府邸。内景（现为国立东方艺术博物馆）

（右中）图8-515莫斯科S.S.加加林府邸（1822~1823年）。平面（据M.V.Pershin）

（下）图8-516莫斯科S.S.加加林府邸。外景现状（现为世界文学研究院）

（左中）图8-517莫斯科S.S.加加林府邸。大厅和圆堂，内景

第八章 19世纪早期：亚历山大时期的新古典主义建筑·1909

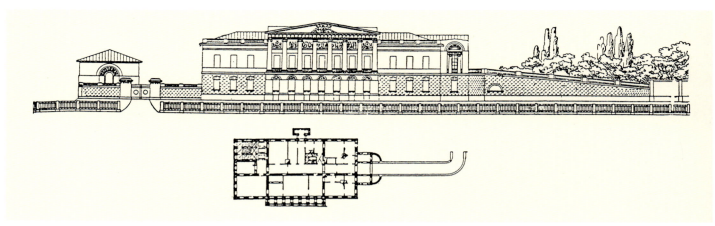

（上）图8-518莫斯科 乌萨乔夫庄园府邸（1829~1831年）。平面及立面（据D.Gilardi）

（左中）图8-519莫斯科 乌萨乔夫庄园府邸。茶楼立面（取自Академия Строительства и Архитестуры СССР:《Всеобщая История Архи-тестуры》, II, Москва, 1963年）

（右中）图8-520莫斯科 乌萨乔夫庄园府邸。地段现状

（下）图8-521莫斯科 乌萨乔夫庄园府邸。西立面全景

则创造了乡间的氛围，园中的亭阁属新古典主义小品建筑最后一批范例。建筑已改作运动医学院，现存室内装饰包括部分色彩亮丽的墙面及天棚壁画，主要表现花卉、垂花饰和以透视幻景法绘制的凉亭。

位于莫斯科东部弗拉汉斯克村的库兹明基庄园是这类建筑中规模较大的一个（建筑1915年毁于火灾；历史图景：图8-522~8-526；部分建筑及残迹：8-527~8-529），其主人是S.M.戈利岑大公。庄园的建设经历了18世纪和19世纪初的几个阶段，参与设计的有这时期的几位主要建筑师，包括罗季翁·卡扎科夫、叶戈托夫、巴热诺夫和沃罗尼欣。吉拉尔迪本人及其父亲曾于1810年代在那里工作，在接下来的10

年里又回去对庄园建筑群进行了大规模的扩建。18世纪末卡扎科夫和叶戈托夫主持建造的领主宫邸大部未动，仅侧面结构和主要入口处有所更改。1830年，吉拉尔迪启动花园的后期工程，建造了池塘对面可通过林中空地看到的多利克柱廊（所谓山门）。

与此同时，吉拉尔迪建造了一栋同样位于湖对面但体量更大的建筑，所在轴线与连接府邸及山门的轴线垂直。基址上原为一个圈起来的庄园马场。吉拉尔迪不仅利用其基础修建了新的马厩，同时还设计了由

（上）图8-522莫斯科 弗拉汉斯克村。库兹明基庄园（1915年毁于火灾），大公宫邸，19世纪风光[原画作者Иоганн Непомук Раух（1804~1847年），图版制作Ph.Benois]

（左下）图8-523莫斯科 弗拉汉斯克村。库兹明基庄园，大公宫邸（彩画，1820年，作者Иоганн Непомук Раух）

（右下）图8-524莫斯科 弗拉汉斯克村。库兹明基庄园，教堂（彩画，1820年，作者Иоганн Непомук Раух）

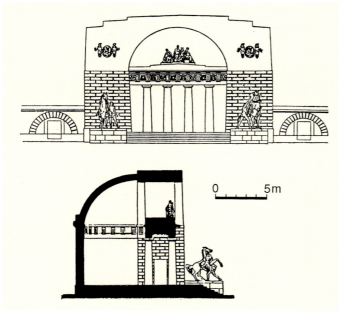

本页：

（左上）图8-525莫斯科 弗拉汉斯克村。库兹明基庄园，铸铁门（彩画，1820年代，作者Иоганн Непомук Раух）

（左中上）图8-526莫斯科 弗拉汉斯克村。库兹明基庄园，大公宫邸，20世纪初状况（老照片，1914年前）

（左中下）图8-527莫斯科 弗拉汉斯克村。库兹明基庄园，重建的主要庄园府邸右翼

（右上）图8-528莫斯科 弗拉汉斯克村。库兹明基庄园，桥梁（远处可见所谓"洞窟"）

（右中）图8-529莫斯科 弗拉汉斯克村。库兹明基庄园，残墟景色

（左下）图8-530莫斯科 弗拉汉斯克村。库兹明基庄园，音乐阁，立面及剖面（据A.M.Kharlamova）

右页：

（上）图8-531莫斯科 弗拉汉斯克村。库兹明基庄园，音乐阁，19世纪上半叶景色（彩画，1820年代，作者Иоганн Непомук Раух）

（中）图8-532莫斯科 弗拉汉斯克村。库兹明基庄园，音乐阁，现状（东侧远景）

（下）图8-533莫斯科 弗拉汉斯克村。库兹明基庄园，音乐阁，东南侧景色

三个建筑组成的组群,它们之间用带拱券的墙体连为一体,后者同时起到遮掩牧场杂乱建筑的作用。中央建筑(音乐阁)为一个带巨大拱券的实体结构,内置八根塔司干柱子(成对布置,正面看四根;立面及剖面:图8-530;历史图景:图8-531;外景及细部:图8-532~8-537),上承柱顶盘及雕刻组群,类似当时正在建造的莫斯科谢尔盖·加加林府邸主要前厅的做法。

音乐阁宏伟的柱子不仅像一般的门廊和敞廊那样起到构造支撑的作用(至少感觉上如此),同时还被

第八章 19世纪早期:亚历山大时期的新古典主义建筑·1913

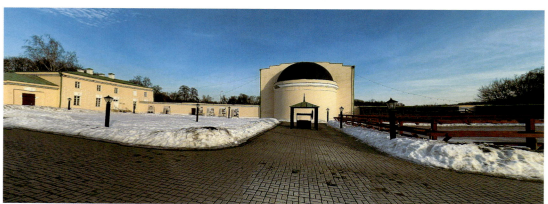

本页
（左上）图8-534莫斯科 弗拉汉斯克村。库兹明基庄园，音乐阁，东北侧雪景
（左中上）图8-535莫斯科 弗拉汉斯克村。库兹明基庄园，音乐阁，东立面，主入口近景
（右上）图8-536莫斯科 弗拉汉斯克村。库兹明基庄园，音乐阁，东立面，主入口边侧雕塑
（中下）图8-537莫斯科 弗拉汉斯克村。库兹明基庄园，音乐阁，后院现状
（下）图8-538圣彼得堡 阿尼奇科夫桥。19世纪中叶外景（绘画，作者Joseph-Maria Charlemagne-Baudet，1850年代，背景为别洛谢利斯基-别洛泽尔斯基宫殿）
右页：
（全四幅）图8-539圣彼得堡 阿尼奇科夫桥。桥头的四组雕刻（1839~1850年）

围在一个巨大的龛室内，成为一组艺术品（群雕、柱顶盘及柱子本身）的支撑。拱券前的一组雕刻进一步突出了这样的效果[1845年，它们为一组表现骏马的雕刻取代，这些雕刻是彼得·克洛特（1805~1867年）为彼得堡阿尼奇科夫桥（历史图景：图8-538；桥头雕刻：图8-539）制作的，这里安置的是放大的铸铁复制品]。虽说因周围马厩等环境的变化，拱门的作用已不如以前，但在莫斯科建筑对新古典主义的诠释上，它仍然是最值得注意的例证之一。在这里，吉拉尔迪并没有照搬古典形式（如凯旋门）的标准做法，而是将各种要素加以改造和重新组合，突出它们各自的构图价值，如柱廊、柱顶盘、仿面石的墙体（直到檐口高度），以及拱券两边的粗大装饰部件。因此毫不奇怪，这座建筑已成为20世纪初一些新古典主义建

第八章 19世纪早期：亚历山大时期的新古典主义建筑·1915

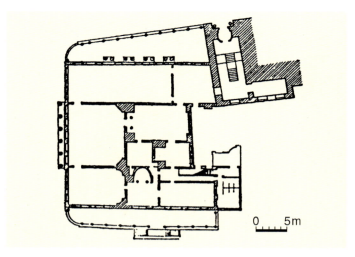

（左上）图8-540莫斯科 赫鲁晓夫（A.P.）府邸（1814~1815年）。平面（取自William Craft Brumfield:《A History of Russian Architecture》，Cambridge University Press，1997年）

（左中）图8-541莫斯科 赫鲁晓夫（A.P.）府邸。南侧全景

（右上）图8-542莫斯科 赫鲁晓夫（A.P.）府邸。西侧景色

（右下）图8-543莫斯科 赫鲁晓夫（A.P.）府邸。西南侧入口

（左下）图8-544莫斯科 赫鲁晓夫（A.P.）府邸。赫鲁晓夫巷入口

筑师——如弗拉基米尔·休科（1878~1939年）——的主要灵感来源。

吉拉尔迪在莫斯科主持建造的最后也是规模最大的一个公共建筑是弃儿养育院的中等专业学校（商业学校）。这是俄罗斯第一个工商类的专科学校，尽管它并不是一个很成功的作品。建筑始建于1827年，具有很大的规模，因此导致了一些装饰部件——如栏墙

（上）图8-545 莫斯科 赫鲁晓夫（A.P.）府邸。西南侧柱廊，近景

（下）图8-546 莫斯科 赫鲁晓夫（A.P.）府邸。西南侧柱廊，柱式及雕饰细部

第八章 19世纪早期：亚历山大时期的新古典主义建筑·1917

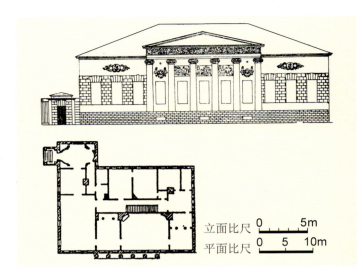

雕刻——的浪费。在他设计的其他公共建筑里，往往借助这样一些部件达到宏伟的效果（实际上，俄罗斯新古典主义建筑的衰退正是因为它无法满足一些新建筑类型的构造和形式需求）。由于这个项目直到1832年才完成，吉拉尔迪遂请阿法纳西·格里戈里耶夫协助工作，并在一些其他项目上和他合作；格里戈里耶夫也因此和博韦及吉拉尔迪一道，成为莫斯科新古典主义最后繁荣阶段的主要建筑师。

左页：
（左上）图8-547莫斯科 赫鲁晓夫（A.P.）府邸。舞厅，内景
（右上）图8-548莫斯科 洛普欣府邸（1817~1822年）。平面及立面（平面取自William Craft Brumfield：《A History of Russian Architecture》，Cambridge University Press，1997年；立面据Академия Строительства и Архитектуры СССР：《Всеобщая История Архитектуры》，II，Москва，1963年）
（右中）图8-549莫斯科 洛普欣府邸。北侧地段形势
（下）图8-550莫斯科 洛普欣府邸。北侧全景

本页：
（上）图8-551莫斯科 洛普欣府邸。西北侧（街立面）现状
（下）图8-552莫斯科 洛普欣府邸。西侧景色

三、阿法纳西·格里戈里耶夫

和沃罗尼欣一样，阿法纳西·格里戈里耶夫（1782~1868年）也是诞生在一个农奴的家庭里（位

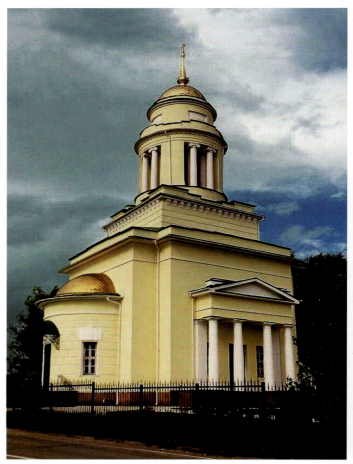

于边远的坦波夫省)。尽管他的主人、一位名N.V.克列托夫的绅士,并不像斯特罗加诺夫家族那样富有,也不具有那样的声望和影响,但他仍然慧眼识才,把年轻的格里戈里耶夫送到莫斯科去,在乔瓦尼·吉拉尔迪家里当学徒;到1804年,22岁的他终于获得了自由。沿袭吉拉尔迪的先例,格里戈里耶夫于1808年进入弃儿养育院工作,在19世纪前30年,这是莫斯科公共工程项目的重要来源之一。在法国军队撤离之后,

(左上)图8-553莫斯科 洛普欣府邸。室内,龛室近景

(左下)图8-554莫斯科 洛普欣府邸。室内,天棚仰视

(右上)图8-555兹韦尼哥罗德 叶尔绍沃村三一教堂(1826~1828年,1941年毁于战火,20世纪90年代重建)。南侧远景

(右下)图8-556兹韦尼哥罗德 叶尔绍沃村三一教堂。西南侧现状

（左上）图8-557兹韦尼哥罗德 叶尔绍沃村三一教堂。西北侧景色

（左下）图8-558莫斯科 大耶稣升天教堂（1798~1848年）。19世纪后期景色（老照片，1882年，建钟塔前）

（右上）图8-559莫斯科 大耶稣升天教堂。西南侧，俯视夜景

（右下）图8-560莫斯科 大耶稣升天教堂。西侧景观（建钟塔前）

格里戈里耶夫积极投身到城市的重建工作中去并很快在住宅设计方面崭露头角。尽管他在该地区的一些最重要的作品已经损毁，但留存下来的住宅已构成莫斯科大火后最优秀的实例。它们最突出的特色是采用了更为亲切的宜居尺度。这些建筑在规模上虽不及博韦和吉拉尔迪的作品，但一般也不会像卢宁府邸和加加林府邸那样，因房主负债而被抛售（在拿破仑战争以后，贵族的地位下降，生存环境恶化，很多人已无力维持刚落成的府邸）。

在格里戈里耶夫设计的现存居住建筑中，设计上最复杂的当属为退休的禁卫军军官A.P.赫鲁晓夫建造的府邸（1814~1815年）。建筑高一层局部带夹楼，原木结构，立在战前的石灰石拱顶基层结构上，上部墙体抹灰及细部均仿砖石建筑。由于位于普列奇斯滕卡大街转角处，因而为格里戈里耶夫提供了创建两

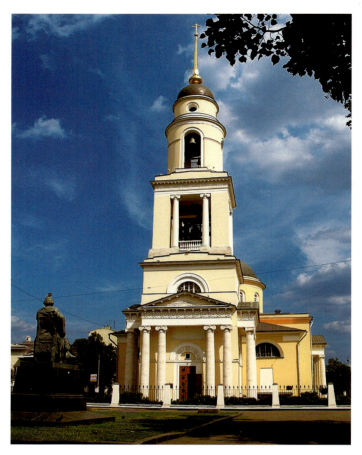

个主立面的机会,每个均设爱奥尼门廊(平面:图8-540;外景及细部:图8-541~8-546)。但实际上其中没有一个是真正的入口,实际入口是赫鲁晓夫巷边上的门廊。这个立面因此具有了更重要的地位,由四对爱奥尼柱子支撑雕饰华丽的山墙,曲线的台地既作为立面的基座同时也形成到普列奇斯滕卡大街的过渡。朝向这条大街的第二个门廊支撑着上层的阳台,使人们可以从高处俯视下面繁华的街道。

A.P.赫鲁晓夫府邸在朝普列奇斯滕卡大街一面紧凑地安排了一系列厅堂(见图8-540),转角处的舞厅向后延伸占据了该侧的大部分立面(图8-547)。礼仪厅堂的装修基本类似规模更大的府邸:天棚上绘有阿拉伯风格的图案和带透视幻觉的风景,嵌入墙内的柱子支撑着楣梁,外加制作精心的灰泥线脚。特别值得注意的是大厅的筒拱顶棚。在当时规模较小的宅邸中,这栋建筑的形式可说相当典型。在住宅设计中,资金的短缺和对舒适的要求最后导致了空间布局上新形式的诞生。尽管还有一些装饰细部,但A.P.赫鲁晓夫府邸表明,在1812年大火后的莫斯科,通过适当缩小规模和采用合宜的尺度,能有效地降低维持房产的费用。和建筑密集的彼得堡不同,在这里,由于城市具有开放的肌理和结构,甚至相对较小的私人住宅也能和附属建筑一起在地块上作为独立结构存在;正是在莫斯科,作为"城市庄园府邸"(городская усадьба,自中世纪以来,这种类型可有各种表现方式)的一种变体形式,所谓"独家宅邸"(особняк)一时变得非常流行。

沿普列奇斯滕卡大街向前走不远,街道对面为格里戈里耶夫设计的另一栋城市别墅(洛普欣府邸)。建于1817~1822年的这栋建筑的主人是诗人兼翻译家阿夫拉姆·洛普欣及其兄弟大卫。它比赫鲁晓夫府邸还要小,但在尺度的完美和装饰部件的协调上毫不逊色(平面及立面:图8-548;外景:图8-549~8-552;

左页：

（左）图8-561莫斯科 大耶稣升天教堂。西侧全景（建钟塔后）

（右两幅）图8-562莫斯科 大耶稣升天教堂。西南侧现状

本页：

（上）图8-563莫斯科 大耶稣升天教堂。南立面及入口门廊

（下）图8-564莫斯科 大耶稣升天教堂。东南侧全景

第八章 19世纪早期：亚历山大时期的新古典主义建筑 · 1923

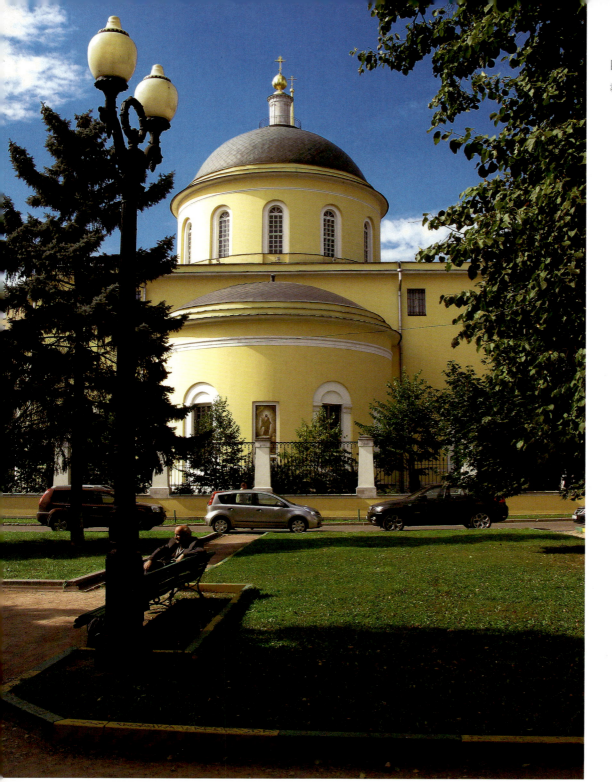

图8-565莫斯科 大耶稣升天教堂。东立面

内景:图8-553、8-554)。它同样是个位于石灰石基座上的原木结构,立面外部抹灰模仿砖石建筑:侧面窗户上饰拱心石(其他窗户则按格里戈里耶夫的导师贾科莫·夸伦吉的处理方式,取消所有的装饰仅靠本身的精确比例),窗间墙仿面石砌体(如赫鲁晓夫府邸做法),立面两侧上方配装饰性的纹章图案,中部的爱奥尼门廊围括着由一个罗马家族成员组成的浮雕嵌板(作者为加夫里尔·扎马拉耶夫)。地段平面按城市大火后的通常模式布置,主体部分面向街道,分开的居住翼放在后面直达地块的另一边界,辅助建筑位于其他面。通向主体建筑的入口安置在旁边院落处。

洛普欣府邸的室内沿袭典型做法,房间沿相互垂直的两条轴线布置(见图8-548):一条轴线上布置前厅和长方形的舞厅,另一条安排一系列礼仪厅堂(日常起居部分位于礼仪厅堂后面和它平行的第三列

（左上）图8-566莫斯科 大耶稣升天教堂。北侧现状

（右上）图8-567莫斯科 大耶稣升天教堂。穹顶近景

（下）图8-568莫斯科 大耶稣升天教堂。门廊细部

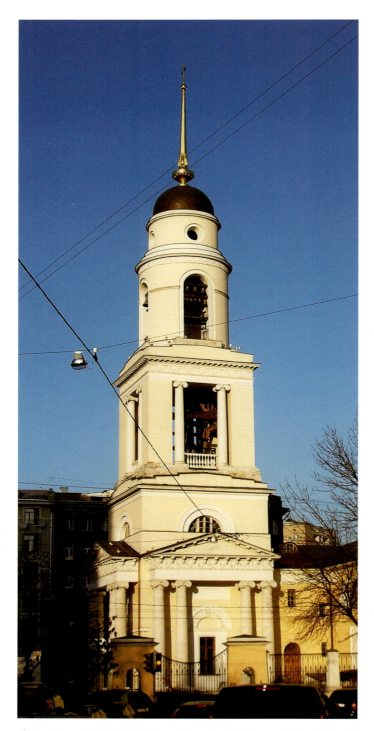

房间里，上面设夹层）。它可能是莫斯科保存得最好的19世纪初期的府邸，虽说家具和陈设早已无存，但主要厅堂的绘画装饰（特别是天顶画）都留存下来。天棚细部设计复杂，将单色浮雕的微妙阴影变化和色彩丰富的徽章图案完美地结合在一起。

从一个房间到另一个房间，色彩和氛围也随之变化，从椭圆形前厅带藻井的拱顶天棚上单色的透视幻景浮雕，到舞厅天棚上的阿拉伯式花纹（同样采用单色浮雕，围着带彩色瓶饰的圆形徽章）。小起居室的曲线天棚为安放小型神龛（由两根爱奥尼柱子支撑楣梁）提供了合宜的环境，大起居室的平顶天棚上绘有精美的透视幻景画，画面上浮雕的廓线和阴影好似在中央枝形吊灯的照耀下形成。房间内角通过自地面直到顶棚的白色陶瓷暖炉构成曲面，成为一个四叶形图案（由墨丘利的头和四块中央绘有蝴蝶的白色陶瓷板组成）的边框。主卧室的效果尤为引人注目，其内安置一个由科林斯柱子及楣梁界定的凹室，拱顶天棚上装饰着垂花饰和阿拉伯式花纹，四个穹隅上表现怪诞

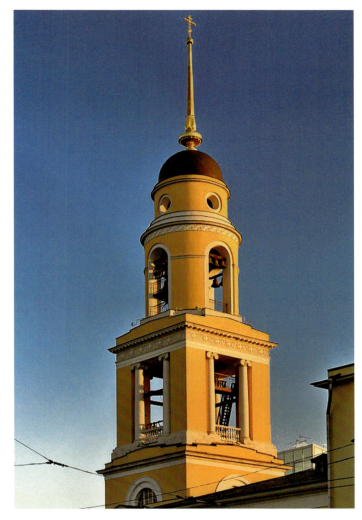

的面具，由垂花饰构成的嘴巴露着微笑。

除了在吉拉尔迪设计的大部分重要项目（如监护人委员会大楼）中与之合作外，格里戈里耶夫本人还于1826~1828年主持建造了一座著名的新古典主义教堂——叶尔绍沃村（位于兹韦尼哥罗德附近）的三一教堂。尽管教堂在1941年的莫斯科保卫战中被毁（后于20世纪90年代重建；图8-555~8-557），但保存下来的绘画和照片表明，格里戈里耶夫在设计中综合了中世纪和新古典主义的要素。传统的教堂形制（立方形体外带半圆室，内接十字形平面）穿上了古典主义的外衣（门廊、山墙及檐口）。在设计过程中结构高度逐渐增加，最后的实施方案由中央立方形体及上面圆形的钟塔组成。格里戈里耶夫就这样重新回到17世纪末俄罗斯建筑师的做法，将教堂和钟塔结构相结合（所谓纳雷什金风格）。

格里戈里耶夫通常被认定为莫斯科大耶稣升天教堂的设计人，尽管目前已有人对此提出质疑。这座教堂始建于1798年，紧挨着17世纪后期格里戈里·波将金庄园的"小"耶稣升天教堂。新教堂最初的建筑师尚无法认定（可能是卡扎科夫），1812年大火前工程尚未完成，在大火中又被严重损毁。重建始于1827年，开始阶段主持人费奥多尔·舍斯塔科夫对方案进行了修改，采用了简朴的新古典主义形式（历史图景：图8-558；外景及细部：图8-559~8-568；钟塔：图

左页：

（左）图8-569莫斯科 大耶稣升天教堂。钟塔，西南侧全景

（右上）图8-570莫斯科 大耶稣升天教堂。钟塔，南侧景观

（右下）图8-571莫斯科 大耶稣升天教堂。钟塔底层

本页：

（左两幅）图8-572莫斯科 大耶稣升天教堂。钟塔，底层柱式细部

（右）图8-573莫斯科 大耶稣升天教堂。钟塔上部

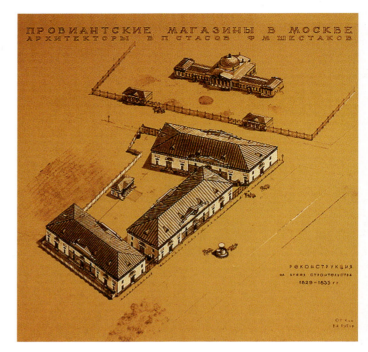

8-569~8-573；内景：图8-574、8-575），于中央巨大的立方形体两侧出同样高度的前厅及半圆室（规划中的钟塔长期未建，现在人们看到的钟塔是2002~2004年在古建修复专家、建筑师奥列格·伊戈列维奇·茹林主持下修建的）。突出简单形体的做法使人想起早期中世纪俄罗斯建筑的传统。南北立面的爱奥尼门廊现一般认为是博韦增建。格里戈里耶夫可能是在舍斯塔科夫1835年去世后接手这项工程，但教堂直到1848年

本页：

（上）图8-578莫斯科 储备物资库房（食品仓库）。东南侧全景

（中）图8-579莫斯科 储备物资库房（食品仓库）。中库，南侧景观

（下）图8-580莫斯科 储备物资库房（食品仓库）。东南库，临街立面

左页：

（左上）图8-574莫斯科 大耶稣升天教堂。本堂内景

（左下）图8-575莫斯科 大耶稣升天教堂。穹顶仰视

（右上）图8-576莫斯科 储备物资库房（食品仓库，1821年，1829~1831年）。地段俯视景色（自西面望去的情景）

（右下）图8-577莫斯科 储备物资库房（食品仓库）。20世纪初景色（老照片，1900年）

第八章 19世纪早期：亚历山大时期的新古典主义建筑 · 1929

才完成。尽管有些建筑是否是格里戈里耶夫的作品尚无法最后肯定，但他无疑是莫斯科新古典主义最后阶段的代表人物之一。

四、斯塔索夫、梅涅拉斯和季乌林

尽管莫斯科的重建主要是地方建筑师的工作（有的曾在彼得堡求学），但仍有彼得堡的建筑师参与

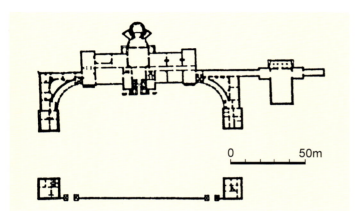

左页：

（全三幅）图8-581莫斯科 储备物资库房（食品仓库）。墙面及窗饰细部

本页：

（上及左中）图8-582莫斯科 拉祖莫夫斯基（A.K.）府邸（1799~1803年，建筑师亚当·梅涅拉斯；1830年代后期~1840年代早期改建，主持人格里戈里耶夫）。平面及最初建筑立面（复原图作者A.K.Andreev）

（右中）图8-583莫斯科 拉祖莫夫斯基（L.K.）府邸（英国俱乐部）。东侧，夜景（自院门外望去的景色）

（左下）图8-584莫斯科 拉祖莫夫斯基（L.K.）府邸（英国俱乐部）。东侧全景

（右下）图8-585莫斯科 拉祖莫夫斯基（L.K.）府邸（英国俱乐部）。中央柱廊，北侧景色

其中（如安德烈·米哈伊洛夫在大剧院改建中的贡献）。从这个北方都城来到莫斯科工作的建筑师中最杰出的是在莫斯科出生和长大的瓦西里·斯塔索夫。尽管出身于一个没落的贵族家庭，斯塔索夫仍然得到了很好的教育，加上自己的天分和努力，很快在社会地位和职业生涯上步入了快行道。1812年前，他奔忙

于莫斯科、彼得堡和欧洲（主要是意大利）各地。他在莫斯科的家于1812年大火中被焚毁，此后他举家迁到彼得堡并在那里从事设计工作（在前面的章节里，我们已对此进行了评介）。

斯塔索夫自1816年开始在莫斯科的重建工作中发挥作用，拟定了修复克里姆林宫皇宫的计划[以后由康士坦丁·托恩（1794~1881年）进行了重建]。不过，他最主要的成就还是来自一些实用性的建筑，如1816~1821年制定的一系列储备物资库房的设计（主要是在彼得堡）。到19世纪20年代末，军界在莫斯科建造储备物资库房的需求进一步增长，斯塔索夫1821年拟定的最后库房设计方案起到了范本的作用（1829~1831年莫斯科储备物资库房的施工主持人为费奥多尔·舍斯塔科夫）。斯塔索夫将这类建筑的功能需求和新古典主义后期的形式相结合，只是更突出多利克柱式的古朴和纯净，结构形体明确，很少用装饰。

莫斯科的这组库房由三座巨大的两层结构组成（俯视图：图8-576；历史图景：图8-577；外景及细部：图8-578~8-581），墙体和主要大门按所谓"埃及

左页：

（左上）图8-586莫斯科 拉祖莫夫斯基（L.K.）府邸（英国俱乐部）。西北翼，近景

（左下）图8-587莫斯科 拉祖莫夫斯基（L.K.）府邸（英国俱乐部）。东南翼，端头立面

（右上）图8-588莫斯科 拉祖莫夫斯基（L.K.）府邸（英国俱乐部）。窗饰细部

（右下）图8-589莫斯科 拉祖莫夫斯基（L.K.）府邸（英国俱乐部）。前厅，内景

本页：

（上）图8-590莫斯科 莫斯科大学。新楼，圣塔蒂亚娜教堂，南侧景观

（下）图8-591莫斯科 莫斯科大学。新楼，圣塔蒂亚娜教堂，东南端现状

方式"稍稍内斜（有些类似皇村的禁卫军马厩）。大门上冠山墙和凹进的窗券，但没有立柱，仅柱顶盘表现出多利克柱式的特征。四坡屋顶及上面用于通风的老虎窗进一步强调了组群的形体和三个组成部分之间的比例关系，使这组纯功能性的建筑达到了美学和实用的完美结合（建筑于19世纪初进行了修复）。

在亚当·梅涅拉斯的作品中，新古典主义的细部用得更多一些。他的作品主要在彼得堡，所设计的皇家庄园府邸充满了浪漫主义和折中气息（见第九章）。不过在莫斯科，他为拉祖莫夫斯基兄弟设计的两栋府邸仍然恪守新古典主义的章法。两栋中较早的一个（房主为阿列克谢·拉祖莫夫斯基伯爵）位于戈罗霍沃旷场，最初系按城郊庄园别墅的样式建于

（上）图8-592莫斯科 埃洛霍沃。主显大教堂（俄罗斯东正教会教长教堂，1837~1845年，1889年），19世纪后期景色（老照片，1882年）

（下）图8-593莫斯科 埃洛霍沃。主显大教堂，西南侧全景

图8-594莫斯科 埃洛霍沃。
主显大教堂，东南侧景观

1799~1803年。中央巨大的木构建筑立面以抹灰仿砖石结构，底层仿面石砌体，两边侧翼通过曲线廊道与主体相连（平面及最初建筑立面：图8-582），平面颇似博韦设计的加加林府邸。设计最值得注意的部分是由凹进的拱券和带藻井的拱顶组成的主入口。拱券中央立两根支撑楣梁的爱奥尼柱子，柱子围着入口及两边的雕刻（花神弗洛拉和大力神赫拉克勒斯）。楼梯围绕着中央柱子布置，拱券两侧配置成对爱奥尼柱子的高起门廊护卫着独立楼梯间的下部台阶。1833年，府邸由弃儿养育院购得，1842年，院方又委托格里戈里耶夫继续修建了附属建筑。

梅涅拉斯设计的第二个府邸的主人是L.K.拉祖莫夫斯基，他获得了位于城市中心面对特韦尔斯克大街的一大块地皮（后面有一个很大的公园）。1811年，府邸增加了一个凸出的左翼，1814~1817年改建时，又在右面增建了一翼与之平衡（外景及细部：图8-583~8-588；内景：图8-589）。中央门廊位于底层拱廊上，八根希腊多利克柱子支撑着不带装饰的素净山墙，使人想起吉拉尔迪设计的莫斯科大学的门廊。1831年，府邸为英国俱乐部（由莫斯科贵族组成的一个社会团体）租用，直到1917年，建筑均以此为名。苏联时期改作国家革命博物馆（State Museum of the Revolution，1924年创立），现为国立俄罗斯近代史中央博物馆（State Central Museum of Contemporary

History of Russia）。室内装饰尚有多处留存下来，特别是前厅部分（包括科林斯柱子，带线脚的檐口，透视幻景浮雕及表现马尔斯和维纳斯的天顶画）。

在莫斯科建筑师叶夫格拉夫·季乌林（1796~1872年）的作品中可看到新古典主义的下一步转化，1817~1819年他首次作为建筑师参与克里姆林宫宫殿的重建。在这期间，他还参加了阿尔汉格尔斯克庄园宫邸和庄园亭阁的扩建以及涅斯库希诺庄园府邸（亚历山德里内宫）的重建工作（两者均见第七章）。在莫斯科中心区，季乌林设计了两座重要建筑，第一个是莫斯科大学的所谓"新楼"，实际上，他的设计只是对已有结构、原A.I.帕什科夫宫邸（两个街区外的P.E.帕什科夫宫邸，即大帕什科夫宫邸为其堂兄弟的

左页：
（左上）图8-595莫斯科 埃洛霍沃。主显大教堂，西侧全景
（左下）图8-596莫斯科 埃洛霍沃。主显大教堂，北侧地段形势
（右上）图8-597莫斯科 埃洛霍沃。主显大教堂，北侧近景
（右下）图8-598莫斯科 埃洛霍沃。主显大教堂，塔楼，西侧近景

本页：
（上）图8-599莫斯科 埃洛霍沃。主显大教堂，角跨穹顶，近景
（下两幅）图8-600莫斯科 埃洛霍沃。主显大教堂，外墙马赛克及瓷砖圣像

（上）图8-601莫斯科 埃洛霍沃。主显大教堂，屋檐及马赛克细部

（左下）图8-602莫斯科 埃洛霍沃。主显大教堂，本堂内景

（右下）图8-603莫斯科 埃洛霍沃。主显大教堂，圣像屏帏及穹顶

产业）的改建。在接下来的3年里，季乌林按大学的需求对室内进行改造，并在高三层的主楼中央布置了一个爱奥尼门廊。他还将巨大的北翼（原为帕什科夫驯马厅，1805年后改为公共剧院）改作图书馆和大学教堂（圣塔蒂亚娜教堂；图8-590、8-591）。教堂为季乌林设计中最令人感兴趣的一个，内置半圆室的曲线端头于立面上置高高的屋顶栏墙，外围多利克式敞廊，俯视着下面的街道。

季乌林在重建埃洛霍沃的主显大教堂时，表现出对新古典主义完全不同的另一种诠释方式（位于莫斯科中部地区东北部的这座教堂现为俄罗斯东正教会教长教堂；历史图景：图8-592；外景及细部：图8-593~8-601；内景：图8-602、8-603）。教堂的历史可上溯到17世纪，最初是个位于现教堂基址上的木构建筑。1722~1731年，在公主普拉斯科维娅·伊万诺芙娜的直接关注和沙皇彼得一世的支持下修建了一座石构教堂（边侧礼拜堂纪念天使报喜），建筑于1731年7月落成。1790~1792年旁边增建了圣尼古拉礼拜堂，天使报喜礼拜堂亦进行了改造。著名诗人亚历山大·普希金于1799年在此受洗（1992年专门为此在立面上挂了一块纪念牌）。1837年，老教堂部分毁坏，季乌林遂受托建造一座新的更大的石构教堂，建筑于

1845年完工。1889年，建筑师P.济科夫又在餐厅上增建了一个穹顶和屋顶栏墙。和当时大多数其他重要建筑一样，采用古典风格，于浅绿色底面上出成对配置的白色附墙柱和壁柱，穹顶和钟塔顶上均施镀金。

在重建教堂主要结构时，季乌林尝试将新古典主义的构图体系和早期的东正教形式（特别是由五个穹顶构成的锥形外廓）相结合。但和斯塔索夫设计的彼得堡大教堂不同，斯塔索夫的建筑无论在形式及细部的分划，还是在中央穹顶和附属穹顶之间关系的处理上，都表现得相当成熟；而季乌林则在新古典主义的造型中掺入了某些不协调的成分：一方面是古典柱式的简化，另一方面在柱顶盘和窗边饰的处理上又加了许多前古典时期巴洛克风格的要素。这种缺乏逻辑和条理的表现甚至和他本人设计的圣塔蒂亚娜教堂相比也能感觉得到，在人们对新古典主义美学观念的理解和应用上，衰退的迹象已开始显露出来。

第八章注释：

[1]奥古斯丁·德·贝当古（Agustín de Betancourt y Molina, Августин Августинович де Бетанкур, 1758~1824年），西班牙工程师，在俄国服务期间领少将军衔。

[2]引自И.Э.Грабарь：《История Русского Искусства》，第6卷，466页。

[3]珀尔塞福涅（Persephone），宙斯之女，被冥王劫走后娶作冥后。

[4]见Hugh Honour：《Neo-classicism》，Harmondsworth，1968年。

[5]特鲁别茨基最后被判流放，他的妻子叶卡捷琳娜·拉瓦尔不顾官方劝阻自愿放弃所有财富和特权来到贝加尔湖畔的伊尔库茨克陪丈夫过流放生活。她的故事成为著名诗人涅克拉索夫的创作题材。1854年特鲁别茨基的妻子去世，1856年他和其他幸存的十二月党人获大赦，1863年在伦敦出版了自己的回忆录。

[6]见Hugh Honour：《Neo-Classicism》，Baltimore，1975年。

[7]见В.Кочедамов：《Проект Набережной у Адмиралтейства Зодчего К.И.Росси》，1953年。

[8]16~17世纪期间，莫斯科建造了三道环形城墙，即中国城（Kitay-gorod，Китай-Город）、白城（White City，Бе́лый Город）和土城（Earthen City，Земляной Город）。白城建于1585~1593年（建筑师费奥多尔·科恩），因墙体颜色而得名，为围绕莫斯科的第三道由城堡和居民点构成的防卫圈，将莫斯科河左岸的克里姆林宫和中国城连在一起；墙体石结构，厚4.5米，长约10公里，有塔楼28座，城门11个。到18世纪70和80年代叶卡捷琳娜大帝和她的孙子亚历山大一世统治时期城墙和防卫塔楼被悉数拆除，原址修建了林荫道。

第九章
19世纪的传统风格和折中主义

第一节 折中主义的各种表现

一、文化及社会背景

[文化背景]

自文艺复兴以来，欧洲建筑和文学之间一直存在着密切的联系；在18世纪，理性主义和哥特小说分别影响到新古典主义和仿哥特建筑的发展。19世纪后古典阶段的俄罗斯建筑在和文学及意识形态领域的联系上也要胜过早期的风格。在19世纪中叶，业余建筑爱好者如尼古拉·果戈里，受过专业训练的工程师如费奥多尔·米哈伊洛维奇·陀思妥耶夫斯基[1]（图9-1）等

本页：

图9-1 费奥多尔·米哈伊洛维奇·陀思妥耶夫斯基（1821~1881年）画像（1872年，作者В.Г.Перов）

右页：

（上）图9-2 圣彼得堡 荷兰改革派教会公寓（1834~1839年）。东南侧地段形势

（下）图9-3 圣彼得堡 荷兰改革派教会公寓。西南侧现状

第九章 19世纪的传统风格和折中主义 · 1941

本页：

（左上）图9-4 圣彼得堡 荷兰改革派教会公寓。东南侧近景

（右上）图9-5 圣彼得堡 荷兰改革派教会公寓。南立面

（中）图9-6 圣彼得堡 荷兰改革派教会公寓。中央门廊近景

（下）图9-7 圣彼得堡 荷兰改革派教会公寓。室内，穹顶仰视

右页：

（上）图9-8 圣彼得堡 弗拉基米尔·亚历山德罗维奇大公宫殿（1867~1872年）。19世纪下半叶景色（绘画，1870年代，作者Albert Benois）

（下）图9-9 圣彼得堡 弗拉基米尔·亚历山德罗维奇大公宫殿。立面全景（自涅瓦河上望去的景色）

作家都曾积极参与建筑评论。

尽管在许多建筑师眼里，风格只关乎个人的情趣和爱好，但在具体风格的采用上，无疑还有一定的文化和社会意义。实际上，俄罗斯文化（包括建筑在内）的方方面面，都与政治和意识形态的斗争有这样或那样的联系，每个现存体制都要借助它证实自己的合法性。

在上一章，实际上我们已经看到新古典主义衰退的某些迹象及缘由（包括意识形态方面的）。古典模式尽管仍然受到尊重（特别在学院课程上），但为了更好地满足功能和自然环境的需求，在寻找新的构造和装饰形式时，人们开始转向以折中的方式利用具有民族特色的文化遗产。1840年一份很有影响的报纸（《艺术报》，Художественная Газета）上发表的文章[2]宣称："每方水土、每个民族、每个时代都有其独特的风格，能顺应特殊的需求和满足特定的目标。"

但实际上，后古典时期的风格很难准确定义，甚至可以说，它基本上没有自己特定的风格。尽管建筑的基本功能仍然是为人们提供抵挡恶劣天气的庇护之所，但它的形式却是和历史——更准确地说，是和文艺界所诠释的历史——相联系。果戈里在他1835年发表的一篇论当代建筑的散文里指出新时期社会和美学观念的分裂现象："我们的时代如此平凡，其愿望如此离散，我们的知识又是如此泛博，以致人们不可能关注单一的主题；我们无奈地把所有的创作都变成了

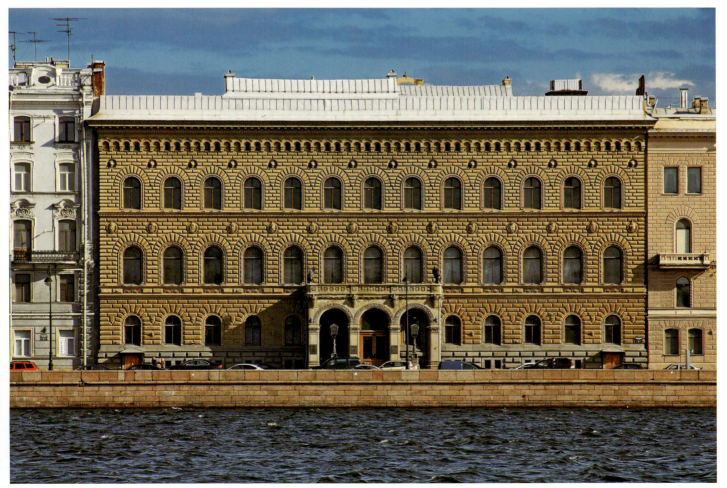

（上）图9-10圣彼得堡 弗拉基米尔·亚历山德罗维奇大公宫殿。西北侧景色

（下）图9-11圣彼得堡 弗拉基米尔·亚历山德罗维奇大公宫殿。门廊近景

图9-12 圣彼得堡 弗拉基米尔·亚历山德罗维奇大公宫殿。外墙装修

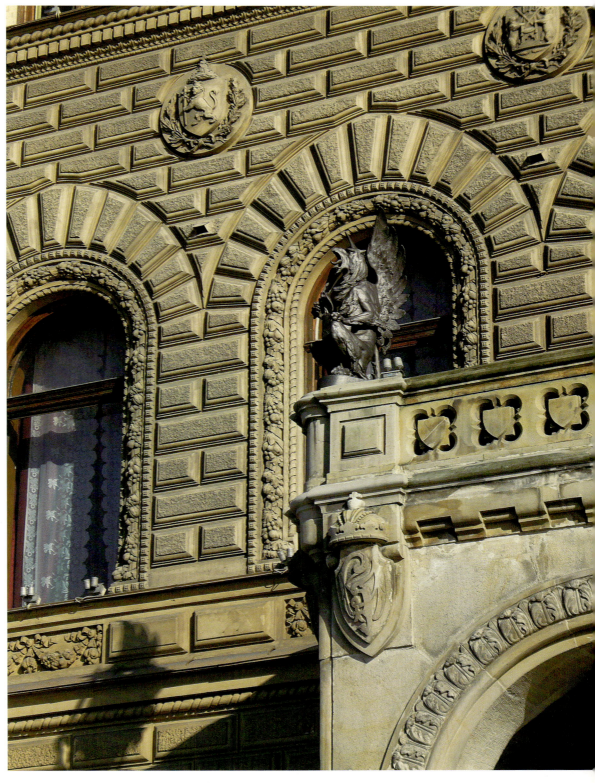

甜腻的点心和可爱的玩偶。我们有非凡的天才，但只是用来创造各种毫无意义的事物"[3]。

果戈里反对将新古典主义作为一种万能的手段，他呼吁创造一种由各种风格组成，能在观感上吸引人们的城市建筑："城市应由各种各样的群体构成，以便取悦人们的眼睛。在那里应有变化多样的趣味。有的街道完全是情调阴郁的哥特式建筑，有的是装饰奢华的东方风格，有的取尺度巨大的埃及样式或比例秀丽的希腊造型"。当然，人们还可据此类推，列举出其他的风格。

果戈里认为一个具有创作能力的建筑师应该精通所有的建筑形式。他必须兼收并蓄，研究和吸收由此

（上两幅）图9-13圣彼得堡 弗拉基米尔·亚历山德罗维奇大公宫殿。灯柱细部

（左下）图9-14圣彼得堡 弗拉基米尔·亚历山德罗维奇大公宫殿。楼梯间，内景

（右下）图9-15圣彼得堡 弗拉基米尔·亚历山德罗维奇大公宫殿。波斯厅，装饰细部

（左）图9-16皇村 亚历山大公园。礼拜堂（1825~1828年），南侧，俯视全景

（右）图9-17皇村 亚历山大公园。礼拜堂，西南侧远景

形成的所有变体形式。尤为重要的是，他必须了解各种造型包含的理念，而不是肤浅的表面形式或细部。而为了掌握理念，他必须是个诗人，是个天才。

果戈里对建筑师及其创作能力的这种浪漫主义的说法离俄罗斯——以及其他地方——的现实可说相去甚远，但他对哥特建筑的偏爱则得到了许多俄罗斯评论家和建筑师的共鸣，其中就有作品颇得果戈里欣赏的当代建筑师亚历山大·布留洛夫。虽说在叶卡捷琳娜统治下的俄罗斯，富有想象力的一种独特的仿哥特建筑曾繁荣一时，但后古典时期的哥特复兴不仅应用范围更广，同时还作为一种对抗新古典主义的手段而出现。这个新的哥特风格尽管时间短暂，但仍可视为继新古典主义之后，第一个无论在美学还是历史上都具有深远意义的风格演变。

[乌托邦的理想和对新建筑的向往]

在一个工艺技术和社会结构都在不断变化的时代，人们似乎很难对功能的概念进行准确的定义。文艺界人士认为，应该为民众提供更为刺激的视觉享受（相对此时流行的那种单调的新古典主义而言）；而

本页及右页：

（左）图9-18皇村 亚历山大公园。礼拜堂，西南侧近景

（中上及右上）图9-19皇村 亚历山大公园。礼拜堂，南侧全景

（中下）图9-20皇村 亚历山大公园。礼拜堂，东南侧全景

（右下）图9-21皇村 亚历山大公园。礼拜堂，西北面远景

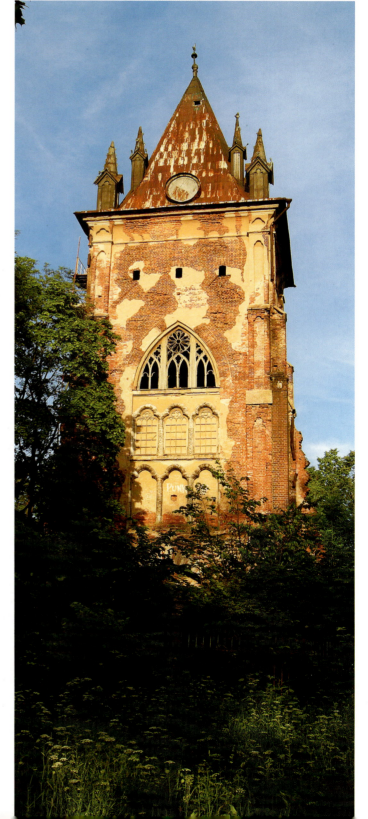

本页：
（上下两幅）图9-22皇村 亚历山大公园。礼拜堂，西北侧近景

右页：
（左中）图9-23皇村 亚历山大公园。军械阁（1834年），19世纪下半叶景色（老照片，Karl Schultz摄，1870年代）

（上）图9-24皇村 亚历山大公园。军械阁，遗存现状

（右下）图9-25皇村 亚历山大公园。军械阁，主立面，近景

（左下）图9-26皇村 亚历山大公园。皇家农场（1818~1822年），平面及立面（设计图，作者亚当·梅涅拉斯，1820年）

第九章 19世纪的传统风格和折中主义·1951

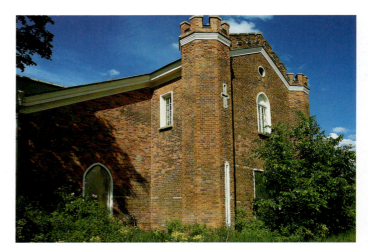

（左上）图9-27皇村 亚历山大公园。皇家农场，20世纪初状态（1900年明信片上的图片）

（右上）图9-28皇村 亚历山大公园。皇家农场，现状

（中）图9-29彼得霍夫 亚历山德里亚公园。"别墅"（1826~1829年），19世纪中叶景色（版画，表现1850年6月19日在"别墅"前检阅骑兵卫队时的景况）

（下）图9-30彼得霍夫 亚历山德里亚公园。"别墅"，北立面远景

（上两幅）图9-31 彼得霍夫 亚历山德里亚公园。"别墅"，西南侧全景

（下）图9-32 彼得霍夫 亚历山德里亚公园。"别墅"，西立面景色

（左中）图9-33 彼得霍夫 亚历山德里亚公园。"别墅"，南立面冬景

（右中）图9-34 彼得霍夫 亚历山德里亚公园。"别墅"，南门廊近景

第九章 19世纪的传统风格和折中主义 · 1953

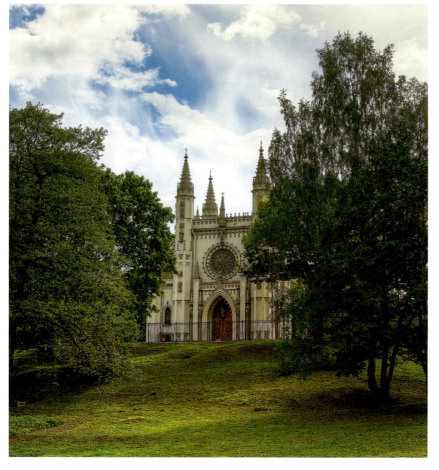

本页：
（左上）图9-35彼得霍夫 亚历山德里亚公园。"别墅"，东北侧，门廊及平台
（右上）图9-36彼得霍夫 亚历山德里亚公园。"别墅"，东门廊花饰
（左中）9-37彼得霍夫 亚历山德里亚公园。"别墅"，亚历山德拉·费奥多罗芙娜客厅（内景画）
（下）图9-38彼得霍夫 亚历山德里亚公园。圣亚历山大·涅夫斯基教堂（哥特式礼拜堂，1831~1832年），西北侧远景

右页：
（左上）图9-39彼得霍夫 亚历山德里亚公园。圣亚历山大·涅夫斯基教堂，西侧全景
（右上）图9-40彼得霍夫 亚历山德里亚公园。圣亚历山大·涅夫斯基教堂，西南侧立面（正立面），冬季景色
（左下）图9-41彼得霍夫 亚历山德里亚公园。圣亚历山大·涅夫斯基教堂，南侧景观
（右下）图9-42彼得霍夫 亚历山德里亚公园。圣亚历山大·涅夫斯基教堂，东南侧立面

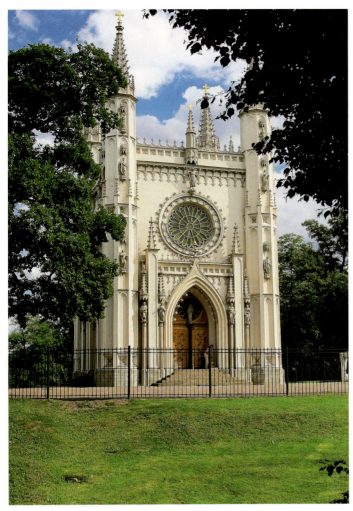

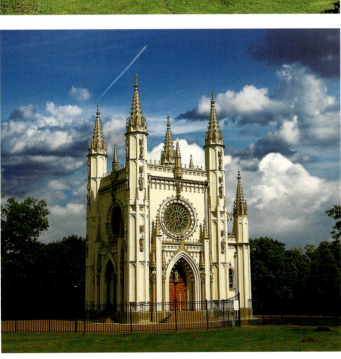

建筑师们则倾向采取更为有限的手段。人们对新古典主义后期的建筑过多采用柱子表示不满，批评对称的立面和平面的内部布局脱节，但他们并没有否认立面的装饰。到19世纪中叶，从安德烈·施塔肯施奈德的帝国宫殿直到富豪们的公寓住宅，装饰的华美已达到空前的程度。其丰富和华丽更是直接和房主的财富、

第九章 19世纪的传统风格和折中主义 · 1955

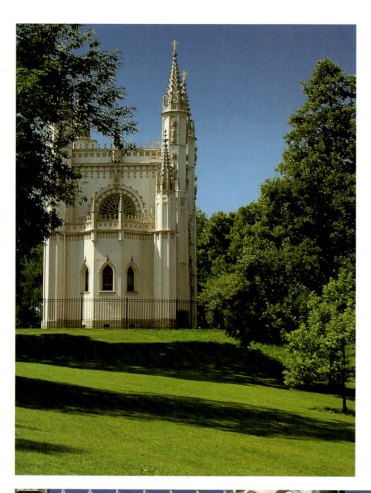

（上两幅）图9-43彼得霍夫 亚历山德里亚公园。圣亚历山大·涅夫斯基教堂，东北侧（背立面）景色

（下）图9-44彼得霍夫 亚历山德里亚公园。圣亚历山大·涅夫斯基教堂，东南侧近景

地位，以及对时尚的追求挂钩。实际上，重复的立面装饰不但反映了一个工业化标准化的新时代，也正好满足了大量多层公寓的需求（彼得堡大量的低级官员就住在这样的公寓里）。

然而，要特别指出的是，在彼得堡，19世纪中叶设计的大多数公寓（在陀思妥耶夫斯基小说中描述的多属这种类型）实际上主要是沿袭先前瓦西里·斯塔索夫和保罗·雅科这些建筑师在大城市街区里用的新古典主义风格（如荷兰改革派教会公寓；外景：图

（左上）图9-45彼得霍夫 亚历山德里亚公园。圣亚历山大·涅夫斯基教堂，东南侧，雕饰细部

（右上）图9-46彼得霍夫 亚历山德里亚公园。圣亚历山大·涅夫斯基教堂，东南侧，木窗细部

（下）图9-47亚历山大·帕夫洛维奇·布留洛夫（1798~1877年）自画像

第九章 19世纪的传统风格和折中主义·1957

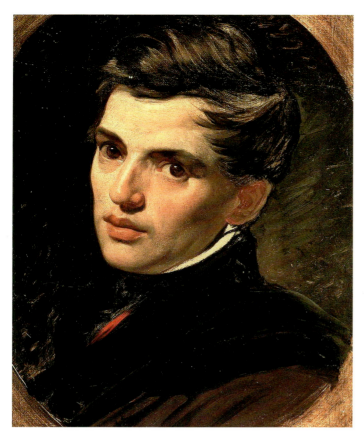
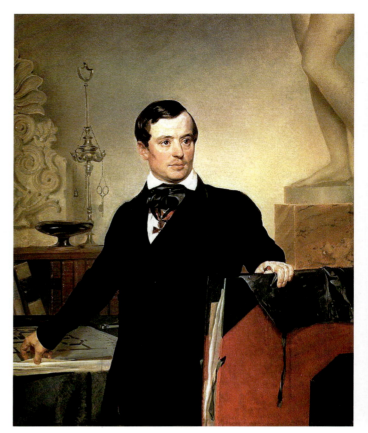

9-2~9-6；内景：图9-7）。在这个过渡时期，特别是当城市有序演进的环境尚不如人意时，在某些著名作家的头脑里很自然萌发了创造新生活环境的美好理想（尽管有时不免带有乌托邦的性质）。果戈里本人就曾热情地描述过由金属及玻璃等新材料创造的新城市：

"在我们这个时代，有如此多的发明和如此多的新成果，人们可用它们创作此前任何地方不曾有过的建筑。例如前不久出现的悬挑装饰。目前，悬挑建筑仅出现在包厢、阳台和小的桥梁上。但如果整个楼

（上两幅）图9-48亚历山大·帕夫洛维奇·布留洛夫画像（作者Карл Па́влович Брюлло́в，两幅分别绘于1823~1827年和1841年）

（中）图9-49亚历山大·帕夫洛维奇·布留洛夫：罗马风景（圣天使城堡，水彩画，1826年）

（下）图9-50圣彼得堡 米哈伊洛夫斯基剧院（小剧院，1831~1833年）。立面现状

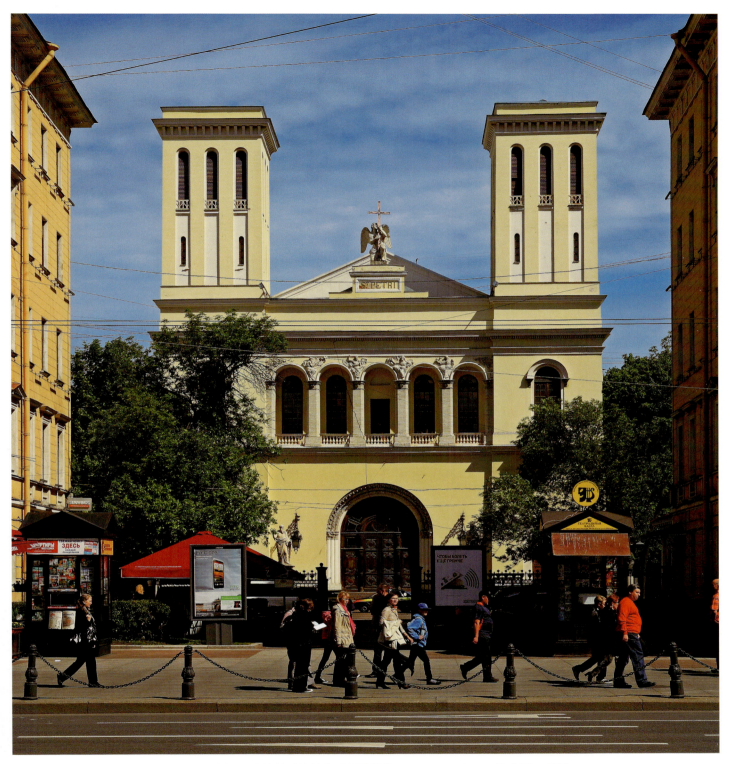

图9-51 圣彼得堡 路德教圣彼得和圣保罗教堂（1833~1838年）。街立面，现状

面均做成悬挑的，如果拱券达到很大的跨度，如果整个结构形体都安放在镂空的铸铁支架而不是沉重的柱子上，那我们的建筑该是何等轻快，何等通透啊！"[4]

尽管这些言论在当时听起来好似天方夜谭，但对建筑来说，果戈里的设想绝非无法达到的目标。他对高层建筑和垂向构图的喜爱——无论是哥特式还是未来派——在几十年后的美国建筑里都得到了实现。在俄罗斯，专业建筑师则直到20世纪初才开始考虑他所向往的塔楼式建筑。此时英国的花园城市运动同样引起了某些俄罗斯建筑师和城市规划师的关注，但由于缺乏物质条件的支持，很难在这里全面付诸实施。

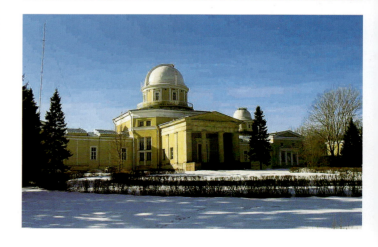

（上）图9-52圣彼得堡 路德教圣彼得和圣保罗教堂。立面近景

（左下）图9-53圣彼得堡 路德教圣彼得和圣保罗教堂。内景

（右中）图9-54圣彼得堡 普尔科沃天象台（1834~1839年）。19世纪中叶景色（版画，作者Ev.Bernardsky，1855年）

（右下）图9-55圣彼得堡 普尔科沃天象台。主楼，东北侧景色

[废奴改革之后的建筑和城市规划]

自1861年废除农奴制开始的改革为俄罗斯特大城市的改建提供了新的动力。随着私人资本的增长，在城市内建造经济适用建筑，进一步提高密度的需求也越来越紧迫，原先作为主要投资者的帝国宫廷和官僚阶层，开始失去了在建筑上的主导地位。尽管这种转变在亚历山大二世时期尚未开始，但在1860年代，他

（上）图9-56圣彼得堡 普尔科沃天象台。主楼及东翼，自北面望去的情景

（左下）图9-57圣彼得堡 普尔科沃天象台。主楼，西北侧景色

（右下）图9-58圣彼得堡 普尔科沃天象台。西翼，北侧近景

（中）图9-59圣彼得堡 普尔科沃天象台。各观测塔楼

的社会政策和重大的改革举措已经为经济合理地配置建筑资源和发展专业机构（从相关院校的培训到建筑团体及会社的设置）夯实了基础，并在这个迅猛发展的年代，进一步明确和规范了对建筑实践的管控。

在新的形势下，随着建筑职业化程度的提高，社会对建筑师的需求也日益增长。形形色色的新主顾们需要精通各种风格样式、能建造各种类型建筑的专家，他们关心成本效益，特别是城市中商业开发的价

本页及左页：

（左上）图9-60 圣彼得堡 普尔科沃天象台。观测塔内景（老照片，图示1885年安装的76厘米折射望远镜，为当时世界上最大口径望远镜之一）

（左中）图9-61 圣彼得堡 普尔科沃天象台。观测塔内景（图示蔡斯65厘米消色差望远镜）

（中上）图9-62 圣彼得堡 卫队总部（1837~1843年）。19世纪末景象（老照片，摄于1890年代）

（左下）图9-63 圣彼得堡 卫队总部。西南侧，俯视景色（自总参谋部大楼顶上拍摄的照片）

（中下）图9-64 圣彼得堡 卫队总部。西南侧，地段现状

（右下）图9-65 圣彼得堡 卫队总部。西南侧，全景

（右上）图9-66 圣彼得堡 卫队总部。面对宫殿广场的立面

值,同时也有美学上的某些期望。在这方面,俄罗斯的建筑师们实际上走的是一条和他们在英国、法国和德国同行们类似的道路。然而,新的机遇虽然更多,但并没有形成早先帝国建筑那样的黄金时代,在一定程度上是因为在这种更为"民主"的环境中,受托的建

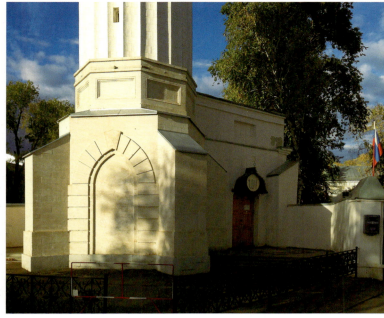

左页：

（上）图9-67奥伦堡 商队旅社清真寺（1844年）。东南侧全景

（左下）图9-68奥伦堡 商队旅社清真寺。南侧角楼，自西南方向望去的景色

（右下）图9-69奥伦堡 商队旅社清真寺。西侧角楼，自西面望去的景色

本页：

（左上）图9-70奥伦堡 商队旅社清真寺。西侧角楼，自西南方向望去的景色

（右上）图9-71奥伦堡 商队旅社清真寺。宣礼塔，基部近景

（右下）图9-72奥伦堡 商队旅社清真寺。宣礼塔，仰视景色

（左下）图9-73奥伦堡 商队旅社清真寺。穹顶内景

第九章 19世纪的传统风格和折中主义·1965

（上）图9-74帕尔戈洛沃 舒瓦洛夫庄园。圣徒彼得和保罗教堂（1831~1840年），外景

（下）图9-75帕尔戈洛沃 舒瓦洛夫庄园。圣徒彼得和保罗教堂，入口券面近景

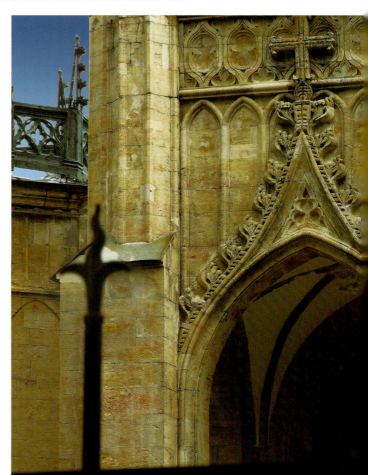

筑完全无法和资金雄厚的宫廷项目相比。在风格并用的类型选择上，俄罗斯显然要比19世纪欧洲的其他国家更为宽泛和混杂。

实际上，西欧和中欧更强大的经济实力和更先进的技术已为俄罗斯的建筑创新树立了榜样。许多俄罗斯建筑师在本国完成正规学业后都要去国外旅游和深造。俄国的建筑院校，也和西方一样，进行了必要的改革，在建筑教育上增加了技术和结构方面的内容[类似欧仁·维奥莱-勒-迪克于1863年提出的巴黎美术学院（École des Beaux-Arts）的课程改革大纲]。像彼得堡艺术学院（Academy of Arts）、市政工程学院（Institute of Civil Engineering）和莫斯科绘画、雕塑和建筑学校（Moscow School of Painting, Sculpture, and Architecture）这样一些院校的建筑教育大纲，大部分都是借鉴柏林和巴黎的相应机构。

随着投资的增长（尽管还是间歇性的），俄罗斯建筑在满足新的社会和经济需求上取得了显著的进步。具有创新表现的建筑中包括商贸拱廊（或廊厅

图9-76 圣彼得堡冬宫。庞贝厅（内景画，作者Edward Petrovich Hau）

passages）、大型封闭市场、教育机构、医院、公共剧场、展览厅、旅馆、银行等金融机构和城市行政建筑。在19世纪40~50年代的莫斯科和彼得堡，随着新铁路线的开辟，在接下来的几十年里，车站的建设亦在紧锣密鼓地进行（包括拆除一些早期的车站以更大的建筑取代）。

材料工业——特别是金属加工业——的快速增长，刺激了大跨结构技术的发展。类似的技术广泛用于铁路车站站台及线路的顶盖。除了长期使用的铸铁柱子外,支撑大跨屋盖的铁桁架也成为基本的构件。

在改革后的几十年期间,无论是莫斯科还是彼得堡,城市人口都在急剧增长,住房成为最迫切的需求。1858年彼得堡人口尚不足50万,1869年增加到66.7万,1881年86.1万,1890年已达95.4万。此后增长速度更快。在彼得堡,公寓建筑数量和规模的增长尤为引人注目(和莫斯科相比,其可利用的土地要更少)。据1881年的普查报告,彼得堡住房中19%为单

(上)图9-77圣彼得堡 冬宫。孔雀石厅(1838~1839年),内景(彩画,作者Константин Андреевич Ухтомский,1865年)

(中及下)图9-78圣彼得堡 冬宫。孔雀石厅,现状

（左上）图9-79圣彼得堡冬宫。白厅[内景画，1863年，作者Luigi Premazzi（1814~1891年）]

（右上）图9-80圣彼得堡 冬宫。白厅，现状

（下）图9-81马尔菲诺庄园圣母圣诞教堂（1707年）。现状

层，42%高两层，三层的占21%，四层的18%。从19世纪60年代到20世纪初，由成排公寓楼房组成的街区尽管在建筑高度上或多或少进行了一些控制，但仍然不免给人以风格杂乱的印象。

一般来说，越是繁华的地区，建筑立面的装饰越是丰富华丽。在19世纪后期彼得堡的商业和住宅建筑立面上，几乎所有重要的建筑风格（新文艺复兴、新巴洛克及新希腊风格，法国的路易十六风格，俄罗斯

左页：
（上）图9-82马尔菲诺庄园 宫殿。主立面（西南侧，自下层台地望去的景观）

（下）图9-83马尔菲诺庄园 宫殿。主立面（自二层台地望去的景色）

本页：
（上）图9-84马尔菲诺庄园 宫殿。主立面（三层台地景观）

（左下）图9-85马尔菲诺庄园 宫殿。西北侧景观

（中）图9-86马尔菲诺庄园 宫殿。东翼，西北侧立面

（右下）图9-87马尔菲诺庄园 宫殿。带看守室的大门

（左上）图9-88马尔菲诺庄园 宫殿。临水台阶边造像

（右上）图9-89马尔菲诺庄园 大桥。残迹现状

（右中）图9-90莫斯科 教会印刷所（1811~1815年）。19世纪中叶景观（自南侧望去的情景，油画，1840年代，作者F.Benois）

（下）图9-91莫斯科 教会印刷所。东北侧，现状俯视景色

传统复兴及摩尔风格）都被人们加以模仿（或精确仿造或按自己的理解演绎）。但最多的还是混合采用各种样式（有的甚至说不上是什么风格）。主要建筑材料（砖和灰泥）很容易用来制作华丽的建筑装饰及细部，新的皇室及官僚宫邸和新富豪的府邸也因此越来越接近。前者的一个著名实例是1867~1872年为亚历山大二世的儿子、弗拉基米尔·亚历山德罗维奇

（上）图9-92莫斯科 教会印刷所。侧翼，东侧景色

（下）图9-93莫斯科 教会印刷所。东南侧（正立面），全景

本页：

（上）图9-94莫斯科 教会印刷所。南侧全景

（下）图9-95莫斯科 教会印刷所。南侧，中央部分现状

右页：

（左上）图9-96莫斯科 教会印刷所。柱式及拱券细部

（下）图9-97彼得霍夫 宫廷马厩（1847~1852年）。远景（自亚历山德里亚公园望去的景色）

（右上）图9-98彼得霍夫 宫廷马厩。东翼，自东北方向望去的景色

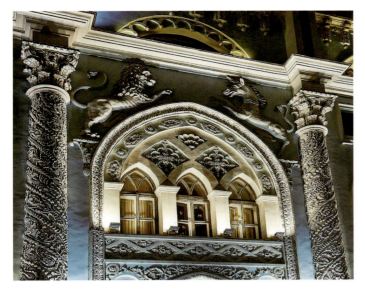

大公建造的宫殿（历史图景：图9-8；外景及细部：图9-9～9-13；内景：图9-14、9-15），其建筑师是亚历山大·列扎诺夫（1817~1887年）以及安德烈·休恩（1841~1924年）、叶罗尼姆·基特内（1839~1929年）和维克托·施赖特尔（1839~1901年），所有这些人在19世纪后期的俄罗斯建筑上都发挥了重要的作用。宫邸外部以佛罗伦萨早期文艺复兴建筑为范本，但室内大型厅堂用了自路易十六样式到哥特及摩尔等至少四种其他时期的风格[壁画作者为瓦西里·韦列夏金（旧译魏列夏庚，1842~1904年）]。不仅宫邸外形类似所在码头边上的私人豪华宅邸，连造价和材料也都几乎一样（粗面石为灰泥制作，许多细部系用波特兰水泥浇筑）。在当时，除了专业的出版物外，各路专家和业余爱好者对日渐增多的这些折中主义建筑多

（上）图9-99彼得霍夫宫廷马厩。东翼，自东南方向望去的景色

（下两幅）图9-100彼得霍夫宫廷马厩。南翼，左右两图分别示自西南和东南方向望去的景色

（中）图9-101彼得霍夫宫廷马厩。院落内部（自东院通过中央拱门向西院望去的景色）

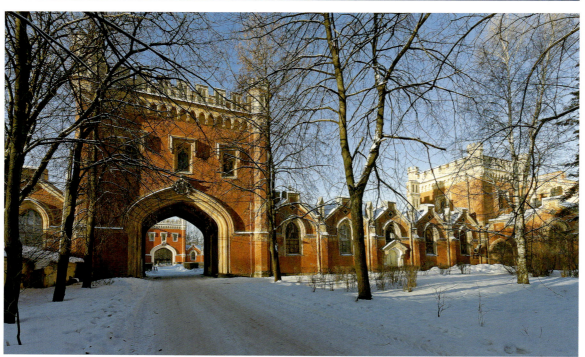

(上）图9-102彼得霍夫 宫廷马厩。东北拱门（向院落内部望去的景色）

(中）图9-103尼古拉·列昂季耶维奇·伯努瓦（1813~1898年）设计图稿（一）：彼得霍夫马厩

(下）图9-104尼古拉·列昂季耶维奇·伯努瓦设计图稿（二）：彼得霍夫教堂广场角楼（1856年）

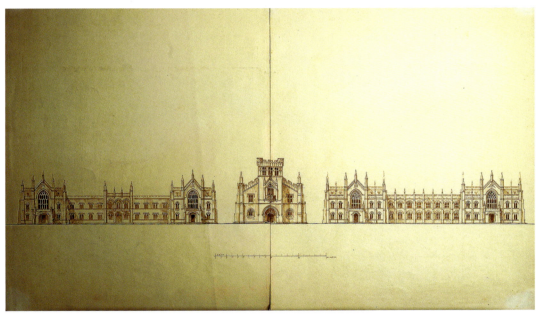

有质疑，对风格沦为金钱的奴仆尤为不满。

二、哥特复兴

在《谈现时的建筑》一文中，果戈里对希腊建筑、欧洲建筑、印度建筑、埃及建筑以及摩尔建筑进行了比较分析，并对各种建筑的功用、优美进行了品评，最后表达了他的建筑艺术观：建筑必须具有真正的风格和独创性。他认为，无论哪一种建筑，只要它们适合建筑物预定的用途，都是优美的，只要它们真正得到理解，都是雄伟壮丽的。接下来他写了如下一

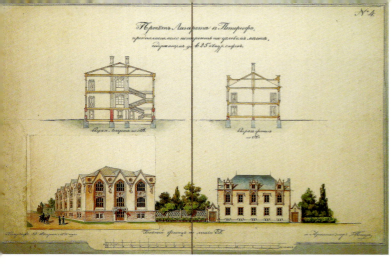
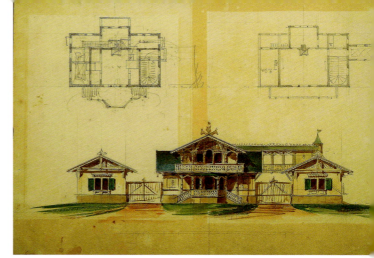

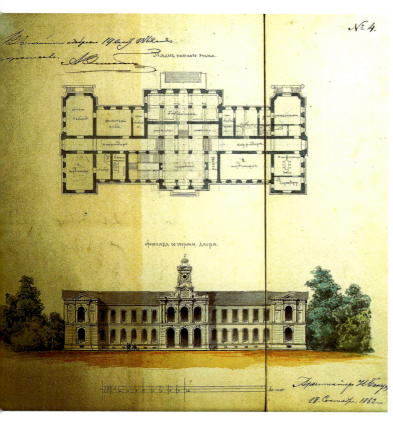

（左上）图9-105 尼古拉·列昂季耶维奇·伯努瓦设计图稿（三）：彼得霍夫医院（立面及剖面，1850年）

（左中）图9-106 尼古拉·列昂季耶维奇·伯努瓦设计图稿（四）：新彼得霍夫火车站（方案透视图，1854年）

（左下）图9-107 尼古拉·列昂季耶维奇·伯努瓦设计图稿（五）：彼得罗夫斯克-拉祖莫夫斯克农业科学院（位于莫斯科附近，平面和朝向院落的立面，1862年）

（右上）图9-108 尼古拉·列昂季耶维奇·伯努瓦设计图稿（六）：D.舍列梅捷夫夏季别墅（平面及立面，1866~1868年）

（右下）图9-109 尼古拉·列昂季耶维奇·伯努瓦设计图稿（七）：维索科耶村教堂（1867~1868年）

(上)图9-110 尼古拉·列昂季耶维奇·伯努瓦设计图稿（八）：巴甫洛夫斯克夏季剧场（木构，立面，1876年）

(下)图9-111 彼得霍夫 新彼得霍夫车站（1854~1857年）。西北侧景色

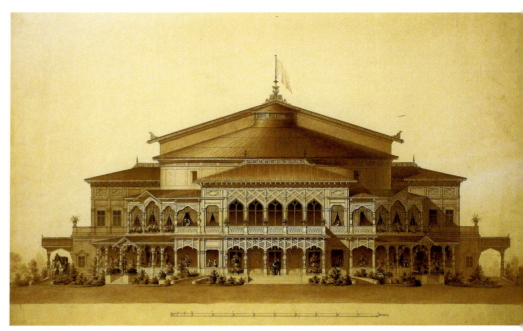

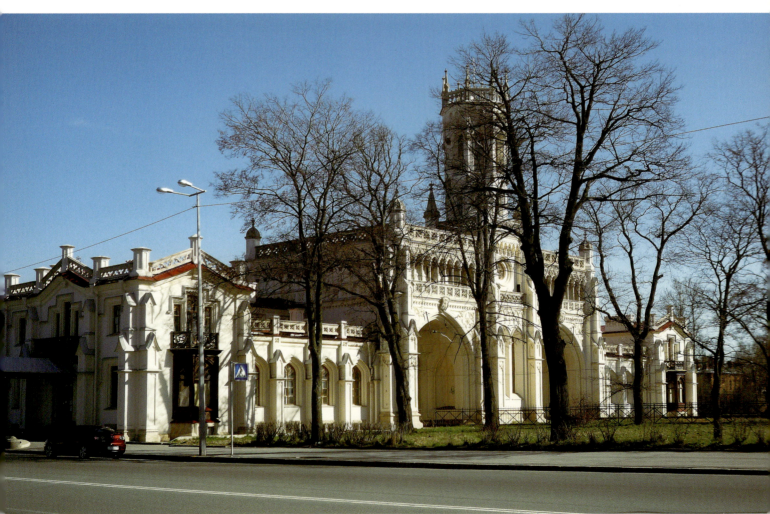

段话：

"然而，如果要从中确定一种最优秀的建筑，那么我总是选择哥特风格。它纯粹是欧洲的建筑，是欧洲精神的产物，因此对我们是最适合的。它的奇伟和壮丽是超群绝伦的……看看著名的科隆大教堂吧，它的一切都是优美的，是纪念碑式的建筑。我之所以推

（上）图9-112彼得霍夫新彼得霍夫车站。西侧全景

（中）图9-113彼得霍夫新彼得霍夫车站。东南侧全景

（下）图9-114彼得霍夫新彼得霍夫车站。西南侧景观

崇哥特式建筑，还因为它使工匠具有更大的自由和发挥的余地，使他们的想象更生动更热烈，力图向高空飞翔，而不是向平面上发展。"

和18世纪后期一样，在乡间庄园，人们经常采用这种新的哥特风格创造优美的景观环境。尼古拉一世更将它视为自己的风格，并委托亚当·梅涅拉斯这样一些建筑师设计了大量的这类作品，如皇村亚历山大公园内的礼拜堂（一个采用哥特母题并带"残迹"墙体的塔楼，建于1825~1828年；图9-16~9-22）、军械阁（完成于1834年，位于拉斯特列里"珍宝阁"的基址

1980·世界建筑史 俄罗斯古代卷

（上两幅）图9-115彼得霍夫 新彼得霍夫车站。站台内景

（下两幅）图9-116奥古斯特·里卡尔·德·蒙特费朗（1786~1858年；画像作者Eugène Pluchart，1834年后；胸像作者A.C.Tatarinov）

上；历史图景：图9-23；外景：图9-24、9-25）以及皇家农场（1818~1822年；平面及立面：图9-26；历史图景：图9-27；现状：图9-28）等。同一位建筑师还为尼古拉一世设计了彼得霍夫的亚历山德里亚公园内的仿哥特式宫邸及其他建筑（公园名称来自尼古拉的妻子）。其中最著名的是所谓"别墅"（1826~1829年；历史图景：图9-29；外景：图9-30~9-36；内景：图9-37），它集中体现了这种情趣并推动了哥特样式的流行。在亚历山德里亚公园，给人印象最深刻的哥特复兴实例当属1829年由著名的普鲁士建筑师卡尔·弗里德里希·申克尔设计并于1831~1832年在梅涅拉斯主持下建成的礼拜堂（圣亚历山大·涅夫斯

第九章 19世纪的传统风格和折中主义·1981

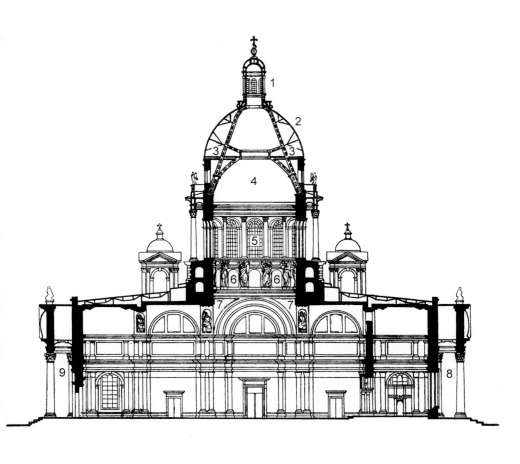

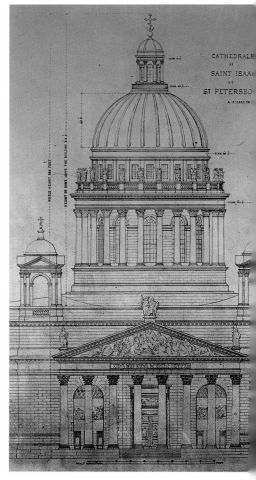

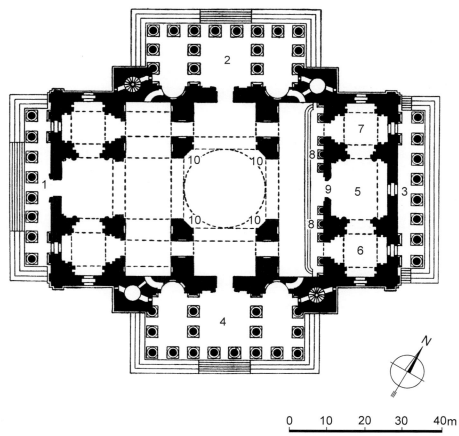

（左）图9-117圣彼得堡 达尔马提亚圣伊萨克大教堂（1818~1858年）。平面及剖面（平面图中：1、西柱廊，2、北柱廊，3、东柱廊，4、南柱廊，5、祭坛，6、圣叶卡捷琳娜礼拜堂，7、圣亚历山大·涅夫斯基礼拜堂，8、中央圣像壁，9、圣门，10、柱墩；剖面图中：1、顶塔，2、穹顶，3、穹顶金属构架，4、拱顶，5、鼓座，6、十二圣徒雕像，7、穹隅，8、东柱廊，9、西柱廊）

（右）图9-118圣彼得堡 达尔马提亚圣伊萨克大教堂。立面图稿，取自里卡尔·德·蒙特费朗的论文：《圣彼得堡，圣伊萨克大教堂穹顶，1818~1858年》（Dome of St.Isaac's Cathedral, St.Petersburg, 1818-1858）

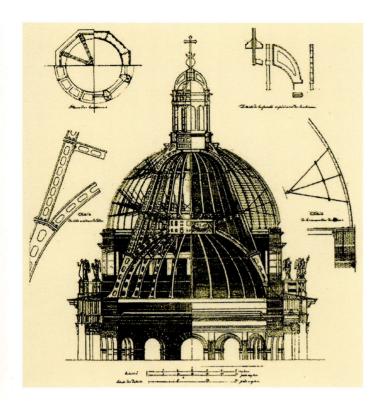
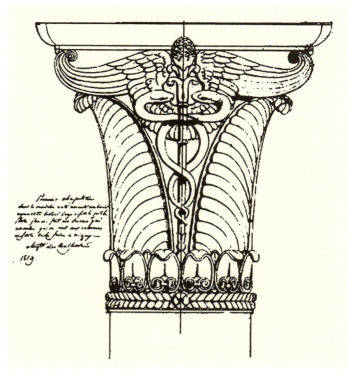

（左上）图9-119圣彼得堡达尔马提亚圣伊萨克大教堂。穹顶构造设计（作者里卡尔·德·蒙特费朗，1838年，由铸铁结构支撑，是当时采用这种结构形式的第三例）

（右上）图9-120圣彼得堡达尔马提亚圣伊萨克大教堂。（柱头设计，1820年代，作者奥古斯特·德·蒙特费朗）

（下）图9-121圣彼得堡 达尔马提亚圣伊萨克大教堂。透视剖析图（取自Popova Nathalia：《Saint-Petersbourg et Ses Environs》，2007年）

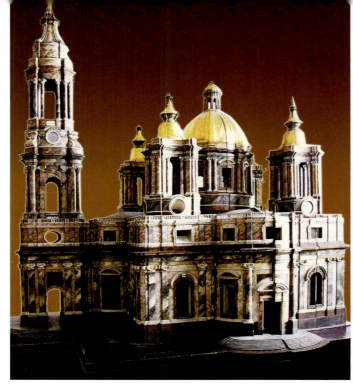

基教堂,在战争期间遭到很大破坏,现已修复;图9-38~9-46)。

另一位在这种建筑情趣的形成上起到重要作用的著名哥特复兴建筑师即亚历山大·帕夫洛维奇·布留洛夫(1798~1877年;图9-47、9-48),果戈里在1830年代早期的散文中对他曾大加赞赏。布留洛夫生于圣彼得堡的一个法国艺术世家,从曾祖父到他的弟弟卡尔·布留洛夫四代人皆为艺术界名流。他的第一个老师即父亲保罗。1810~1820年布留洛夫入帝国艺术学院(Imperial Academy of Arts)研习建筑并以优异的成绩毕业。他和弟弟卡尔一起由艺术家促进协会(Society for the Promotion of Artists)资助在欧洲学习艺术和建筑,在国外(意大利、德国和法国)逗留了8年(1822~1830年),期间画了许多水彩画(图9-49);1831年回到俄罗斯后,布留洛夫被任命为帝国艺术学院教授,这也是他建筑创作的黄金时期。

在彼得堡,他设计和主持的项目包括:米哈伊洛夫斯基剧院(现小剧院,1831~1833年;图

本页及左页：

（左上）图9-122圣彼得堡 达尔马提亚圣伊萨克大教堂。建筑模型（设计人Antonio Rinaldi，模型制作主持人A.Vist，1766~1769年）

（中上及右上）图9-123圣彼得堡 达尔马提亚圣伊萨克大教堂。各方案模型

（左中）图9-124圣彼得堡 达尔马提亚圣伊萨克大教堂。最初教堂（版画，据奥古斯特·德·蒙特费朗图稿制作，1845年）

（左下）图9-125圣彼得堡 达尔马提亚圣伊萨克大教堂。里纳尔迪设计的教堂（版画，据奥古斯特·德·蒙特费朗图稿制作，1845年）

（右中）图9-126圣彼得堡 达尔马提亚圣伊萨克大教堂。柱石的运送（版画，作者Robert Breuer）

（右下）图9-127圣彼得堡 达尔马提亚圣伊萨克大教堂。石柱的加工（版画，作者Robert Breuer）

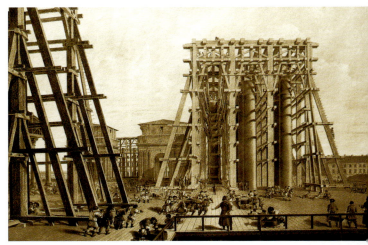
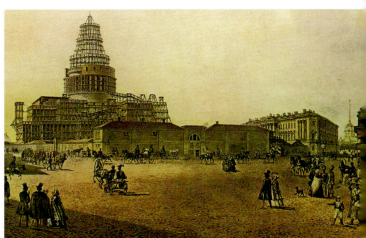

(左上)图9-128圣彼得堡 达尔马提亚圣伊萨克大教堂。柱子的吊装(版画，1832年)

(右上)图9-129圣彼得堡 达尔马提亚圣伊萨克大教堂。柱子就位(版画，1845年，作者Jules Arnout)

(左下)图9-130圣彼得堡 达尔马提亚圣伊萨克大教堂。吊装柱子的木构架(模型，现在大教堂内)

(右中及右下)图9-131圣彼得堡 达尔马提亚圣伊萨克大教堂。施工场景(彩画，上下两幅分别绘于1840和1841年)

（左上）图9-132 圣彼得堡 达尔马提亚圣伊萨克大教堂。施工场景（版画，1845年）

（下）图9-133 圣彼得堡 达尔马提亚圣伊萨克大教堂。19世纪中叶景色（版画，1853年）

（右上）图9-134 圣彼得堡 达尔马提亚圣伊萨克大教堂。现状，俯视全景（上为北）

（左中）图9-135 圣彼得堡 达尔马提亚圣伊萨克大教堂。南侧俯视全景（右侧远处依次可看到海军部和彼得-保罗城堡的尖塔）

（右中）图9-136 圣彼得堡 达尔马提亚圣伊萨克大教堂。北侧远景

第九章 19世纪的传统风格和折中主义 · 1987

9-50）、涅瓦大街上的路德教圣彼得和圣保罗教堂（1833~1838年；图9-51~9-53）、普尔科沃天象台（1834~1839年；历史图景：图9-54；外景：图9-55~9-59；内景：图9-60、9-61）、卫队总部（位于宫殿广场，1837~1843年；历史图景：图9-62；外景：图9-63~9-66），以及奥伦堡的商队旅社清真寺

本页：

（上）图9-137圣彼得堡 达尔马提亚圣伊萨克大教堂。东北侧俯视景色（前景为海军部尖塔）

（中）图9-138圣彼得堡 达尔马提亚圣伊萨克大教堂。远景，自莫伊卡河上望去的景色

（下）图9-139圣彼得堡 达尔马提亚圣伊萨克大教堂。西侧，自涅瓦河上望去的远景

右页：

（上）图9-140圣彼得堡 达尔马提亚圣伊萨克大教堂。西北侧，自涅瓦河上望去的夜景

（下）图9-141圣彼得堡 达尔马提亚圣伊萨克大教堂。东南侧，广场全景

1988·世界建筑史 俄罗斯古代卷

图9-142 圣彼得堡 达尔马提亚圣伊萨克大教堂。东南侧全景（左前方为广场上的尼古拉一世纪念碑）

第九章 19世纪的传统风格和折中主义 · 1991

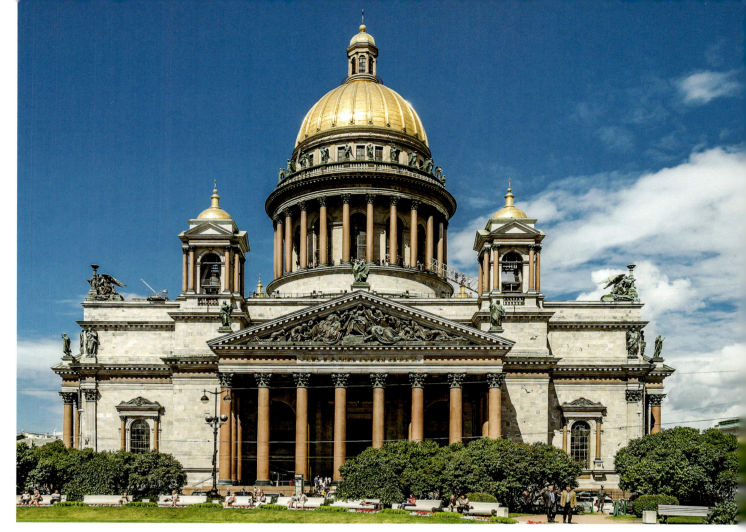

（上）图9-143圣彼得堡 达尔马提亚圣伊萨克大教堂。东南侧（主立面）全景

（下）图9-144圣彼得堡 达尔马提亚圣伊萨克大教堂。北侧景色

（上）图9-145圣彼得堡达尔马提亚圣伊萨克大教堂。西北侧现状

（下）图9-146圣彼得堡达尔马提亚圣伊萨克大教堂。东南侧近景

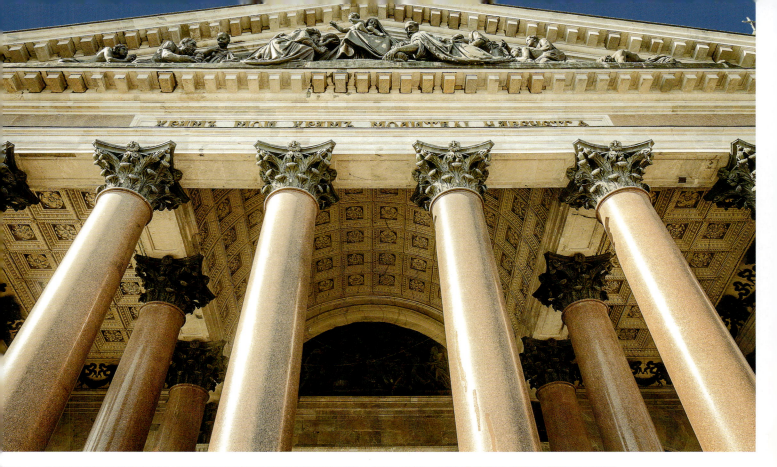

（上）图9-147圣彼得堡达尔马提亚圣伊萨克大教堂。南门廊（实朝东南方向，以下提到的各门廊实际上都有一个偏角），仰视近景

（下）图9-148圣彼得堡达尔马提亚圣伊萨克大教堂。南门廊，柱头及檐口近景

（上）图9-149圣彼得堡达尔马提亚圣伊萨克大教堂。东南侧，山墙及钟楼近景

（下）图9-150圣彼得堡达尔马提亚圣伊萨克大教堂。东北侧，山墙及柱式细部

第九章 19世纪的传统风格和折中主义 · 1995

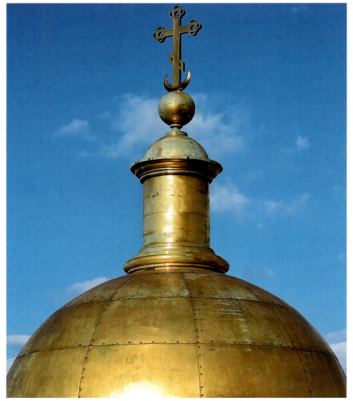

（1844年；外景：图9-67~9-72；内景：图9-73）。

在采用哥特风格上，布留洛夫最成功的作品之一是为舒瓦洛夫庄园（位于帕尔戈洛沃）设计的教堂（圣徒彼得和保罗教堂，建于1831~1840年）。建筑由P.A.舒瓦洛夫的遗孀出资建造，系作为其丈夫的葬仪礼拜堂。西面原有一个细高的尖塔，饰有纤细华丽的小尖顶和卷叶饰（图9-74、9-75）。不过，这时期哥特复兴最主要的表现可能还是在室内设计和装修

本页：

（上）图9-151圣彼得堡 达尔马提亚圣伊萨克大教堂。西北侧，山墙及穹顶近景

（下）图9-152圣彼得堡 达尔马提亚圣伊萨克大教堂。北立面，左侧钟楼塔顶

右页：

图9-153圣彼得堡 达尔马提亚圣伊萨克大教堂。西门廊，近景

领域,布留洛夫在这里同样起到了主导作用。他是1837年大火后改建冬宫的主要建筑师之一,主要作品包括庞贝厅(图9-76)、孔雀石厅(图9-77、9-78)和白厅(图9-79、9-80)。特别是1838年为尼古拉的妻子、皇后亚历山德拉·费奥多罗芙娜设计的系列房间,在这方面表现尤为突出。虽说大多数装饰豪华的房间用了意大利式或所谓庞贝('Pompeian')风格,但天棚是由仿哥特后期的复杂扇形拱顶组成。

这种景色优美、构图生动的仿哥特建筑绝非皇室工程的专属风格。在莫斯科附近的马尔菲诺庄园,米哈伊尔·贝科夫斯基(1801~1885年)设计的大部分建筑均采用哥特风格。庄园内留存下来的最早建筑是圣母圣诞教堂(1707年;图9-81)。其建筑师弗拉基米尔·别洛泽罗夫出身农奴,被主人戈利岑送到法国去学习建筑。不过,他建的仿欧洲巴洛克风格的教堂看来并不能令戈利岑满意,据说后者还叫人把他揍了一顿。

庄园主要建筑(亦称宫殿)建于18世纪,但经贝科夫斯基在1830年代按哥特复兴风格(Gothic revival style)重新整治。建筑平面矩形,砖构,两边另加侧翼(图9-82~9-88)。从宫邸有台阶通向池塘,池上架设桥梁(初建于18世纪,但同样经贝科夫斯基整治;图9-89)。贝科夫斯基还建了一座风景园林和其他具有不同风格的小品建筑。

在开始阶段,人们还试图将仿哥特风格和俄罗斯中世纪后期的建筑装饰相结合。在这方面,令人

本页:

图9-154圣彼得堡 达尔马提亚圣伊萨克大教堂。西门廊,山墙

右页:

(上下两幅)图9-155圣彼得堡 达尔马提亚圣伊萨克大教堂。西门廊,山墙细部(浮雕作者Ivan Vitali,上图示圣伊萨克为帝王狄奥多西及皇后弗拉西拉祈福,下图表现教堂的建筑师蒙特费朗)

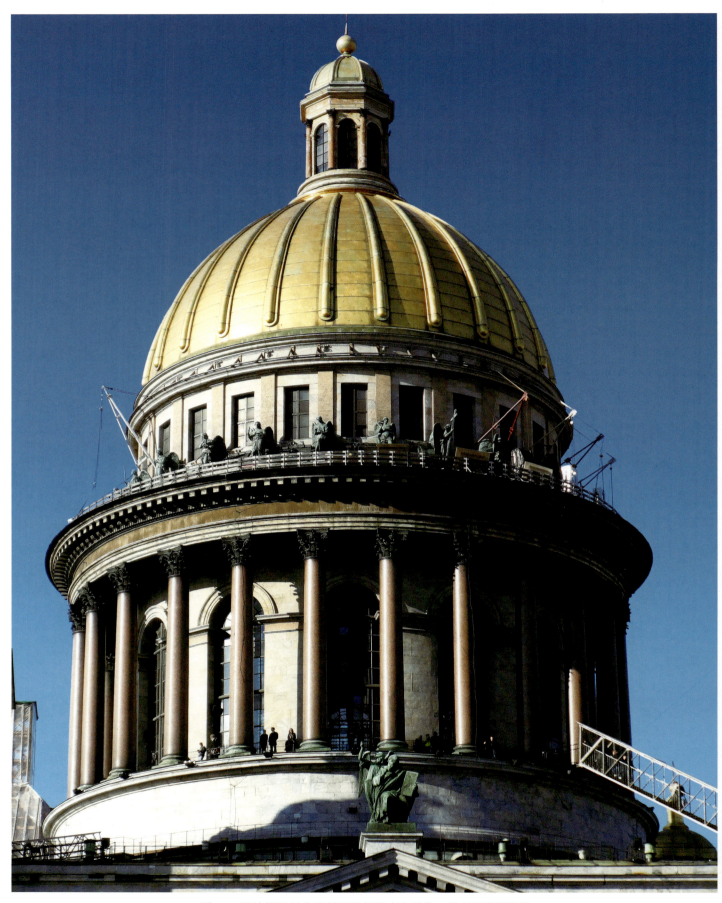

图9-156圣彼得堡 达尔马提亚圣伊萨克大教堂。鼓座及穹顶近景

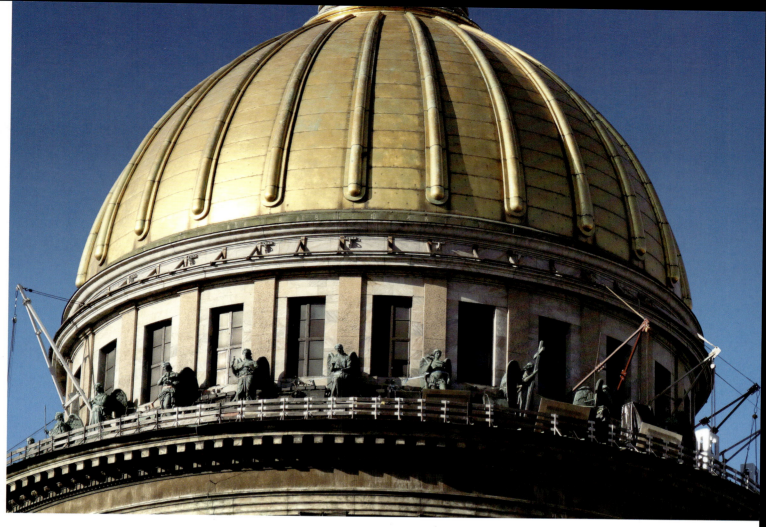

图9-157 圣彼得堡 达尔马提亚圣伊萨克大教堂。穹顶近观

图9-158 圣彼得堡 达尔马提亚圣伊萨克大教堂。穹顶及鼓座雕刻细部

（左上）图9-159圣彼得堡 达尔马提亚圣伊萨克大教堂。东南立面，铜门雕饰

（下）图9-160圣彼得堡 达尔马提亚圣伊萨克大教堂。南廊，龛室浮雕

（右上）图9-161圣彼得堡 达尔马提亚圣伊萨克大教堂。西山墙顶部雕像（福音书作者圣马可，雕刻师Ivan Vitali，1842~1844年）

（上两幅）图9-162圣彼得堡 达尔马提亚圣伊萨克大教堂。山墙端头圣徒雕像（左为南山墙圣安德烈；右为北山墙圣彼得）

（下）图9-163圣彼得堡 达尔马提亚圣伊萨克大教堂。转角处护卫火炬的天使雕像

第九章 19世纪的传统风格和折中主义 · 2003

最感兴趣的一个实例是伊万·米罗诺夫斯基设计的莫斯科中国城内的教会印刷所（1811~1815年；历史图景：图9-90；外景：图9-91~9-96）。在俄罗斯，哥特复兴随着尼古拉于19世纪40~50年代在彼得霍夫建造的另一个巨大的宫廷马厩建筑群（图9-97~9-102）而达到顶峰，这项工程的主持人为尼古拉·列昂季耶维奇·伯努瓦（1813~1898年），他的许多设计图稿都留

本页：

（左上）图9-164圣彼得堡 达尔马提亚圣伊萨克大教堂。东南转角处天使雕像

（右上）图9-165圣彼得堡 达尔马提亚圣伊萨克大教堂。鼓座，围廊顶部天使雕像

（左下）图9-166圣彼得堡 达尔马提亚圣伊萨克大教堂。室内，俯视全景

右页：

图9-167圣彼得堡 达尔马提亚圣伊萨克大教堂。中央本堂，自西门向主圣像屏望去的景色

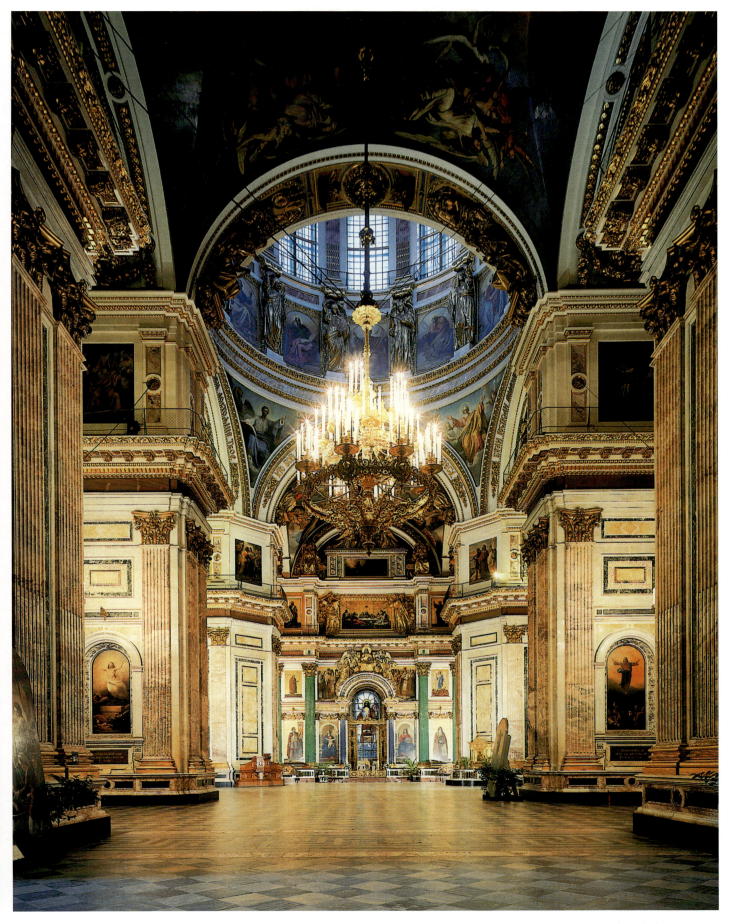

图9-168圣彼得堡 达尔马提亚圣伊萨克大教堂。主圣像屏全景

存下来（图9-103~9-110）。马厩组群中最重要的项目是驯马厅（建于1848~1855年），建筑外部配尖拱窗、小尖顶等哥特风格的装饰部件，但室内屋顶的挑腿式木构桁架（hammerbeam）给人们留下的印象要更为深刻。以后在伯努瓦设计的新彼得霍夫车站（1854~1857年；外景：图9-111~9-114；站台内景：图9-115）里也采用了类似的做法。两者均取哥特风格，除了迎合尼古拉的喜好外，可能还由于这种形式更适合纵长的高屋顶结构（结构重量可由外墙支撑），只是马厩的木构屋顶在车站里已为铸铁结构取

（上）图9-169圣彼得堡 达尔马提亚圣伊萨克大教堂。主圣像屏立面细部（面积45×25米）

（下）图9-170圣彼得堡 达尔马提亚圣伊萨克大教堂。主圣像屏马赛克细部（圣母像，1851～1856年）

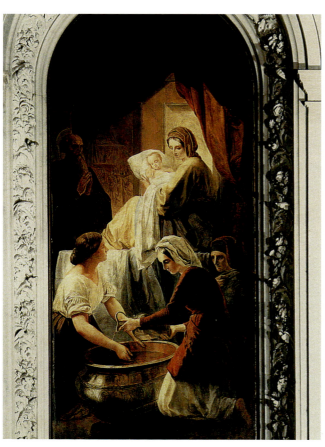

本页及左页：

（左两幅）图9-171圣彼得堡 达尔马提亚圣伊萨克大教堂。柱墩龛室马赛克（圣母圣诞图，1846~1848年，作者T. Neff）

（中上）图9-172圣彼得堡 达尔马提亚圣伊萨克大教堂。进入圣所的券门

（右）图9-173圣彼得堡 达尔马提亚圣伊萨克大教堂。圣所内景

本页及右页：

（左）图9-174圣彼得堡 达尔马提亚圣伊萨克大教堂。圣所彩色玻璃窗（耶稣复活，1841~1843年，面积28.5平方米）

（中）图9-175圣彼得堡 达尔马提亚圣伊萨克大教堂。南廊，自圣叶卡捷琳娜礼拜堂望去的透视景色

（右）图9-176圣彼得堡 达尔马提亚圣伊萨克大教堂。西侧，柱墩近景

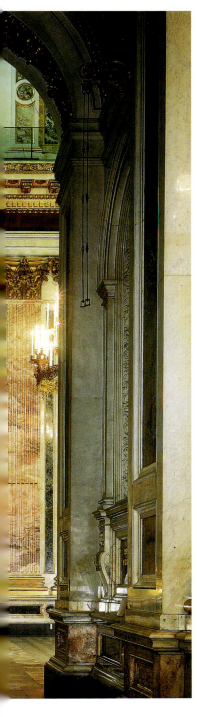
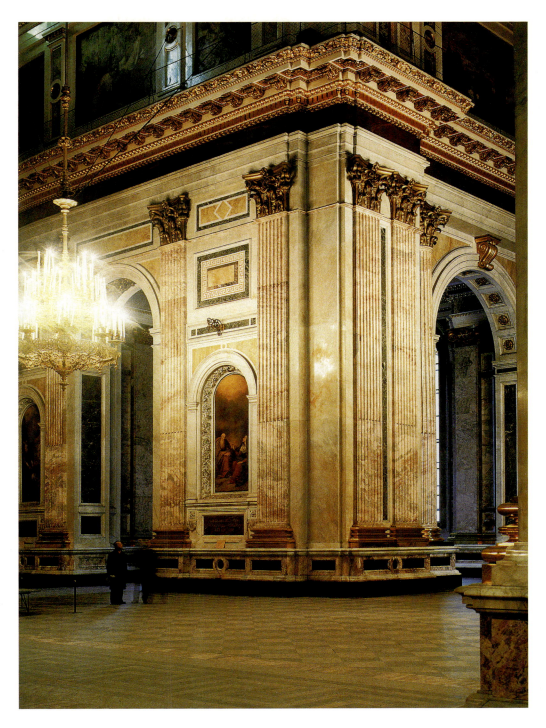

代。由于哥特复兴样式能够大体满足公共建筑的需求，因此在此后几十年期间都得到应用，但作为主导风格，它在后古典时期并没有持续很久；对注重功能要求的近代建筑来说，它毕竟是不合适的。

三、蒙特费朗的作品：彼得堡圣伊萨克大教堂

在尼古拉统治时期，和救世主基督教堂做法类似的还有另一个重要的折中主义建筑，即彼得堡的达尔马提亚圣伊萨克大教堂（1818~1858年），其建造同样具有划时代的意义，设计也经历了几个阶段。第一个砖石结构（位置靠近法尔科内的彼得大帝纪念雕像处）建于1717~1727年，设计人为马塔尔诺维。但由于基础工程不过关，到18世纪中叶建筑便被弃置。几经周折之后，重建工程于1762年按安东尼奥·里纳尔迪的平面再次启动，但基础问题仍然没有解决；保罗一世遂把这个任务交给了温琴佐·布伦纳，后者于1802年建成了教堂，惟平面有所缩小，室内用了西伯

利亚大理石,外部材料来自保罗的米哈伊洛夫城堡。

这个匆忙建成的教堂显然不能令新登基的亚历山大一世满意,因此在他上位后即着手搞新的一轮设计竞赛。1818年,项目交给了年青的法国建筑师、曾参加过拿破仑军队的奥古斯特·里卡尔·德·蒙特费朗(1786~1858年;图9-116)。有关这一决定的一个说法是,1814年,拿破仑战败后提升无望的蒙特费朗曾将自己的设计草图册送给亚历山大过目,后者遂邀请他来俄罗斯工作。另一个说法是,1816年,亚历山大一世要贝当古物色一位有能力重建大教堂的建筑师,贝当古遂想到曾跟他在莫斯科、敖德萨和下诺夫哥罗德工作过的蒙特费朗。总之,不论通过哪种途径,可以肯定的是,此时的蒙特费朗已幸运地得到这个远方国家君主的青睐,地位迅速蹿升,但在大教堂的竞赛中脱颖而出毕竟还是令人大感意外,这和当年沃罗尼欣受命主持喀山大教堂的设计颇为类似,在资格和能力等方面他们都遭到同行的质疑。

蒙特费朗一上手就将原先位于参议院广场东面的里纳尔迪教堂部分拆除,但将墙体的主要部分纳入到自己的结构里,特别是中央横向廊道部分。不过,立足于尽量利用老结构的最初四个方案均未获通过,

本页:

图9-177圣彼得堡 达尔马提亚圣伊萨克大教堂。中堂西跨拱顶仰视

右页:

图9-178圣彼得堡 达尔马提亚圣伊萨克大教堂。拱券及穹顶,仰视景色

左页：

（上）图9-179圣彼得堡 达尔马提亚圣伊萨克大教堂。拱券及穹顶，仰视全景

（下）图9-180圣彼得堡 达尔马提亚圣伊萨克大教堂。中央穹顶，近景（天顶画《圣母颂》，作者K.Briullov，1843~1845年，面积800平方米；天使群像，雕刻师克洛特等）

本页：

图9-181圣彼得堡 达尔马提亚圣伊萨克大教堂。中央穹顶及鼓座，仰视全景

1818年得到首肯的已是第五个设计，但由于宫廷建筑师之间的竞争，工程于1821~1825年间暂时搁置（蒙特费朗的对手们曾于1822年提出要重新考虑方案，只是在他进行了激烈的抗辩后，修订后的设计才在1825年4月得到最后批准）。

大教堂的平面可列入"内接十字"类型，但按会堂模式在纵向进行了延伸（平面、立面、剖面及构造设计：图9-117~9-120；剖析图：图9-121；模型：图9-122、9-123）。这种整合不同传统及要素的做法贯穿在整个设计中。采用新古典主义风格的主体部分和

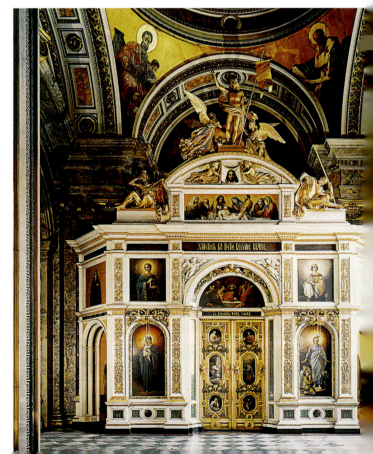

左页：

（上）图9-182圣彼得堡 达尔马提亚圣伊萨克大教堂。中央穹顶，鼓座处天使群像及表现圣徒的壁画

（左下）图9-183圣彼得堡 达尔马提亚圣伊萨克大教堂。穹隅马赛克（福音书作者圣马太，1882~1901年）

（右下）图9-185圣彼得堡 达尔马提亚圣伊萨克大教堂。圣叶卡捷琳娜礼拜堂，内景

本页：

（上）图9-184圣彼得堡 达尔马提亚圣伊萨克大教堂。顶塔仰视

（下）图9-186圣彼得堡 达尔马提亚圣伊萨克大教堂。圣叶卡捷琳娜礼拜堂，穹顶（《圣母升天图》，作者P.Basin，1846~1849年）

斯塔索夫设计的教堂颇为类似。中央结构顶上为圆堂般的巨大鼓座,穹顶上立顶塔。中央立方体四角上安置了位于鼓座上的较小穹顶,充当教堂的钟塔(早期教堂:图9-124、9-125;施工场景:图9-126~9-132;历史图景:图9-133;俯视及远景:图9-134~9-140;外景:图9-141~9-145;近景及细部:图9-146~9-

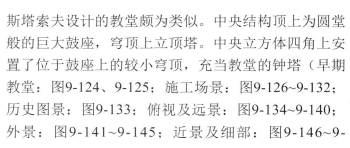

本页及右页:

(左上)图9-187圣彼得堡 达尔马提亚圣伊萨克大教堂。圣亚历山大·涅夫斯基礼拜堂,入口

(中上)图9-188圣彼得堡 达尔马提亚圣伊萨克大教堂。圣亚历山大·涅夫斯基礼拜堂,自入口处望祭坛圣像屏

(中下)图9-189圣彼得堡 圣伊萨克广场。19世纪中叶景色[彩画,作者Василий Семёнович Садовников(1800~1879年),表现1859年尼古拉一世骑像揭幕式盛况,当时场地称玛丽广场(Мариинской площади)]

(右上)图9-190圣彼得堡 圣伊萨克广场。现状,俯视全景(自圣伊萨克教堂顶上望去的景色,对面是玛丽宫)

(右下)图9-191圣彼得堡 圣伊萨克广场。尼古拉一世骑像,东南侧全景(大教堂耸立在雕像前方)

第九章 19世纪的传统风格和折中主义 · 2019

本页：

（上）图9-192圣彼得堡 圣伊萨克广场。尼古拉一世骑像，西侧景色

（下）图9-193圣彼得堡 圣伊萨克广场。尼古拉一世骑像，西南侧近景

右页：

（左右两幅）图9-194圣彼得堡 圣伊萨克广场。尼古拉一世骑像，基座顶部寓意雕像

165；内景：图9-166~9-184；礼拜堂：图9-185~9-188）。

蒙特费朗的第一个决定是采用板式基础，而不是在周边打桩。基础工程历时5年完成。为了获取主要门廊用的48根花岗石柱子又用了十多年时间。柱子在现属芬兰的腓特烈港粗凿成型，运到施工现场后用蒙特费朗自己设计的巨大车床做最后加工。柱子于1828~1830年就位，磨光又花了4年时间。与此同时完成了主要砖墙和拱顶天棚工程。

1837年11月，当人们将64吨重的穹顶柱子抬升到51米高度时，蒙特费朗从脚手架上摔下来，多亏周围的工人及时接住，幸免遭难。

教堂穹顶采用了全新的设计。镀金的肋条穹顶搁置在科林斯柱廊及栏杆环绕的圆堂上，柱身由整块红色花岗石制作，穹顶是当年欧洲最大的这类结构之一（外径近25.8米，重2226吨），采用了技术上最先进的三重壳体和桁架体系。在这以前，外穹顶一般采用木或钢构架，内穹顶为砖石砌筑。蒙特费朗提出的这个三重穹顶体系全部采用金属结构（铸铁），中间的锥形穹顶承受重量较轻的内外构架。这样穹顶的重量可从预计的7440吨减少到2680吨，施工过程中还可再省600吨。1841年完成的穹顶要比最初的估算节省200万卢布。

穹顶完成后，大教堂的室内装修又用了16年，参与工作的艺术家中包括卡尔·布留洛夫及其兄弟、彼得·克洛特和伊万·维塔利（1794~1855年）等。大教堂在1858年5月30日，即彼得大帝186年诞辰纪念日时举行落成典礼。

本页：

（上及中）图9-195圣彼得堡圣伊萨克广场。尼古拉一世骑像，基座嵌板浮雕

（下）图9-196圣彼得堡 宫殿广场。亚历山大纪念柱（1830~1834年），施工场景（彩画，作者Grigory Grigorievich Gagarin，1832~1833年）

右页：

（上）图9-197圣彼得堡 宫殿广场。亚历山大纪念柱，1834年8月30日揭幕式场景（油画，1840年）

（左下）图9-198圣彼得堡宫殿广场。亚历山大纪念柱，外景（版画）

（右下）图9-199圣彼得堡宫殿广场。亚历山大纪念柱，西侧景观

在这期间，设计又进行了一些修改，角上的塔楼缩小了很多，仅作为钟室，取消了为室内采光的功能。与此同时，在主体结构向外延伸部分，位于屋顶角上的天使和火炬青铜组雕进一步强调了建筑的水平形体（见图9-143）。穹顶的巨大高度和强调结构水平形体的做法多少显得有些矛盾，这也说明，在这时期，古典时期构造协调的观念并没有得到人们的深刻理解或重视。在法国学习建筑的蒙特费朗无疑受过完整的古典培训，然而众多的主管部门和设计的不断修改最终导致目标的分散和主体的多元化。

本页及右页:
(左右两幅)图9-200圣彼得堡 宫殿广场。亚历山大纪念柱,东南侧现状

本页及左页：

（左上）图9-201圣彼得堡宫殿广场。亚历山大纪念柱，东北侧景色

（左下）图9-202圣彼得堡宫殿广场。亚历山大纪念柱，北侧夜景

（中上及右上）图9-203圣彼得堡 宫殿广场。亚历山大纪念柱，栏杆立柱雕刻

（右下）图9-204圣彼得堡宫殿广场。亚历山大纪念柱，基座浮雕

从雕刻的作用上可清楚看到这点。即便是沃罗尼欣的喀山大教堂也没有采用如此多的雕饰和表达如此具体的意识形态内容（如西山墙上的雕刻组群表现圣伊萨克祈求上帝保佑皇帝狄奥多西及皇后埃莉娅·弗拉西拉，赋予他们宗教和世俗的大一统权威）。室外的青铜雕刻大部出自保罗·特里斯科尔尼的门徒伊万·维塔利之手，包括门廊龛室内的雕刻（和立面一样，龛室均以大理石贴面）、山墙上的使徒雕像（山墙顶端为四位圣经新约福音书作者雕像），以及位于建筑角上和圆堂栏杆上的众天使雕像。山墙上的雕刻组群构成叙事的重点，支撑山墙的柱子同样由整块自维堡附近采得的红色花岗石制作，每根重约114吨。

尽管作为建筑的主要组成部分，体量庞大的柱廊和山墙可视为到穹顶的过渡元素，但整个设计并没有将这些分散的部分——特别是角上的钟塔——组合成一个完美的整体。和莫斯科的救世主基督教堂一样，圣伊萨克大教堂的尺度，以及它在一个内接十字形的平面上以折中主义的方式混合文艺复兴、巴洛克和新古典主义各种部件的做法，使人感到不像是一个统一规划和设计的作品，和沃罗尼欣设计的喀山大教堂形

左页：

（左右两幅）图9-205圣彼得堡 宫殿广场。亚历山大纪念柱，柱顶天使雕像

本页：

（上）图9-206圣彼得堡 大理石宫。附属建筑（1844~1847年），东南侧，地段全景

（下）图9-207圣彼得堡 大理石宫。附属建筑，东南侧，街立面景色

成了鲜明的对比。

教堂室内用了大量贵重金属和珍贵石料（天青石、斑岩、大理石和孔雀石，用作粗壮的柱墩、圣像屏栏和拱顶的饰面），制作工艺堪称完美，华丽的程度更是超过一般人的想像，但和室外一样，在构图的清晰和空间效果的协调上，总觉得有些欠缺。俄罗斯人对艳丽色彩和叙事题材的喜爱（特别是在教堂内部）和相对简朴的新古典主义风格本不相容，如今却借助中世纪人们尚不掌握的技术手段强力回归。圣像屏栏柱子的孔雀石饰面和建筑细部上大量的镀金面层

（上）图9-208圣彼得堡 新埃尔米塔日（1839~1852年）。19世纪景色（彩画，作者Joseph-Maria Charlemagne-Baudet）

（中）图9-209圣彼得堡 新埃尔米塔日。现状，西南侧全景

（下）图9-210圣彼得堡 新埃尔米塔日。门廊，东南侧立面

是最明显的两个例证。室内墙面上饰有华美的壁画和马赛克嵌板（特别在圣像屏帏处），为了掌握制作的技术，参与这项工作的俄罗斯匠师于19世纪40年代中期在罗马的巴尔贝里工作室（Barberi studio）接受了为期4年的培训。这个久已失传的艺术手段的复活和振兴对该世纪末俄罗斯建筑和纪念性艺术的发

（上）图9-211圣彼得堡 新埃尔米塔日。门廊，西南侧近景

（下）图9-212圣彼得堡 新埃尔米塔日。门廊，东侧近景

展具有重大意义。特别是蒙特费朗在主要祭坛处安置了表现基督复活的大型彩色玻璃窗（在慕尼黑制作），这种做法对俄罗斯东正教教堂来说，可谓不同寻常。

圣伊萨克大教堂的完成为彼得堡的城市景观增加一个新的景点和制高点，市内各处都可以欣赏到它的穹顶，其庞大的形体不仅界定了参议院广场的南部边界，同时也形成了新的圣伊萨克广场的北侧，并和广场中间的尼古拉骑像一起，完成了整个广场空间的构图（历史图景：图9-189；俯视全景：图9-190；尼古拉骑像及细部：图9-191~9-195）。在这个意义上可以说，蒙特费朗的教堂，尽管和卡洛·罗西的新古典

第九章 19世纪的传统风格和折中主义·2031

本页：

图9-213圣彼得堡 新埃尔米塔日。门廊，人像柱内景

右页：

（左）图9-214圣彼得堡 新埃尔米塔日。门廊，人像柱细部

（右上）图9-215雕刻师亚历山大·捷列别尼奥夫画像（Mikhail Scotti绘，1835年）

（右中及右下）图9-216圣彼得堡 新埃尔米塔日。楼梯间（上层，内景画，1853及1860年）

主义建筑全然异趣，但对后者确立的市中心广场体系仍然起到了补充的作用。

同样，蒙特费朗还通过他设计的亚历山大纪念柱（1830～1834年；历史图景：图9-196~9-198；外景：图9-199~9-202；近景及细部：图9-203~9-205）为冬宫前的宫殿广场提供了最后的构图中心。这是世界最高的胜利纪念柱之一（高47.5米），作为最后的方案，蒙特费朗采用了一根红色花岗石的独石柱（同样取自维堡附近的采石场），它和拉斯特列里及罗西设计的周边建筑的柱列互相呼应，并没有在景观上和这两个宏伟的立面抢戏。柱顶上立着手持十字架的巨大天使铜像（作者鲍里斯·I.奥尔洛夫斯基），基座上安置表现亚历山大战胜拿破仑的青铜浮雕（设计人乔瓦尼-巴蒂斯塔·斯科蒂）。然而整个纪念柱并不是雕刻，而是一个和周围环境密切相关的建筑作品，这也是蒙特费朗设计的一个突出特色。

四、新文艺复兴风格

在彼得堡，甚至在亚历山大纪念柱已经就位后，宫殿广场的最后设计仍在进行之中。1827年为建造广场东侧的卫队总部举行了一次没有结果的竞赛（托恩、罗西、斯塔索夫、亚历山大·布留洛夫和蒙特费朗均提交了方案），10年后（1837年）重新设计的任务交给了布留洛夫。其设计沿袭罗西确立的古典主

（上）图9-217圣彼得堡 新埃尔米塔日。楼梯间（上层，现状）

（左中）图9-218圣彼得堡 新埃尔米塔日。俄罗斯画派展厅（内景画，1855年）

（左下）图9-219圣彼得堡 新埃尔米塔日。俄罗斯绘画厅（内景画，1856年）

（右下）图9-220圣彼得堡 新埃尔米塔日。女皇室（内景画，1856年）

义基调，但配置了爱奥尼附墙柱的主立面更多带有17世纪法国巴洛克风格而不是俄罗斯新古典主义的特色。厚重的檐口、分散的中心（高两层的大门位于两端），以及下面两层的装饰花纹都表明这是一种早期折中主义特有的混杂风格（见图9-62~9-66）。从这

里也可看出，布留洛夫（前面我们已经介绍过他的哥特复兴作品）同样是带有文艺复兴特色的新折中主义的倡导者。这在他1844~1847年改造大理石宫附属建筑的工程上也可得到证明（图9-206、9-207）：他增建了第三层，并完成了混合文艺复兴和古典细部的立面（均为砖墙外施抹灰）。

沿宫廷滨河路建造的埃尔米塔日组群的最后一栋建筑同样是最著名的新折中主义实例之一。尼古拉下令建造的这栋新埃尔米塔日（1839~1852年；历史图景：图9-208；外景及细部：图9-209~9-214）位于老埃尔米塔日和卫队总部之间，系作为埃尔米塔日建筑群展览空间的延伸[5]。事实上，这也是俄罗斯第一栋专门作为公共博物馆设计的建筑（用于收藏和

（左上）图9-221圣彼得堡 新埃尔米塔日。佛兰德画派厅（内景画，1860年）

（右上）图9-222圣彼得堡 新埃尔米塔日。意大利艺术室（内景画，1859年）

（下两幅）图9-223圣彼得堡 新埃尔米塔日。德国画派厅（内景画，1857及1860年）

第九章 19世纪的传统风格和折中主义·2035

展示重要的艺术作品,为此拆除了小埃尔米塔日旁的舍佩廖夫宫和宫廷马厩)。1838年,尼古拉一世委托的建筑师是以设计慕尼黑希腊风格的雕刻博物馆(1816~1834年)而闻名的莱奥·冯·克伦茨。建筑于1842~1851年在俄罗斯建筑师瓦西里·斯塔索夫和尼古拉·叶菲莫夫的监管下完成,并纳入了夸伦吉建造的带拉斐尔廊厅的一翼。

莱奥·冯·克伦茨是德国著名的新古典主义建筑师,但在新埃尔米塔日,他采用的仍然是文艺复兴风格,在这个框架内,布置了一些能反映建筑用途的古典部件,如立面龛室内古代希腊和文艺复兴时期意大利著名艺术家的雕像(作者约翰·哈尔比希)。主

本页及左页：

（左）图9-224 圣彼得堡 新埃尔米塔日。拉法埃里厅（1850年代），现状

（右）图9-225 圣彼得堡 新埃尔米塔日。古代绘画史廊厅（内景画，1859年）

（中）图9-226 圣彼得堡 新埃尔米塔日。古代绘画史廊厅，内景，现状

立面（南立面）纳入了用恒电流法制作的陶瓷和青铜雕刻（此前在圣伊萨克大教堂已用过这种技术）。上层窗户中间立带赫耳墨斯像的花岗石小柱，上部檐口饰铸铁装饰，两端凸出的侧翼上设两个阁楼。不过，主立面上给人印象最深的还是带10尊巨大人像柱的门廊。这些像柱由灰色花岗石制作，是雕刻家亚历山大·捷列别尼奥夫（图9-215）带着150名"民工"助手完成的。

室内厅堂围绕着宏伟壮观的大楼梯布置，大厅墙面贴黄色的人造大理石板，上层两边立灰色花岗石制作的科林斯柱子（图9-216、9-217）。底层由四排房间组成，围成方形院落，主要用于展出雕刻和造型艺

(上下两幅)图9-227圣彼得堡 新埃尔米塔日。古代绘画史廊厅,穹式拱顶,仰视(穹隅处圆形或多边形框内布置杰出艺术家的浮雕肖像)

术。较大的厅堂配置了精心制作的拱顶或带藻井的天棚,采用了文艺复兴和古代风格(各厅堂内景:图9-218~9-224)。在上层,大楼梯通向由9个方形跨间组成的古代绘画史廊厅,每个跨间上冠穹式拱顶,穹隅处圆形或多边形框内布置杰出艺术家的浮雕肖像(包括克伦茨本人在内;图9-225~9-228)。墙面描绘古代绘画发展的场景,围绕着这些画绘拉斐尔式的阿拉伯花纹。为建新埃尔米塔日拆除了夸伦吉设计

2038·世界建筑史 俄罗斯古代卷

（上下两幅）图9-228 圣彼得堡 新埃尔米塔日。古代绘画史廊厅，壁画（表现古代绘制天棚及写生的情景）

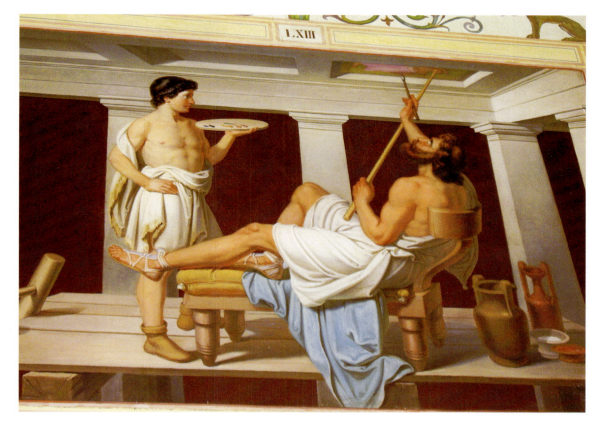

的拉斐尔廊厅（由女皇叶卡捷琳娜二世下令建于1780年代后期的这个厅堂是梵蒂冈城教皇宫同名大厅的精确复制品），但所有的廊厅装饰都保存下来并在新建筑东立面（俯视冬运河的一面）的同一位置上重新组装。上层的其他房间都装饰着华丽的彩色和镀金部件，特别是中部三个成列带天窗的展厅——大小两个意大利天窗厅和西班牙天窗厅（大意大利天窗厅：图9-229、9-230；小意大利天窗厅：图9-231；西班牙

天窗厅：图9-232），采用了风格奇异的复杂雕饰图案。面对百万大街一翼的三个厅堂则以佛兰德画家的名字命名（如斯奈德斯厅；图9-233）。底层靠近小埃尔米塔日的一翼里，安置了专门展示古代雕刻的狄俄尼索斯厅（图9-234）和所谓20柱厅（1842~1851年，因室内20根爱奥尼柱而得名；图9-235）。

本页及左页：

（左上）图9-229圣彼得堡 新埃尔米塔日。大意大利天窗厅（1840年，为三个这类厅堂中最著名的一个），内景（绘画，1853年）

（中上）图9-230圣彼得堡 新埃尔米塔日。大意大利天窗厅，内景

（左中）图9-231圣彼得堡 新埃尔米塔日。小意大利天窗厅，内景

（左下）图9-232圣彼得堡 新埃尔米塔日。西班牙天窗厅（内景画，1856年）

（右上）图9-233圣彼得堡 新埃尔米塔日。斯奈德斯厅，内景

（中下）图9-234圣彼得堡 新埃尔米塔日。狄俄尼索斯厅，内景

（右下）图9-235圣彼得堡 新埃尔米塔日。20柱厅（1842~1851年），内景

尽管新文艺复兴风格的建筑未能和彼得堡那些巴洛克和新古典主义的建筑群组争雄，但它们构成了这两种主要风格的必要补充并进一步完善了中心区的规划。扩展规划的一个重要实例即尼古拉火车站的建造（1843~1851年；历史图景：图9-236~9-239；现状：图9-240、9-241）。尼古拉是发展铁路交通的积极推动者，对工程技术具有浓厚的兴趣。这是俄国第一条长途铁路线，将彼得堡和莫斯科这两个主要城市连接起来。位于涅瓦大街和老的诺夫哥罗德大道交会处的车站在城市肌理中具有重要的地位，面对着新设计的兹纳缅斯基广场[其名来自费奥多尔·杰梅尔佐夫（1753~1823年）建于19世纪初但现已无存的圣母圣

像教堂（兹纳缅尼教堂）]。

　　康士坦丁·托恩设计的这座车站沿用文艺复兴风格，但象征性地反映了两个城市的建筑要素。底层采用拱廊结构，各跨内安置双券窗，类似他设计的大克里姆林宫的窗户样式。作为中世纪俄罗斯象征的双券跨间实际上是菲奥拉万蒂在建造圣母安息大教堂西门廊时引进的，随后被俄罗斯建筑师们广泛用作垂檐

本页及左页：

（左上）图9-236圣彼得堡 尼古拉火车站（1843~1851年）。19世纪中叶景色（面对北面广场的主立面，彩画，作者A.V.Pettsolt，1851年）

（左中）图9-237圣彼得堡 尼古拉火车站。19世纪中叶景色（西南侧，背面，彩画，作者A.V.Pettsolt，1851年）

（左下）图9-238圣彼得堡 尼古拉火车站。19世纪中叶景色（内景，彩画，作者A.V.Pettsolt，1851年）

（中上）图9-239圣彼得堡 尼古拉火车站。19世纪中叶景色（老照片，1855~1862年）

（右上）图9-240圣彼得堡 尼古拉火车站。现状，西北侧全景

（中下）图9-241圣彼得堡 尼古拉火车站。钟楼近景

（右下）图9-242圣彼得堡 市政厅。塔楼（1799~1804年），现状

（上）图9-243圣彼得堡 涅瓦大街廊厅（1846~1848年）。20世纪初景色（老照片，1917年）

（下）图9-244圣彼得堡 涅瓦大街廊厅。地段形势

装饰。车站上层则效法彼得堡的建筑，配置了附墙柱和拉斯特列里式的檐口，钟楼类似涅瓦大街市政厅的塔楼（1799~1804年，建筑师贾科莫·费拉里；图9-242）。托恩同时还设计了规模和尺度大体相当的莫斯科的对应车站，只是更多地效法彼得堡的古典主义风格。车站的大跨顶盖，和莫斯科-彼得堡沿线

的其他类似设施，均由鲁道夫·热利亚泽维奇（1811年~?）设计。

在俄罗斯，甚至还在亚历山大二世登位和解放农奴之前，社会和经济的变化已经成为建造城市基本设施的主要动力。除了火车站外，这种转变最明显的标志便是商业拱廊（或曰"通廊"、"廊厅"）的出现，如热利亚泽维奇设计的涅瓦大街的廊厅（1846~1848年，高三层，内有104个店铺，用了意大利新文艺复兴风格；历史图景：图9-243；外景及细

（上）图9-245圣彼得堡 涅瓦大街廊厅。立面全景

（中）图9-246圣彼得堡 涅瓦大街廊厅。檐口及山墙细部

（下）图9-247圣彼得堡 涅瓦大街廊厅。内景

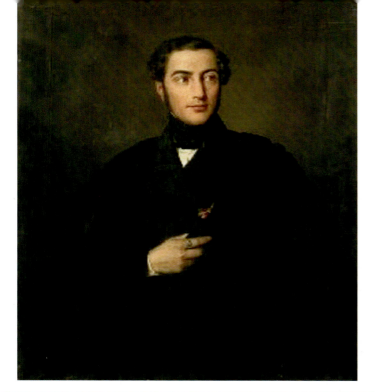

本页：

（左上）图9-248阿尔贝特·卡沃斯（1800~1864年）画像（作者Cosroe Dusi，1849年）

（右上）图9-249圣彼得堡 玛丽剧院（1859~1860年，建筑师阿尔贝特·卡沃斯；1883~1886年改建，建筑师维克托·施赖特尔）。20世纪初景色（老照片，1900年代）

（中两幅）图9-250圣彼得堡玛丽剧院。东北侧，现状全景

（下）图9-251圣彼得堡 玛丽剧院。东立面（入口立面），自东北方向望去的景色

右页：

（左上）图9-252圣彼得堡 玛丽剧院。东立面，近景

（右上）图9-253圣彼得堡 玛丽剧院。东南侧景观

（中）图9-254圣彼得堡 玛丽剧院。西南侧全景

（下）图9-255圣彼得堡 玛丽剧院。观众厅，内景

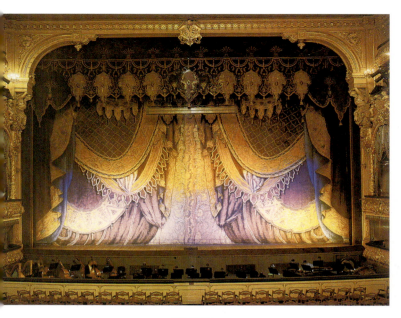

部：图9-244～9-246；内景：图9-247）。不过，在俄罗斯，最早引进这类结构的还是米哈伊尔·贝科夫斯基，他于1835年以巴黎王宫的大鹿廊厅（1824～1826年）为范本设计了一个所谓"市场"（bazar），并于1840～1841年，在实业家米哈伊尔·戈利岑委托建造的

本页及左页：

（左上）图9-256圣彼得堡 玛丽剧院。观众厅，舞台口

（左下）图9-257安德烈·伊万诺维奇·施塔肯施奈德（1802~1865年）画像（作者N.Terebenev）

（中下）图9-258亚历山大·冯·本肯多夫伯爵画像（作者George Dawe-Alexander von Benckendorff）

（中上、右上及右中）图9-259凯伊拉-约阿 亚历山大·冯·本肯多夫堡邸（1831~1833年）。西南侧景色（三幅分别示2011年整修前、2012年整修中及2013年整修完成后景观）

（右下）图9-260凯伊拉-约阿 亚历山大·冯·本肯多夫堡邸。西南侧近景

一个廊厅里用了这个设计（建筑位于莫斯科繁华的库兹涅茨基桥商业区内）。被称作戈利岑廊厅的这座高两层的建筑有24个店铺和上置天窗的通道，将新古典主义和文艺复兴的细部综合在一起，以其大胆的创新和舒适的环境使当时的人们耳目一新。可惜这座建筑

（左上）图9-261凯伊拉-约阿 亚历山大·冯·本肯多夫堡邸。东立面（花园面）现状
（下）图9-262凯伊拉-约阿 亚历山大·冯·本肯多夫堡邸。东北侧景色
（左中）图9-263凯伊拉-约阿 亚历山大·冯·本肯多夫堡邸。修复后内景
（右上）图9-264凯伊拉-约阿 亚历山大·冯·本肯多夫堡邸。装修细部

（左上）图9-265玛丽亚·尼古拉耶芙娜画像（T.Neff绘，1850~1860年）

（下）图9-266圣彼得堡玛丽宫（1839~1844年）。19世纪中叶景色（彩画，作者Василий Семёнович Садовников，1849年）

（右上）图9-267圣彼得堡玛丽宫。19世纪末景色（老照片，1890年代，俯视远景，前方为圣伊萨克广场）

于1910年经伊万·雷贝格（1869~1932年）彻底改建，又于1974年，为了建中央百货商场的新附属建筑被全部拆除。

城市人口的增长不仅促进了商业和居住建筑的建造速度，同样也带动了新剧院的建设，最早从事这项工作的建筑师之一是曾和罗西在建造亚历山大剧院时合作过的阿尔贝特·卡沃斯（图9-248）。1855年，他改建了被1853年大火毁坏的莫斯科大剧院（见图8-439）。在彼得堡，他于1848年建造了一个大型木构建筑，内有一个圆形表演场地和一个剧场舞台，构成一个颇为奇特但多少有点怪异的设计。在它于1859年被焚毁后，卡沃斯又设计了一个装饰豪华的歌剧院，1860年落成后随即依亚历山大二世的皇后玛丽亚之名改称玛丽剧院。用了大量木结构的这座剧院于1883~1886年在维克托·施赖特尔主持下进行了改建，在卡沃斯相对简朴的新文艺复兴式立面上增添了大量

第九章 19世纪的传统风格和折中主义·2051

（上）图9-268圣彼得堡 玛丽宫。现状，俯视全景（自北侧望去的景色）

（下）图9-269圣彼得堡 玛丽宫。北侧，远景（自圣伊萨克大教堂前望去的景色，左侧为尼古拉一世雕像）

（上）图9-270圣彼得堡 玛丽宫。东北侧全景

（中及下）图9-271圣彼得堡 玛丽宫。北立面现状

第九章 19世纪的传统风格和折中主义·2053

（左上）图9-272圣彼得堡 玛丽宫。西北侧景色

（右上）图9-273圣彼得堡 玛丽宫。蓝客厅（内景画，19世纪中叶，作者Edward Petrovich Hau）

（下）图9-274圣彼得堡 玛丽宫。圣尼古拉宫廷教堂，内景

的装饰，不过在结构上部，还可看到原来立面的形式（历史图景：图9-249；外景：图9-250~9-254；内景：图9-255、9-256）。

五、安德烈·施塔肯施奈德等人的皇家工程及私人宅邸

[施塔肯施奈德设计的皇家工程]

尽管在后新古典主义时期，建筑上帝国风格的表现渐为其他社会和经济力量所主导的折中主义样式取代，但在彼得堡，尼古拉统治时期的皇室工程并没有停止，这也是宫殿建设的最后一个重要阶段。主持这项工作的建筑师是安德烈·伊万诺维奇·施塔肯施奈德（1802~1865年；图9-257）。诞生在一个富裕家庭里的施塔肯施奈德就学于圣彼得堡艺术学院（1815~1821年），并在蒙特费朗的指导下开始自己

（上）图9-275 圣彼得堡 玛丽宫。红厅，内景

（下）图9-276 圣彼得堡 别洛谢利斯基-别洛泽尔斯基宫殿（1846~1848年）。19世纪中叶景色（绘画，图8-538局部，1850年代，作者Joseph-Maria Charlemagne-Baudet，前景为丰坦卡运河和阿尼奇科夫桥）

的职业生涯（协助他监管圣伊萨克大教堂的施工）。1834年他成为艺术学院的成员，1844年任教授。

施塔肯施奈德建了很多宫殿和私人宅邸（包括圣彼得堡的10座宫殿）。他自希腊、文艺复兴、巴洛克和哥特风格中汲取创作灵感，将各时期的建筑风格以折中的方式组合在一起；虽然没有杰出的老一辈宫廷建筑师那样的天分，但通过熟练地发掘折中主义的潜力，施塔肯施奈德仍然创造出一种集新文艺复兴和新

（上）图9-277圣彼得堡 别洛谢利斯基-别洛泽尔斯基宫殿。19世纪末景观（老照片，1896年）

（中）图9-278圣彼得堡 别洛谢利斯基-别洛泽尔斯基宫殿。东南侧，临河立面现状

（下）图9-279圣彼得堡 别洛谢利斯基-别洛泽尔斯基宫殿。临河立面（自东面望去的情景）

巴洛克为一体的混合风格,因而被认为是自新古典主义至浪漫主义转折时期俄罗斯建筑的代表人物。

　　他的第一个独立作品是采用新哥特风格的亚历山大·冯·本肯多夫伯爵(图9-258)的堡邸(位于塔林附近的凯伊拉-约阿,1831~1833年;外景:图9-259~9-262;内景:图9-263、9-264)。1830年代,和之前

(上)图9-280圣彼得堡 别洛谢利斯基-别洛泽尔斯基宫殿。南侧全景

(下两幅)图9-281圣彼得堡 别洛谢利斯基-别洛泽尔斯基宫殿。人像柱,近景

（左上）图9-282圣彼得堡 别洛谢利斯基-别洛泽尔斯基宫殿。大楼梯，内景

（右上及右中）图9-283圣彼得堡 别洛谢利斯基-别洛泽尔斯基宫殿。金厅，内景

（下）图9-284圣彼得堡 尼古拉宫（劳动宫，1853~1861年）。19世纪中叶景色（彩画，1861年，作者Joseph-Maria Charlemagne-Baudet）

的罗西一样，施塔肯施奈德受托设计"俄罗斯风格"的建筑，其中最迷人的作品便是彼得霍夫程式化的乡村原木住宅（所谓尼科尔斯基宅邸，1833~1835年，现已无存），其他所谓"俄罗斯风格"的作品还包括科洛缅斯克宫殿的改造设计等。

1837年，施塔肯施奈德由宫廷资助在欧洲考察了一年，之后回到彼得堡。19世纪30年代后期，他成为尼古拉一世的宫廷总建筑师，为这位沙皇及其孩子们设计和建造了一系列建筑。其中最早的一个是为公主玛丽亚·尼古拉耶芙娜（图9-265）建造的玛丽宫[1839~1844年，位于圣伊萨克大教堂广场对面，苏联时期为列宁格勒工人代表苏维埃执行委员会（Ex-

（上）图9-285 圣彼得堡 尼古拉宫（劳动宫）。西南侧远景

（下）图9-286 圣彼得堡 尼古拉宫（劳动宫）。西南侧全景

第九章 19世纪的传统风格和折中主义 · 2059

（上）图9-287圣彼得堡 尼古拉宫（劳动宫）。主立面，门廊近景

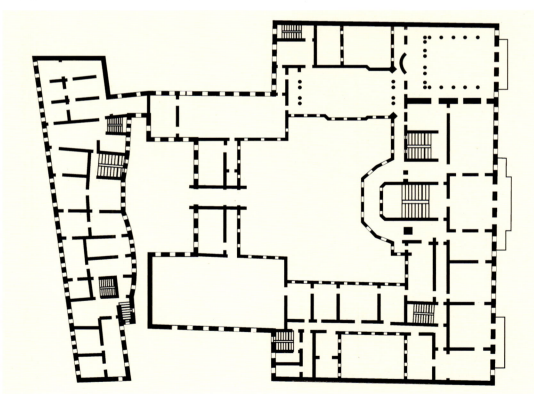

（下）图9-288圣彼得堡 新米哈伊洛夫宫（新米迦勒宫，1857~1861年）。平面

ecutive Committee of the Leningrad Soviet of Workers' Deputies）所在地；历史图景：图9-266、9-267；现状外景：图9-268~9-272；内景：图9-273~9-275］。这是个相对保守的设计，和大教堂一样，在很大程度上倚赖新古典主义的先例，配置了科林斯的柱子和壁柱。但和前期的新古典主义作品不同，建筑中央部分

（上）图9-289 圣彼得堡 新米哈伊洛夫宫（新米迦勒宫）。19世纪中叶景色（版画，1850年代末，原图作者 Иосиф Мария Шарлемань，图版制作 Ж. Жакотте 和 Ш. К. Башелье）

（下）图9-290 圣彼得堡 新米哈伊洛夫宫（新米迦勒宫）。北立面（实为北偏西，自涅瓦河上望去的景色）

虽有明确的划分，但并没有像早期建筑师那样通过山墙进一步加以强调，而是代之以平顶栏墙，也没有采用在彩色底面上突出白色构造部件的做法。摈弃立面的双色装饰体系是彼得堡折中主义时期的典型做法，特别是在模仿意大利文艺复兴时期的砖石建筑时。事实上，施塔肯施奈德的立面也用了地方的红褐色砂

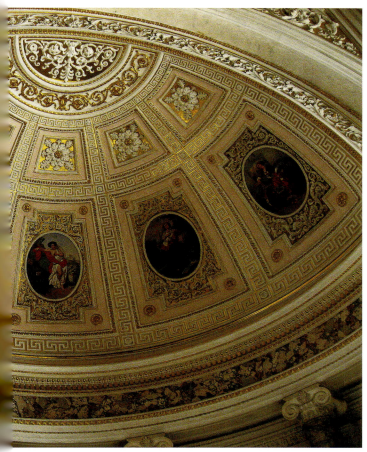

（左上）图9-291圣彼得堡 新米哈伊洛夫宫（新米迦勒宫）。立面近景

（右上）图9-292圣彼得堡 小埃尔米塔日。北楼，楼阁厅（1850~1858年），19世纪中叶景色（内景画，1864年，作者Edward Petrovich Hau）

（左下）图9-293圣彼得堡 小埃尔米塔日。北楼，楼阁厅，南廊厅，朝东侧半圆室望去的景色

（中上）图9-294圣彼得堡 小埃尔米塔日。北楼，楼阁厅，南廊厅，朝西侧望去的仰视景色

（中下）图9-295圣彼得堡 小埃尔米塔日。北楼，楼阁厅，南廊厅，半圆室穹顶近景

（右下）图9-296圣彼得堡 小埃尔米塔日。北楼，楼阁厅，南廊厅，通向上层廊道的大理石楼梯

第九章 19世纪的传统风格和折中主义·2063

岩，在维修上要比砖墙外施抹灰更为容易。其他文艺复兴母题则出现在装饰细部上，总体设计可能主要借鉴法国17世纪的巴洛克风格。室内设计沿袭折中主义的做法，各主要房间按不同风格装修。

施塔肯施奈德接手的下一个主要项目是为K.E.别洛谢利斯基-别洛泽尔斯基大公改建位于涅瓦大街上的宫殿[1846~1848年，建筑的主人为科丘别伊公主，苏联时期作为苏共古比雪夫区委会（Kuibyshev District Committee of the CPSU）驻地]，这次他的创作灵感应该来自拉斯特列里的作品。尽管建筑的规模要比帝王宫殿小很多，但规整有序的两层立面及其庄重的细部在阿尼奇科夫桥地区仍然显得非常突出（历史图景：图9-276、9-277；外景及细部：图9-278~9-281；内景：图9-282~9-283）。和斯特罗加诺夫宫一样（建筑显然是以它为样板），宫殿面对着两个重要公共通道：涅瓦大街和主要运河（这次是丰坦卡运河）。只是拉斯特列里檐口和山墙的形式在这里被每个立面中央阁楼层的曲线山墙替代，该作品的另一个突出特色是采用深红色的立面作为新巴洛克式细部的背景。

1850年代早期，施塔肯施奈德把主要精力转向建造彼得堡的帝王宫殿，其中最早的是为尼古拉·尼古拉耶维奇大公建造的尼古拉宫（1853~1861年，后为劳动宫；历史图景：图9-284；外景：图9-285~9-287）。这座高三层的大型建筑是他最简朴的设计之一，也是采用折中主义、特别是仿文艺复兴形式中突出水平构图和分散布置构造部件的范例，立面系通过檐口线脚将各层分开并着意突出带系列小阳台的第二层（主要楼层）。

位于宫殿码头的新米哈伊洛夫宫（新米迦勒宫）是个装饰更为豪华的作品，其中纳入了各种风格部

左页：

（上）图9-297圣彼得堡 小埃尔米塔日。北楼，楼阁厅，南廊厅，马赛克铺地（仿意大利奥克里库鲁姆古代浴室的地面马赛克）

（下）图9-298圣彼得堡 小埃尔米塔日。北楼，楼阁厅，分隔南北廊厅的双拱廊通道

本页：

（上）图9-299圣彼得堡 小埃尔米塔日。北楼，楼阁厅，北廊厅，朝西南方向望去的室内景色

（下）图9-300圣彼得堡 小埃尔米塔日。北楼，楼阁厅，北廊厅，东头拱廊近景

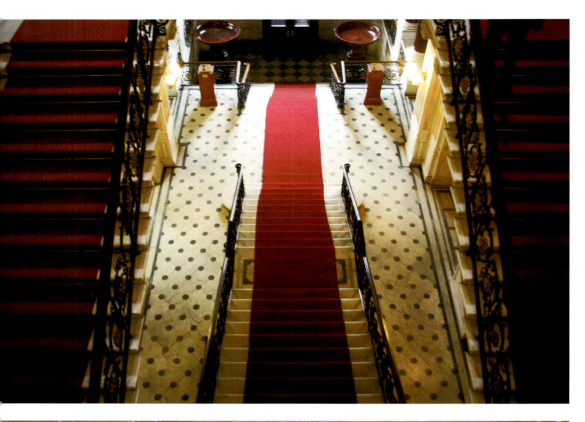

件（平面：图9-288；历史图景：图9-289；外景：图9-290、9-291）。属米哈伊尔·尼古拉耶维奇大公的这座建筑建于1857~1861年，朝河立面位于宫廷滨河路，背面对着百万大街，立面在水平方向通过檐口条带分为三层，类似同时期建造的尼古拉宫的样式。只是后者建在一个开敞地段上，可从三个方向上观赏；在新米哈伊洛夫宫，由于缺乏这样的景观深度，建筑师遂设计了一个带科林斯附墙柱、女像柱、若干檐口

本页及左页：

（左上）图9-301圣彼得堡 老埃尔米塔日。国务会楼梯（苏维埃楼梯），俯视景色

（左下）图9-302圣彼得堡 老埃尔米塔日。国务会楼梯（苏维埃楼梯），上层现状

（中）图9-303圣彼得堡 老埃尔米塔日。列奥纳多·达·芬奇大厅（1805~1807年），内景

（右）图9-304圣彼得堡 老埃尔米塔日。列奥纳多·达·芬奇大厅，门饰细部

和山墙的中央凸出形体作为补偿。雕像组群由施塔肯施奈德最亲密的合作者之一大卫·詹森（1816~1902年）用陶土制作。室内装饰具有折中主义典型的杂乱特色，二层的主要厅堂尤为豪华，每个都呈现不同的风格（其中大沙龙为仿洛可可式样）。

和尼古拉宫及新米哈伊洛夫宫的建造同时，施塔肯施奈德同样采用折中主义风格重新设计和翻修了冬宫及埃尔米塔日的许多房间和厅堂，其中最富丽堂皇

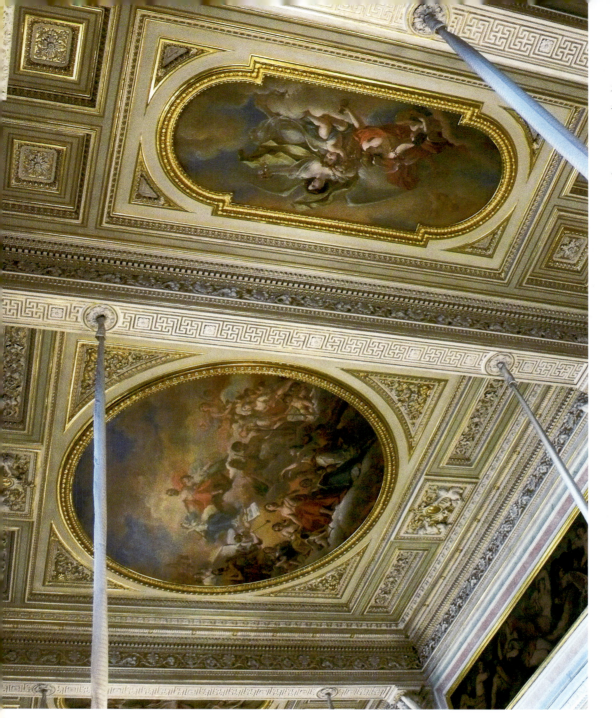

（上）图9-305圣彼得堡 老埃尔米塔日。列奥纳多·达·芬奇大厅，天棚装修

（下）图9-306彼得霍夫 农场宫（1838~1855年）。现状

的是小埃尔米塔日北楼的楼阁厅（1850~1858年），它一面俯视着涅瓦河，另一面俯视着台地花园（已由施塔肯施奈德改造成温室花园）。大厅在空间处理和采光上堪称杰作，厅内配置了白色大理石制作的科林斯柱，白色人造大理石的墙面，在来自南北两面窗户的光线照耀下，镀金的装饰细部熠熠发光、效果非凡。大厅周围由两层拱廊界定，包括支撑着大厅上一条通道的双拱廊，这条通道起到连接大厅两端上层拱廊的作用（历史图景：图9-292；现状：图9-293~9-300）。在大厅南侧（南廊厅），地面上有意大利奥克里库鲁姆[6]古代浴室地面马赛克的复制品，东墙上

（上）图9-307 彼得霍夫 观景阁（1851~1856年）。南侧远景

（中）图9-308 彼得霍夫 观景阁。主阁及附属建筑，北侧全景

（下）图9-309 彼得霍夫 观景阁。西南侧，地段全景

（上）图9-310彼得霍夫 观景阁。南立面

（下）图9-311彼得霍夫 观景阁。东南侧，仰视全景

半圆形龛室两侧立灰绿色的大理石柱，西面有通向廊道的大理石楼梯。施塔肯施奈德混合文艺复兴、新古典主义和古罗马要素的做法在这里出乎意料地创造了统一的美学效果，令如今的参观人群赞赏不已。

与此同时（1851~1859年），施塔肯施奈德对相邻的老埃尔米塔日也进行了大规模的改造，以便供皇位继承人使用（新埃尔米塔日落成后，大部分艺术藏品都重新进行了安置，老建筑得以腾出来作其他用途）。这些作品中包括国务会楼梯（因供国务会议使用而名，又称苏维埃楼梯；图9-301、9-302）和高两

(上)图9-312彼得霍夫 观景阁。主立面(东侧),现状

(下)图9-313彼得霍夫 观景阁。西北侧近景

（上）图9-314塔甘罗格 阿尔费拉基宫。外景

（下）图9-315圣彼得堡 杰米多夫-加加林娜宅邸（1835~1840年）。西南侧全景

（上）图9-316 圣彼得堡 杰米多夫-加加林娜宅邸。南立面西段，现状

（下）图9-317 圣彼得堡 杰米多夫-加加林娜宅邸。南立面东段，现状

层的大厅（现称列奥纳多·达·芬奇大厅；图9-303~9-305）。后者位于主要楼层上，俯视着涅瓦河，和其他房间及厅堂构成平行的两组系列房间（一组为礼仪厅堂，一组为生活起居用房）。白色人造大理石墙面上镶浅绿和粉红色大理石的边条，使大厅显得格外敞亮。分划房间的科林斯附墙柱和壁柱由带纹理的灰绿

左页：

（上）图9-318圣彼得堡 杰米多夫-加加林娜宅邸。立面细部

（左下）图9-319圣彼得堡 季娜伊达·尤苏波娃府邸（1852~1858年）。19世纪中叶景色（立面图，作者В.С.Садовников，1866年）

（右下）图9-320圣彼得堡 季娜伊达·尤苏波娃府邸。现状，自别林斯基大街向东望去的景色

本页：

（上）图9-321圣彼得堡 季娜伊达·尤苏波娃府邸。街立面（西立面），现状

（下）图9-322圣彼得堡 季娜伊达·尤苏波娃府邸。人像柱细部

（上）图9-323圣彼得堡季娜伊达·尤苏波娃府邸。山墙近景

（左下）图9-324米哈伊尔·波戈金画像[1872年，作者Василий Григо́рьевич Перо́в（1834~1882年）]

（右中）图9-325莫斯科波戈金"茅舍"（1850年代）。外景

（右下）图9-326莫斯科波戈金"茅舍"。细部

色意大利大理石制作，立在高高的暗红色斑岩基座上，柱顶盘上由赫耳墨斯像柱承天棚梁端。建筑细部，包括柱头、柱础及基座，以及带线脚的天棚藻井，均施镀金。在未改作博物馆之前，大厅具有国家

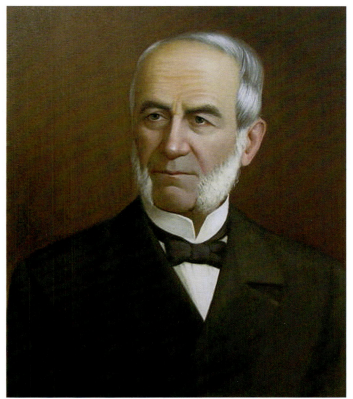

（上两幅）图9-327亚历山大·冯·施蒂格利茨男爵（1814~1884年）画像[左面一幅绘于1847年，作者Пётр Фёдорович Сóколов（1791~1848年）]

（下）图9-329圣彼得堡 施蒂格利茨博物馆和工艺设计学校。东南侧外景（前方为博物馆，远处为学校）

第九章 19世纪的传统风格和折中主义·2077

礼仪厅堂的职能，室内还有詹森制作的六位著名的俄罗斯将帅（包括苏沃洛夫、库图佐夫和波将金）的圆盘浮雕像。

在彼得堡，施塔肯施奈德作品中大部分均属皇室委托的项目，他最令人感兴趣的设计中还包括19世

本页：
（上）图9-328乔治·克拉考（1817~1888年）画像（约1867年）
（下）图9-330圣彼得堡 施蒂格利茨博物馆和工艺设计学校。博物馆，东侧，主入口立面
右页：
（上）图9-331圣彼得堡 施蒂格利茨博物馆和工艺设计学校。学校，东侧，主入口立面
（下）图9-332圣彼得堡 施蒂格利茨博物馆和工艺设计学校。博物馆，入口处柱廊及山墙仰视

2078·世界建筑史 俄罗斯古代卷

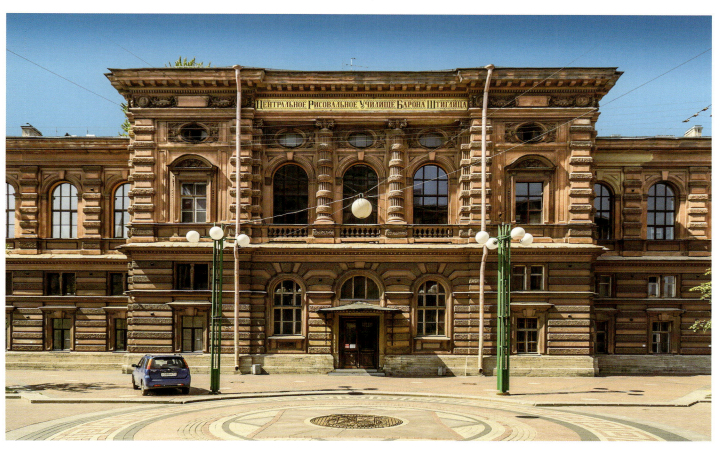

纪40至50年代在彼得霍夫建造的尺度相对较小的农场宫（1838~1855年；图9-306）及城郊别墅。从风格上看，这些亭阁式建筑大都采用了意大利别墅的变体形式，位于彼得霍夫自然风景园林的池塘边。所有这些亭阁都在二战期间被毁或遭到严重破坏，其中只有1851~1856年建的观景阁基本按原样进行了修复，这是一栋仿希腊神殿的建筑，在二层配置了彩色墙面和围柱廊（图9-307~9-313）。在克里米亚奥列安达的帝王宫殿里，施塔肯施奈德同样采用了希腊复兴风格（1842~1852年，1882年焚毁）。塔甘罗格的阿尔费拉基宫则是一栋尺度不大、优雅秀美的建筑，特别是立面中间的四柱门廊，比例堪称完美（图9-314）。

[其他建筑师设计的私人宅邸]

和前一个世纪一样，宫殿建筑中风格的转换也在

（右上）图9-333圣彼得堡 施蒂格利茨博物馆和工艺设计学校。博物馆，入口两侧灯具基座雕刻细部

（中两幅）图9-334圣彼得堡 施蒂格利茨博物馆和工艺设计学校。博物馆，大厅及屋顶构造

（下）图9-335圣彼得堡互助信用社大楼（1888~1890年）。东北侧现状（自格里博耶多夫运河对面望去的景色）

图9-336 圣彼得堡 互助信用社大楼。东北侧景观（前景为格里博耶多夫运河上的意大利桥）

19世纪中叶私人宅邸的设计中得到反映。在众多采用折中风格的实例中，蒙特费朗设计的彼得堡两栋相邻的宅邸成为这一演进过程早期阶段的标志。1836年，他为实业家帕维尔·杰米多夫设计了一栋宅邸（杰米多夫宅邸，位于圣伊萨克广场边莫尔斯克大街的一个地段上，已拆除）。仿巴洛克风格的立面上采用了灰色花岗岩的基座、仿粗面石的抹灰墙和支撑中央阳台的女像柱，这些都表明，富有的业主越来越欣赏华丽的建筑风格。

1835~1840年，蒙特费朗在改造相邻的一栋宅邸时表现出更多的创新意识，其所有人同样是杰米多夫，但到1870年代转入公主V.F.加加林娜手中（图9-315~9-318）。蒙特费朗没有让建筑像典型的彼得堡城市府邸那样与街道齐平，而是设计成一个城市别墅的样式，将高两层的窄跨结构退后布置，在通向院落的马车入口上安放了一个平台。建筑正面延伸形成

（上）图9-337圣彼得堡 互助信用社大楼。滨河立面

（下）图9-338圣彼得堡 互助信用社大楼。东南侧景色

一个高一层的拱廊立面，其中心由附墙柱和胸墙檐壁加以标示，这些也都反映了杰米多夫的文化情趣。到19世纪中叶，新巴洛克风格在表现财富和时尚上已占据了主导地位，尽管时间很短暂。在这方面，最极端的例证是利泰内大街上公主季娜伊达·尤苏波娃的府邸[1852~1858年，建筑师哈拉尔德·博斯（1812~1894年）和路德维希·邦施泰特（1822~1885年）；历史图景：图9-319；外景及细部：图9-320~9-323]，其室内用了独特的灰泥及镀金装饰。

和彼得堡的奢华建筑相反，尼古拉·尼基京（1828~1913年）在为历史学家和作家米哈伊尔·波戈金设计莫斯科郊区的庄园宅邸（所谓波戈金"茅舍"，

(上下两幅)图9-339圣彼得堡 互助信用社大楼。中央阁楼,窗饰

1856年)时用了俄罗斯的本土风格。波戈金是一个民族主义和民族精神的热情支持者,同时也是一位历史文物的收藏家(图9-324),这种风格的选用表明人们具有一种浪漫主义的理想,即建筑能够唤起民族精神和认同感,把传统的俄罗斯文化和新的文化环境联系在一起。以后成为莫斯科建筑协会(Moscow

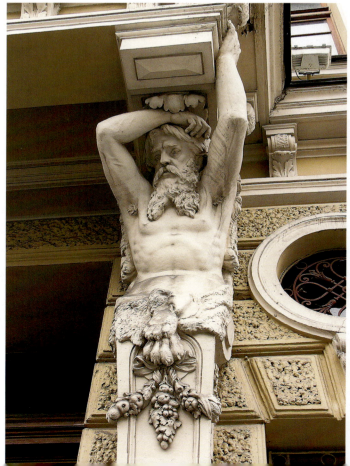

左页：

（上）图9-340 圣彼得堡 互助信用社大楼。中央阁楼，檐口及屋顶

（下两幅）图9-341 圣彼得堡 互助信用社大楼。侧门人像柱细部

本页：

（左上）图9-342 圣彼得堡 互助信用社大楼。墙面铁饰

（左下）图9-343 圣彼得堡 拉季科夫-罗日诺夫公寓（1898~1900年），东南侧全景

（右）图9-344 圣彼得堡 拉季科夫-罗日诺夫公寓。东南角近景

Architectural Society）首任秘书的尼基京，在这里创造了一栋程式化的原木乡宅，以精细雕镂的封檐板和窗边框作为装饰（图9-325、9-326）。实际上，在更早的时候，罗西和施塔肯施奈德已经在彼得堡郊区的作品里采用了俄罗斯的乡土风格；但在莫斯科，波戈金作为杰出的历史学家和莫斯科大学教授的名气使这座本来不大的建筑具有了文化上的特殊意义。尽管波戈金因拥护君主制度遭到"进步"势力的强烈谴责，但

第九章 19世纪的传统风格和折中主义 · 2085

（上）图9-345圣彼得堡 拉季科夫-罗日诺夫公寓。西南立面（面向格里博耶多夫运河滨河路立面，自东南方向望去的景色）

（右下）图9-346圣彼得堡 拉季科夫-罗日诺夫公寓。西南立面（自西南方向望去的景色）

（左下）图9-347莫斯科 桑杜诺夫浴室（1894~1895年）。西北侧全景

他们全都认同在俄罗斯文化和工艺产品中表现出来的民族理想和观念。实际上，对历史的研究和对俄罗斯中世纪建筑的研究密切相关，在经过一段时期的沉寂之后，这些传统建筑再次在一个大变革的时代，焕发出新的活力，成为民族历史的见证。

六、19世纪末的法国古典风格

在19世纪的最后10年，和民间自发的建筑活动——如下节将要提到的阿布拉姆采沃庄园的试验和实践——相反，职业建筑师们仍把各种各样外来的风

（上）图9-348莫斯科桑杜诺夫浴室。西南侧近景

（下）图9-349莫斯科桑杜诺夫浴室。主入口立面近景

格和学派奉若圭臬（如法国的古典风格、意大利的文艺复兴或哥特复兴建筑）。在彼得堡，法国古典风格（即巴黎美院风格，Beaux Arts style）主要用于一些大型公共建筑，如施蒂格利茨博物馆[设计人马克西米利安·梅斯马赫尔（1842~1906年）；博物馆和建

（上）图9-350 莫斯科 桑杜诺夫浴室。入口门券细部

（右下）图9-351 莫斯科 桑杜诺夫浴室。门厅内景

（左中）图9-352 莫斯科 桑杜诺夫浴室。浴池大厅

（左下）图9-353 莫斯科 桑杜诺夫浴室。天棚装修

于1879~1881年的工艺设计学校相连，后者由亚历山大·冯·施蒂格利茨男爵（图9-327）投资，建筑师为乔治·克拉考（1817~1888年；图9-328）和罗伯特·格季克（1829~1910年）；外景及细部：图9-329~9-333；内景：图9-334]。始建于1885年的这座博物馆系为了收藏施蒂格利茨收集的文艺复兴艺术品并为学校的学生提供进一步的教育。由于室内装修精美，用了16

（左上及左中）图9-354莫斯科 莫斯科大学。动物博物馆（1898~1902年），街立面及主入口，现状

（左下）图9-355莫斯科 莫斯科大学。动物博物馆，主入口，近景

（右上）图9-356莫斯科 莫斯科大学。动物博物馆，立面近景

（右下）图9-357莫斯科 莫斯科大学。动物博物馆，柱式细部

本页：

（上两幅）图9-358莫斯科 莫斯科大学。动物博物馆，下展厅，内景

（左中）图9-359莫斯科 莫斯科大学。动物博物馆，上展厅，内景

（右中）图9-360莫斯科 莫斯科大学。动物博物馆，进化解剖厅，内景

（下）图9-361莫斯科 瓦尔瓦拉·莫罗佐娃府邸（阿布拉姆·阿布拉莫维奇·莫罗佐夫府邸，1894~1898年）。西南侧全景

右页：

（上）图9-362莫斯科 瓦尔瓦拉·莫罗佐娃府邸（阿布拉姆·阿布拉莫维奇·莫罗佐夫府邸）。南侧全景

（左下）图9-363莫斯科 瓦尔瓦拉·莫罗佐娃府邸（阿布拉姆·阿布拉莫维奇·莫罗佐夫府邸）。东南侧全景

（右中及右下）图9-364莫斯科 瓦尔瓦拉·莫罗佐娃府邸（阿布拉姆·阿布拉莫维奇·莫罗佐夫府邸）。东南侧，近景

世纪意大利装饰艺术的各种形式，整个工程直到1895年才完成。另一座采用法国古典风格的建筑是建于1888~1890年的互助信用社大楼（外景：图9-335~9-338；近景及细部：图9-339~9-342），其主持人是彼得堡最多产的建筑师之一帕维尔·尤利耶维奇·休佐尔（1844~1919年）。这座宏伟的金融机构通过高两层的拱券大窗和雕刻突出立面中部的构图地位。休佐尔

作品中大部分属大型公寓建筑群，其中最壮观的是1898~1900年的拉季科夫-罗日诺夫公寓（格里博耶多夫运河滨河路71号；图9-343~9-346），其大院的入口大门显然是以罗西的总参谋部拱门为范本，为19世纪末出于商业目的采用早期纪念性建筑形式的典型例证。

在莫斯科，采用法国古典风格的代表作是鲍里斯·维克托罗维奇·弗赖登贝格（约1850~1917年后）设计的桑杜诺夫浴室（1894~1895年，位于涅格林大街；外景及细部：图9-347~9-350；内景：图9-351~9-353），其中还纳入了公寓和商用空间。这座造型丰

满有力的结构同样以入口拱券作为构图中心，但和休佐尔作品中的类似母题相比，要显得更为明确和完整。直达檐口部位的拱券确立了基本的母题并在二层的窗户上得到回应，在窗棂处再次重复了这种拱形廓线。中央主券拱肩处骑在马背上的仙女自水中跃出，或轻拨琴弦，或吹螺号，类似的高浮雕构成了莫斯科富商建筑的一大特色。内院和浴室的摩尔风格则给人们提供了进一步的想象空间。

从康士坦丁·贝科夫斯基（1841~1906年）1902年完成的莫斯科大学动物博物馆（外景及细部：图9-354~9-357；内景：图9-358~9-360）里，可看到人们在灵活变通运用文艺复兴风格时展现出来的技巧（于古典柱式体系的柱头和柱顶盘之间散布着动物和植物的雕刻造型）。在采用法国样式和哥特复兴风格的一些莫斯科府邸里，最能说明19世纪90年代奢华风气的是维克多·亚历山德罗维奇·马祖林自1894年开始为瓦尔瓦拉·莫罗佐娃建造的府邸（阿布拉姆·阿布拉莫维奇·莫罗佐夫府邸，1894~1898年，位于沃兹德维任卡大街；图9-361~9-364），房子的主人是一位在莫斯科文化和知识界引领潮流的代表人物，入口的螺旋柱和带贝壳装饰的立面显然是来自葡萄牙的文艺复兴建筑，特别是辛特拉的佩纳宫。室内由一系列大型空间构成（包括一个剧场、一个舞厅、一个宴会厅和一个罗马风格的中庭），大量采用的折中主义装饰暴露出这些实业界精英们的文化诉求和急于炫富的心理状态。

第二节 复兴传统风格的各种尝试

一、彼得堡的俄罗斯传统风格建筑（基督复活教堂）

复兴俄罗斯传统风格的潮流对彼得堡的冲击要小得多，在那里，占统治地位的是另一种折中主义风格。在某些大型公寓建筑的设计上，俄罗斯传统复兴和更具有折中色彩的手法并存（如彼得堡信用社大楼及相邻的N.P.巴辛公寓；图9-365~9-370）。但民族风格的意识形态和美学观念在19世纪末彼得堡一个最重要的建筑项目中得到了体现，这就是1883年亚历

图9-365圣彼得堡 信用社大楼及巴辛（N.P.）公寓。东南侧地段形势（近景为信用社大楼，N.P.巴辛公寓位于右侧）

（上）图9-366圣彼得堡 信用社大楼及巴辛（N.P.）公寓。东北侧地段形势（近景为N.P.巴辛公寓，信用社大楼位于左侧）

（下）图9-367圣彼得堡 巴辛（N.P.）公寓。东北侧景色

山大三世为纪念他父亲亚历山大二世（图9-371）而建的基督复活教堂（基督升天教堂），亦称喋血大教堂、被害救世主教堂[7]。教堂建在1881年3月1日亚历山大二世遇刺处[8]（图9-372），为彼得堡主要地标建筑之一。和以前的这类竞赛一样，第一批设计方案全都因未能充分体现俄罗斯特色被否定（各设计竞赛方案：图9-373~9-379）。在随后的竞赛中，有意效法17世纪的雅罗斯拉夫尔教堂和莫斯科著名的圣瓦西里教堂（圣母代祷大教堂）的阿尔弗雷德·亚历山德罗维奇·帕兰（1842~1919年；图9-380）的方案获得头奖（尽管它也只是表面上类似这些原型；平面、剖面及俯视图：图9-381~9-383；外景：图9-384~9-391；近景及细部：图9-392~9-409；内景：图9-410~9-425）。

虽说这座教堂具有极其明显的俄罗斯风格，但其主要建筑师、画家和教授阿尔弗雷德·帕兰并不是俄罗斯人，当时也没有多大名气，完全无法和制作教堂马赛克装饰的艺术大家相比。其祖父约翰·帕兰（1758~1842年）曾在沙皇保罗一世家里教授英

（上）图9-368圣彼得堡 巴辛（N.P.）公寓。外墙装修细部

（下）图9-369圣彼得堡 巴辛（N.P.）公寓。二层窗饰细部

(上)图9-370圣彼得堡 巴辛(N.P.)公寓。顶层窗饰及檐口细部

(右下)图9-371亚历山大二世画像(E.Botman绘,1856年)

(左下)图9-372《临终时的亚历山大二世》(油画,作者Konstantin Makovsky,1881年)

文。他本人于1842年诞生在彼得堡一个信奉英国国教的家庭里,父亲亚历山大·帕兰(1799~1887年)来自苏格兰,母亲玛丽亚·卡罗琳·黑尔曼为德国人。1863~1874年,阿尔弗雷德·帕兰就学于帝国艺术学院;1874~1877年去德国、意大利和法国帝国艺术学院进修。1881年成为建筑学会会员,1905年任帝国艺术学院荣誉会员。1892年在该学院及其他院校任教,并在诺夫哥罗德、普斯科夫和斯摩棱斯克设计教堂及住宅。1919年帕兰在圣彼得堡去世,葬在斯摩棱斯克墓地里。

在浪漫主义的民族精神影响下回归俄罗斯中世纪风格的这座教堂显然有别于以巴洛克和新古典主义风格为主导的圣彼得堡其他建筑,显得颇为另类;但它不仅外观上引人注目,对一位致力于斯拉夫民族统一

左页：

（左上）图9-373圣彼得堡 基督复活教堂（基督升天教堂，喋血大教堂，被害救世主教堂）。1882年设计竞赛头奖方案（建筑师Antony Tomishko），平面及正立面

（右上）图9-374圣彼得堡 基督复活教堂。1882年设计竞赛头奖方案（建筑师Antony Tomishko），侧立面、背立面及剖面

（左下）图9-375圣彼得堡 基督复活教堂。1882年设计竞赛二等奖方案（建筑师Ieronim Kitner，Alexander Huhn），平面及正立面

（右下）图9-376圣彼得堡 基督复活教堂。1882年设计竞赛二等奖方案（建筑师Ieronim Kitner，Alexander Huhn），侧立面、背立面及剖面

本页：

（左上）图9-377圣彼得堡 基督复活教堂。1882年设计竞赛四等奖方案（建筑师Victor Schroeter），平面及正立面

（右上）图9-378圣彼得堡 基督复活教堂。1882年设计竞赛四等奖方案（建筑师Victor Schroeter），侧立面、背立面及剖面

（右下）图9-379圣彼得堡 基督复活教堂。1882年设计竞赛方案（建筑师Ivan Bogomolov），平面及透视图

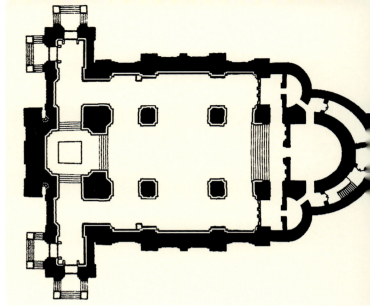

（左上）图9-380阿尔弗雷德·亚历山德罗维奇·帕兰（1842~1919年）画像（1900年，作者不明）

（右上）图9-381圣彼得堡 基督复活教堂。平面

（右下）图9-382圣彼得堡 基督复活教堂。剖面

（左下）图9-383圣彼得堡 基督复活教堂。俯视全景图

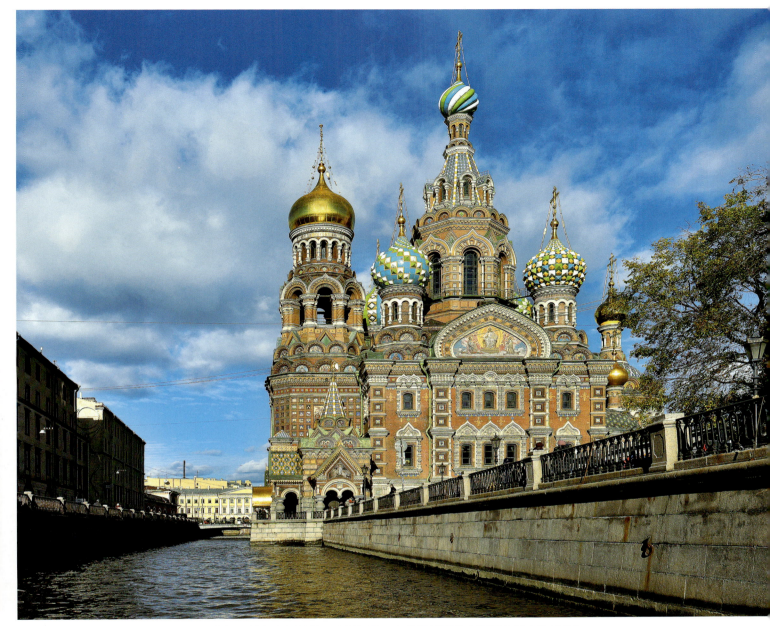

图9-384 圣彼得堡 基督复活教堂。南侧远景(自格里博耶多夫运河上望去的景色)

运动的沙皇来说,这大概也是他最恰当的选择(在亚历山大三世统治期间,俄国卷入和土耳其的战争,许多俄国人都期待着把东正教圣地君士坦丁堡纳入俄罗斯的版图)。在这时期,没有任何一个其他建筑能像这座教堂那样,在建筑、东正教和政治图谋之间建立起如此密切的联系。帕兰主持建造过许多教堂(除了基督复活教堂外,他还是彼得霍夫和皇村军团礼拜堂的设计人),但在设计这个19世纪后期最重要的基督教堂时,他并没有以往常官方最为青睐的拜占廷风格为范本,而是采用了更为"平民化"的俄罗斯传统复兴样式。尽管这两种风格都得到官方的赏识,但基督复活教堂和按拜占廷风格建造的东正教堂显然有所区别,后者不仅存在于俄罗斯本土,同时也见于其他地方,如波兰的华沙,甚至更远,如保加利亚的索非亚。

这座庞大的建筑就建在叶卡捷琳娜运河边上(1923年后运河改称格里博耶多夫运河),运河两边有铺砌的道路。在为永久性的纪念建筑筹募资金和策划期间,人们在遇刺处先建了一个临时性的祠堂。为了把遇刺的路段纳入教堂内,基址扩大到运河内(即将这段运河变窄)。在教堂端头,对着祭坛的地方,亚历山大遇刺的精确地点,建了一个精心制作的圣祠,饰有黄宝石、天青石及其他珍贵石材,和这部分地面原道路的简单卵石铺地形成了鲜明的对比。

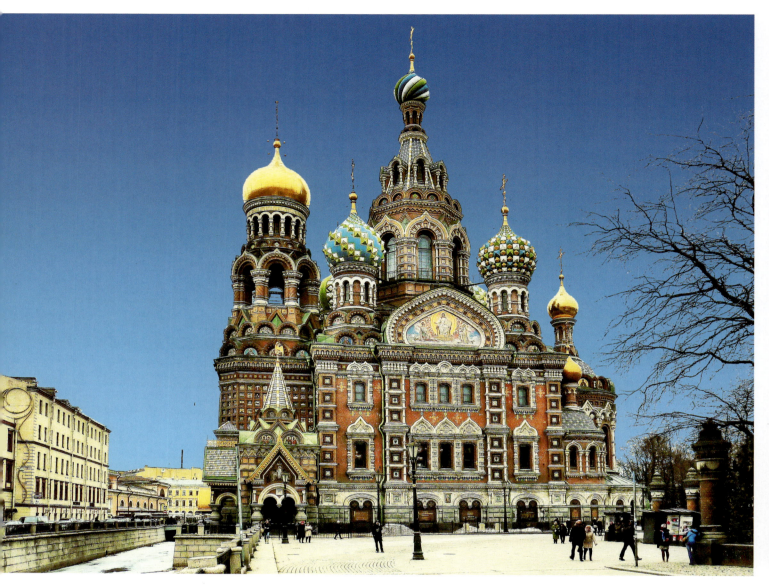

由于在运河边上，为了保证建筑的稳定对工程技术提出了较高的要求，但无论从工艺还是建筑艺术上看，这座教堂最杰出的成就还是室内外大量制作且极为精细的马赛克嵌板。这使施工时间从1886年破土动工算起超过了20年，直到1907年尼古拉二世时期才完成。教堂原预算360万卢布，实际超过了460万卢布（建造资金几乎全部来自皇室家族及几千名私人捐赠者）。建筑室内外马赛克总面积逾7500平方米，超过当时世界上所有教堂（此后仅有始建于1907年的美国圣路易斯的圣路易大教堂超过这一记录，达到7700平方米）。外部马赛克嵌板由包括维克托·米哈伊洛维奇·瓦斯涅佐夫（1848～1926年；图9-426）在内的一组艺术家设计，A.A.弗罗洛夫艺术作坊制作，布置在黄色压制砖砌筑的立面上。参与室内马赛克设计和制作的当时最著名的俄罗斯艺术家中还包括米哈伊尔·瓦西里耶维奇·涅斯捷罗夫（1862～1942年；图9-427）和米哈伊尔·亚历山德罗维奇·弗鲁别利（1856～1910年；图9-428）。

二、亚历山大·维特贝格和康士坦丁·托恩（莫斯科救世主基督大教堂）

除了乌托邦式的幻想外，人们对建筑的美学基

本页：

图9-385圣彼得堡 基督复活教堂。南侧远景（自运河东岸望去的景色）

右页：

图9-386圣彼得堡 基督复活教堂。南侧全景（自运河西岸望去的情景）

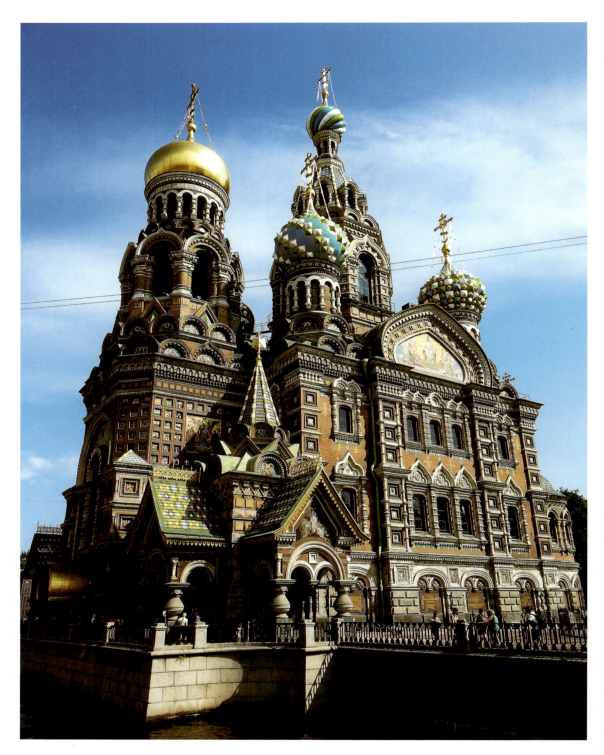

础、建筑形式的精神内涵和艺术表现力也开始有了新的、和以往全然不同的理解和诠释。有时这一探求还带有浓厚的神秘主义色彩，如亚历山大·拉夫连季耶维奇·维特贝格（1787~1855年；图9-429）1817年设计的救世主基督教堂。实际上，早在1812年12月，即拿破仑·波拿巴自俄国撤退后不久，亚历山大一世即宣布要建造一座教堂，纪念这次俄罗斯抗击法国人的入侵和悼念战争时期牺牲的俄罗斯人，但直到1817年才批准了维特贝格提交的第一个新古典主义的设计方案。

亚历山大·维特贝格是一位具有瑞典血统的俄罗斯新古典主义建筑师，出生于圣彼得堡。为了建这座教堂，维特贝格还按沙皇亚历山大一世的要求皈依了俄罗斯东正教，名字也从原来的卡尔·芒努斯·维特贝格改为亚历山大·拉夫连季耶维奇·维特贝格。

维特贝格的设计带有火焰哥特风格的部件，充满

本页及左页：

（左）图9-387圣彼得堡 基督复活教堂。西南侧全景

（中）图9-388圣彼得堡 基督复活教堂。西北侧景观（自运河桥上望去的景色）

（右）图9-389圣彼得堡 基督复活教堂。北侧景色

了共济会的象征手法。从他的图中可知，教堂采用了极为夸张的古典造型，大量的细部掩盖了基本的几何形体（图9-430）。按维特贝格致赫尔岑的说法，结构象征性地由三部分组成：基层（地下室，自山中凿出，代表墓寝中的遗体）；十字形的主体结构（代表灵魂，由贴附在方形结构上的巨大科林斯门廊组成）；最后是支撑穹顶（象征圣灵）的圆柱形结构。维特贝格在很大的程度上是位艺术家，对建筑的象征意义具有浓厚的兴趣，这种神秘主义的虔诚信仰和亚历山大统治后期的思想潮流倒是颇为合拍。但作为建筑师，维特贝格的经验有限，由于采用一种已确立的构造体系表现幻想中的形式，设计中难免出现矛盾。他舍弃了哥特风格在构图上的可能性，但并没有抓住一种适合表现其理想的形式语言。

教堂基址选在莫斯科河对岸市区最高的麻雀山上[9]，俯视着整个城市。虽然教堂已于1826年按维特

本页及右页：

（左）图9-390圣彼得堡 基督复活教堂。东北侧现状

（中）图9-391圣彼得堡 基督复活教堂。东侧雪景

（右）图9-392圣彼得堡 基督复活教堂。西塔楼，近景

贝格的设计在这里开始建造，但施工后发现地基不稳，仅建到基础部分就停工了。

接下来继位的沙皇是亚历山大一世的弟弟尼古拉一世。作为一个虔诚的东正教徒，这位新沙皇不喜欢这个具有"罗马天主教"气息的新古典主义风格的设计和共济会的手法，遂决定另起炉灶，改用仿拜占廷

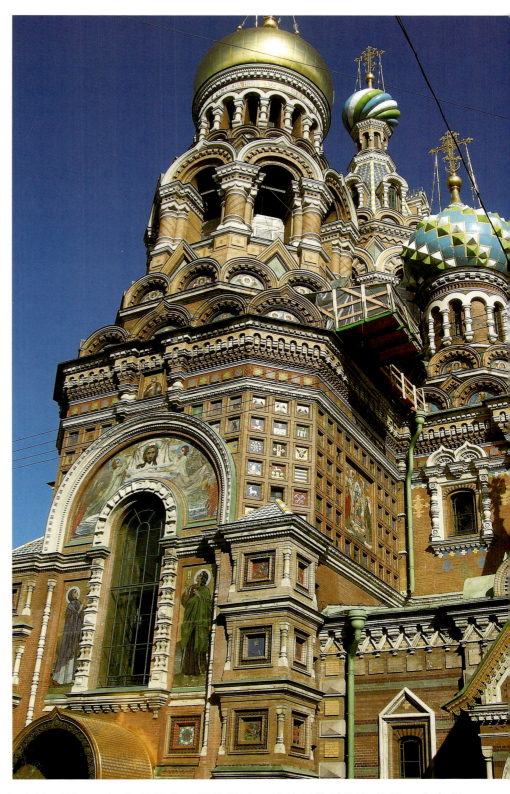

风格。维特贝格被以受贿的莫须有罪名流放到维亚特卡（一个位于莫斯科和乌拉尔山脉之间的边远城镇）。不过正是在这期间，他和同在那里被流放的俄罗斯19世纪最有影响的思想家之一亚历山大·赫尔岑成为挚友并得到了他的支持，后者在《往事与随想》（My Past and Thoughts）一书中记载了有关的来

往并赞赏了他的设计。维特贝格波澜起伏的一生中留下的作品甚少。他最成功的设计都是在维亚特卡完成的，包括亚历山大花园的纪念性大门（1836年）、亚历山大·涅夫斯基大教堂（1839~1848年，已毁；图9-431）。他最后被允许返回莫斯科，但接手的工作很少，最后在贫困中默默辞世。直到19世纪后期俄罗

本页及左页：

（左上）图9-393圣彼得堡基督复活教堂。西南角，墙面装饰

（左下及中下）图9-394圣彼得堡 基督复活教堂。西立面金顶及耶稣苦像

（右）图9-395圣彼得堡 基督复活教堂。西立面北门廊，近景

第九章 19世纪的传统风格和折中主义·2107

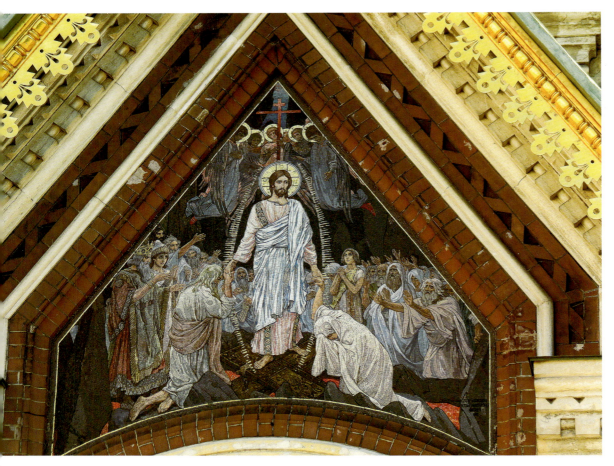

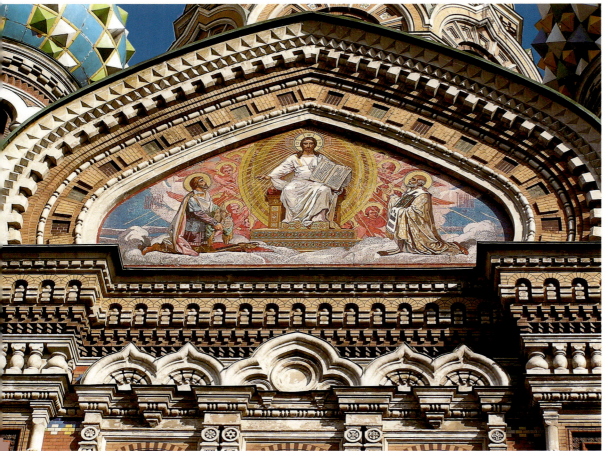

本页：

（上）图9-396圣彼得堡基督复活教堂。南门廊山墙

（下）图9-397圣彼得堡基督复活教堂。南立面山墙

右页：

（上）图9-398圣彼得堡基督复活教堂。南侧塔楼及穹顶

（下）图9-399圣彼得堡基督复活教堂。东南侧，转角处近景

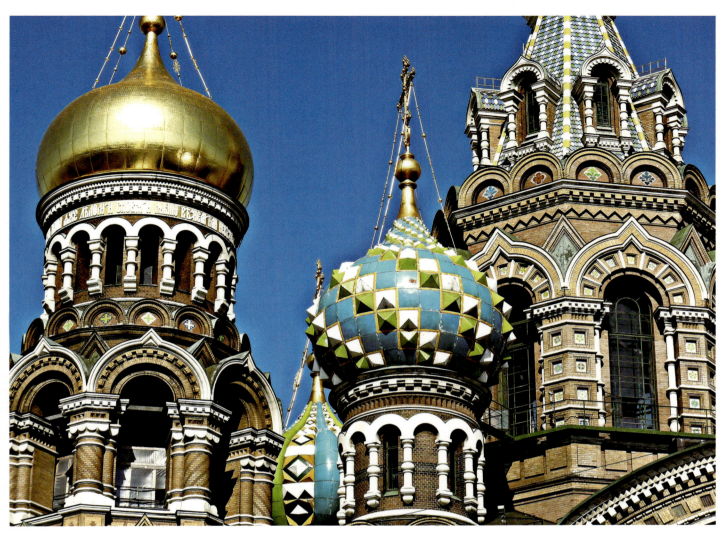

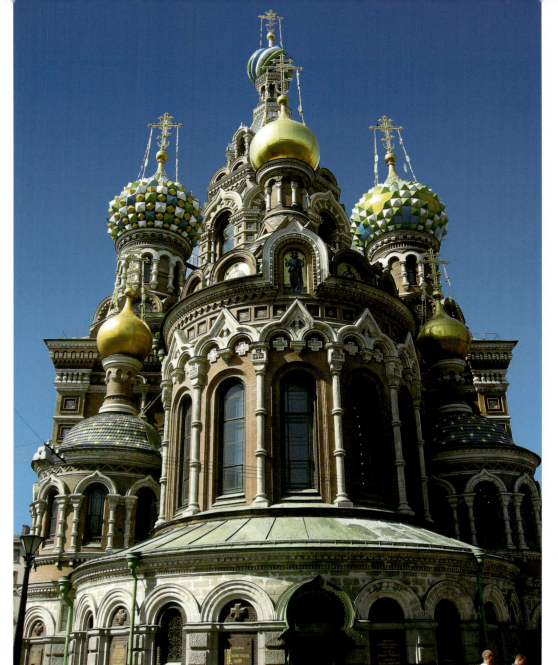

本页:

(上) 图9-400圣彼得堡 基督复活教堂。东侧近景

(下) 图9-401圣彼得堡 基督复活教堂。东侧,半圆室券面马赛克

右页:

(上) 图9-402圣彼得堡 基督复活教堂。北侧近景

(下) 图9-403圣彼得堡 基督复活教堂。北侧,山墙及穹顶

斯新古典主义复兴之时,人们才开始重新评价他的建筑遗产。

在1832年开始的新一轮教堂设计竞赛中,康士坦丁·托恩(1794~1881年;图9-432、9-433)提交的一个以君士坦丁堡的圣索菲亚大教堂为样本的方案因其表现了民族精神得到沙皇本人的认可。具有讽刺意味的是,康士坦丁·托恩自1815年从艺术学院毕业后,用了6年时间(1819~1826年)在意大利和法国进修,但从这时开始,在整个19世纪20年代,他的作品采用的却是所谓"俄罗斯-拜占廷"风格。1827年,托恩回到彼得堡后,即积极投入建筑实践并在艺术学院工作。在他1830年提交的彼得堡科洛姆纳教区圣叶卡捷琳娜教堂竞赛方案里,已可看到中世纪俄罗斯建筑

（上）图9-404圣彼得堡基督复活教堂。西北角景色

（下）图9-405圣彼得堡基督复活教堂。北侧入口

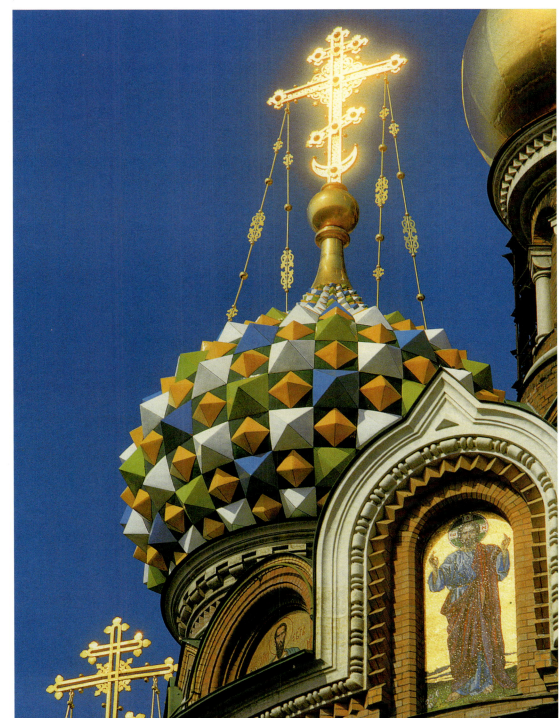

（左上）图9-406圣彼得堡基督复活教堂。券面马赛克细部

（右上）图9-407圣彼得堡基督复活教堂。墙面嵌板装饰

（下）图9-408圣彼得堡 基督复活教堂。穹顶细部

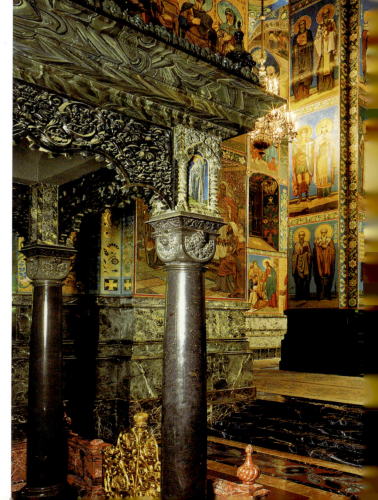

2114·世界建筑史 俄罗斯古代卷

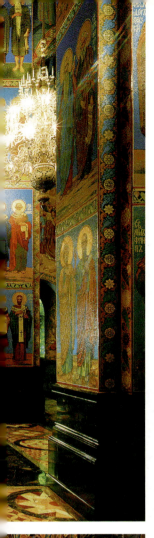

本页及左页：
（左）图9-409圣彼得堡 基督复活教堂。入口塔楼塔尖
（中上）图9-410圣彼得堡 基督复活教堂。中央本堂，内景
（中下）图9-411圣彼得堡 基督复活教堂。自圣祠处望中央本堂
（右上）图9-412圣彼得堡 基督复活教堂。圣祠及华盖
（右下）图9-413圣彼得堡 基督复活教堂。半圆室及祭坛屏帷

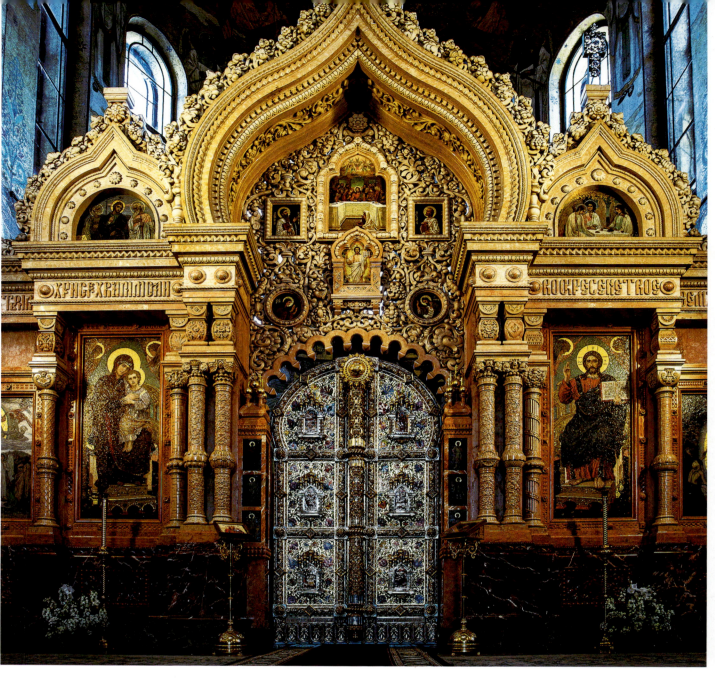

左页：

（上）图9-414圣彼得堡 基督复活教堂。祭坛屏帏，近景

（下）图9-415圣彼得堡 基督复活教堂。圣所，主祭坛墙面马赛克：《圣餐》（据N.Kharlamov原稿制作）

本页：

（上）图9-416圣彼得堡 基督复活教堂。圣所，半圆室顶部马赛克：《耶稣赞》（据N.Kharlamov原稿制作）

（下）图9-417圣彼得堡 基督复活教堂。西侧廊道，仰视景色

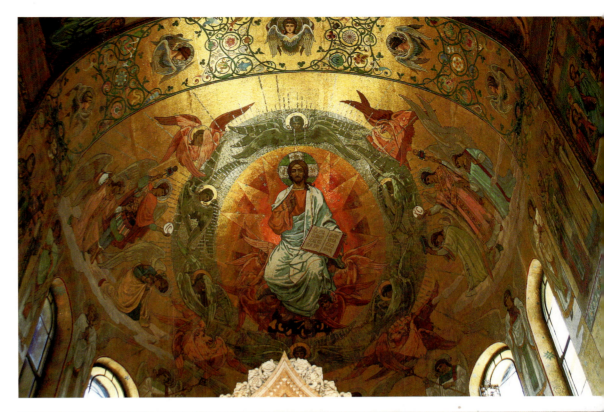

的影响。这次设计的成功，以及艺术学院院长A.N.奥列宁的大力支持，使托恩引起了沙皇尼古拉的注意，不但邀请他参与1832年救世主基督教堂的竞赛，并于当年批准了他这个采用俄罗斯传统风格的方案。由于早在1828年，人们已认识到，在麻雀山的陡坡上建这样一个庞大的建筑代价太高，因而到1837年，这位沙皇又选了一个更靠近克里姆林宫的基址。基址上原来的女修道院和教堂被迁走重新安置，因此新教堂直到1839年才正式动工。

教堂主体结构建了几十年，直到1860年方拆除

第九章 19世纪的传统风格和折中主义·2117

本页：

（上）图9-418圣彼得堡基督复活教堂。中央跨间与西侧廊道，仰视景色

（下）图9-419圣彼得堡基督复活教堂。中央跨间，仰视景色

右页：

图9-420圣彼得堡 基督复活教堂。中央跨间，穹顶仰视

(上)图9-421圣彼得堡基督复活教堂。中央跨间,穹顶近景

(下)图9-422圣彼得堡基督复活教堂。东北穹顶,仰视景色

（左上）图9-423圣彼得堡 基督复活教堂。西北穹顶，仰视效果

（右上）图9-424圣彼得堡 基督复活教堂。西南穹顶，仰视景色（马赛克作品《施洗者约翰》，原稿作者N.Kharlamov）

（下）图9-425圣彼得堡 基督复活教堂。东南穹顶，仰视景色

脚手架。内部绘画的主持人为叶夫格拉夫·索罗金，此后俄罗斯最优秀的几位画家（伊万·克拉姆斯科伊、瓦西里·苏里科夫、V.P.韦列夏金）又接着干了约20年。教堂最后在1883年5月26日亚历山大三世加冕前落成（平面：图9-434；历史图景：图9-435~9-442）。教堂圣所由两层廊道环绕，墙面镶大理石、花岗石等珍贵石材。廊道二层为唱诗班占用。教堂巨大的穹顶采用新的电镀法镀金，取代了老的无法保证质量的水银镀金技术。

尽管对俄罗斯传统教堂建筑的价值及其演进的科学探讨尚处在起始阶段，但托恩对其结构特色已有透彻的理解，并竭力在其立面分划和采用十字形（或内接十字形）平面的穹顶结构上忠实地反映中世纪的精神。事实上，以救世主基督教堂为代表的这些设计是由中世纪乃至新古典主义的各种形式构件拼凑而成，

（左上）图9-426维克托·米哈伊洛维奇·瓦斯涅佐夫（1848~1926年）自画像（1873年）

（右上）图9-427米哈伊尔·瓦西里耶维奇·涅斯捷罗夫（1862~1942年）画像（Viktor Vasnetsov绘）

（右下）图9-428米哈伊尔·亚历山德罗维奇·弗鲁别利（1856~1910年）自画像（1882年）

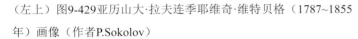

（左上）图9-429亚历山大·拉夫连季耶维奇·维特贝格（1787~1855年）画像（作者P.Sokolov）

（左下）图9-430莫斯科 救世主基督教堂。方案设计图（1817年，作者亚历山大·维特贝格，原稿现存莫斯科Shchusev State Museum of Architecture）

（右上）图9-431维亚特卡 亚历山大·涅夫斯基大教堂（1839~1848年，已毁）。19世纪景色（老照片）

（右下）图9-432康士坦丁·托恩（1794~1881年）画像[1823年，作者Карл Павлович Брюллов（1799~1852年）]

和结构造型及建筑的内在逻辑很少关联。正如叶连娜·鲍里索娃所说，托恩设计的教堂具有折中主义艺术特有的一种"叙事"风格。不过，这些设计倒是很好地满足了当时的意识形态需求，大力宣扬尼古拉统治时期"官僚国家"的观念（其"三位一体"是：东正教、国家及独裁政体），从中可看到在面对西方现代化的挑战时俄罗斯的对策：在引进某些先进技术成果的同时，靠复兴俄罗斯的历史传统和民族精神，抵制反独裁的西方政治和社会理想。由于这些设计成功地诠释了这一教义并提供了具体的视觉形象，1838年，托恩

（左上）图9-433康士坦丁·托恩画像（1860年代，作者П.Ф.Бореля）

（右上）图9-434莫斯科 救世主基督教堂（1832年，1839~1883年，1931年拆除）。平面

（下两幅）图9-435莫斯科 救世主基督教堂。1883年景况（油画，表现该年在教堂内外举行的亚历山大三世加冕典礼）

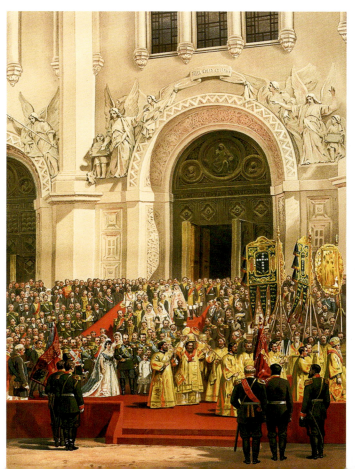
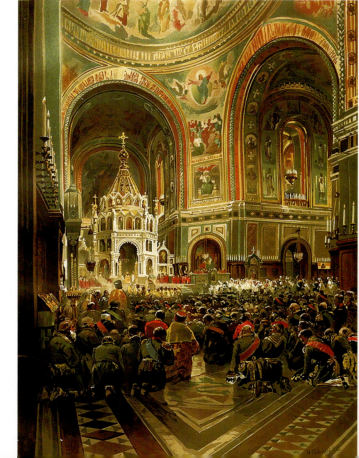

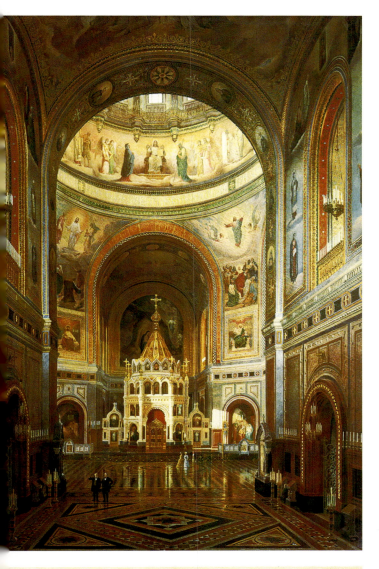

（左上）图9-436莫斯科 救世主基督教堂。内景[油画，1883年，作者Fyodor Klages（1812~1890年）]

（右上）图9-437莫斯科 救世主基督教堂。19世纪景色（绘画）

（右下）图9-438莫斯科 救世主基督教堂。西立面（老照片，约1890年）

（左下）图9-439莫斯科 救世主基督教堂。20世纪初景色（老照片，1903年）

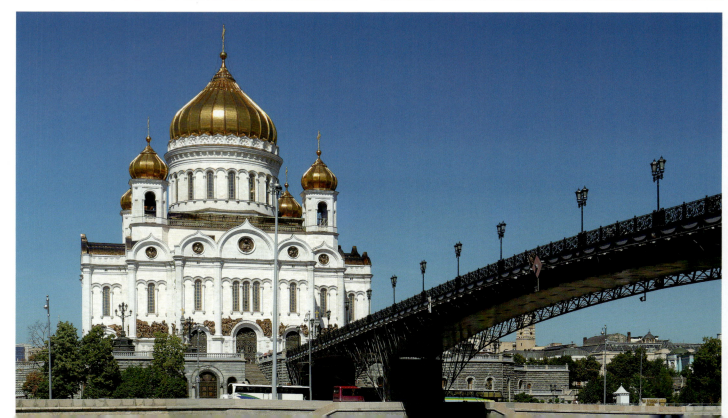

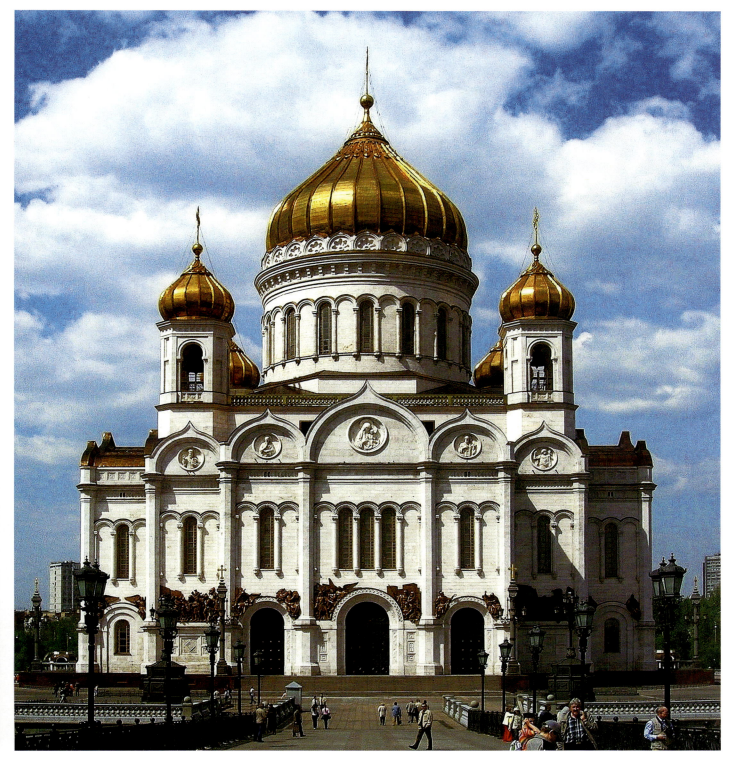

左页：

（左上）图9-440莫斯科 救世主基督教堂。20世纪初景色（老照片，1905年）

（中两幅）图9-441莫斯科 救世主基督教堂。被拆除前景色（内景及外景，1931年前老照片）

（右上）图9-442莫斯科 救世主基督教堂。1931年被炸毁时情景（老照片）

（下）图9-443莫斯科 救世主基督教堂（1994~2000年重建）。现状，东南侧远景（自莫斯科河对岸望去的景色）

本页：

图9-444莫斯科 救世主基督教堂。东南侧全景

的建筑设计以大型画册的形式出版，并于1841年被尼古拉指定为帝国范围内新的东正教教堂的范本。

由于完全屈从于意识形态需求，托恩设计的救世主基督教堂事实上已成为莫斯科中心地区的标志性建筑。位于莫斯科河普列奇斯滕卡码头边并在克里姆林宫视线范围内的这座教堂要高于伊凡大帝钟楼（102米）；尽管历史学家E.I.基里琴科曾把它和俄罗斯另一座为纪念战胜强敌而建的教堂（壕沟边的圣母代祷大教堂，即圣瓦西里教堂）类比，但由于所在地面较低，主体结构比较紧凑，轮廓线和克里姆林宫及其邻近地区众多的塔楼和尖顶完全不同。

托恩的设计沿袭早期中世纪教堂的垂向构图将立面划分为跨间，但造型上更多强调水平廊线和紧凑的形体。早期的建筑尽管体量较小，但通过更为精炼的

结构形体和比例关系，垂向构图的表现要明确得多。教堂平面基本上为十字形，角上设粗壮的柱墩，在室外，其外廊通过带穹顶的角跨间加以标示。从平面图式上看（见图9-434），教堂非常接近顿河修道院的顿河圣母主教堂（见图4-475），但早期建筑感觉上形式更为紧凑，垂向构图更为明显。托恩通过降低主要镀金穹顶的矢高（这也是设计上体现所谓"拜占廷"

本页及左页：

（左）图9-445莫斯科 救世主基督教堂。东侧全景

（中）图9-446莫斯科 救世主基督教堂。东北侧全景

（右）图9-447莫斯科 救世主基督教堂。东北侧，自亚历山大二世纪念像处望去的景色

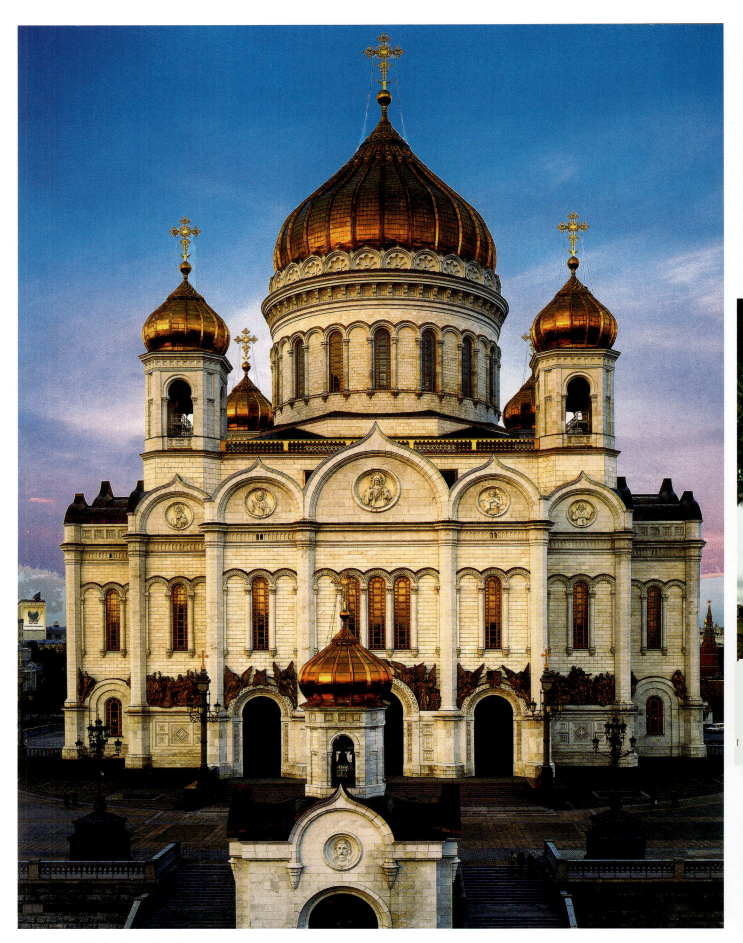

本页及左页：

（左）图9-448莫斯科 救世主基督教堂。西南侧全景

（中）图9-449莫斯科 救世主基督教堂。北侧全景

（右）图9-450莫斯科 救世主基督教堂。西侧近景

风格的要素之一）缓和了建筑的垂向动态，同时也使巨大的结构和周围地区建筑的对比不至过于强烈。至于教堂的沉重外廓是否与周围的城市环境协调则是一个大可讨论的问题，因为最初这座堪称工程奇迹（其基础深达40米）的建筑已于苏联时期（1931~1932年）因约瑟夫·斯大林决定在这里建造苏维埃宫（顶上计划立巨大的列宁像）被野蛮拆毁（除了反宗教的意识形态考虑外，当局急需工业建设资金，打算回收教堂穹顶上"质量上乘"的20吨黄金也是动因之一）。教堂于1931年被炸毁后，收拾基址上的瓦砾又花了一年多时间。苏维埃宫的建造由于缺乏资金和随后二战爆发而中止，原打算用于基础的钢材改拨军用，挖出的基础大坑到尼基塔·赫鲁晓夫时期被改建成世界上最大的露天游泳池（莫斯科池）。

（上）图9-451莫斯科 救世主基督教堂。穹顶及山墙，东南侧近景

（下）图9-452莫斯科 救世主基督教堂。东南面，主门近景

图9-453莫斯科 救世主基督教堂。东南面,主门及边门雕刻

1990年俄罗斯东正教会获准重建大教堂,并请修复专家阿列克谢·杰尼索夫按原教堂做精确的复原设计。1994年游泳池被拆除,重建工程启动。主持建筑师先后为阿列克谢·杰尼索夫和祖拉布·采列捷利,后者引进了一些有争议的革新,如最初墙上的大理石高浮雕被代之以在俄罗斯教堂建筑中此前很少用的近代铜雕。1997年下教堂用于供奉主显圣容。2000年8月19日(显容日,Transfiguration Day),举行了现存救世主基督教堂的落成典礼(现状外景:图9-443~9-449;近景及细部:图9-450~9-457;内景:

左页：

（左上）图9-454莫斯科救世主基督教堂。西南面，边门雕刻

（右上）图9-455莫斯科救世主基督教堂。西南面，角跨雕刻

（下）图9-456莫斯科救世主基督教堂。东南面，角跨雕刻

（左中）图9-457莫斯科救世主基督教堂。西北面，角跨雕刻

本页：
图9-458莫斯科 救世主基督教堂。室内，朝圣所望去的全景

图9-459莫斯科 救世主基督教堂。室内,壁画细部

图9-458~9-461)。

和救世主基督教堂同时,尼古拉还着手改建大克里姆林宫,宫殿于1812年法国军队占领期间严重残毁,随后由斯塔索夫、伊万·米罗诺夫斯基等建筑师进行了修复。到1820年代,人们至少提交了三个改造和扩建的重点方案,但直到1838年,托恩才被任命为这个项目的监管建筑师,这栋有700个房间和厅堂的建筑为克里姆林宫提供了一个面对莫斯科河的宏伟立面并创立了一个和克里姆林宫内的阁楼宫、多棱宫和天使报喜大教堂相宜的风格联系。特别是华丽的窗边饰,和17世纪的阁楼宫非常接近(历史图景:图9-462;外景:图9-463~9-466;近景及细部:图9-467~9-474;内景:图9-475~9-483)。

作为克里姆林宫宫殿的补充,托恩受命建造相邻的军械馆(为一个收藏帝国及中世纪文物宝藏的历史博物馆,其名称来自制作武器的军械作坊,它同时也

2136·世界建筑史 俄罗斯古代卷

（上）图9-460莫斯科 救世主基督教堂。穹顶，仰视景色

（下）图9-461莫斯科 救世主基督教堂。穹顶，天顶画

是一个克里姆林宫内为大公和沙皇制作贵重物品和珍宝的几个中世纪作坊之一）。博物馆室内混杂地采用了罗曼和哥特风格的部件。通向博罗维奇塔楼和大门的主立面展示了文艺复兴、罗曼和新古典主义各种风格的要素（图9-484~9-488）。上博物馆两层厅堂的双券窗两侧按俄罗斯新古典主义后期的通常做法立石灰石制作的附墙柱，但柱身华丽地装饰着17世纪后期俄罗斯建筑那种交织叶饰和带状饰。在一个基本上属西方的构造体系内，有限但极其耀眼地纳入俄罗斯的传统母题，显然是一种既大胆又谨慎的尝试。实际上，托恩的做法和伊万·米罗诺夫斯基设计的教会印

本页及右页：
（左上）图9-462莫斯科 大克里姆林宫（1838~1850年代）。19世纪后期景色（老照片，1883年，取自Nikolay Naidenov系列图集）

（右上）图9-463莫斯科 大克里姆林宫。西南侧远景（自莫斯科河上望去的景色，右为伊凡大帝钟楼）

（左下）图9-464莫斯科 大克里姆林宫。西南侧全景

（右下）图9-465莫斯科 大克里姆林宫。南立面，全景

（上）图9-466莫斯科大克里姆林宫。西侧，自宫墙内望去的景色

（下）图9-467莫斯科大克里姆林宫。西南侧近景

(上)图9-468 莫斯科 大克里姆林宫。南立面,中央区段近景

(下)图9-469 莫斯科 大克里姆林宫。东侧近景

本页及右页：

（左上）图9-470莫斯科 大克里姆林宫。自教堂广场望大宫侧墙

（左下）图9-471莫斯科 大克里姆林宫。内院现状

（中下）图9-472莫斯科 大克里姆林宫。壁柱及窗饰细部

（右两幅）图9-473莫斯科 大克里姆林宫。檐壁细部

刷所（见图9-93）在本质上已无区别。

自1836~1842年，托恩还主持建造了另一个具有宽敞室内空间的教堂，即圣彼得堡谢苗诺夫军团的圣母献主大教堂（立面及剖面：图9-489；历史图景：图9-490），以及皇村的圣叶卡捷琳娜大教堂（1835~1840年；历史图景：图9-491；现状外景：图9-492、9-493；内景：图9-494）和位于涅瓦河三角洲北面阿普特卡尔斯基岛上的显容教堂（图9-495），后者是一个完全采用矩形平面的建筑，形制颇为特殊。托恩随后又接着在行省城市[包括芬兰堡、叶列茨（耶稣升天教堂；图9-496~9-499）、托

本页及左页:

(左上) 图9-474 莫斯科 大克里姆林宫。中央主楼,塔顶细部

(中) 图9-475 莫斯科 大克里姆林宫。圣乔治大厅,内景(为宫内最宽敞宏伟的厅堂,也是俄罗斯室内设计的杰出范例)

(右) 图9-476 莫斯科 大克里姆林宫。圣安德烈厅,内景

(左下) 图9-477 莫斯科 大克里姆林宫。圣安德烈厅,御座近景

木斯克（大教堂；图9-500）、顿河畔罗斯托夫（圣母圣诞大教堂；图9-501~9-503）、韦特卢加（圣叶卡捷琳娜教堂；图9-504~9-506）、乌格利奇（主显大教堂；图9-507）、博戈柳博沃（圣母教堂；图9-508~9-510）、格列博沃（喀山教堂；图9-511）、米丘林斯克（博戈柳博沃圣母大教堂；图9-512、9-513）、下诺夫哥罗德（伊林卡耶稣升天教堂；图9-514、9-515）、多尔戈耶（圣阿基姆和圣安娜教堂；图9-516）、扎顿斯克（弗拉基米尔圣母教堂；图9-517~9-520）]和克拉斯诺亚尔斯克等地建了十几个采用俄罗斯和拜占廷风格的教堂，其中有的还被收录到1836年出版的《教堂设计范本图册》（Model Album for Church Designs）中去。

除彼得堡的尼古拉车站外，对应的莫斯科尼古

本页及左页：

（左）图9-478莫斯科 大克里姆林宫。圣弗拉基米尔厅，内景

（中上及中下左）图9-479莫斯科 大克里姆林宫。圣叶卡捷琳娜厅（为大宫西翼主要厅堂），内景及门饰细部

（右）图9-480莫斯科 大克里姆林宫。绿厅，内景

（中下右）图9-481莫斯科 大克里姆林宫。大接待厅，内景（地道的巴洛克风格，大量采用镀金的曲线部件）

拉车站也是托恩后期的作品（1849~1851年；历史图景：图9-521；现状外景：图9-522~9-524）。其中采用了一些最新的结构技术。尽管用了大型的钢铁构件，但威尼斯式的立面和中世纪的钟塔仍标示着其近代功能。两个建筑虽经大规模改建，但主体结构均保留下来。

托恩主持的项目中留存下来的主要是帝国的世俗建筑，他设计的其他教堂（位于莫斯科、彼得堡、塞瓦斯托波尔、托木斯克和其他俄罗斯城市的）很多都在历次反宗教运动中遭到破坏[如彼得堡皇家骑兵卫队营地的天使报喜教堂（建于1843~1849年，1920年代被毁；图9-525）、圣米龙教堂（图9-526），科斯特罗马伊帕季耶夫三一修道院的圣母圣诞大教堂（原建于1863年；图9-527），彼得罗扎沃茨克大教

本页：
（上）图9-482莫斯科 大克里姆林宫。帝王区通道（精细的木雕框架内于红色底面上起类似庞贝风格的花饰）
（下）图9-483莫斯科 大克里姆林宫。南翼系列厅堂（共七间）

右页：
（上）图9-484莫斯科 克里姆林宫。军械馆（1844~1851年），东侧，地段形势
（中）图9-485莫斯科 克里姆林宫。军械馆，东侧全景
（下）图9-486莫斯科 克里姆林宫。军械馆，西南侧景观（远处可看到大克里姆林宫）

堂（图9-528）和克拉斯诺亚尔斯克的圣母圣诞大教堂（图9-529、9-530）]。虽说托恩和许多其他建筑师一样主要是为宫廷工作，为尼古拉和他的某些大臣服务，他的教堂建筑也有这样或那样的瑕疵，但无论从设计还是结构上看，仍然可视为19世纪中叶俄罗斯文化遗产的珍品。

三、莫斯科的砖构风格和理性建筑

在莫斯科,后改革时期建筑形式的变化并不是那么明显。尽管莫斯科和彼得堡一样人口增长迅速(从1860年代初期到1897年,市区人口增加了一倍以上,从40万人增到接近98万),在这几十年里,经济也在继续增长,但对建筑的影响并不像彼得堡那样突出。莫斯科城市面积较大,但无论是政府机构还是居民总数都要更少(彼得堡1881年居民已达86.1万人,莫斯科1882年仅为75.3万人),因此,莫斯科

（上）图9-487莫斯科 克里姆林宫。军械馆，东侧近景

（下）图9-488莫斯科 克里姆林宫。军械馆，柱式细部

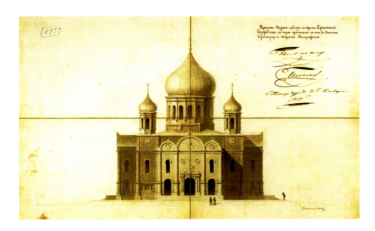
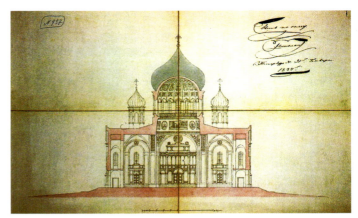

（上两幅）图9-489圣彼得堡谢苗诺夫军团圣母献主大教堂（1836~1842年）。立面及剖面（设计图，作者康士坦丁·托恩，1837年）

（中）图9-490圣彼得堡 谢苗诺夫军团圣母献主大教堂。19世纪景色（版画，原稿作者Иосиф Мария Шарлемань）

（下）图9-491皇村 圣叶卡捷琳娜大教堂（1835~1840年，1939年被苏联当局拆除，后重建）。20世纪初景色（老照片，1920年代）

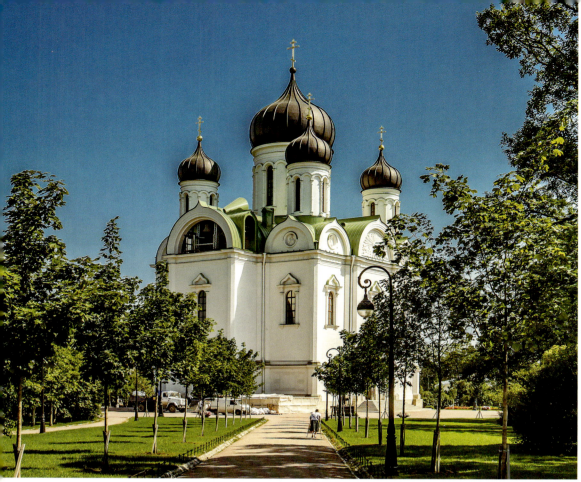

(上)图9-492 皇村 圣叶卡捷琳娜大教堂。现状全景(重建后)

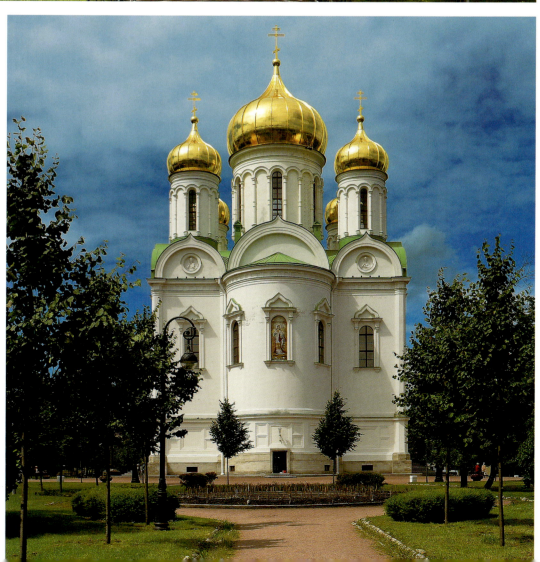

(下)图9-493 皇村 圣叶卡捷琳娜大教堂。半圆室立面

建筑师并没有面临着像彼得堡那样的强烈商业需求（在彼得堡，要求建筑具有更高的密度，更多的立面装饰）。

在莫斯科，折中主义和对历史传统的崇拜仍是主要潮流，但在这里，复兴历史传统的设计主要是以彼得大帝之前城市的中世纪建筑——从克里姆林宫、红场到周围各个街区的教堂——为样板。在19世纪70到80年代，这种做法往往导致大量采用16和17世纪的装饰母题，在这方面，1872年的综合工艺博览会（1872 Polytechnic Exhibition）和1880年的全俄艺术和工业博览会（1880 All-Russian Arts and Industry Exhibition，两者均在莫斯科举行）中的历史传统展品都起到了推动的作用。

在1870年代莫斯科采用木构地方建筑风格的实例中，最典型的是安德烈·休恩为莫斯科富商亚历山大·波罗霍夫希科夫设计的宅邸（波罗霍夫希科夫宅邸，1872年），其中再次采用了传统木建筑的结构和装饰部件（尽管内部用了铅管；图9-531~9-533）。和波戈金茅舍（见图9-325）一样，在这里，采用这种风格还有更深层次的缘由：波罗霍夫希科夫是斯拉夫促进会（Slavic Committee）的领导成员，该会的宗旨是支持巴尔干地区的斯拉夫人从土耳其统治下解放出来，并以斯拉夫统一运动（Pan-Slavism，所谓

（上）图9-494皇村 圣叶卡捷琳娜大教堂。圣像屏帷，内景

（下）图9-495圣彼得堡 阿普特卡尔斯基岛显容教堂。现状

左页：

（上）图9-496叶列茨 耶稣升天教堂。东南侧远景（前景为索斯纳河）

（下）图9-497叶列茨 耶稣升天教堂。西侧，地段形势

本页：

（上）图9-498叶列茨 耶稣升天教堂。西南侧全景

（右下）图9-499叶列茨 耶稣升天教堂。西北侧近景

（左下）图9-500托木斯克 大教堂（1837~1843年，建筑师康士坦丁·托恩；1850年坍塌，1880年代重建）。重建时平面

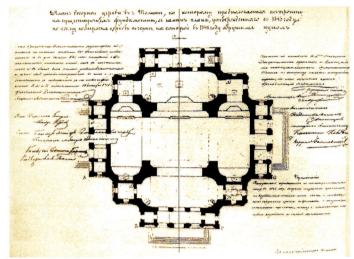

"泛斯拉夫主义"）为名，进一步扩大俄罗斯在这一地区的影响。作为民族解放运动的主要支持者，波罗霍夫希科夫可能是希望通过选用传统的俄罗斯风格来表明自己的立场。而在彼得堡的弗拉基米尔·亚历山德罗维奇大公宫殿里，休恩和列扎诺夫一起，选用的却是不同来源的风格和全然不同的搭配方式。

在19世纪70和80年代，复兴前彼得时期的建筑风格及其文化内涵使莫斯科建筑外观上更为统一，指向更为明确，而在彼得堡，由于官方对泛斯拉夫运动持怀疑态度，少有采用前彼得时期俄罗斯建筑或本地传

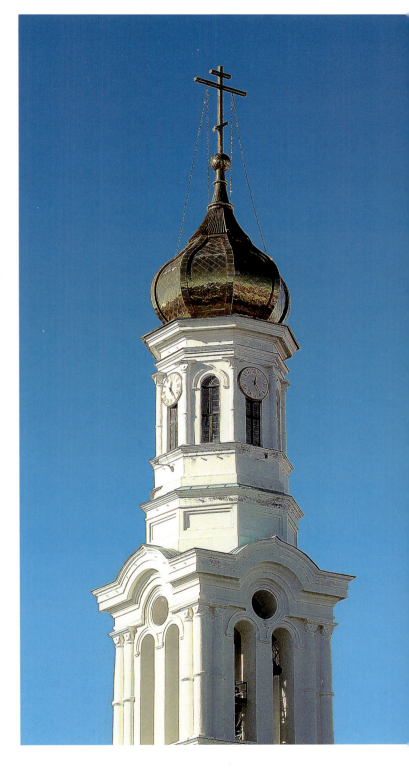

本页及左页：

（左上）图9-501顿河畔罗斯托夫 圣母圣诞大教堂。东北侧，俯视全景

（左下）图9-502顿河畔罗斯托夫 圣母圣诞大教堂。西北侧近景

（右）图9-503顿河畔罗斯托夫 圣母圣诞大教堂。钟塔近景

（中上）图9-504韦特卢加 圣叶卡捷琳娜教堂。东南侧远景

（中下）图9-505韦特卢加 圣叶卡捷琳娜教堂。南侧全景

第九章 19世纪的传统风格和折中主义 · 2157

统风格的实例。同时，由于具有更多的可用土地，莫斯科的建筑师可设计出类似中世纪那种具有一定深度和灵活性的建筑。这些特色和俄罗斯建筑复兴所反映的文化内涵相结合促成了19世纪最后几十年莫斯科一些主要建筑的诞生。

在这些建筑中，1874～1883年建造的历史博物馆是最重要的一个（历史图景：图9-534；外景：图9-535～9-541；近景及细部：图9-542～9-546）。博物

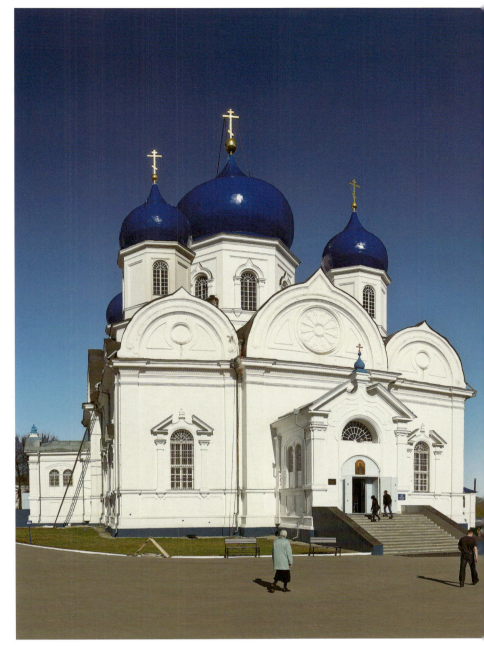

本页及左页：

（左上）图9-506 韦特卢加 圣叶卡捷琳娜教堂。东侧现状

（左下）图9-507 乌格利奇 主显大教堂。现状

（中两幅）图9-508 博戈柳博沃 圣母教堂。现状，远景

（右）图9-509 博戈柳博沃 圣母教堂。入口立面，全景

馆的展品和建馆收藏它们的想法都是来自1872年的综合工艺博览会（其中很多展馆就位于博物馆最后基址附近）。由于建筑位于克里姆林宫宫墙附近，在设计要求中业主明确提出要表现俄罗斯的历史传统和观念。设计竞赛的获胜者为1857年莫斯科绘画和雕塑学校（Moscow School of Painting and Sculpture）的毕业生、具有英国血统的弗拉基米尔·舍尔武德（1833~1897年；图9-547）。在他早年还是一个研读

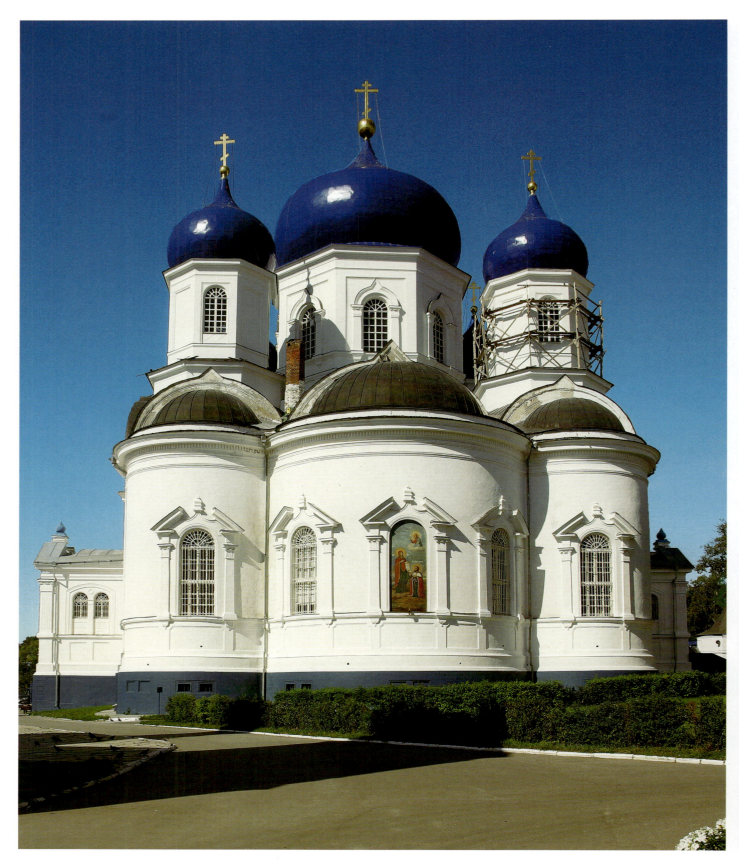

艺术的学生时,已经和莫斯科一批高级知识分子和艺术家有密切的来往,这批与亲斯拉夫运动有联系的人物中包括尤里·萨马林、米哈伊尔·波戈金、尼古拉·果戈里和伊万·舍维廖夫。舍尔武德在与他们聚会的记述中表明,他同样赞成重振以传统为根基的俄罗斯民族精神并力图在艺术上重现它们。

左页：
图9-510博戈柳博沃 圣母教堂。背立面，现状

本页：
图9-511格列博沃 喀山教堂。现状

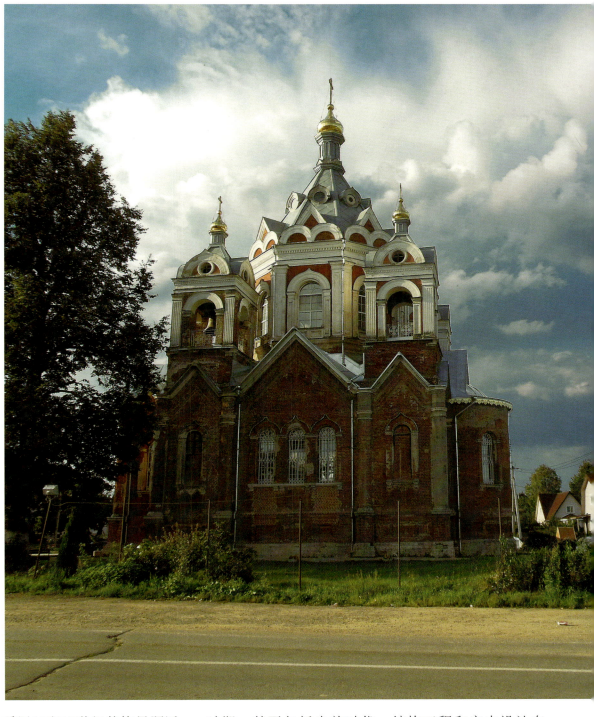

舍尔武德的设计是个采用16和17世纪装饰母题近于两度的空间形体。由于博物馆位于红场西北入口处一个矩形地段上，两侧有相对狭窄的通道，因此其主立面对着红场，另一面对着红场出口处的猎人商场。按舍尔武德的设计，每个立面都构成一个均衡的表面，带有凸出的门廊、塔楼及如高浮雕般的中世纪装饰部件。室内装修也体现了同样的精神，参与工作的有包括维克托·瓦斯涅佐夫在内的一组艺术家和历史学家，他们选取的装饰母题来自俄罗斯历史上的各个时期，甚至包括史前时代。结构工程和室内设计在工程师阿纳托利·谢苗诺夫的监管下完成[1871~1872年，谢苗诺夫曾任莫斯科建筑协会（Moscow Architectural Society）的秘书]。

既然要创造一个民族的象征，舍尔武德只好尽可能地在建筑中纳入许多历史标记和符号。铺满了各种琐碎细部的建筑和简朴庄严的克里姆林宫塔楼形成了鲜明的对比，甚至也不同于构图虽然复杂但采用集中平面的圣瓦西里教堂。类似的对称构图尚

第九章 19世纪的传统风格和折中主义·2161

（上）图9-512米丘林斯克 博戈柳博沃圣母大教堂。立面现状

（下）图9-513米丘林斯克 博戈柳博沃圣母大教堂。入口立面，山墙细部

见于伊万·帕夫洛维奇·罗佩特（另名伊万·尼古拉耶维奇·彼得罗夫，1845~1908年）和维克托·哈特曼[10]（1834~1873年）的作品，他们的建筑和发表的设计图稿在19世纪后期复兴俄罗斯风格上起到了很大的作用（哈特曼设计图稿：图9-548；罗佩特设计图稿：图9-549）。但他们大部分令人感兴趣的作品都

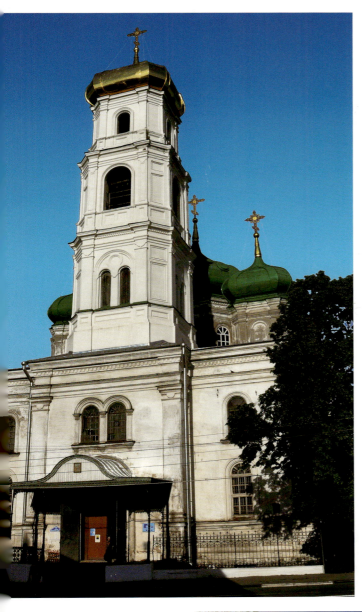

（左上）图9-514 下诺夫哥罗德 伊林卡耶稣升天教堂。西立面现状

（下）图9-515 下诺夫哥罗德 伊林卡耶稣升天教堂。东南侧景观

（右上）图9-516 多尔戈耶 圣阿基姆和圣安娜教堂。现状全景

是为临时性的商品交易会或博览会设计的大跨木构建筑，如哈特曼为1872年博览会设计的人民剧场（图9-550）。从这些建筑师的画作上不难看出，他们往往是将传统的俄罗斯装饰部件自由地纳入到前彼得时期建筑那种非对称的平面中去。尽管舍尔武德对建筑作为民族象征的理解过于直白和刻板，但不可否认，在红场建筑群的总体构图上，历史博物馆成功地和广场的其他建筑起到了均衡的作用。

历史博物馆同时让人们看到了裸露的砖墙及结构在美学和建筑构图上的价值。在19世纪早期的彼得堡和莫斯科，裸露的砖结构大都用于实用性的辅助建筑[如彼得·塔曼斯基（1809~1883年）为彼得-保罗城堡建的冠堡，1705~1708年，1752~1800年改建]；除了巴热诺夫和卡扎科夫建的仿哥特建筑外，莫斯科其他

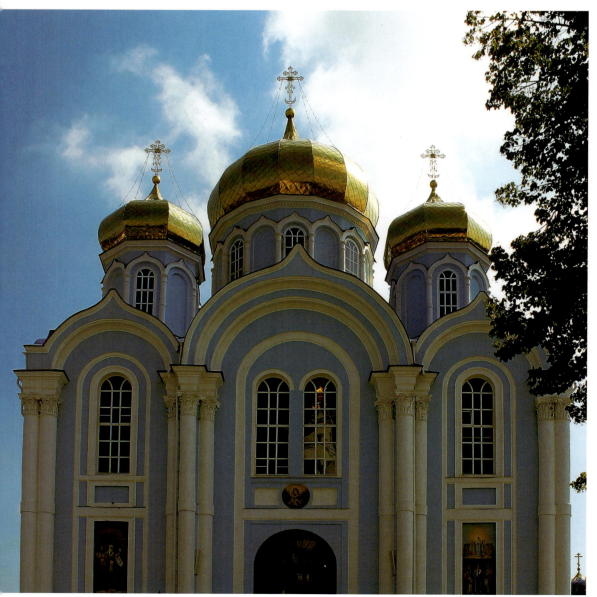

本页：

（上）图9-517扎顿斯克 弗拉基米尔圣母教堂。西北侧景色

（下）图9-518扎顿斯克 弗拉基米尔圣母教堂。西立面近景

右页：

（右上）图9-519扎顿斯克 弗拉基米尔圣母教堂。穹顶近景

（左上）图9-520扎顿斯克 弗拉基米尔圣母教堂。室内，圣像屏帏近景

（右下）图9-521莫斯科 尼古拉车站（1849~1851年）。19世纪中叶景色（老照片，1855~1862年）

（左下）图9-522莫斯科 尼古拉车站。西南侧远景

的砖构建筑,无论大小或重要程度如何,都和18世纪初以来的彼得堡建筑那样,用了抹灰面层。彼得大帝之前莫斯科的砖构教堂和世俗建筑则大都刷彩色颜料或石灰水,但砖的质地仍可看到。

在历史博物馆完成后,莫斯科建起了一批不施抹灰的砖构建筑,如米哈伊尔·奇恰戈夫(1837~1889年)设计的科尔什剧院(1884~1885年)。奇恰戈夫在剧院里用了一些明显的俄罗斯传统装饰和结构部件(如尖头的装饰性山墙,所谓kokoshnik),同

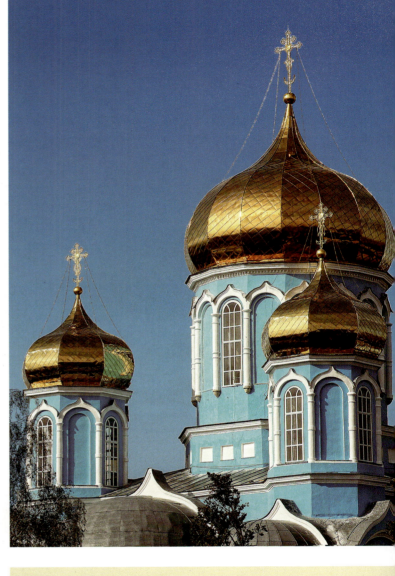

(上)图9-523莫斯科 尼古拉车站。东南侧景色

(下)图9-524莫斯科 尼古拉车站。南立面全景

时利用砖的造型表现力突出建筑的深度和不完全对称的形式布局（历史图景：图9-551；现状外景：图9-552~9-554）。他建的萨马拉的话剧院，也采用了这种俄罗斯复兴风格（图9-555~9-557）。当然，也有一些采用俄罗斯传统风格的建筑，砖墙外施抹灰，装饰部件安置在平整光滑的立面上。建于1873~1877年的莫斯科综合技术博物馆（历史图景：图9-558；现状外景：图9-559~9-564），是另一个和1872年的博览会相关创立的机构。和历史博物馆一样，建筑由几位主持人共同设计完成，负责立面设计的是建筑师伊波利特·莫尼格季，结构工程师为尼古拉·绍欣（1819~1895年，2013年该馆再次进行翻新，估计要到2018年才能重新开放）。

在莫斯科，使用红砖能使人联想到中世纪的建

（左）图9-525彼得堡 皇家骑兵卫队营地天使报喜教堂（1843~1849年，毁于1920年代）。20世纪初景色（老照片，摄于1918年前）

（右上）图9-526彼得堡 圣米龙教堂。20世纪初景色（老照片，摄于1918年前）

（右下）图9-527科斯特罗马 伊帕季耶夫三一修道院。圣母圣诞大教堂（1863年，已拆除）。20世纪初景色（老照片，1910年）

第九章 19世纪的传统风格和折中主义·2167

（上）图9-528彼得罗扎沃茨克大教堂。20世纪初景色（老照片，1912年）

（左中）图9-529克拉斯诺亚尔斯克 圣母圣诞大教堂。19世纪末景色（老照片，1899年）

（右中）图9-530克拉斯诺亚尔斯克 圣母圣诞大教堂。被毁实况（老照片，1936年）

（右下）图9-531莫斯科 波罗霍夫希科夫宅邸（1872年）。现状全景

筑，因而是一种合乎情理的选择。到19世纪末和20世纪初，像列夫·尼古拉耶维奇·克库舍夫（1863~1919年）和费奥多尔·奥西波维奇·谢什捷尔（1859~1926年；图9-565）这样一些莫斯科建筑师已经把大片砖墙作为近代风格的一种表现手段（如他们两位为自己设计的住宅；图9-566、9-567）。在1870年代的彼得堡，倡导"砖构风格"的势力也很强大。尽管城市的大部分非工业建筑仍保留了传统的做法，在砖墙外施抹灰，但由于缺少中世纪的古迹，因而建筑师们在采用砖构上可以非常自由，不必像莫斯科那样，另加模仿传统风格的彩色装饰部件。

（左上）图9-532莫斯科 波罗霍夫希科夫宅邸。街立面景色

（中两幅）图9-533莫斯科 波罗霍夫希科夫宅邸。墙面及窗饰细部

（右上）图9-534莫斯科 历史博物馆（1874~1883年）。19世纪后期景色（老照片，1884年，取自Nikolay Naidenov系列图集）

（下）图9-535莫斯科 历史博物馆。地段俯视全景（自北面望去的景色，右上建筑群为克里姆林宫，红场位于博物馆后，即南侧）

第九章 19世纪的传统风格和折中主义·2169

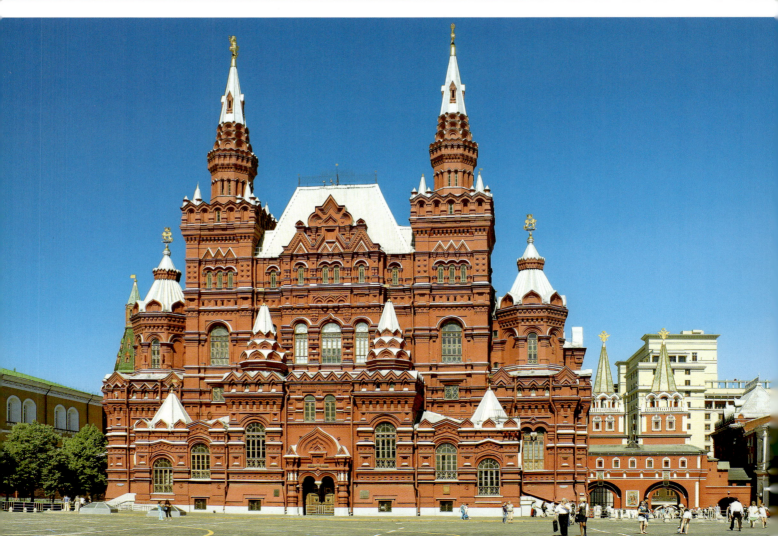

维克托·施赖特尔（1839~1901年）为采用砖构的主要倡导者之一，他认为砖本身就是一种既合理，又经济耐久的材料，完全没必要使用抹灰。同时施赖特尔还证明，采用不同色调的砖组成装饰图案完全可避免单调的感觉。在宣传和推广砖构风格上，和施赖特尔联手的还有叶罗尼姆·基特内（1839~1929年），他用了"理性"（rational）一词来表明这种建筑和采用折

左页：
（上）图9-536莫斯科 历史博物馆。东南侧，地段形势（左侧边上为克里姆林宫圣尼古拉塔楼）
（下）图9-537莫斯科 历史博物馆。南侧全景

本页：
（上）图9-538莫斯科 历史博物馆。东南侧景观
（下）图9-539莫斯科 历史博物馆。北侧夜景

（上）图9-540莫斯科历史博物馆。西北侧，地段形势

（下）图9-541莫斯科历史博物馆。西北侧全景

中主义装饰的抹灰建筑的区别。尽管对基特内和施赖特尔来说，"理性"一词的含义和20世纪20年代在尼古拉·拉多夫斯基（1881~1941年）等人的作品里体现的"理性主义"（rationalism）并不是一回事，但不可否认，1870年代后期砖构风格的支持者们，显然已认识到砖、铸铁和玻璃这样一些材料在功能和美学价值上

（上下两幅）图9-542莫斯科历史博物馆。南侧，仰视近景

的联系。

从俄罗斯建筑师、建筑及艺术史学者尼古拉·弗拉基米罗维奇·苏丹诺夫（1850~1908年）的职业经历上可明显看到理性主义的不同观点，他对俄罗斯中世纪建筑进行了深入的研究，认为它们最能体现俄罗斯的民族天赋。他不但在自己的作品中身体力行

第九章 19世纪的传统风格和折中主义·2173

[如彼得霍夫的彼得和保罗大教堂（建于1894~1905年，施工主持人瓦西里·科西亚科夫；全景：图9-568~9-573；近景及细部：图9-574~9-578；内景：图9-579~9-581）、切尔尼戈夫隐修院（图9-582、9-583）、玛丽亚温泉市俄国东正教教堂（图9-584~9-588）]，同时还和同时期的许多俄国知识分子一样，把自己的职业活动纳入到更宽广的社会和文化背景中去。在1882年彼得堡建筑学校（现为市政工程学院）新楼落成典礼的演说中，他鼓吹精神价值的作用，认为以砖结构为基础的"俄罗斯风格"是创造民族建筑和

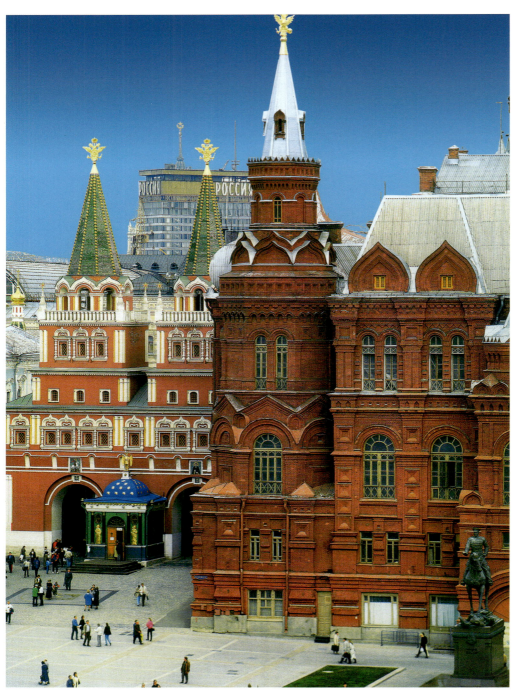

本页：

（上）图9-543莫斯科 历史博物馆。东南侧近景（远处为红场）

（下）图9-544莫斯科 历史博物馆。北立面近景（左为通向红场的复活门，右下为朱可夫元帅纪念铜像）

右页：

（左上）图9-545莫斯科 历史博物馆。南立面，门廊细部

（右上）图9-546莫斯科 历史博物馆。砖墙细部

（右下）图9-547弗拉基米尔·舍尔武德（1833~1897年）自画像（1867年）

理性建筑的主要手段,认为新的民族运动和理性运动并不矛盾,两者实际上是统一的。虽说历史风格和功能需求并不是一回事,但到19世纪末,人们实际上都认识到,在建造大型商业和工业建筑的时候,不论立面采用何种风格,都要考虑功能和工艺要求,都要依赖建筑师和工程师们的紧密合作。

四、商业及市政建筑,俄罗斯传统风格的复兴

红场边上国营百货商场(上商业中心,ГУМ)的建造标志着俄罗斯建筑史上的一个转折点,不仅因为它集中体现了俄罗斯传统风格的复兴,同时也因为它是以前所未有的规模采用先进结构和工艺的俄罗斯市政工程的范例。这座新商场位于克里姆林宫对面,原址上为奥西普·博韦于1812年大火后修建的商业廊厅。到19世纪60年代,这个采用新古典主义风格的建筑已破败失修,但直到1888年11月,才在一个为重建而组成的私人公司——城市商业建筑协会(Society of

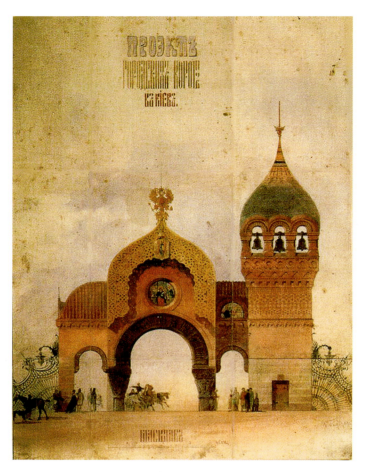
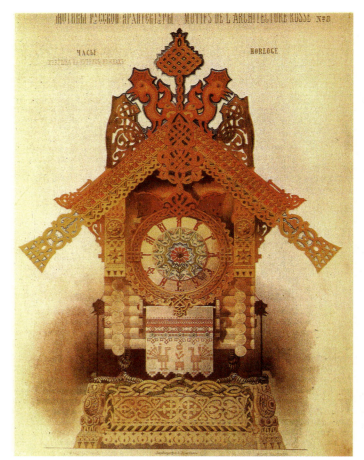
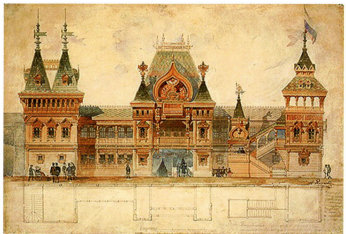
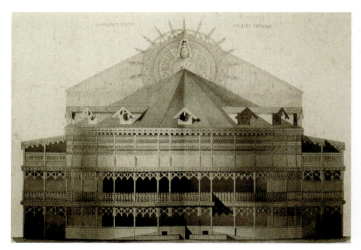
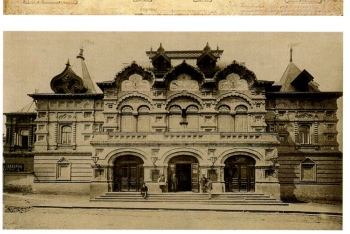

（上两幅）图9-548维克托·哈特曼（1834~1873年）设计图稿：左、基辅城门，右、鸡腿棚舍

（左中）图9-549伊万·帕夫洛维奇·罗佩特（伊万·尼古拉耶维奇·彼得罗夫，1845~1908年）设计图稿：1878年巴黎世界博览会俄国馆

（右中）图9-550莫斯科 1872年综合技术博览会。人民剧场，立面（设计图，作者维克托·哈特曼，图稿现存美国国会图书馆）

（左下）图9-551莫斯科 科尔什剧院（1884~1885年）。19世纪末景色（老照片1892年）

2176·世界建筑史 俄罗斯古代卷

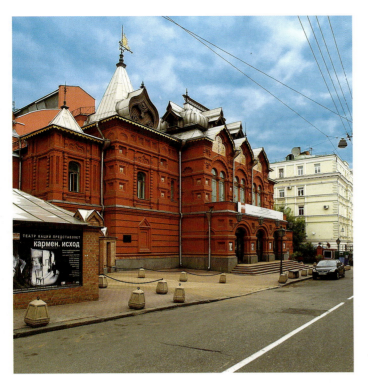

（左上）图9-552莫斯科 科尔什剧院。西南侧现状

（下）图9-553莫斯科 科尔什剧院。南侧景观

（右上）图9-554莫斯科 科尔什剧院。东南侧景色

City Trading Rows）主持下进行了设计竞赛，中标的是彼得堡艺术学院成员亚历山大·尼卡诺罗维奇·波梅兰采夫（1848~1918年）。

波梅兰采夫采用了廊厅式（galleria或passage）方案，这种类型在整个19世纪，作为集中的零售商场在欧洲其他地方（特别是米兰）和俄罗斯本身都大受青睐。但没有一个有上商业中心这样的规模（有1000到1200个零售及批发商店）。在一个建筑里纳入这么多店铺不仅要依靠新的技术及工艺解决人流和物流的交通组织、采光及通风等问题，同时由于其所在的

本页：

（上）图9-555萨马拉 话剧院。东南侧全景

（下）图9-556萨马拉 话剧院。南立面景色（面对恰巴耶夫广场）

右页：

（右上）图9-557萨马拉 话剧院。塔楼近景

（左上）图9-558莫斯科 综合技术博物馆（1873~1877年）。19世纪后期景色（第一阶段主楼完成后的情况，老照片，1884年，取自Nikolay Naidenov系列图集）

（下）图9-559莫斯科 综合技术博物馆。西南侧，主立面全景

特殊位置，还要考虑与红场和克里姆林宫等历史建筑协调。

和弗拉基米尔·舍尔武德的做法类似，波梅兰采夫设计了一个构图均衡的立面，在主要入口处按克里姆林宫围墙的风格布置了两座对称的塔楼（已拆除的最初建筑：图9-589~9-593；平面：图9-594；历史图景：图9-595、9-596；外景及细部：图9-597~9-601；内景：图9-602~9-605）。但和主立面相对狭窄比较好处理的历史博物馆不同，商场的主立面长达242米。为了避免因立面过长产生的单调乏味的感觉，波梅兰采夫把它分成三个大的区段：中部凹进，两边向外凸出，每个区段之内还有小的变化（中段中间主要

(上)图9-560莫斯科综合技术博物馆。主立面中部景色

(下)图9-561莫斯科综合技术博物馆。西北侧景观

（上）图9-562莫斯科综合技术博物馆。北侧立面

（左下）图9-563莫斯科综合技术博物馆。东南侧街景

（右下）图9-565费奥多尔·奥西波维奇·谢什捷尔（1859~1926年，肖像摄于1900年代）

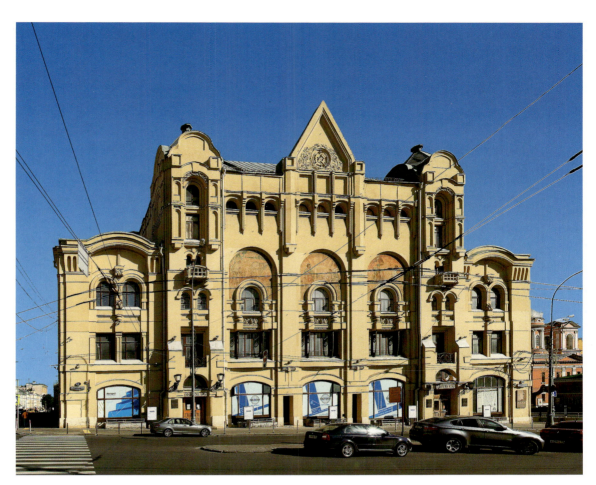

第九章 19世纪的传统风格和折中主义·2181

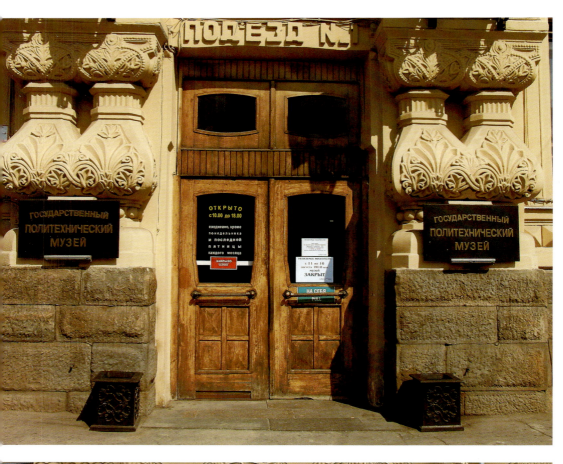

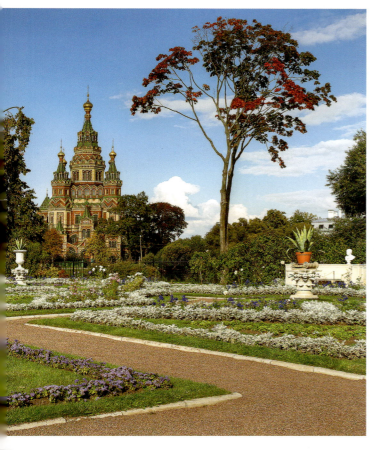

本页及左页：

（左两幅）图9-564莫斯科 综合技术博物馆。主入口近景

（右上）图9-566莫斯科 列夫·尼古拉耶维奇·克库舍夫宅邸（1900~1903年）。现状（原有3米高的石雕）

（右下）图9-567莫斯科 费奥多尔·奥西波维奇·谢什捷尔宅邸。现状（是这位建筑师三所住宅中的第二栋，后为厄瓜多尔大使官邸）

（中两幅）图9-568彼得霍夫 彼得和保罗大教堂（1894~1905年）。远景（上下两幅分别示自南侧奥尔金湖岛上花园和东南侧湖岸边望去的景色）

第九章 19世纪的传统风格和折中主义·2183

本页：
（上下两幅）图9-569彼得霍夫 彼得和保罗大教堂。南侧，地段形势（自湖面上望去的景色）

右页：
图9-570彼得霍夫 彼得和保罗大教堂。南侧全景

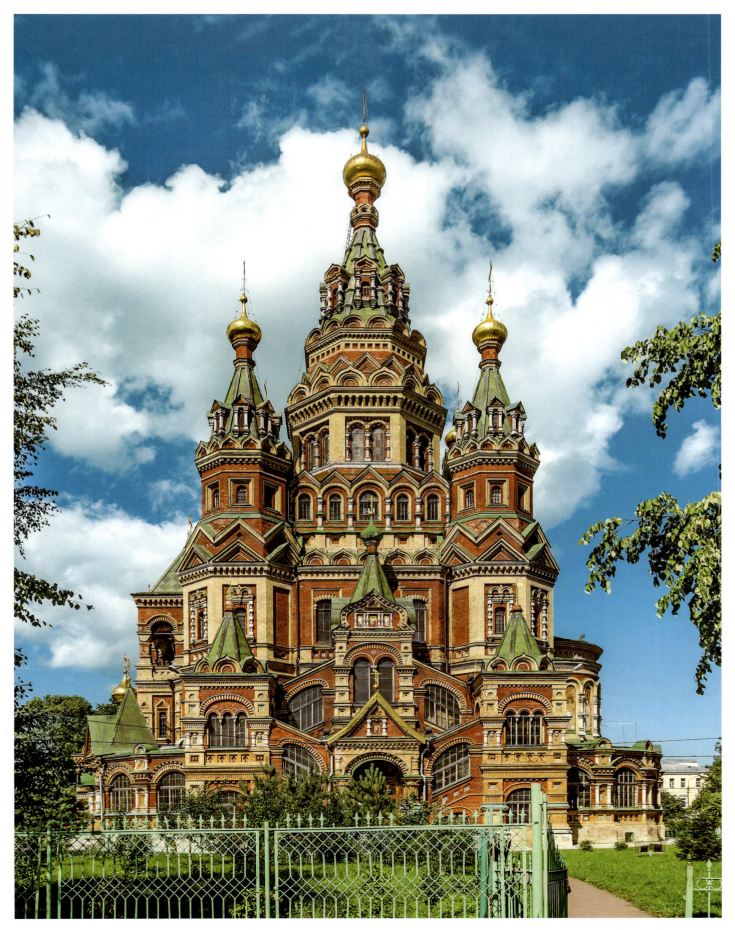

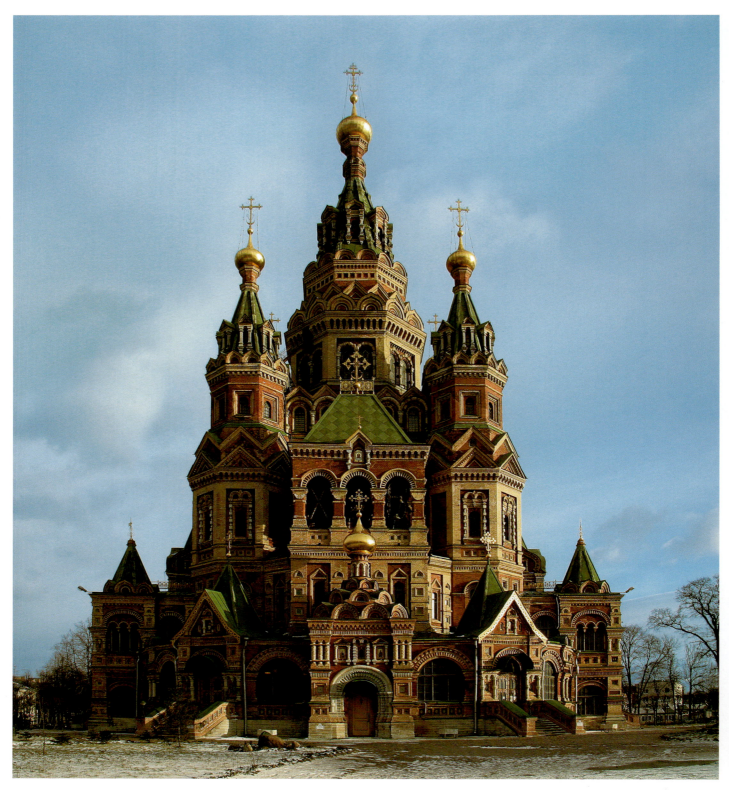

入口处稍稍向外凸出，两边区段相反，中间稍稍凹进）。同时他还在各层之间布置了线脚明确的檐口以突出水平构图，并通过不同的窗户边饰和拱券进一步划分层次。在主立面，每层都用了不同的石料：红色的芬兰花岗石、塔鲁萨大理石和石灰石。

如何把这个综合各种历史风格的立面和内部的商业功能很好地结合起来是建筑师面临的主要课题，也是最能表现其才能的地方。实际上内部贯穿组群通长的三条平行廊厅和外立面并没有多少联系（见图9-594），用的基本上是意大利文艺复兴而不是俄罗斯本土的风格。每条廊厅均分为三层，首层及二层布置成排的店铺，第三层供行政办公使用。二三层廊道

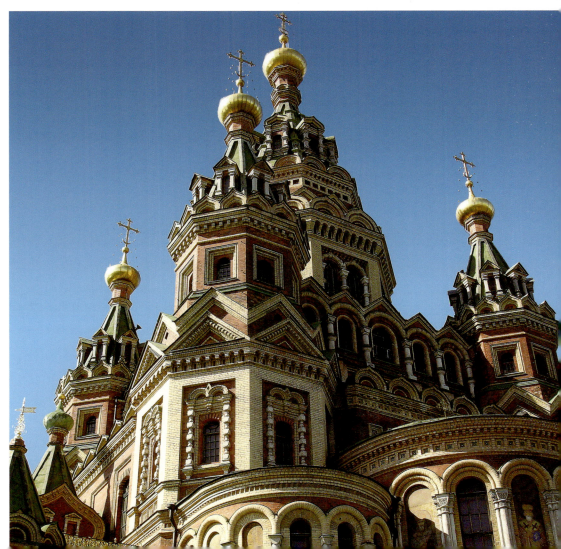

左页：

图9-571彼得霍夫 彼得和保罗大教堂。西侧现状

本页：

（左上）图9-572彼得霍夫 彼得和保罗大教堂。西北侧景观

（右上）图9-573彼得霍夫 彼得和保罗大教堂。东南侧全景

（下）图9-574彼得霍夫 彼得和保罗大教堂。东南侧，近景

之间布置预应力混凝土的人行步道（可能是这种技术在俄罗斯的首次应用），此外，拱廊在端头和中间还彼此连通。采光则通过顶上的拱券天窗（见图9-604），其设计属19世纪俄罗斯市政工程最杰出的成就之一。

这个将美学和功能统一起来的天窗是俄罗斯最多才多艺的结构工程师之一弗拉基米尔·格里戈里耶维奇·舒霍夫（1853-1939年；图9-606）的杰作。1876年毕业于莫斯科技术学校（Technical School）的舒霍夫接着到美国去了几个月。尽管对他的行程人们所知甚少，但毫无疑问这为他提供了一个学习美国结构工程的机会。1878年，他来到莫斯科，专门设计金属结构；到举行商业中心设计竞赛时，他已是桥梁结构、石油钻探工程和大型金属桁架拱顶设计等方面的知名

图9-575彼得霍夫 彼得和保罗大教堂。东立面，近景

（上）图9-576彼得霍夫彼得和保罗大教堂。南立面，门楼近景

（下）图9-577彼得霍夫彼得和保罗大教堂。南立面，山墙及龛室细部

第九章 19世纪的传统风格和折中主义·2189

本页：

（上）图9-578彼得霍夫 彼得和保罗大教堂。塔楼，西侧近景

（下）图9-579彼得霍夫 彼得和保罗大教堂。室内，圣像屏帏

右页：

（上）图9-580彼得霍夫 彼得和保罗大教堂。室内，拱顶仰视

（下）图9-581彼得霍夫 彼得和保罗大教堂。室内，穹顶仰视

专家。他后期的名望主要来自采用金属网架结构的塔楼。在1896年下诺夫哥罗德举行的全俄工业和艺术博览会（All-Russia Industrial and Art Exhibition）上，他建造了一个高37米的水塔，成为世界上第一个双曲面网壳结构。这个令人惊异的设计很快引起了欧洲同行的注意（博览会结束后，塔楼为当时著名的艺术赞助人尤里·涅恰耶夫-马利佐夫购得，安置在自己位于利佩茨克州的波利比诺庄园里，直到以后被置于国家的保护下；图9-607~9-609）。在1896年的博览会上，他还建造了两个大型亭阁，不仅大胆选用了金属框架结构（很可能还是第一次采用金属薄膜屋顶），而且表现出很高的美学价值（椭圆阁：图9-610、9-611；圆堂：图9-612、9-613）。莫斯科沙博洛夫卡区高160米的无线电天线塔也是他的杰作（图9-614、9-615）。

第九章 19世纪的传统风格和折中主义·2191

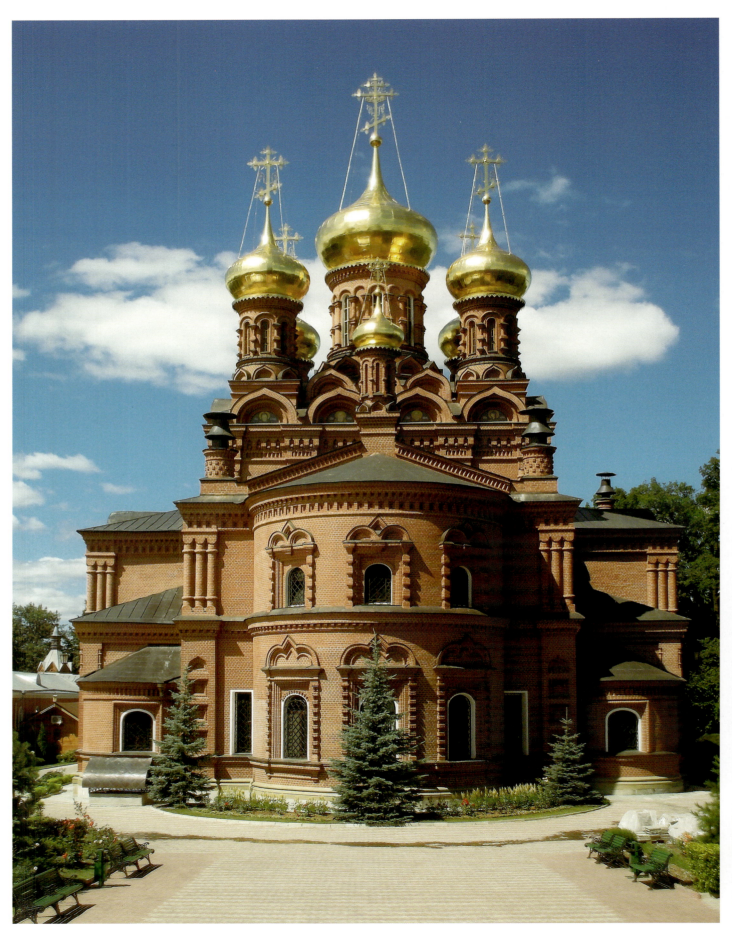

左页:
图9-582切尔尼戈夫隐修院圣母圣像教堂。外景

本页:
图9-583切尔尼戈夫隐修院钟楼。现状

到19世纪末,以舒霍夫的作品为代表的结构技术已相当成熟,位于红场上的这座商场的庞大规模更给人们留下了深刻的印象,但在表现民族风格及历史题材的艺术目标和满足近代城市建筑的功能需求之间并没有能充分协调。实际上,只有上层廊道能够充分享受舒霍夫的铸铁和玻璃结构带来的好处,从商业角度来说更为合宜的下层店铺反而缺乏必要的采光和通风。

不过,上商业中心的缺陷并没有阻碍另一个仿俄罗斯风格的重要商业建筑的建造,建于1890~1891年

的中商业中心位于上商业中心东南,自红场向莫斯科河逐渐下降的缓坡地段上,两者之间以一条小街分开(图9-616、9-617)。其主持人罗曼·克莱因曾在上商业中心竞赛设计中获第二名,是19、20世纪之交莫斯科最多产的建筑师之一。在莫斯科绘画、雕塑和建筑学校(Moscow School of Painting, Sculpture and Architecture)学习了两年后,克莱因曾参与历史博物馆工程,作为绘图员协助舍尔武德工作;随后去彼得堡继续就读于艺术学院(1877~1882年),毕业后到法国在巴黎歌剧院的设计人夏尔·加尼耶的设计室工作了一段时间;1880年代中期回到俄罗斯后定居莫斯科,并在接下来的30多年里,以此为中心开展业务活动。中商业中心沿用红场其他建筑的构图模式,但装饰相对少一些。由于没有上商业中心那样的天窗,建筑仅靠大片墙面上的窗户采光。在这两个商业建筑完成之后,作为苏联政治中心的红场,基本上具有

本页及左页：

（左）图9-584玛丽亚温泉市 俄国东正教教堂。西北侧全景
（中）图9-585玛丽亚温泉市 俄国东正教教堂。西立面现状
（右）图9-586玛丽亚温泉市 俄国东正教教堂。西南侧全景

了现在的面貌（历史图景：图9-618；俯视及全景：图9-619~9-622）。在莫斯科，除了中商业中心外，克莱因的另一个作品是莫斯科普希金艺术博物馆，为一座室内外均采用爱奥尼柱式的建筑（外景：图9-623；内景：图9-624~9-627）。

在市中心区，莫斯科市政府建造的最后一个采用俄罗斯传统风格的重要建筑是市政厅（杜马）。实际上，该项目已经酝酿了很长一段时间。第一个设计方案是19世纪70年代早期，彼得堡弗拉基米尔·亚历山德罗维奇宫的设计人亚历山大·列扎诺夫和安德烈·休恩提出的（为一个充满想象力按哈特曼和罗佩特的方式再现俄罗斯风格的设计）。到该世纪80年代，红场及其周围地区仿俄罗斯风格的建筑基本完成后，莫斯科城市杜马决定要建一个与之相称的新总部。1886年举行了一系列设计竞赛，受邀提交立面设计的三位建筑师中包括德米特里·奇恰戈夫（1835~1894年，为

第九章 19世纪的传统风格和折中主义·2195

本页：

（上）图9-587玛丽亚温泉市 俄国东正教教堂。南侧景观

（下）图9-589莫斯科 上商业中心（最初建筑，1810年代，建筑师奥西普·博韦，1888年拆除）。外景（据奥西普·博韦原作绘制，1820年代）

右页：

（左）图9-588玛丽亚温泉市 俄国东正教教堂。穹顶近景

（右上）图9-590莫斯科 上商业中心（最初建筑）。19世纪中叶景色（彩画，1850年代，作者Daziaro）

（右中上）图9-591莫斯科 上商业中心（最初建筑）。地段俯视景色（老照片，摄于1886年，即拆除前2年）

（右中下）图9-592莫斯科 上商业中心（最初建筑）。朝向红场的立面（老照片，1886年）

（右下）图9-593莫斯科 上商业中心（最初建筑）。西北立面景色（老照片，1888年，临拆除前）

按民族风格设计科尔什剧院的米哈伊尔·奇恰戈夫的哥哥），但有权势的考古协会（Archaeological Society）认为这些方案都未能体现真正的俄罗斯风格。奇恰戈夫再次提交的新设计虽得到了协会的认可，但又不能令杜马满意。几经周折之后，直到1887年，奇恰戈夫的设计才最后获得批准。此后又等了3年到1890年方方式开工（新结构中纳入了18世纪早期中国城铸币厂的部分残迹；图9-628）。

虽说奇恰戈夫的这座建筑要比他弟弟米哈伊尔设计的科尔什剧院规模更大，但在采用及布置俄罗斯传统装饰部件上显得颇为机械和呆板，不像米哈伊尔那样掌控自如，或许这和设计过程中遇到的这些周折和干扰有一定的关联。在杜马，平直、对称的表面上挤满了中世纪的装饰部件，和附近舍尔武德和波梅兰采

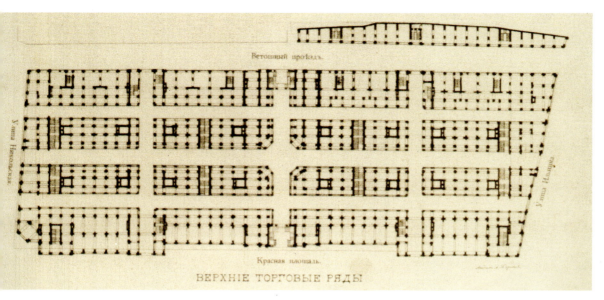

（上）图9-594莫斯科 上商业中心（国营百货商场，ГУМ，1889~1893年）。平面（图版，取自William Craft Brumfield：《A History of Russian Architecture》，Cambridge University Press，1997年）

（右下）图9-595莫斯科 上商业中心（国营百货商场，ГУМ）。施工情景（老照片，1892年）

（左下）图9-596莫斯科 上商业中心（国营百货商场，ГУМ）。20世纪初景色（老照片，1900年代早期）

（中）图9-597莫斯科 上商业中心（国营百货商场，ГУМ）。南侧全景

（上）图9-598莫斯科 上商业中心（国营百货商场，ГУМ）。西侧全景

（下）图9-599莫斯科 上商业中心（国营百货商场，ГУМ）。西南侧，主立面中部

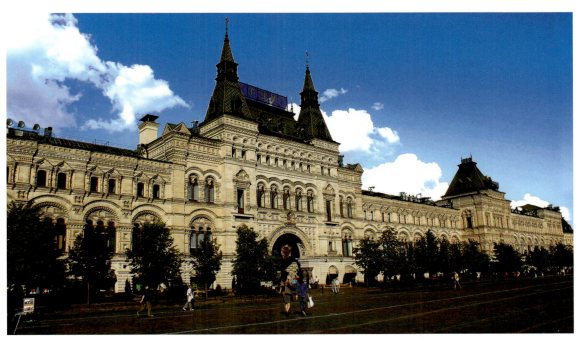

夫设计的那些复兴俄罗斯传统风格的建筑相比，显得颇为僵硬刻板。从风格上看，这些建筑显然是互相关联的，但杜马并不属于红场的组成部分，其红砖砌筑的主立面实际上和带宏伟门廊的大剧院及前面的广场（革命广场）关系更为密切，这是莫斯科为数不多的新古典主义群组之一，这座新建筑不仅没有为这个组

第九章 19世纪的传统风格和折中主义·2199

本页：
（上两幅）图9-600莫斯科 上商业中心（国营百货商场，ГУМ）。主入口近景及细部

（下）图9-601莫斯科 上商业中心（国营百货商场，ГУМ）。西侧景观（西北立面及主立面）

右页：
（上两幅）图9-602莫斯科 上商业中心（国营百货商场，ГУМ）。中厅，内景
（下）图9-603莫斯科 上商业中心（国营百货商场，ГУМ）。中央通道景色

2200·世界建筑史 俄罗斯古代卷

群增色,反而起到破坏其风格统一的作用。杜马的内部设计表明,建筑师在运用俄罗斯传统风格上技术已很娴熟,不过,采用这种风格最成功的实例,还是19世纪90年代一批规模较小的建筑,如鲍里斯·弗罗伊登贝格设计的彼得·休金府邸(图9-629)。

五、阿布拉姆采沃庄园

[历史及文化背景]

俄罗斯的庄园文化在这个国家的文化发展史上具有重要的意义。作为俄罗斯文化的一种独特现象，它最大的特点是综合性。庄园是一个社会-行政、经济-经营、音乐、建筑艺术以及文化的中心。在这里，贵族文化与农民文化、家庭传统与社会传统、城市文化与省城文化、俄罗斯文化与世界文化相互融合。这里要介绍的阿布拉姆采沃庄园，就是其中的一个典型例证。它位于莫斯科东北约57公里的沃里亚河畔，谢尔吉耶夫镇附近，是个充满俄罗斯风情、风景秀丽的处所（И.Е.列宾有一幅名画，就叫《阿布拉姆采沃风光》；图9-630）。它之所以出名，主要在于从19世纪上半叶起，这里曾两度成为俄罗斯文化艺术界众多名流汇聚的地方，见证了俄罗斯文化艺术繁荣发展所走过的道路（图9-631）。许多称谓可以说明它在俄罗斯文化艺术领域的地位和独特性，如"阿布拉姆

左页：

（左上）图9-604莫斯科 上商业中心（国营百货商场，ГУМ）。联系廊道

（左中及左下）图9-605莫斯科 上商业中心（国营百货商场，ГУМ）。中央顶棚及细部

（右）图9-606弗拉基米尔·格里戈里耶维奇·舒霍夫（1853-1939年，照片摄于1891年）

本页：

（左上）图9-607下诺夫哥罗德 1896年全俄工业和艺术博览会。水塔（双曲面网壳结构，1896年实况）

（右）图9-608下诺夫哥罗德 1896年全俄工业和艺术博览会。水塔，现状外景（现位于波利比诺）

（左下）图9-609下诺夫哥罗德 1896年全俄工业和艺术博览会。水塔，现状内景

第九章 19世纪的传统风格和折中主义·2203

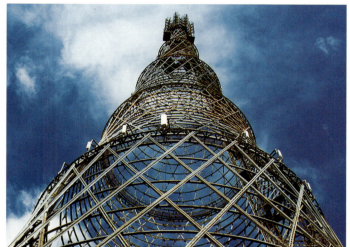

本页及左页：

（左上）图9-610 下诺夫哥罗德 1896年全俄工业和艺术博览会。椭圆阁，施工时场景（老照片，1895年）

（右上）图9-611 下诺夫哥罗德 1896年全俄工业和艺术博览会。椭圆阁，外景（老照片，1896年）

（左中）图9-612 下诺夫哥罗德 1896年全俄工业和艺术博览会。圆堂，施工时场景

（左下及中上）图9-613 下诺夫哥罗德 1896年全俄工业和艺术博览会。圆堂，内景（老照片，1895年）

（右中）图9-614 莫斯科 沙博洛夫卡天线塔。现状

（右下）图9-615 莫斯科 沙博洛夫卡天线塔。内景

（中下）图9-616 莫斯科 中商业中心（1890~1891年）。地段全景

第九章 19世纪的传统风格和折中主义·2205

本页:

(上)图9-617莫斯科 中商业中心。南侧全景

(下)图9-618莫斯科 红场。19世纪初景色(油画,作者Fedor Alekseyev,1801年)

右页:

图9-619莫斯科 红场。现状,俯视全景[自西北方向望去的景色,自左至右分别为上商业中心(国营百货商场)、中商业中心、圣瓦西里教堂、弗罗洛夫塔楼(救世主塔楼)和列宁墓]

采沃画派"、"阿布拉姆采沃圈子"、"阿布拉姆采沃小组"、"阿布拉姆采沃艺术家小镇",等等。

阿布拉姆采沃这个名称最早见于十六世纪的历史文献。十八世纪初,该地成为俄国古老的戈洛温贵族家族的领地并逐渐发展起来。后庄园几经转手,至1843年由著名作家及文学评论家谢尔盖·季莫费耶维奇·阿克萨科夫(1791~1859年)购得。

每年夏天,阿克萨科夫一家人就从莫斯科城内来此度夏甚至长住。阿克萨科夫称阿布拉姆采沃为"神奇的地方"、"人间天堂",他往往在庄园四周徜徉几个小时,或在如画的沃里亚河畔静坐垂钓。在这里他写出了自己最好的作品:《钓鱼日记》(Notes on Fishing,1847年)、《奥伦堡省猎人笔记》(Notes

2208·世界建筑史 俄罗斯古代卷

of a Hunter in Orenburg Province,1852年)、《家庭纪事》(A Family Chronicle,1850年代后期)、《巴格罗夫孙子的童年》(Childhood Years of Bagrov Grandson,1858年)和《鲜红的小花》(The Scarlet Flower,Аленький цветочек)。所有这些著作都已进入俄罗斯古典文学的宝库[11]。

谢尔盖·阿克萨科夫本人是一位杰出的斯拉夫传统复兴运动的倡导者,在他的悉心经营下,庄园充满了俄罗斯民族的生活气息。这位好客的主人广交文艺界的朋友,大家常常在庄园聚会,探讨交流,使阿布

本页及左页:

(左上)图9-620莫斯科 红场。南区,俯视景色

(下)图9-621莫斯科 红场。现状全景,自西北方向望去的景色

(右中)图9-622莫斯科 红场。现状全景,自东南方向望去的景色

(右上)图9-623莫斯科 普希金艺术博物馆(1898~1912年)。现状

图9-624莫斯科 普希金艺术博物馆。主楼梯,内景

拉姆采沃成为当时许多著名作家和知识分子的世外桃源。作家果戈里、屠格涅夫,诗人丘特切夫,历史学家格拉诺夫斯基,演员谢普金等文艺圈子的好友经常应邀来这里作客。果戈里和这一家人尤其交好,在阿布拉姆采沃住了很长时间。1849年8月,果戈里著名的长篇诗体小说《死魂灵》第二部的一章就在这里首次宣读。阿克萨科夫还于1890年发表了他写于该世纪30~40年代的《我同果戈里结识的经过》(The History of My Acquaintance with Gogol)。

阿克萨科夫去世后,其长子也很快去世,庄园空

（上）图9-625莫斯科 普希金艺术博物馆。大展厅（意大利式内院）

（左下）图9-626莫斯科 普希金艺术博物馆。罗马艺术展厅，内景

（右下）图9-627莫斯科 普希金艺术博物馆。意大利文艺复兴艺术展厅，内景

（上）图9-628莫斯科 市政厅（杜马，1890~1892年）。现状外景

（左下）图9-629莫斯科 彼得·休金府邸（1894年）。立面（设计图，作者鲍里斯·弗罗伊登贝格，1893年）

（右下）图9-630列宾：《阿布拉姆采沃风光》（1880年）

荡下来。1870年，俄罗斯著名的实业家、商人和艺术赞助人沙夫瓦·伊万诺维奇·马蒙托夫（1841~1918年；图9-632、9-633）自谢尔盖·阿克萨科夫一个女儿手中购得了这座庄园，开启了庄园的另一个辉煌时期。

沙夫瓦·伊万诺维奇·马蒙托夫为富商和企业家伊万·费奥多罗维奇·马蒙托夫和玛丽亚·吉洪诺夫娜之子。1841年随家迁往莫斯科，自1852年起，先后就读于彼得堡和莫斯科大学。1864年，沙夫瓦·马蒙托夫访问意大利，在那里学习声乐并经人介绍认识了另一位莫斯科富商格里戈里·萨波日尼科夫的女儿，年仅17岁的伊丽莎白，后者随后成为他的妻子。在马蒙托

（左上）图9-631油画：《艺术界》（表现在阿布拉姆采沃聚会的艺术家群体，作者Б.М.Кустодиев，画中人物自左至右：И.Э.Грабарь、Н.К.Рерих、Е.Е.Лансере、Б.М.Кустодиев、И.Я.Билибин、А.П.Остроумова-Лебедева、А.Н.Бенуа、Г.И.Нарбут、К.С.Петров-Водкин、Н.Д.Милиоти、К.А.Сомов、М.В.Добужинский）

（左下）图9-632沙夫瓦·伊万诺维奇·马蒙托夫（1841~1918年）画像（作者列宾，1878年）

（右上）图9-633沙夫瓦·伊万诺维奇·马蒙托夫画像（Mikhail Vrubel绘，1897年，现存莫斯科State Tretyakov Gallery）

（右下）图9-634瓦西里·德米特里耶维奇·波列诺夫（1844~1927年）画像（作者列宾，1877年，原作80×65厘米，现存莫斯科State Tretyakov Gallery）

夫的父亲于1869年去世后，他继承了巨额遗产并发展成俄罗斯最大的铁路投资家[12]。凭借雄厚的资产和对艺术的一腔热情（他本人不仅酷爱艺术，而且亲身体验，喜欢雕塑，在意大利学歌唱，嗓子也不错），他在庄园内修建了很多体现俄罗斯民族风格的木构建筑，把庄园变成了一座建筑博物馆，并在那里创建了一个艺术家协会，与会的包括当时俄罗斯最优秀的一批艺术家，既有雕刻师、画家，也有音乐家、歌唱家和演员。对古俄罗斯艺术的兴趣把这些名流聚集到一起，使19世纪70~90年代的阿布拉姆采沃庄园变成了俄罗斯艺术活动的一个重要中心，集中了该世纪80~90年代俄国造型艺术的各个新流派。

马蒙托夫邀请了很多当时国内知名的画家到自己

（左上）图9-635瓦西里·德米特里耶维奇·波列诺夫：《莫斯科院落》（油画，1878年）

（右上）图9-636康士坦丁·阿列克谢耶维奇·科罗温（1861~1939年）画像（作者Valentin Alexandrovich Serov，1891年）

（下）图9-637维克多·米哈伊洛维奇·瓦斯涅佐夫（1848~1926年）：《三壮士》（油画，1898年）

的庄园去写生作画，经常在这里活动的画家有伊利亚·叶菲莫维奇·列宾（1844~1930年）、瓦西里·伊万诺维奇·苏里科夫（1848~1916年）、瓦伦丁·亚历山德罗维奇·谢罗夫（1865~1911年）、米哈伊尔·瓦西里耶维奇·涅斯捷罗夫（1862~1942年）、瓦西里·德米特里耶维奇·波列诺夫（1844~1927年；图9-634、9-635）、特列恰科夫兄弟[巴维尔·米哈依洛维奇·特列恰科夫（1832~1898年）和谢尔盖·米哈依洛维奇·特列恰科夫（1834~1892年）]、米哈伊尔·亚历山德罗维奇·弗鲁别利（1856~1910年）、康士坦丁·阿列克谢耶维奇·科罗温（印象派画家，1861~1939年；图9-636）、建筑师、雕刻家和画家维克托·亚历山德罗维奇·哈特曼（1834~1873年）、画家及摄影师拉斐尔·谢尔盖耶维奇·列维茨基（1847~1940年）、雕刻家马克·马特维耶维奇·安托科尔斯基（1840~1902年）等。其中很多都在这里长期居住和创作。正是在这里，形成了以画家瓦斯涅佐夫兄弟[即维克多·米哈伊洛维奇·瓦斯涅佐夫（1848~1926年，他在这儿完成了著名的作品：《三壮士》；图9-637）、阿波利纳里·米哈伊洛维奇·瓦斯涅佐夫（1856~1933年）]为中心并在19世纪末的俄罗斯美术界占有重要地位的"阿布拉姆采沃画派"。

（上）图9-638玛丽亚·克拉夫杰夫娜·捷尼舍娃（1858~1928年）画像（作者列宾，1896年）

（下）图9-639塔拉什基诺庄园大门。现状

本页：

（上）图9-640塔拉什基诺庄园圣三一教堂（1903~1906年）。西北侧全景

（下）图9-641塔拉什基诺庄园圣三一教堂。西南侧景色

右页：

（上）图9-642塔拉什基诺庄园圣三一教堂。南侧景观

（下）图9-643塔拉什基诺庄园圣三一教堂。东南侧现状

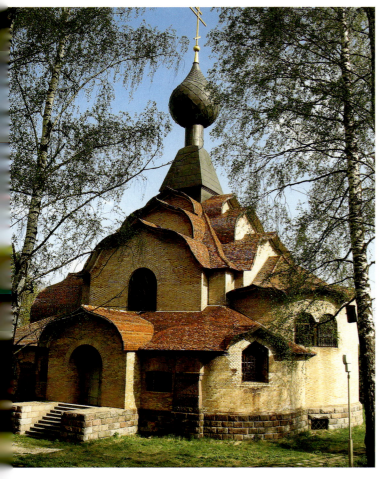

除了画家和造型艺术家外,来这的常客还有俄罗斯戏剧界和舞台演出的大师,如著名的戏剧家和表演理论家康斯坦丁·谢尔盖维奇·斯坦尼斯拉夫斯基(1863~1938年)、戏剧导演及剧作家弗拉基米尔·伊万诺维奇·涅米罗维奇-丹钦科(1858~1943年)、著名女歌剧演员玛丽亚·尼古拉耶夫娜·叶尔莫洛娃(1853~1928年)和男低音歌剧演唱家费奥多尔·伊万诺维奇·夏里亚宾(1873~1938年)。为此马蒙托夫还在庄园里投资建造了俄罗斯私人歌剧院(其成功一直影响到莫斯科)并资助了一批歌剧作曲家,尼古拉·安德烈耶维奇·里姆斯基-科尔萨科夫(1844~1908年)的歌剧《雪姑娘》(The Snow Maiden)就是1886年在这里创作完成的。

[工艺复兴运动]

和上商业中心及基督复活教堂这类重要的大型公共建筑一本正经地采用传统风格的做法不同,在沙夫瓦·马蒙托夫的阿布拉姆采沃庄园,兴起了一个新的工艺复兴运动,反映了一种新的美学观念。

在马蒙托夫的资助下,一批意气相投的艺术家在这里进行各种实践和试验活动。这座庄园也因此

(上)图9-644塔拉什基诺庄园 圣三一教堂。北侧全景

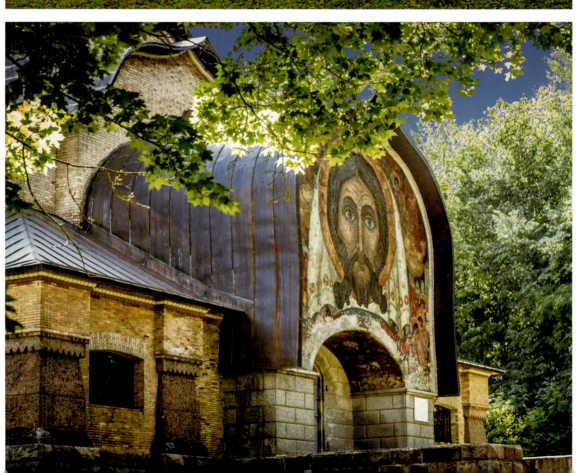

(下)图9-645塔拉什基诺庄园 圣三一教堂。西门楼近景

成为19世纪后期俄罗斯企业家和艺术家紧密联系和良性互动的典型案例。尽管当时的另一个艺术和工艺中心——公主玛丽亚·克拉夫杰夫娜·捷尼舍娃（1858~1928年；图9-638）的塔拉什基诺庄园（位于斯摩棱斯克省；庄园大门：图9-639；圣三一教堂：图9-640~9-646；小楼：图9-647~9-651）也很有名气，但马蒙托夫庄园在艺术兴趣的广泛和对建筑设计的影响上可说是无法取代的。

19世纪70年代早期，建筑师维克托·哈特曼和伊万·帕夫洛维奇·罗佩特（伊万·尼古拉耶维奇·彼得罗夫）都在这座庄园工作。哈特曼在他1873年去世前不久，在阿布拉姆采沃建了一个雕刻家工作室，配有作为工艺复兴典型特色的华丽木雕装饰（图9-652~9-656）。但和哈特曼的作品相比，附近罗佩特设计的"小阁"浴室在构造上更值得注意。其不对称的形体采用原木结构，通过一个陡峭的梯形屋顶统一整个构图，屋顶上另出窗户及门廊山墙（图9-657~9-659）。这座新颖奇特的"小阁"预示了世纪之交那种造型独特风格自由的建筑，同时也成为丰富多样极具创意的阿布拉姆采沃教堂设计的先兆。

（上）图9-646塔拉什基诺庄园 圣三一教堂。北门楼近景

（下）图9-647塔拉什基诺庄园 小楼。东南侧，俯视景色

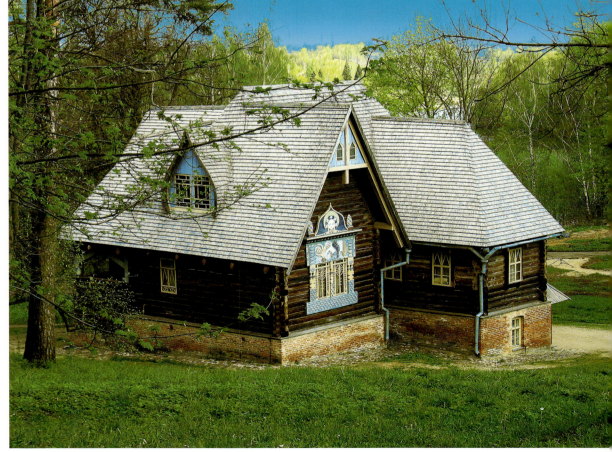

阿布拉姆采沃的这座教堂供奉被神化了的（所谓"神奇的，非人手能制作的"）救世主圣像，它由一组致力于保护民间艺术的同仁协力完成，是一个艺术的综合体，在建造它时社区人们的共同努力已成为俄罗斯艺术史上的传奇。教堂的设计灵感不仅来自当时流行的拜占廷或17世纪的俄罗斯风格，同时也来自中世纪诺夫哥罗德和普斯科夫那些看上去并不特别宏伟的传统建筑（图9-660~9-662）。由于教堂较小，从性质上看又是个非专业的"业余爱好者"的作品，不受建设委员会和学院当权者的干预，因此看不到满覆立面

（上）图9-648塔拉什基诺庄园 小楼。西北侧景色

（中）图9-649塔拉什基诺庄园 小楼。南侧全景

（下）图9-650塔拉什基诺庄园 小楼。西侧窗户及墙面装饰

表现俄罗斯风格的考古细部。最初画家瓦西里·波列诺夫绘制的草图是以诺夫哥罗德附近简朴的涅列迪察河畔主显圣容教堂（1198年，见图1-220~1-224）为范本。阿布拉姆采沃的艺术家们还研究了罗斯托夫附近的各个教堂，这些都影响到维克多·米哈伊洛维奇·瓦斯涅佐夫随后对设计进行的修改。1880~1881年[13]建成的教堂采用了更为亲切的风格，得到了艺术史家的赏识，但很少引起职业建筑师的注意。阿布拉姆采沃这组艺术家们实际上是以这样的行动重申俄罗斯建筑的价值，强调结构的明确性，强调材料和形式之间的关联。

在这个教堂里，看不到完全照抄的形式：夸张的外廓线，南墙上硕大的拱形组合窗，以及石灰石的雕饰细部，都没有以考古学的精确方式再现多少个世纪以来，人们习见的诺夫哥罗德或普斯科夫那些小教堂的造型。不过，结构上更深层次的关联，仍清晰可辨，尽管它没有像大多数采用俄罗斯复兴风格的建筑那种，满覆繁琐的细部。

教堂内的装饰同样没有交予外人，而是由一帮画家朋友自己完成。与俄罗斯著名教堂相比，这座庄园

（上）图9-651塔拉什基诺庄园 小楼。东侧窗饰

（下）图9-652阿布拉姆采沃 雕刻家工作室。入口面全景

（上）图9-653阿布拉姆采沃雕刻家工作室。侧立面，现状

（左下）图9-654阿布拉姆采沃 雕刻家工作室。门廊近景

（右下）图9-655阿布拉姆采沃 雕刻家工作室。窗饰及檐口细部

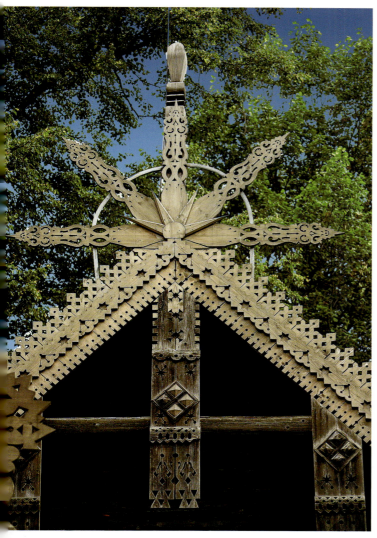

（左上）图9-656 阿布拉姆采沃 雕刻家工作室。屋檐细部
（右上）图9-657 阿布拉姆采沃 "小阁"浴室。现状外景
（左下）图9-658 阿布拉姆采沃 "小阁"浴室。背面景色
（右下）图9-659 阿布拉姆采沃 "小阁"浴室。门廊近景

教堂的圣像和壁画少了些许神圣，却多了一些人间的烟火气息。参与室内装修及陈设设计的，不仅有负责建筑设计的瓦西里·波列诺夫和维克多·瓦斯涅佐夫，还包括画家伊利亚·列宾和阿波利纳里·瓦斯涅佐夫（维克多·瓦斯涅佐夫的弟弟），雕刻家马克·安托科尔斯基和沙夫瓦·马蒙托夫的妻子、著名丝绸制造商萨波日尼科夫家族的后代伊丽莎白·马蒙托娃。马蒙托娃还和瓦西里·波列诺夫的妹妹、画家和工艺设

(上)图9-660阿布拉姆采沃 神奇圣像教堂。西南侧景观

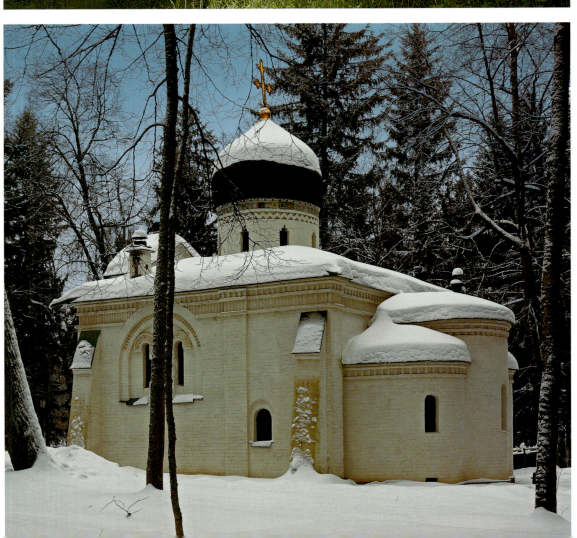

(下)图9-661阿布拉姆采沃 神奇圣像教堂。东南侧雪景

(上) 图9-662 阿布拉姆采沃 神奇圣像教堂。西北侧现状

(下) 图9-663 阿布拉姆采沃 陶瓷座椅（弗鲁贝尔亲手烧制）。远景（位于玻璃罩内）

计师叶连娜·德米特里耶夫娜·波列诺娃（1850~1898年）一起，积极参与阿布拉姆采沃工艺圈子的活动。

19世纪70~80年代，这批艺术家不但在庄园里探讨和发扬中世纪俄罗斯的艺术精神，还付诸实践，在那里建了一些作坊，按传统的俄罗斯样式以手工制作家具、陶瓷和丝绸等艺术品。1889年，波列诺娃和象征派画家米哈伊尔·弗鲁别利合作将陶瓷作坊发展成一个成熟的企业，生产出俄罗斯杰出的彩色乌釉陶器。弗鲁别利在这里，不仅对俄国的民间艺术——烧陶、木雕、刺绣有了更多的接触，并亲自参与了烧制陶瓷和开办刺绣作坊的活动。在庄园府邸的陶瓷火炉上尚可欣赏到他的设计；在庄园一角，依丘陵面向沃里亚河畔的地方，有他亲手烧制的陶瓷座椅（面向美丽的沃里亚河，作家和画家经常在这里赏景静思，或交流论谈，触发创作灵感；座椅现被保护在玻璃罩内；图9-663~9-665）。

庄园里的每个工艺作坊都对教堂的装修有所贡

（上）图9-664阿布拉姆采沃 陶瓷座椅。正面现状

（中及下）图9-665阿布拉姆采沃 陶瓷座椅。背面及花饰细部

（左两幅）图9-666 阿布拉姆采沃 神奇圣像教堂。北面祠堂近景（自北面和西面望去的景色）

（右上）图9-667 阿布拉姆采沃 凉亭（鸡腿茅舍）。模型（作者瓦斯涅佐夫）

（右下）图9-668 阿布拉姆采沃 凉亭（鸡腿茅舍）。现状全景

献。叶连娜·波列诺娃于1882年创建的家具及木工车间提供室内陈设，所用的工艺及风格完全依照瓦斯涅佐夫在世纪之交所做的设计。教堂还采用了艺术家自己制作陶瓷部件，内部用于传统的俄罗斯火炉，外部用于围绕着穹顶鼓座和葬仪祠堂的装饰条带。

瓦斯涅佐夫当初的设计方案模型，如今保存在位于霍齐科沃村的阿布拉姆采沃艺术工艺品分部的展馆里。在教堂完成10年后，瓦斯涅佐夫又在北立面上增建了一个祠堂，1892年，马蒙托夫残疾的儿子安德烈死后就葬在那里（图9-666）。1918年，沙夫瓦·马蒙托夫本人也埋葬在同一个祠堂内。教堂附近还按瓦斯涅佐夫的设计图，建造了一个简朴而实用的小凉亭（鸡腿茅舍；图9-667~9-670）。秋高气爽之时，人们可在那里沏茶论道，或极目沃里亚河畔的景色。

在19和20世纪之交，阿布拉姆采沃在文化复兴上的先导作用还体现在各个艺术门类的相互关联和交融

（左上）图9-669阿布拉姆采沃 凉亭（鸡腿茅舍）。入口侧景色
（右上）图9-670阿布拉姆采沃 凉亭（鸡腿茅舍）。挑台细部
（左下）图9-671下诺夫哥罗德 全俄艺术及工业博览会。远北阁
（老照片，纽约公共图书馆藏品）

上，这也是庄园内许多社区活动的特色。它不仅包括工艺、视觉艺术和建筑，也包括戏剧、音乐和舞台设计。瓦斯涅佐夫为当时上演的歌剧《沙皇的未婚妻》等设计的布景为15年后俄罗斯现代建筑中的仿传统要素作了必要的铺垫。

1896年，为马蒙托夫的歌剧设计舞台布景的康士坦丁·科罗温利用旅行中收集的资料，为下诺夫哥罗德举办的全俄艺术及工业博览会（All-Russian Arts and Industry Exhibition）设计了一座远北阁（图9-671）并为它画了十幅表现北方和北极地区各种景观的画（博览会闭幕后，这些画布置在莫斯科的雅罗斯拉夫终点站，至1960年代修复后转归特列季亚科夫画廊收藏）。尽管和舒霍夫与波梅兰采夫为同一博览会设计的那些大型楼阁相比，远北阁要更为简朴，但作为一个富有创新精神的设计，其最大的亮点在于对传统结构形式（在这里是木结构）的理解。在这里，看不到19世纪俄罗斯木构建筑那些所谓"民间"装饰，相反，科罗温利用这些材料创造了一个简单明确、合乎结构逻辑的形体。

第九章注释：

[1]费奥多尔·米哈伊洛维奇·陀思妥耶夫斯基（Fyodor Mikhailovich Dostoyevsky, Фёдор Михайлович Достоевский, 1821~1881年），俄国作家，毕业于尼古拉耶夫军事工程学院（Nikolayev Military Engineering Institute），当过工程师。

[2]尽管文章没有署名，但很可能是报纸的编辑涅斯托尔·瓦西里耶维奇·库科利尼克（Nestor Vasilievich Kukolnik, Нестор Васильевич Кукольник, 1809~1868年），他经常就建筑问题发表评论。

[3]见Николай Гоголь：《Об Архитектуре Нынешнего Времени》，1835年。

[4]同上

[5]该组群最初只有一个收藏艺术品的小埃尔米塔日（其南楼的室内系1840~1843年瓦西里·斯塔索夫重新设计）。如今的埃尔米塔日博物馆包括沿宫廷滨河路及邻近的系列建筑，除了小埃尔米塔日外，还包括老埃尔米塔日（亦称大埃尔米塔日）、新埃尔米塔日、埃尔米塔日剧场和原俄国沙皇的主要宫殿冬宫。近年来埃尔米塔日组群又扩展到宫殿广场对面与冬宫相对的总参谋部大楼和缅希科夫宫。

[6]奥克里库鲁姆（Ocriculum），意大利中部考古遗址，位于罗马以北，现名奥特里科利（Otricoli）。

[7]即Church of Our Savior on Spilled Blood（Церковь Спаса на Крови），其他名称还包括Church on Spilled Blood（Церковь на Крови）、Temple of the Savior on Spilled Blood（Храм Спаса на Крови）和Cathedral of the Resurrection of Christ（Собор Воскресения Христова）。

[8]1881年3月1日，沙皇亚历山大二世的车队途径滨河路时遭到民意党（People's Will）极端分子两次炸弹袭击，回冬宫几小时后即因伤重身亡。

[9]麻雀山（Sparrow Hills, Воробьёвы горы），1935~1999年间称列宁山（Lenin Hills, Ленинские горы）；为莫斯科河右岸一座小山，为城市最高点之一，高出河面60~70米。

[10]维克托·亚历山德罗维奇·哈特曼（Viktor Alexandrovich Hartmann, Виктор Александрович Гартман）去世时年仅39岁，1874年圣彼得堡美术学院（Academy of Fine Arts）展出了他的400幅画作，但现大部分丢失。

[11]20世纪，苏联作家及新闻记者伊利亚·爱伦堡（Илья Григорьевич Эренбург, 1891~1967年）在其长篇回忆录《人·岁月·生活》（Люди, годы, жизнь）中曾记下了他在阿布拉姆采沃游历的感受："今年夏天，在阿布拉姆采沃，我眺望着园中的几棵槭树和几张安乐椅。想当年阿克萨科夫有足够的时间去思索一切。他和果戈里的往来书简对心灵和时代作了从容不迫的勾画。而我们将在身后留下什么呢？"

[12]1869年，马蒙托夫成为莫斯科-雅罗斯拉夫尔铁路的主管，并监管连接莫斯科和俄国北部阿尔汉格尔斯克铁路（Severnaya Railway）的建造，1876~1882年，还参与了顿涅茨克铁路的建设工作。

[13]另说1881-1882年。

·全卷完·

附录一 地名及建筑名中外文对照表

A

阿布拉姆采沃庄园Abramtsevo estate（Абрамцево colony）
 雕刻家工作室Sculptor's Studio
 凉亭（鸡腿茅舍）Hut on Chicken Legs
 神奇圣像教堂Church of the Mandylion Icon
 "小阁"浴室'Teremok' Bathhouse
阿尔汉格尔斯克Arkhangelsk
 圣米迦勒教堂Church of Saint Michael
阿尔汉格尔斯克庄园Arkhangelskoe estate
 茶室（原图书馆楼）Tea House（Library Pavilion）
 大天使米迦勒教堂Church of Archangel Michael
 方尖碑Обелиск
 宫邸Palace
  椭圆厅Oval Hall
 尼古拉一世纪念柱Колонна Николая I
 圣门Holy Gates
 小宫Small Palace
 亚历山大三世纪念柱Alexander III Column
 叶卡捷琳娜二世纪念碑亭Monument to Catherine II
 尤苏波夫（家族）陵园Iusupov Mausoleum
 庄园剧场Estate Theater
阿尔斯克Arsk
 阿尔斯克塔楼Arsk Tower
阿拉斯加（州）Alaska
阿姆斯特丹Amsterdam
阿斯塔诺（村）Astano
阿斯特拉罕（汗国）Astrakhan（Khanate）
阿索斯山（圣山）Mount Athos
 修道院建筑群Complex of Monasteries
爱琴海Aegean
敖德萨Odessa
奥夫鲁奇Ovruch
 圣巴西尔教堂Church of St.Basil
奥卡河Oka River
奥克里库鲁姆（现名奥特里科利）Ocriculum（Otricoli）
奥拉宁鲍姆Oranienbaum
 彼得城堡Peterstadt Fortress
  大门Gates of Honour
 彼得宫邸组群Peterstadt
 彼得三世宫Palace of Peter III
 海渠Sea Channel
 滑雪山阁Sledding Hill Pavilion
 画廊Picture Gallery
 鲤鱼池Carp Pond
 凉亭Pergola
 缅希科夫大宫（主宫）Grand Menshikov Palace（Main Palace）
  教堂厅Church Hall
  日本楼Japanese Pavilion
 骑士楼Cavalier House
 上池Upper Pond
 上公园Upper Park
 石厅楼Stone Hall Pavillion
 下池Lower Pond
 下花园Lower Garden
 下住宅Lower Houses
 中国池Chinese Pond
 中国厨楼Chinese Kitchen Pavilion
 "中国宫"'Chinese' Palace
奥列安达Oreanda
 宫殿Palace
奥洛涅茨Olonets
 圣拉撒路教堂St Lazarus
奥伦堡Orenburg
 商队旅社清真寺Caravanserai Mosque
奥涅加湖Lake Onega
奥西诺沃Osinovo
 献主大教堂Church of the Presentation

B

巴尔干（地区）Balkans

巴伐利亚（地区）Bavaria
巴甫洛夫斯克 Pavlovsk
 阿波罗柱廊 Colonnade d'Apollon
 格拉佐沃（村）住宅 Glazovo（village）Houses
 公园 Park
 宫殿 Palace
  埃及前厅 Egyptian Vestibule
  白餐厅 White Dining Room
  大前厅（上前厅）Grand Vestibule（Upper Vestibule）
  大御座厅（宴会厅）Grande Salle du Trône（Salle à Manger d'Apparat）
  宫殿图书馆 Palace Library
   保罗一世图书室 State Library of Paul I
   玛丽亚·费奥多罗芙娜图书室 Library of Maria Feodorovna
  宫廷教堂 Palace Church
  贡扎戈廊道 Gonzago Gallery
  管乐室 Orchestra Room
  和平厅 Hall of Peace
  画廊 Picture Gallery
  老客厅 Old Drawing Room
  台球室 Billiard Room
  舞厅 Ballroom
  希腊厅 Grecian Hall
  绣帷书房 Tapestry Study（Carpet Study）
  意大利大厅 Italian Hall
  战争厅 Hall of War
  主卧室 State Bedchamber
 玛丽亚·费奥多罗芙娜纪念亭 Monument à Maria Feodorovna
 美惠三神亭 Pavilion of Three Graces
 尼古拉（铁）门 Nicholas（Cast Iron）Gate
 夏季剧场（木构）Summer Theater（wooden）
 友谊殿 Temple of Friendship
巴赫奇萨赖 Bakhchisarai
 宫殿 palace
巴勒斯坦（地区）Palestine
巴黎 Paris
 大凯旋门 Arc de Triomphe
 凡尔赛宫 Versailles
  大特里阿农宫 Le Grand Trianon
 歌剧院 Opera
 卢浮宫 Louvre
 美术学院 Ecole des Beaux Arts
 圣热纳维耶芙教堂（先贤祠）Ste.Genevieve（Pantheon）
 王宫 Palais Royale
 大鹿廊厅 Passage du Grand Cerf
巴图林 Baturin
 拉祖莫夫斯基宫 Razumovskii Palace
白海 White Sea
白令海峡 Bering Strait
白斯卢达 Belaya Sluda
柏林 Berlin
 柏林城市宫 Berlin City Palace
 明茨图尔姆 Münzthurm
 夏洛滕堡宫 Charlottenburg Palace
拜占廷 Byzantium
鲍里斯城 Borisov Gorodok（Борисов Городок）
 圣鲍里斯和格列布教堂 Church of Sts.Boris and Gleb
贝加莫 Bergamo
贝科沃 Bykovo（Быково）
 弗拉基米尔圣母教堂 Church of Our Lady of Vladimir（Владимирская церковь）
彼得霍夫（彼得夏宫）Peterhof
 埃尔米塔日阁 Hermitage Pavilion
 彼得和保罗大教堂 Cathedral of Peter and Paul
 大宫（主宫）Large Palace（Grand Palace，Main Palace）
  彼得橡木书房 Peter's Oak Study
  大楼梯 Escalier d'Honneur
  大御座厅 Great Throne Hall
  帝国徽章楼 Imperial Insignia Pavilion（Coat of Arms Wing）
  宫廷教堂（东礼拜堂）Court Church（East Chapel）
  觐见厅（宫女厅）Audience Hall（Ladies-in-Waiting Hall）
  棋堂 Chesme Hall
  舞厅 Ballroom
  肖像厅 Portrait Hall
  意大利客厅 Italian Salon
 宫廷马厩 Court Stables
  驯马厅 Manége
 观景阁 Belvedere
 欢愉宫 Mon Plaisir Palace
  阁楼 Lusthaus
  显耀厅 Salle de Parade
 中国花园 Chinese Garden

"中国书房"'Chinese Study'
钟泉Fontaine la Cloche
马尔利宫Marly Palace
尼科尔斯基宅邸Nikolskii House
农场宫Farm Palace
上花园Upper Park
　　阿波罗瀑布Apollo Cascade
　　东方池Eastern Square Pond
　　海神喷泉Neptune Fountain
　　西方池Western Square Pond
　　橡树喷泉 Duboviy Fountain（Oak Fountain）
下花园Lower Park
　　参孙喷泉Samson Fountain
　　大瀑布及台地喷泉Grand Cascade and Terrace Fountains
　　法国盆泉French Bowl Fountain
　　金山瀑布Golden Hill Cascade
　　金字塔喷泉Pyramid Fountain
　　罗马喷泉Roman Fountains
　　宁芙大理石座椅喷泉Nymph Marble Bench Fountain
　　棋盘山瀑布Chessboard Hill Cascade
　　狮子瀑布Lion Cascade
　　太阳喷泉Sun Fountain
　　夏娃喷泉Eve Fountain
　　亚当喷泉Adam Fountain
　　意大利盆泉Italian Bowl Fountain
　　中央洞窟大厅Central Hall of the Large Grotto
　　柱廊Colonnade
新彼得霍夫车站New Peterhof Railway Station
亚历山德里亚公园Alexandria Park
　　"别墅"'Cottage'
　　哥特式礼拜堂（圣亚历山大·涅夫斯基教堂）Gothic Capella（Church of Saint Alexander Nevsky）
　　英国宫English Palace
　　英国花园English Park
彼得罗夫斯基城堡Petrovsky Castle
彼得罗夫斯克-阿拉比诺（庄园，原称克尼亚日谢沃）Petrovskoe-Alabino（Kniazhishchevo）
　　杰米多夫宫邸Demidov Mansion
　　荣誉院Cour d'honneur
彼得罗夫斯克-拉祖莫夫斯克Petrovsko Razumovskoe
　　农业科学院Agricultural Academy

彼得罗扎沃茨克Petrozavodsk
　　大教堂Cathedral
波茨坦Potsdam
　　亚历山大·涅夫斯基纪念教堂Alexander Nevsky Memorial Church
波德波罗日耶Podporozhye
　　弗拉基米尔圣母教堂Church of the Virgin of Vladimir
波多利斯克Podol'sk
波尔塔瓦Poltava
波利比诺庄园Polibino（Полибино）estate
波伦亚（博洛尼亚）Bologna
　　拱廊广场Palazzo del Podesta
波罗的海Baltic Sea
波洛茨克Polotsk
　　救世主修道院大教堂Собор Спасо-Евфросиньевского Монастыря
博布里基Bobriki
　　宫殿Palace
博戈柳博沃Bogoliubovo
　　涅尔利河畔圣母代祷教堂Church of the Intercession of the Virgin on the Nerl
　　圣母教堂Church of the Theotokos
　　圣母圣诞大教堂Cathedral of the Nativity of the Virgin
博戈罗季茨克Bogoroditsk
　　宫殿Palace
博罗达沃Borodavo
　　圣袍教堂Church of the Deposition of the Robe

C

查茨沃思Chatsworth
　　德文郡公爵乡间府邸Country House of the Duke of Devonshire

D

大乌斯秋格Velikii Ustiug
代尔夫特Delft
德累斯顿Dresden
德利诺Deulino
德米特罗夫Dmitrov
　　圣母安息大教堂Cathedral of the Dormition
德维纳河Dvina River
迪卡尼卡Dikan'ka
　　凯旋门Triumphal Arch

第聂伯河 Dnieper River
都灵 Turin
杜布罗维齐 Dubrovitsy
 圣母圣像教堂 Church of the Icon of the Sign（Church of the Theotokos of the Sign）
顿河 Don River
顿涅茨克 Donetsk
多尔戈耶 Dolgoye
 圣阿基姆和圣安娜教堂 Saints Joachim and Anne Church
多罗戈布日 Dorogobuzh

E

额尔齐斯河 Irtysh River
鄂木斯克 Omsk
 哥萨克圣尼古拉大教堂 St.Nicholas Cossack Cathedral

F

梵蒂冈城 Vatican City
 教皇宫 Papal Palace
腓特烈港 Fredrikshamn
芬兰堡 Sveaborg
芬兰湾 Gulf of Finland
佛罗伦萨 Florence
 梅迪奇府邸 Palazzo Medici
 天使圣马利亚圆堂 Rotunda of St.Maria degli Angeli
 洗礼堂 Baptistery
弗拉基米尔 Vladimir
 城堡 Fortress
 "金门" Golden Gate（Золотые ворота）
 克尼亚吉宁圣母安息修道院 Kniaginin Convent of the Dormition
  圣母安息大教堂 Cathedral of the Dormition
 圣德米特里大教堂 Cathedral of St.Dmitrii
 圣母安息大教堂 Cathedral of the Dormition
 圣母圣诞大教堂 Cathedral of the Nativity of the Virgin
 圣母圣诞修道院 Monastery of the Nativity of the Virgin
 圣袍教堂 Church of the Deposition of the Robe
 圣乔治教堂 Church of St. George
弗兰德（地区）Flanders
伏尔加河 Volga River
符腾堡（州）Württemberg
福尔堡 Voorburg

G

高加索（地区）Caucasus
戈罗德尼亚庄园 Gorodnya estate
哥本哈根 Copenhagen
 交易所 Exchange
格列博沃 Glebovo
 喀山教堂 Kazan Church
格鲁济诺 Gruzino
 阿拉克切夫庄园 Arakcheev estate
  灯塔 Lighthouse
  钟塔 Bell Tower
格洛托沃 Glotovo
 圣尼古拉教堂 Church of St.Nicholas

H

汉科角 Cape Gangut（Hankö）
汉诺威 Hanover
赫尔松（刻松）Kherson
黑海 Black Sea
华沙 Warsaw
滑铁卢 Waterloo
皇村（现称普希金城）Tsarskoe Selo（Царское Село, Pushkin）
 埃尔米塔日 Hermitage Pavilion
 奥尔洛夫门 Orlov Gates
 "残迹"楼 'Ruin' Pavilion
 大畅想阁 Great Caprice
 大池 Large Pond（Great Pond）
 大温室 Grand Greenhouse
 洞室 Grotto Pavilion
 皇村中学（帝国中学，普希金中学）Tsarskoe Selo Lycee（Imperial Lyceum, Pushkin Lyceum）
 皇家农场 Royal Farm
 禁卫军马厩 Guard Stables
 橘园 Orangery
 卡梅伦廊道 Cameron Gallery
 冷水浴室（玛瑙阁）Cold Baths（Agate Pavilion）
 马厩 Stables
 上浴室 Upper Bath Pavilion（Верхняя ванна）
 圣狄奥多尔大教堂 Cathedral of St.Theodore
 圣母圣像教堂 Church of the Icon of the Sign

圣叶卡捷琳娜大教堂Saint Catherine Cathedral

新花园New Garden

驯马厅Manege

亚历山大公园Alexander Park

 军械阁Arsenal Pavilion

 礼拜堂Chapelle（'Chapelle'Pavilion）

 小中国桥Minor Chinese Bridge（Малый Китайский Мост）

 亚历山大宫Alexander Palace

  半圆厅（圆堂）Semi-Circular Hall（Rotonda）

  皇后亚历山德拉·费奥多罗芙娜客厅Salotto d'Angolo dell'imperatrice Alessandra Fedorovna

  尼古拉二世书房State Study of Nicholas II

  肖像厅Sala dei Ritratti

 "珍宝阁"'Mon Bijou'

 中国村Chinese Village

 中国剧场Chinese Theater

 中国式"十字桥"Chinese'Cross Bridge'

叶卡捷琳娜公园Catherine Park

 奥尔洛夫门 Орловские ворота

 残墟厨房Кухня-руина

 持罐少女泉Фонтан 'Девушка с кувшином'

 大池Grand Etang

 大理石桥（帕拉第奥桥）Marble Bridge（Pont Palladio）

 岛厅Зал на острову

 哥特门Готические ворота

 海军上将宫邸Admiralty

 红瀑布（土耳其瀑布）Красный（Турецкий）Каскад

 花岗石平台Terrasse de Granit

 切斯马纪念柱Chesma Column

 土耳其浴室Bagno Turco

 下浴室Нижняя ванна

 小船首柱Морейская колонна

 音乐堂Concert Hall

 战友门Ворота'Любезным моим сослуживцам'（Gate'To my Dear Comrades in Arms'）

 中国楼（"吱吱楼"）Chinese Pavilion（'Squeaky'Pavilion）

 叶卡捷琳娜宫Catherine Palace

  大楼梯Escalier de Parade

  大厅Grande Salle

  第一前厅Prima Anticamera

  第二前厅Seconda Anticamera

  第三前厅Terza Anticamera

  宫殿教堂Palace Church

  红壁柱厅Red Pillar Room

  琥珀厅Amber Room

  绘画厅Salle des Tableaux

  礼仪厅堂Salls d'Apparat

  里昂沙龙Lyon Salon

  绿壁柱厅Green Pillar Room

  绿餐厅Green Dining Room

  骑士餐厅Chevaliers' Dining Room

  侍者房间Waiters' Room

  卧室Bedroom（Camera da Letto）

  肖像厅Portrait Gallery

  小白餐厅Small White Dining Room

  亚历山大一世书房State Study of Alexander I

  亚历山大一世中国厅Chinese Drawing Room of Alexander I

  正白餐厅White State Dining Room

  正蓝厅State Blue Drawing Room

  中国蓝厅Chinese Blue Salon

  周边建筑Circumference

  祖博夫翼（南翼）Zubovskii Wing

J

基代克沙Kideksha

 圣鲍里斯和格列布教堂Church of Sts. Boris and Gleb

基辅Kiev

 别列斯托沃救世主教堂Church of the Savior at Berestovo

 洞窟修道院Monastery of the Caves（Kiev-Percherskii Lavra）

  近窟教堂Church of the Near Caves

  圣母安息大教堂Cathedral of the Dormition

  施洗者约翰教堂Church of St.John the Baptist

  远窟教堂Church of the Distant Caves

 "金门"Golden Gate（Золоті Ворота）

 玛丽亚宫（马林斯基宫）Mariinskiy Palace（Маріїнський Палац）

 商业中心Gostiny Dvor

 什一税教堂Church of the Tithes（Desiatinnaia）

 圣安德烈教堂Church of St.Andrew

 圣鲍里斯和格列布陵墓（教堂）Mausoleum for Sts.Boris and Gleb

 圣德米特里修道院（圣米迦勒金顶修道院）Monastery of

St.Dmitrii（St.Michael's Golden-Domed Monastery）

大天使米迦勒教堂（"金顶"教堂）Church of the Archangel Michael（'Golden-Domed'）

圣索菲亚大教堂Cathedral of St.Sophia

圣西里尔修道院Monastery of St.Cyril

圣西里尔教堂Church of St.Cyril

维杜比茨修道院Vydubetskii Monastery（Видубицький Свято-Михайлівський Чоловічий Монастир）

大天使米迦勒大教堂Cathedral of Archangel Michael

基里洛夫Kirillov

基里洛-贝洛泽尔斯基修道院Kirillo-Belozersky Monastery

基日岛Kizhi Island

奥舍夫内夫住宅Oshevnev House（Дом Ошевнева）

圣母代祷教堂（冬季教堂）Church of the Intercession（Winter Church）

谢尔盖夫住宅Sergeev House（Дом Сергеевых）

叶利扎罗夫住宅Elizarov House

钟塔Bell Tower

主显圣容教堂（夏季教堂）Church of the Transfiguration of the Savior（Summer Church）

基什墓地Кижский Погост

基尤Kew

加利奇Galich

加利西亚（地区）Galicia

加特契纳Gatchina

公园Park

切斯马方尖碑Chesme Obelisk

宫殿Palace

奥尔洛夫伯爵更衣室Dressing-Room for Count Orlov

白厅White hall

保罗一世椭圆厅Овальный кабинет Павла I

保罗一世下御座厅Нижняя тронная Павла I

宫殿礼拜堂Palace Chapel

皇后玛丽亚·亚历山德罗芙娜客厅Гостинная императрицы Марии Александровны

尼古拉一世战事堂（大堂）Большой военный кабинет Николая I

切斯马廊厅Chesma Gallery

君士坦丁堡Constantinople

博德鲁姆清真寺Bodrum Camii

费纳里伊萨清真寺Fenari Isa Camii

北教堂North Church

金门Golden Gate

圣索菲亚大教堂Hagia Sophia

K

喀琅施塔得Kronshtadt（Kronstadt）

喀琅施洛特棱堡Kronshlot bastion

喀山Kazan

城堡（克里姆林）Kremlin

变容塔楼Башня Преображенская（Preobrazhenskaya Tower）

救世主塔楼Spasskaya Tower

宗教法庭塔楼Башня Консисторская（Konsistorskaya Tower）

喀山大学Kazan University

商业中心Gostinnyi Dvor

圣彼得和圣保罗大教堂Cathedral of Sts.Peter and Paul

天使报喜大教堂Cathedral of the Annunciation

休尤姆贝克塔楼Siuiumbeki Tower

卡尔卡河Kalka River

卡尔斯克鲁纳Karlskrona

造船所Dockyard

卡累利阿Karelia

卡卢加Kaluga

城堡Kremlin

大天使米迦勒教堂Church of Archangel Michael

贵族代表大会Noblemen's Assembly

壕沟处圣母代祷教堂Church of the Intercession on the Moat

没药者教堂Church of the Myrrhbearers

三一大教堂Trinity Cathedral

商业中心Gostinnyi Dvor

施洗者圣约翰教堂Church of St.John the Baptist

（市场后的）圣乔治教堂Church of St.George（behind the marketplace）

显容教堂Church of the Transfiguration na Podole

佐洛塔廖夫府邸Zolotarev House

卡马河Kama River

卡门内茨溪Stream Kamenets

卡缅卡河Kamenka River

卡缅斯克Kamenskoe

圣尼古拉教堂Church of St.Nicholas

卡塞塔Caserta

王宫Royal Palace

卡希拉Kashira
凯德尔斯顿Kedleston
 府邸Hall
凯姆Kem
凯伊拉-约阿Keila-Joa
 堡邸Castle
堪察加（半岛）Kamchatka
柯尼希斯贝格Königsberg
科隆Cologne
 大教堂Cathedral
科洛姆纳Kolomna
 城堡（克里姆林）Fortress（Kremlin）
  马林基纳塔楼Marinkina Tower
  皮亚特尼茨基门楼Pyatnitskiye Gate
  斯威布洛瓦塔楼Sviblova Tower
科斯特罗马Kostroma
 博尔谢夫府邸Borshchev House
 城堡（克里姆林）Kremlin
 大面粉市场Large Flour Rows（Большие Мучные Ряды）
 蛋糕拱廊Trifle Arcade
 格罗夫耶稣复活教堂Church of the Resurrection in the Grove
 红拱廊Red Arcade
  钟楼Bell Tower
  糕点市场Trifle Rows
 黄油市场Butter Rows
 火警观察塔Fire Tower
 姜饼市场Gingerbread Rows
 警卫总部Hauptwacht（Гауптвахта）
 商业中心Trading Rows（Gostiny Dvor）
  尼古拉礼拜堂Nicholas Chapel
 圣母安息大教堂Cathedral of the Dormition
 市场区显容教堂（救世主教堂）Church of the Transfiguration on the Trading Rows（Church of the Saviour）
 市政厅City Hall-Administration
 蔬菜市场Vegetable Rows
 小面粉市场Small Flour Rows
 烟草市场Tobacco Rows
 伊帕季耶夫三一修道院Trinity-Ipatevskii（Hypation）Monastery
  圣母圣诞大教堂Cathedral of the Nativity of the Holy Mother of God
  三一大教堂Cathedral of the Trinity
 鱼市Fish Rows
科斯特罗马河Kostroma River
科特林岛（彼得堡附近）Kotlin Island（near Petersburg）
科托罗斯利河Kotorosl' River
克拉斯诺亚尔斯克Krasnoyarsk（Красноярск）
 圣母圣诞大教堂Cathedral of the Nativity of the Theotokos
克里米亚（地区）Crimea
克利亚济马河Kliazma River
孔多波格（村）Кондопоге
库伯瓦Courbevoie
 圣彼得和圣保罗教堂Church of Sts.Peter and Paul
库尔兰Courland
库利科沃旷野（斯尼普旷野）Kulikovo Field（Snipe Field）
库舍列茨科（村）Кушерецко

L

拉多加湖Lake Ladoga
拉赫塔湖Lake Lakhta
劳伦图姆Laurentum
 小普林尼别墅Villa of Pliny the Younger
老萨莱城Old Sarai
雷舍沃Ryshevo
 叶基莫瓦亚住宅Ekimovaia House
雷斯沙地Desert de Retz
 槽柱堂Fluted Column House
雷瓦尔（现称塔林）Reval（Revel，Tallinn）
 叶卡捷琳娜宫Catherintal Palace
  白厅White Hall
列利科泽罗Lelikozero
 大天使米迦勒教堂（已迁至基日岛）Archangel Michael Church（now in Kizhi）
克列谢拉（村）Kleshcheila
 雅科夫列夫住宅Iakovlev House
里昂Lyons
里海Caspian Sea
立窝尼亚Livonia
利佩茨克（州）Lipetsk Oblast
利亚利奇Lialichi
 扎沃茨基庄园府邸Zavodskii Estate House

大厅 Great Hall
　　意大利厅 Italian Hall
梁赞 Ryazan
　　城堡（克里姆林）Kremlin
　　圣母安息大教堂 Cathedral of the Dormition
　　三一修道院 Trinity Monastery
　　圣灵教堂 Church of the Holy Spirit
卢加诺 Lugano
伦巴第（地区）Lombard
伦达尔 Rundāle
　　宫殿 Palace
伦敦 London
　　圣殿门 Temple Bar
罗马 Rome
　　戴克里先浴场 Baths of Diocletian
　　圣彼得大教堂 Basilica of St. Peter
　　提图斯浴场 Baths（Thermae）of Titus
　　万神殿 Pantheon
　　维斯塔神殿（灶神殿）Temple of Vesta
罗斯托夫（位于雅罗斯拉夫尔西南）Rostov
　　克里姆林宫（大主教宫院）Kremlin（Metropolitan's Court）
　　复活教堂（门楼教堂）Gate Church of the Resurrection
　　格里戈里耶夫斯塔楼 Grigorievskaya Tower
　　红宫 Red Chambers（Palata）
　　霍德格特里耶夫斯塔楼 Hodegetrievskaya Tower
　　霍杰盖特里亚圣母圣像教堂 Church of the Icon of the Mother of God Hodegetria
　　"库房上的救世主教堂" 'Church of the Savior on the Stores'
　　恰索文内塔楼 Chasovennaya Tower
　　圣母安息大教堂 Cathedral of the Dormition（Успенский Собор）
　　　　钟楼 Belfry
　　圣约翰（神学家、福音书作者）门楼教堂 Gate Church of St. John the Theologian（Church of Saint John the Evangelist）
　　水塔 Water Tower
罗斯托夫（顿河畔）Rostov-on-Don
　　圣母圣诞大教堂 Cathedral of the Nativity of the Theotokos

M

马德里 Madrid
马尔菲诺庄园 Marfino estate
　　大桥 Grand bridge
　　风景园林 Landscape Park
　　宫殿 Palace
　　圣母圣诞教堂 Church of the Nativity of the Theotokos
马格德堡 Magdeburg
玛丽亚温泉市（旧称马林巴德，位于现捷克）Mariánské Lázně（Marienbad）
　　俄国东正教教堂 Russian Orthodox Church
梅莱多 Meledo
　　特里西诺别墅 Villa Trissino
米兰 Milan
　　大教堂 Cathedral
　　廊厅 Galleria
　　总医院 Ospedale Maggiore
米罗日河 Mirozh River
米丘林斯克 Michurinsk
　　博戈柳博沃圣母大教堂 Cathedral of the Theotokos of Bogolyubovo
米亚基舍沃 Miakishevo
　　圣尼古拉教堂 Church of St. Nicholas
米亚奇科夫（采石场）Miachkov（quarry）
摩尔达维亚 Moldavia
莫吉廖夫 Mogilev
　　圣约瑟夫大教堂 Cathedral of St. Joseph
莫斯科 Moscow
　　城市建设及市政工程：
　　阿尔巴特广场 Arbat Square
　　巴斯曼大街 Basman Street
　　白城（"沙皇城"）Belyi Gorod（Белый Город，'Царь Город'）
　　　　米亚斯尼茨基门 Myasnitskiye Gate
　　　　七顶角塔 Semiverhaya（Seven-tops）angular tower
　　波克罗夫卡大街 Pokrovka Street
　　波克罗夫斯基门 Pokrovskii Gates
　　波瓦尔斯基大街 Povarskii Street
　　大奥尔登卡大街 Great Ordynka Street
　　"德国区" 'Nemetskaia Sloboda'（'Немецкая Слобода'）
　　多罗戈米洛沃（地区）Dorogomilovo
　　戈罗霍沃旷场 Gorokhovoe Field
　　革命广场 Revolution Square
　　赫鲁晓夫巷 Khrushchev Lane
　　红场 Red Square

米宁与波扎尔斯基纪念碑Памятник Минину и Пожар-скому

"红门"'Red Gates'

花园环路Garden Ring Street

环形林荫大道（林荫环路）Boulevard Ring

霍登卡旷野Khodynka Field

剧院广场Theater Square

卡卢加大道Kaluga Road

库兹涅茨基桥Kuznetskii Bridge

勒福托沃（地区）Lefortovo

 勒福托沃宫Lefortovo Palace

利皮察河River Lipitsa

列宁林荫道Leninsky Prospekt

麻雀山Sparrow Hills

米亚斯尼茨基大街Miasnitskii Street（Myasnitskaya street）

莫斯科池Moskva Pool

尼古拉火车站Nicholas Railway Station

涅格林大街Neglinnaya Street

诺温斯基林荫大道Novinsky Boulevard

普列奇斯滕卡大街Prechistenka Street

普列奇斯滕卡码头Prechistenka Quay

"日耳曼区"'German' district

沙博洛夫卡（地区）Shabolovka（district）

 沙博洛夫卡天线塔Shabolovka radio tower

斯特拉斯特诺伊林荫道Strastnoy Boulevard

塔甘卡（地区）Taganka

特韦尔斯克大街Tverskaya Street

特韦尔斯克-扎斯塔瓦凯旋门Triumphal Arch at Tverskaya Zastava

土城（木城）Earthen City（Wooden City）

瓦尔瓦尔卡大街Varvarka Street

瓦甘科夫山Vagankov Hill

沃兹德维任卡大街Vozdvizhenka Street

小莫尔恰诺夫卡大街Malaya Molchanovka Street

新巴斯曼大街New Basman Street

雅罗斯拉夫终点站Yaroslavsky Rail Terminal

扎莫斯克沃雷切（地区）Zamoskvoreche

中国城（地区）Kitai-gorod（Китай-город, district）

 弗拉基米尔门（尼古拉门）Vladimirsky（Nikolsky）Gate

 弗拉基米尔圣母教堂Church of Our Lady of Vladimir

 复活门（伊比利亚礼拜堂）Resurrection Gate（Iberian Chapel）

 蛮门Varvarskie Gate

 蛮门广场 Varvarskie Gates Square

 中国城通道Kitaygorodsky Passage

祖博夫大道Zubovsky Boulevard

宫殿：

安娜霍夫宫（冬宫）Annenhof Palace（Winter）

安娜霍夫宫（夏宫）Annenhof Palace（Summer）

安娜霍夫公园Annenhof Park

彼得罗夫斯基中转宫Petrovskii Transit Palace

克里姆林宫Kremlin

 报喜大教堂Cathedral of the Annunciation

  大天使加百利礼拜堂Chapelle de l'Archange-Saint-Gabriel

 参议院大楼Senate Building

 大教堂广场Cathedral Square

 大克里姆林宫Great Kremlin Palace

  大接待厅Large Reception Room

  绿厅Salon Vert

  圣安德烈厅Salle Saint-André

  圣弗拉基米尔厅Salle Saint-Vladimir

  圣乔治大厅Salle Saint-Georges

  圣叶卡捷琳娜厅Salle Sainte-Catherine

 大天使米迦勒教堂Cathedral of the Archangel Michael

 多棱宫Rusticated Chambers（Granovitaia Palata，Грановитая Палата，Palace of the Facets，Faceted Chambers）

  皇后金堂Tsarina's Golden Chamber

 复活教堂Church of the Resurrection

 阁楼宫Terem Palace

  阁楼教堂Terem Churches

 军械馆（军械作坊）Armory（Armory Chamber，Мастера Оружейной Палаты）

 军械库（武库）Arsenal

 丘多夫修道院Chudov Monastery

 圣母安息（升天）大教堂Dormition Cathedral（Assumption Cathedral）

 圣袍教堂Church of the Deposition of the Robe（Church of the Virgin's Robe，Church of Laying Our Lady's Holy Robe，Church of the Veil，Church of the Deposition）

 圣约翰·克利马库教堂Church of St.John Climacus

 十二圣徒大教堂（圣徒菲利普教堂）Church of the Twelve Apostles（Church of the Apostle Philip）

 围墙Walls

  报喜塔楼Annunciation Tower

彼得塔 Peter's Tower

参议院塔楼 Senate Tower

弗罗洛夫塔楼[以后称斯帕斯克（即救世主）塔楼] Frolov Tower [Spasskii（Savior）Tower，Спасская Башня]

国家克里姆林宫 State Kremlin Palace

禁角武库塔楼（索巴金塔）Forbidding Corner Arsenal Tower（Sobakinaya Tower）

警钟塔 Tour du Tocsin（Alarm Bell Tower）

库塔菲亚塔楼（肥婆塔）Tour Koutafia

密园 Secret Gardens

莫斯科河塔楼（别克列米舍夫塔楼）Moscow River Tower（Beklemishev Tower）

三一塔 Tour de la Trinité

沙皇塔 Tour Tsarskaïa（Tsar Tower）

圣君士坦丁与海伦娜塔楼 Sts Constantine & Helen Tower（Konstantino-Yeleninskaya Tower）

圣尼古拉塔楼 Nikolskii Tower（Nikolskaya Tower，St Nicholas Tower）

水塔 Vodozvodnaia（或 Sviblovo）Tower

司令塔 Commandant Tower

武器塔 Armoury Tower

隐秘塔 Taynitskaya Tower（Secret Tower）

中武库塔楼 Middle Arsenal Tower

亚历山大公园 Alexander Park

"洞穴"Grotto（Грот）

耶稣升天大教堂 Cathedral of the Ascension

耶稣升天修道院 Ascension Convent

 圣叶卡捷琳娜教堂 St.Catherine's Church

伊凡大帝钟楼 Bell Tower of Ivan the Great（Колокольня Ивана Великого）

 游戏宫 Потешный Дворец

 主教宫 Palais du Patriarche

斯洛博达宫 Slobodskoi Palace

苏维埃宫 Palace of the Soviets

特列季亚科夫画廊 Tretyakov Gallery

叶卡捷琳娜宫（原戈洛温宫）Catherine（Golovin）Palace

宗教建筑：

埃洛霍沃 Elokhovo

 圣尼古拉礼拜堂 St.Nicholas's Chapel

 天使报喜礼拜堂 Annunciation Chapel

主显大教堂（俄罗斯东正教会教长教堂）Cathedral of the Epiphany（Cathedral of the Patriarch of the Russian Orthodox Church）

安德罗尼克救世主修道院 Andronikov Monastery of the Saviour（Андроников Монастырь，Спáсо-Андроников Монастырь）

 主显圣容大教堂 Cathedral of the Transfiguration of the Savior

奥斯托任卡复活教堂 Church of the Resurrection in Ostozhenka

巴斯曼大街圣彼得和圣保罗教堂 Church of Sts.Peter and Paul on Basman Street

别尔舍内夫卡圣尼古拉教堂（三一教堂）Church of St.Nicholas（Trinity）on Bersenevka

波克罗夫卡大街圣母安息教堂 Church of the Dormition on Pokrovka

大天使加百利教堂（缅希科夫塔楼）Church of the Archangel Gabriel（Menshikov Tower）

大耶稣升天教堂 Church of the Large Ascension

大主教菲利普教堂 Church of the Metropolitan Philip

顿河大街圣袍教堂 Church of the Deposition of the Robe on Don Street

顿河修道院 Donskoi Monastery

 餐厅 Refectory

 大顿河圣母主教堂 Large Cathedral of the Don Mother of God

 季赫温圣母门楼教堂 Gate Church of the Tikhvin Mother of God

 圣扎卡里和伊丽莎白门楼教堂（及钟塔）Gate Church of Saints Zachary and Elisabeth（with Bell Tower）

 小顿河圣母主教堂 Small Cathedral of the Don Mother of God

 钟塔 Bell Tower

弗斯波利圣叶卡捷琳娜教堂 Saint Catherine Church in Vspolie

戈罗霍沃旷场耶稣升天教堂 Church of the Ascension in Gorokhovoe Field

贡恰里（陶匠区）圣母安息教堂 Church of the Dormition in Gonchary

哈莫夫尼基圣尼古拉教堂 Church of St.Nicholas in Khamovniki

壕沟边的圣母代祷大教堂（圣母庇护大教堂、圣母帡幪大教堂，三一大教堂，圣瓦西里教堂）Cathedral of the Intercession on the Moat（Trinity Cathedral，Temple of Vasilii the Blessed，St.Basil's）

北教堂（供奉圣西普里安和乌斯季尼娅，1786年后改奉尼科米底亚的圣阿德里安和纳塔利娅）North Church（Saint Martyrs Cyprian and Justinia，since 1786：Saint Adrian and Natalia of Nicomedia）

东北附属礼拜堂（圣瓦西里礼拜堂）North-eastern annex（Chapel of Vasilii the Blessed）

东北教堂（供奉亚历山德里亚三元老——亚历山大、约翰和保罗，1680年后改供奉圣约翰）North-east Church（Three Patriarchs of Alexandria，since 1680：Saint John the Merciful）

东教堂（三一教堂）East Church（Life-giving Holy Trinity）

东南附属礼拜堂（1672年面纱堂，1680年改圣母圣诞堂，1916年后改奉莫斯科的圣约翰）South-eastern annex（1672：Laying the Veil，since 1680：Nativity of Theotokos，since 1916：Saint John the Blessed of Moscow）

东南教堂（供奉斯维尔圣亚历山大）South-east Church（Saint Alexander Svirsky）

南教堂（供奉圣尼古拉圣像）South Church（The icon of Saint Nicholas）

西北教堂（供奉亚美尼亚主教格列高利）North-west Church（Saint Gregory the Illuminator of Armenia）

西教堂（纪念基督进入耶路撒冷）West Church（Entry of Christ into Jerusalem）

西南教堂（祭祀胡腾修道院的圣瓦尔拉姆）South-west Church（Saint Barlaam of Khutyn）

下教堂Lower Church

中央塔楼（圣母代祷塔楼）Central core（Intercession of Most Holy Theotokos，Church of Pokrov）

角上的圣安妮怀胎教堂Church of the Conception of St.Anne on the Corner

救世主基督教堂Church of Christ the Savior（Cathedral of Christ the Saviour，Temple of Christ the Savior，Храм Христа Спасителя）

下教堂Lower Church

喀山圣母圣像大教堂（喀山大教堂，红场）Cathedral of the Icon of the Kazan Mother of God（Kazan Cathedral，Казанский Собор，Red Square）

卡达希耶稣复活教堂Church of the Resurrection in Kadashi

克拉斯诺村（红村）Krasnoe Selo

圣母庇护教堂Church of Our Lady's Protection

克鲁季茨克宫邸Krutitskoe Podvore

门楼（塔楼）Teremok（Теремок）

圣母安息教堂Church of the Dormition

鲁布佐沃圣母代祷教堂Church of the Intercession at Rubtsovo

纳普鲁德内圣特里丰教堂Church of St.Trifon in Naprudnyi

尼基特尼基三一教堂Church of the Trinity in Nikitniki

武士尼基塔（圣尼切塔）礼拜堂Chapel of Nikita（St.Nicetas）the Warrior

普京基圣母圣诞教堂Church of the Nativity of the Virgin in Putinki

普斯科夫山圣乔治教堂St.George in Pskov Hill

三一教堂（砖构）Church of the Trinity

上彼得罗夫斯基修道院Upper Petrovskii Monastery

大主教彼得教堂Church of the Metropolitan Peter

圣母代祷教堂Church of the Intercession

圣谢尔久斯餐厅教堂Refectory Church of St.Sergius of Radonezh

钟楼Bell Tower

圣丹尼尔修道院（丹尼洛夫修道院）St.Daniel Monastery（Danilov Monastery）

圣三一教堂Holy Trinity Church

修士圣丹尼尔教堂（木构）Church of St.Daniel-Stylite，wooden

圣诞女修道院Nativity Convent

圣母圣诞大教堂Cathedral of the Nativity of the Virgin

圣克雷芒教堂Church of St.Clement

圣母圣像教堂Church of the Icon of the Sign

圣尼古拉教堂（位于罗日代斯特温卡大街）Church of St.Nicholas（Rozhdestvenka Street）

圣瓦尔瓦拉教堂Church of St.Varvara

受难者圣马丁教堂Church of St.Martin the Confessor

"陶匠区"圣母安息教堂Church of the Dormition v *Goncharakh*

圣吉洪礼拜堂Chapel of St.Tikhon

西蒙诺夫修道院Simonov Monastery

餐厅Refectory

炮口塔楼Dulo Tower

显容教堂（抚悲圣母教堂）Church of the Transfiguration（Church of the Mother of God，Consolation of All Who grieve）

新救世主修道院New Savior（Novospasskii）Monastery

主显圣容大教堂Cathedral of the Transfiguration of the Savior

新圣女修道院（斯摩棱斯克修道院）Novodevichy（New Virgin）Convent（New Maidens' Monastery，Новодéвичий Монасты́，Bogoroditse-Smolensky Monastery，Богорóдице-Смолéнский Монасты́рь）

庇护塔Pokrovskaya Tower

公主玛丽亚·阿列克谢耶芙娜宫Chambers of Tsarevna Mariia Alekseevna

纳普鲁德塔楼Naprudnaya Tower
塞通塔Setunskaya Tower
舍波塔尔塔楼Chebotarnaya Tower
圣母安息餐厅教堂Refectory Church of the Dormition
圣母代祷门楼教堂Gate Church of the Intercession
斯摩棱斯克圣母圣像大教堂Cathedral of the Icon of the Smolensk Mother of God
显容门楼教堂Gate Church of the Transfiguration
扎特拉列兹塔楼Zatrapeznaya Tower
钟塔Bell Tower
殉教士圣尼基塔教堂Church of St.Nikita the Martyr
雅基曼卡武士圣约翰教堂Church of St.John the Warrior on Iakimanka
柱头修士圣西门教堂Church of St.Simeon the Stylite
兹纳缅斯基修道院Znamenskii Monastery
罗曼诺夫（波维尔）宫邸Chambers of the Boiars Romanov
    圣母圣像大教堂Cathedral of the Icon of the Sign

行政及附属建筑：
贵族代表大会（工会大楼）Noblemen's Assembly（House of Trade Unions）
    柱厅Hall of Columns
国家银行State Bank
军事学校及营房Military School and Barracks
军需部大楼Kriegskommissariat（Military Commissariat）
市政厅（杜马）City Hall（Duma）
苏哈列夫塔楼Sukharev Tower
苏维埃宫（设计）Palace of Soviets（project）
驯马厅Manege

文化、教育及医疗机构：
1872年综合工艺博览会1872 Polytechnic Exhibition
    人民剧场People's Theater
1880年全俄艺术和工业博览会1880 All-Russian Arts and Industry Exhibition
巴甫洛夫斯克医院Pavlovskii Hospital
残疾医院Госпиталь и Инвалидный Дом
大剧院（原彼得罗夫斯基剧院）Bolshoi（formerly Petrovskii）Theater
第一城市医院First City Hospital
戈利岑医院Golitsyn Hospital

技术学校Technic School
科尔什剧院Korsh Theater
历史博物馆Historical Museum
马林斯基贫民医院Mariinskii Hospital for the Indigent
莫斯科大学Moscow University
    动物博物馆Zoological Museum
    老楼Old Building
        礼仪大厅Ceremonial Hall
    新楼New Building
        北翼（帕什科夫驯马厅，圣塔蒂亚娜教堂）North Wing（Pashkov Manege，Church of St.Tatiana）
莫斯科绘画、雕塑及建筑学校（现为俄罗斯绘画、雕塑及建筑学院）Moscow School（today - Russian Academy）of Painting, Sculpture and Architecture
莫斯科陆军医院Moscow Military Hospital
普希金艺术博物馆Musée des Beaux-arts Pouchkine
弃儿养育院Foundling Home
    监护人（孤儿院）委员会大楼Building of the Guardians'（Orphanage）Council
弃儿养育院商业学校Trade School of the Foundling Home
舍列梅捷夫朝圣者（流浪者）收容所Sheremetev Pilgrims（Homeless）Refuge
特列季亚科夫画廊Tretyakov Gallery
小剧院Malyi Theater
新叶卡捷琳娜医院New Catherine Hospital
亚历山德罗夫斯基学院Aleksandrovskii Institute
叶卡捷琳娜学院Catherine Institute
主药房Main Pharmacy
综合技术博物馆Polytechnic Museum

商业及工业建筑：
储备物资库房（食品仓库）Provision Warehouses（Foods Warehouse）
戈利岑廊厅Golitsyn Passage
教会印刷所Synodal Printing House（Synodal Typography，Printing Office，Print Yard，Печатный Двор）
老商业中心Old Gostinnyi Dvor（Old Merchant Court，Старый Гостиный Двор）
老英国宫院Old English Court
猎人商场Okhotnyi Riad（Комлекс 'Охотный ряд'）
桑杜诺夫浴室Sandunov Baths

上商业中心Upper Trading Rows（ГУМ，即Государственный Универсальный Магазин）

中国城铸币厂Kitai-gorod Mint

中商业中心Middle Trading Rows

中央百货商场TsUM Department Store（ЦУМ-Центральный Универсальный Магазин）

私人府邸：

阿普拉克辛（M.F.）府邸Apraksin（M.F.）House（Mansion）

阿韦尔基·基里洛夫宫Chambers of Averkii Kirillov

巴雷什尼科夫府邸Baryshnikov House（Homestead of Baryshnikov）

巴塔绍夫府邸Batashov House

彼得·休金府邸Peter Shchukin House

波戈金"茅舍"Pogodin Hut（Погодинская изба）

波罗霍夫希科夫宅邸Porokhovshchikov House

多尔戈夫府邸Dolgov House

古宾府邸Gubin Mansion（House）

赫鲁晓夫（A.P.）府邸Khrushchev（A.P.）House

　舞厅Ballroom

加加林（N.S.）府邸Gagarin（N.S.）House（Family Mansion）

加加林（S.S.）府邸Gagarin（S.S.）House（Family Mansion）

杰米多夫（I.I.）府邸（戈罗霍夫巷）Demidov（I.I.）House（Gorokhov Lane）

　"金堂" Golden Rooms

科雷舍夫府邸Kolychev House

拉祖莫夫斯基（A.K.）府邸Razumovskii（A.K.）House

拉祖莫夫斯基（L.K.）府邸（英国俱乐部）Razumovskii（L.K.）House（English Club）

卢宁（P.M.）府邸Lunin（P.M.）House

洛普欣府邸Lopukhin House

莫斯科总督宫邸（现市议会）Residence of the Moscow Governor General（City Council）

尼基特尼科夫宫邸Nikitnikov Residence

帕什科夫（A.I.）宫邸Pashkov（A.I.）House（Mansion of A.I.Pashkov）

帕什科夫（P.E.）宫邸Pashkov（P.E.）House（Grand Pashkov House）

斯捷潘·库拉金府邸Stepan Kurakin House

塔雷津（A.F.）府邸（现为休谢夫国立建筑博物馆）Talyzin（A.F.）House（Shchusev State Museum of Architecture）

瓦尔瓦拉·莫罗佐娃府邸（阿布拉姆·阿布拉莫维奇·莫罗佐夫府邸）Varvara Morozova House（Abram Abramovich Morozov House）

沃尔科夫-尤苏波夫（波维尔）宫Chambers of the Boiar Volkov（Volkov-Yusupov Palace）

乌萨乔夫庄园府邸Usachev Estate House

城郊领地及庄园：

奥斯坦基诺（旧译奥斯坦金诺，原切尔卡斯基村）Ostankino（Cherkasskii）

　埃及阁Egyptian Pavilion

　宫殿Palace

　　舞厅剧场Ballroom Theatre

　三一教堂Church of the Trinity

　意大利阁Italian Pavilion

奥斯特罗夫（村）Ostrov

　显容教堂Church of the Transfiguration

巴拉希哈Balashikha

　圣母代祷教堂Intercession Church

别谢德Besedy

　基督诞生教堂Church of the Nativity of Christ

布拉特舍沃Brattsevo

　穹顶亭阁Domed Pavilion

　斯特罗加诺夫别墅（庄园府邸）Stroganov Villa（Estate House）

察里津诺Tsaritsyno

　大宫Great Palace

　第一骑士楼First Cavaliers Wing

　第二骑士楼（八角楼）Second Cavaliers Wing（Octagonal Pavilion）

　第三骑士楼Third Cavaliers Wing

　歌剧院Opera House（Middle Tsaritsyno Palace）

　拱廊Service Arcade

　　面包门Bread Gate

　沟壑桥（大桥）Bridge over the Ravine（Large Bridge）

　"面包楼"'Bread House'（Хлебный Дом）

　涅拉斯坦基诺亭Pavilion Nerastankino（Павильон Нерастанкино）

　人工残墟（残墟塔）Artificial Ruin（Башня руина）

　"图案"门'Patterned Gate'

　图案桥Patterned Bridge（Figurny Bridge）

小宫（半圆宫）Малый（Полуциркульный）дворец
悦目亭Pavilion of Milovid
菲利Fili
 圣母代祷教堂Church of the Intercession（Church of the Protection of the Theotokos）
弗拉汉斯克村Vlakhernskoe
 库兹明基庄园Estate of Kuzminki
  残墟Ruins
  山门Propylaea
  音乐阁Music Pavilion
  庄园府邸Manor house
  庄园马场Konnyi dvor
格里戈里·波将金庄园Estate of Grigorii Potemkin
 小耶稣升天教堂Church of the Small Ascension
霍罗舍沃Khoroshevo
 三一教堂Church of the Trinity
佳科沃Diakovo
 施洗者约翰大辟教堂Church of the Decapitation of John the Baptist
久济诺Ziuzino
 圣鲍里斯和格列布教堂Church of Sts.Boris and Gleb
科捷利尼基Kotel'niki
 圣尼古拉教堂Church of St.Nicholas
科洛缅斯克Kolomenskoe
 大门Gates
 宫殿（木构）Palace
 喀山圣母教堂Church of the Kazan Mother of God
 圣乔治教堂（木构）St.George Church，Wooden
 圣乔治钟塔及教堂Bell Tower and Church of St.George
 耶稣升天还愿教堂Great Votive Church of the Ascension
科兹利亚特沃（村）Kozliatevo
 显容教堂Church of Transfiguration
库里茨科Kuritsko
 圣母安息教堂Church of the Dormition
库斯科沃Kuskovo
 埃尔米塔日Hermitage
 厨房Kitchen
 洞窟阁Grotto Pavilion
 管理室Manager's House
 荷兰府邸Dutch House
 曼德利翁救世主圣像教堂（仁慈救世主教堂）Church of the Mandylion Icon of the Savior（Church of Merciful Saviour）
 钟楼Bell Tower
 瑞士楼Swiss House
 温室花房Greenhouse（Orangerie）
 意大利宅邸Italian House
 音乐厅Music Room
 庄园府邸（夏季宫邸，舍列梅捷夫宫）Estate House（Summer Residence，Seremetev Palace）
  餐厅Dining Room
  挂毯厅Tapestry Room
  客厅Drawing Room
  台球室Billiard Room
  舞厅（镜厅、白厅）Ballroom（Mirror Gallery、White Hall）
  主卧室State Bedroom
  紫色客厅Mauve Drawing Room
利乌布利诺Liublino
 杜拉索夫庄园府邸Durasov Palace（Durasov Mansion，Estate House）
梅德韦杰科沃Medvedkovo
 圣母代祷教堂（圣母庇护教堂）Church of the Intercession（Church of the Protection of the Theotokos）
尼科尔斯克-加加林诺庄园Усадьва Никольское-Гагарино
涅斯库希诺Neskuchnoe
 亚历山德里内宫Alexandrine Palace
佩罗沃Perovo
 圣母圣像教堂Church of the Icon of the Mother of God of the Sign
泰宁斯克Taininskoe
 天使报喜教堂Church of the Annunciation
特罗帕列沃Troparevo
 大天使米迦勒教堂Church of the Archangel Michael
特罗伊茨科-戈列尼谢沃Troitsko-Golenishchevo
 三一教堂Church of the Trinity
特洛伊采-雷科沃Troitse-Lykovo
 三一教堂Church of the Trinity
乌博雷Ubory
 主显圣容教堂Church of the Transfiguration of the Savior
乌兹科Uzkoe
 圣安娜教堂（喀山圣母教堂）Church of St.Anne（Church of the Theotokos of Kazan）
伊斯梅洛沃Izmailovo

  大门（西门）Main Gates（Western Gates）
  入口塔楼Entrance Tower（Mostovaia Bashnia）
  印度王子约瑟法特教堂Church of the Indian Prince Josaphat
  圣母代祷大教堂Cathedral of the Intercession
莫斯科河Moscow River（Moskva River）
莫扎伊斯克Mozhaisk
慕尼黑Munich
  雕刻博物馆Glyptothek
穆罗姆Murom
穆罗姆修道院Murom Monastery
  拉撒路复活教堂（已迁至基日岛）Church of the Resurrection of Lazarus（now in Kizhi）

N

那不勒斯Naples
纳尔瓦Narva（Нарва）
内格利纳亚河Neglinnaia River（Неглинная）
尼奥诺克萨Nenoksa
  三一教堂Church of the Trinity
尼科洛-波戈列洛（庄园）Nikolo-Pogoreloe（estate）
  巴雷什尼科夫陵寝-教堂Baryshnikov Mausoleum-Church
尼库利诺Nikulino
  圣母安息教堂Church of the Dormition
尼洛夫隐修院Nilov Monastic Hermitage
  钟塔Bell Tower
尼西亚Nicaea
  科伊梅西斯教堂Church of the Koimesis
涅尔利河Nerl River
涅罗湖Lake Nero
涅任Nizhyn
  涅任学苑（现涅任国立果戈里大学）Nizhyn Lyceum（Nizhyn Gogol State University，Ніжинський Державний Університет ім.Миколи Гоголя）
涅瓦河Neva River
诺夫哥罗德（大诺夫哥罗德）Novgorod（Velikiy Novgorod，Novgorod the Great，Novgorod Veliky，Вели́кий Но́вгород）
  安东涅夫修道院Antoniev Monastery
   圣母圣诞堂Church of the Nativity of the Virgin
   彼得里亚廷大院Petriatin Court
   施洗者约翰教堂Church of John the Baptist

  布鲁克圣狄奥多尔·斯特拉季拉特斯教堂Church of St.Theodore Stratilates on the Brook
  城堡Citadel（Detinets）
   庇护塔Покровская Башня
   菲奥多罗夫塔楼Fyodorovskaya Tower
   弗拉基米尔塔楼Vladimirskaya Tower
   宫廷塔楼Дворцовая Башня
   救世主塔楼Spasskaya Tower
   科奎塔楼Башня Кокуй
   叶夫菲米钟塔Evfimii Belltower
   主教宫Archbishop's Palace
    多棱宫（主教觐见厅）Faceted Chambers（Granovitaia Palata）
   兹拉图斯托夫塔楼Zlatoustovskaya Tower
  大墓地Cemetery
   圣诞堂Church of the Nativity of Christ
  大天使米迦勒教堂Church of the Archangel Michael
  戈罗季谢（区）Gorodishche（district）
   天使报喜教堂Church of the Annunciation
  沟壑边的十二圣徒教堂Church of the Twelve Apostles by the Gully
  胡腾修道院Khutyn Monastery
   显容大教堂Cathedral of the Transfiguration
  科热夫尼基圣彼得和圣保罗教堂Church of Sts.Peter and Paul in Kozhevniki
  科瓦列沃救世主显容教堂Church of the Transfiguration of the Savior at Kovalevo
  拉多科维奇圣约翰神明教堂Church of St.John the Divine at Radokovitsi
  利普诺（岛）圣尼古拉教堂Church of St.Nicholas at Lipno
  米哈利察圣母圣诞堂Church of the Nativity of the Virgin at Mikhalitsa；
  米亚奇诺Miachino
   天使报喜修道院Monastery of the Annunciation
    天使报喜教堂Church of the Annunciation
  米亚奇诺湖畔圣徒托马斯信服教堂（亦称耶稣复活教堂）Church of the Convincing of the Apostle Thomas（Church of the Persuation of St.Thomas on Lake Miachino，Church of the Resurrection at Miachino）
  米亚奇诺湖畔圣约翰体恤教堂Church of St.John the Compassionate at Lake Miachino
  木构建筑博物馆Музей Деревянного Зодчества 'Витославлицы'

察廖娃住宅Tsareva House

多布罗沃利斯基住宅Dobrovolskie House

什基帕雷夫住宅Shkiparev House

圣奎里库斯和茹列塔礼拜堂Saints Quiricus and Julietta Chapel（Часовня Кирика и Иулиты）

圣母圣诞教堂Церковь Рождества Богородицы

图尼茨基住宅Tunitskii House

叶基莫娃住宅Yekimova House（Дом Якимовой）

佩伦地区Peryn

 圣母圣诞修道院Monastery of the Nativity of the Virgin

  圣母圣诞堂Church of the Nativity of the Virgin

普洛特尼基圣鲍里斯和格列布教堂Church of Sts.Boris and Gleb in Plotniki

商业区Trading（Commercial）Side

 大天使米迦勒和天使报喜教堂Church of the Archangel Michael and of the Annunciation

 （商业区）圣母安息教堂Church of the Dormition（on the Trading Side）

 圣阿基姆和圣安娜教堂Church of Sts.Joachim and Anna

 圣德米特里教堂Church of St.Dmitrii

 圣灵修道院Holy Spirit Monastery（Holy Ghost Monastery）

  三一教堂Church of the Trinity

 圣乔治（尤里耶夫）修道院St.George（Iuriev）Monastery

  救世主大教堂Saviour Cathedral

  入口钟楼Belfry（Колокольня）

  圣乔治大教堂Cathedral of St.George

  十字架节教堂Cross Exaltation Cathedral

 圣索菲亚大教堂Cathedral of St.Sophia

 圣索菲亚教堂（木构）Church of St.Sophia（wooden）

 斯拉夫诺（地区）Slavno district

 斯拉夫诺圣彼得和圣保罗教堂Church of Sts.Peter and Paul in Slavno

 索菲亚区Sophia Side

 维阿日谢圣尼古拉修道院Monastery of St.Nicholas at Viazhishche

  圣尼古拉大教堂Cathedral of St.Nicholas

  圣约翰（神学家）餐厅教堂Refectory Church of St.John the Theologian

 沃洛索夫大街Volosov Street

  圣弗拉西教堂Church of St.Vlasii

 沃洛特沃旷场圣母安息教堂Church of the Dormition on Volotovo Field

 锡尼恰山圣彼得和圣保罗修道院Monastery of Sts.Peter and Paul on Sinichia Hill

  圣彼得和圣保罗教堂Church of Sts.Peter and Paul

 雅罗斯拉夫场院（君主院）Iaroslav Court（Ярославово Дворище，Sovereign's Court）

  没药女教堂Church of the Women Bearing Myrrh

  商业拱廊Trade Arcades

  商业市场Trade Mart

  圣尼古拉教堂Cathedral of St.Nicholas

  圣普罗科皮教堂Church of St.Prokopii

  施洗者圣约翰教堂Saint John the Baptist Church at Opoki

  市场区圣母升天教堂Church of the Assumption in the Market Place

  市场区圣帕拉斯克娃-皮亚特尼察教堂Church of St.Paraskeva Piatnitsa in the Market Place

  市场区圣乔治教堂Saint George Church in the Market Place

 亚历山大·涅夫斯基桥Alexander Nevsky Bridge

 主显圣容教堂（涅列迪察河畔的）Church of the Transfiguration of the Savior on the Nereditsa River

 主显圣容教堂（以利亚大街的）Church of the Transfiguration of the Savior on Elijah Street

  三一礼拜堂Trinity Chapel

P

帕埃斯图姆Paestum

帕尔戈洛沃Pargolovo

 舒瓦洛夫庄园Shuvalov estate

  圣徒彼得和保罗教堂（哥特复兴教堂）Church of the Apostles Peter and Paul（Gothic Revival Church）

帕尼洛夫（村）Панилов

庞贝Pompeii

佩列德基Peredki

 圣母圣诞教堂Church of the Nativity of the Virgin

佩列斯拉夫尔-扎列斯基Pereslavl-Zalesskii

 大主教彼得教堂Church of the Metropolitan Peter

 丹尼洛夫三一修道院Trinity-Danilov Monastery

  圣三一大教堂Holy Trinity Cathedral

  钟塔Bell Tower

  众圣教堂Church of All Saints

 费多罗夫斯基（狄奥多尔）修道院Fedorovskii（Theodore）

Monastery
　　圣狄奥多尔·斯特拉季拉特斯还愿教堂Votive Church of St. Theodore Stratilates
　　圣尼基塔修道院Monastery of St.Nikita
　　圣尼基塔教堂Church of St.Nikita
　　主显圣容大教堂Cathedral of the Transfiguration of the Savior
佩皮乌什湖Lake Pepius
普多斯特河Pudost River
普斯科夫Pskov
　　波甘金商所Pogankin Chambers
　　城堡（克里姆林）Citadel（Krom）
　　　　弗拉谢夫塔Vlasievskaya Tower
　　　　高塔Высокая Башня（High Tower）
　　　　进袭门Attack Gate
　　　　雷布尼茨塔Rybnitskaya Tower
　　　　平塔Башня Плоская
　　　　三一大教堂Cathedral of the Trinity
　　　　三一塔Troitskaya Tower
　　　　中塔Средняя Башня（MiddleTower）
　　洞窟修道院Cave Monastery（Monastery of the Caves，Пско́во-Пече́рский Успе́нский Монасты́рь）
　　　　大钟楼Great Belfry
　　　　上格栅塔楼Башня Верхних Решеток（Tower of the Upper Grates）
　　　　塔拉雷吉纳塔楼Башня Тарарыгина
　　　　泰洛夫塔楼Башня Тайловская
　　　　下格栅塔楼Lower Grids Tower
　　渡口圣母安息教堂Church of the Dormition at the Ferry
　　多夫蒙特城Dovmont Town
　　干地圣尼古拉教堂Church of St.Nicholas on the Dry Spot
　　拉比纳宅邸Дом Лапина
　　米罗日救世主修道院Mirozhskii Savior Monastery
　　　　主显圣容大教堂Cathedral of the Transfiguration of the Savior
　　坡地上的圣乔治教堂Church of St.George on the Slope
　　桥边的圣科斯马和达米安教堂Church of Sts.Kozma and Demian by the Bridge
　　圣诞及圣母代祷教堂Church of the Nativity and the Intercession of the Virgin
　　圣母代祷塔楼Intercession Tower
　　史密斯圣阿纳斯塔西亚教堂Church of St.Anastasia of the Smiths
　　希洛克圣巴西尔教堂Church of St.Basil the Great on the Hillock

　　叶列阿扎尔修道院Eleazar Monastery
　　主显教堂Church of the Epiphany
普斯科夫河Pskov River

Q

切尔尼戈夫隐修院Chernigovsky Skete（Черни́говский Скит）
　　圣母圣像教堂Собор Черниговской иконы Божией Матери
切尔尼希夫（切尔尼戈夫）Chernihiv（Chernigov）
　　大天使米迦勒教堂Church of the Archangel Michael
　　圣鲍里斯和格列布大教堂Cathedral of Sts.Boris and Gleb
　　圣帕拉斯克娃-皮亚特尼察教堂Church of St.Paraskeva-Piatnitsa
　　圣三一-以利亚修道院Trinity-Elijah Monastery
　　　　以利亚教堂Church of Elijah
　　天使报喜教堂Church of the Annunciation
　　叶列茨基修道院Eletskii Monastery
　　　　圣母安息大教堂Cathedral of the Dormition
　　　　主显圣容大教堂Cathedral of the Transfiguration of the Savior
切斯马海湾Chesma（Chesme）Bay

S

萨法里诺（索夫里诺）Safarino（Sofrino）
　　斯摩棱斯克圣母教堂Church of the Smolensk Mother of God
萨拉托夫Saratov
萨马拉Samara
　　话剧院Drama Theater
塞瓦斯托波尔Sevastopol
圣彼得堡（彼得堡，列宁格勒）St.Petersburg（Petersburg，Petrograd，Leningrad）
　　阿尼奇科夫公园Anichkov Park
　　阿尼奇科夫桥Anichkov Bridge
　　百万大街Million Street（Миллионная Улица）
　　彼得-保罗城堡Peter-Paul Fortress
　　　　彼得门Peter Gate
　　　　冠堡Kronwerk（Kronverk，Кронверк）
　　　　缅希科夫棱堡Menshikov Bastion
　　　　涅瓦门Neva Gates
　　　　圣彼得和圣保罗大教堂Cathedral of Sts.Peter and Paul
　　参议院广场（曾称十二月党人广场）Senate Square（Decembrists'Square，Площадь Декабристов）
　　冬运河Winter Canal

杜马大街Dumskaya Street

丰坦卡河（运河）Fontanka River（Canal）

格罗霍瓦娅大道Gorokhovaya Thoroughfare

宫廷滨河路Palace Embankment（Дворцовая Набережная）

宫殿广场Palace Square

宫殿码头Palace Quay

黑河Black River（Чёрная Речка）

花园大街Sadovyi（Garden）Street

加莱内大街Galernyi Street

建筑师罗西街（剧院街）Architect Rossi Street（Theater Street）

克里乌科夫运河Kriukov Canal

利泰内大街Liteyny Prospect（Liteinyi Prospekt）

绿桥Green Bridge

莫尔斯克大街Morskaia Street

莫斯科凯旋门Moscow Triumphal Gates

莫伊卡运河Moika Canal

纳尔瓦凯旋门Narva Triumphal Gates

尼古拉火车站（莫斯科车站）Nicholas Railway Station（Railway Station Moscow）

涅瓦大街Nevskii Prospekt

涅瓦河堤道Neva Embankment

诺夫哥罗德大道Novgorod Road

普希金广场Pushkin Square

切尔内绍夫广场Chernyshev Square

切尔内绍夫桥Chernyshev Bridge

"青铜骑士"（彼得一世纪念像）Bronze Horseman（Monument to Peter I）

圣母领报桥Blagoveshchensky Bridge

圣伊萨克广场St.Isaac's Square

上天鹅桥Upper Swan Bridge

斯摩棱斯克墓地Smolensk Cemetery

瓦西里岛Vasilevskii Island

    岛尖地区Strelka（point）

沃兹涅先斯基大道Voznesensky Prospekt

小百万大街Small Million Street

亚历山大广场（现奥斯特洛夫斯基广场）Alexandrinsky Square（Ostrovsky Square）

亚历山大纪念柱Alexander Column

叶卡捷琳娜运河（格里博耶多夫运河）Catherine Canal（Griboyedov Canal，Kanal Griboyedova，Кана́л Грибое́дова）

羽毛巷门廊Feather Lane Portico

战神广场Field of Mars（Mars Field）

兹纳缅斯基广场Znamenskii Square

宫殿：

阿尼奇科夫宫Anichkov Palace

    阿尼奇科夫柱廊Anichkov Colonnade

埃尔米塔日，老（大）Hermitage，Old（Large）[Эрмитаж，Старый（Большой）]

    大厅（列奥纳多·达·芬奇大厅）Great Hall（Hall of Leonardo da Vinci）

    伏尔泰图书馆Voltaire Library

    国务会楼梯（苏维埃楼梯）Council Staircase（Sovet Staircase）

埃尔米塔日，小Hermitage，Small

    北楼North Pavilion

        楼阁厅Pavilion Hall

    北书房Северный кабинет

    东廊厅Eastern Gallery

    皇太子尼古拉·亚历山德罗维奇书房Study of Crown Prince Nikolai Alexandrovich

    皇太子尼古拉·亚历山德罗维奇卧室Bedroom of Crown Prince Nikolai Alexandrovich

    南楼South Pavilion

    圣彼得堡风景廊厅Gallery of St.Petersburg Views

埃尔米塔日，新Hermitage，New

    大意大利天窗厅Large Italian Skylight Hall

    德国画派厅Room of the German School

    狄俄尼索斯厅Hall of Dionysus

    俄罗斯画派展厅Room of the Russian School

    俄罗斯绘画厅Room of Russian Painting

    二十柱厅Twenty-Column Hall

    佛兰德画派厅Room of Flemish School

    古代绘画史廊厅Gallery of the History of Ancient Painting

    拉斐尔廊厅Raphael Loggia

    女皇室Empress's Cabinet

    斯奈德斯厅Snyders Hall

    西班牙天窗厅Spanish Skylight Hall

    小意大利天窗厅Small Italian Skylight Hall

    意大利艺术室Study of Italian Art

埃尔米塔日剧场Hermitage Theater（Эрмитажный Театр）

彼得大帝木屋Cabin of Peter the Great

别洛谢利斯基-别洛泽尔斯基宫殿Beloselskii-Belozerskii Palace

大楼梯Escalier d'Honneur
金厅Salon Doré
博布林斯基宫Bobrinsky Palace
大理石宫（奥尔洛夫宫）Marble（Orlov）Palace
大理石宫附属建筑Marble Palace service building
冬宫（第一个）Winter Palace（Зимний дворец），first
冬宫（第二个）Winter Palace（Зимний дворец），second
冬宫（第三个）Winter Palace（Зимний дворец），third
"琥珀书房"（"琥珀间"）'Amber Study'（'Amber Room'）
冬宫（第四个）Winter Palace（Зимний дворец），fourth
1812年廊厅（军事廊厅）Gallery of 1812（Military Gallery of 1812，Военная Галерея）
阿波罗厅Apéollo Room
白厅White Hall
彼得一世厅（小御座厅）Peter the Great（Small Throne）Room
大教堂Cathedral（Great Church）
大廊厅（尼古拉厅）Grand Gallery（Nicholas Hall）
皇后玛丽亚·费奥多罗芙娜御座厅Throne Room of Empress Maria Fiodorovna
皇后玛丽亚·亚历山德罗芙娜小客厅Boudoir of Empress Maria Alexandrovna
皇后亚历山德拉·费奥多罗芙娜卧室Bathroom of Empress Alexandra Fyodorovna
金厅Golden Drawing Room（Salon Doré）
孔雀石厅Malachite Room
拉斯特列里廊厅Rastrelli Gallery
陆军元帅厅Field Marshal's Hall
庞贝厅Pompei Hall
前厅Antechamber
圣乔治大厅（御座厅）St George's Hall（Throne Room）
图书馆Library
卫队室Guardroom
纹章厅Armorial Hall
亚历山大厅Alexander Hall
音乐厅Concert Hall
圆堂Rotonda
约旦楼梯Jordan Staircase
费奥多尔·阿普拉克辛宫Palace of Admiral Fedor Apraksin（Apraksin Palace）
弗拉基米尔·亚历山德罗维奇大公宫殿Palace of Grand Prince Vladimir Alexandrovich（Владимирский Дворец）
基里尔·拉祖莫夫斯基宫殿Palace of Kirill Razumovskii
红厅Salle Rouge
蓝客厅Blue Drawing Room
玛丽宫Mariinskii Palace
圣尼古拉宫廷教堂Eglise Palatine Saint-Nicolas-de-Myre
米哈伊洛夫城堡（宫殿，圣米迦勒城堡，工程师城堡）Mikhailovskii Castle（Palace，St.Michael's Castle、Engineers' Castle）
大楼梯Grand Staircase
复活堂Resurrection Hall
宫廷教堂（大天使圣米迦勒教堂）Court Church（Eglise de l'Archange-Saint-Michel）
拉斐尔廊厅Raphael Gallery
卫队楼Corps de Garde Pavilion
小御座厅Small Throne Room
米哈伊洛夫宫Mikhailovskii Palace
"白柱厅"'White Column Hall'
大楼梯Escalier d'Honneur
米哈伊洛夫花园Mikhailovskii Park
罗西阁Rossi Pavilion
缅希科夫宫邸Menshikov Palace（Меншиковский Дворец）
尼古拉宫（后为劳动宫）Nikolaevskii Palace（Nicholas Palace，Palace of Labor）
切斯马宫Chesme Palace
施洗者约翰教堂Church of John the Baptist
舍列梅捷夫（P.B.）宫Palace of Count P.B.Sheremetev
舍佩廖夫宫Shepelev Palace
石岛Stone Island（Каменные Острова）
宫殿Palace（Каменноостровский Дворец）
大厅Great Hall
小涅夫卡河Small Nevka River
斯特罗加诺夫宫Stroganov Palace（Residence）
陶里德宫Tauride Palace
沃龙佐夫宫Vorontsov Palace
天主教马耳他礼拜堂Catholic Maltese Chapel
夏宫（彼得大帝的）Summer Palace（of Peter the Great）
夏宫（第三个）Summer Palace，third
夏园Summer Garden
洞窟阁楼Grotto Pavilion
新米哈伊洛夫宫（新米迦勒宫）New Mikhailovskii Palace（New Michael Palace）

亚历山大·基金宫邸Kikin Palace（Residence of Admiral Alexander Kikin, Kikin Chambers）
耶拉金岛Elagin Island
　　耶拉金宫殿Elagin Palace
　　　　厨房翼Kitchen-Wing
　　　　附属建筑Service Building
　　　　花岗石墩座亭Pavilion at the Granite Pier
　　　　马厩Stable House
　　　　温室Greenhouse（Оранжерея）
　　　　音乐亭Musical Pavilion
中涅夫卡河Middle Nevka River
伊万·舒瓦洛夫宫Palace of Ivan Shuvalov（Shuvalov's Palace）
尤苏波夫宫（丰坦卡河边）Iusupov Palace（on Fontanka）
尤苏波夫宫（莫伊卡河边，前彼得·舒瓦洛夫府邸）Iusupov Palace（on Moika, Peter Shuvalov Mansion）

宗教建筑：
阿普特卡尔斯基岛显容教堂Church of the Transfiguration on Aptekarsky Island
达尔马提亚圣伊萨克大教堂Cathedral of St.Isaac of Dalmatia
　　圣亚历山大·涅夫斯基礼拜堂Capilla de San Alejandro Nevski
　　圣叶卡捷琳娜礼拜堂Chapelle Sainte-Catherine
抚悲圣母教堂Church of the Mother of God Consolation to All Who Grieve（Our Lady's Church of Joy for All Who Sorrow, Skorbyashchenskaya Church）
弗拉基米尔圣母圣像教堂Cathédrale de l'Icôn-de-la Vierge-de-Vladimir
皇家骑兵卫队营地天使报喜教堂Annunciation Church at Horse Guards Caserne
基督复活教堂（基督升天教堂，喋血大教堂，被害救世主教堂）Church of the Resurrection of the Savior on Spilled Blood（Храм Воскресéния Христóвана Крови́）
喀山圣母大教堂Cathedral of the Kazan Mother of God
科洛姆纳教区圣叶卡捷琳娜教堂Church of St.Catherine in Kolomna District
路德教圣彼得和圣保罗教堂Lutheran Church of Saint Peter and Saint Paul
圣米龙教堂Saint Miron Church
圣母圣诞堂Church of the Nativity of the Virgin
圣母圣像教堂（兹纳缅尼教堂）Church of the Icon of the Sign（Znamenie Cathedral）
圣尼古拉大教堂Cathedral of St.Nicholas
　　"冬季"教堂'Winter'Church
　　钟塔Bell Tower
圣潘捷列伊蒙教堂Church of St.Panteleimon
圣西门和圣安娜教堂Church of Sts.Simeon and Anna
圣叶卡捷琳娜教堂（天主教堂）Church of St.Catherine（R.C.）
圣伊西多尔教堂Свя́то-Иси́доровская Це́рковь
谢苗诺夫军团圣母献主大教堂Cathedral of the Presentation of the Holy Virgin of the Semenovsky Regiment
亚历山大·涅夫斯基修道院Alexander Nevskii Monastery（Lavra）
　　三一大教堂Trinity Cathedral
　　天使报喜教堂Church of the Annunciation
亚历山德罗夫斯克Aleksandrovskoe
　　三一教堂Church of the Trinity
耶稣复活新圣女修道院（斯莫尔尼修道院）Resurrection Newmaiden（Smolnyi）Convent
　　耶稣复活大教堂Cathedral of the Resurrection
　　钟楼Bell Tower
伊斯梅洛夫斯基三一大教堂Izmailovskii Trinity Cathedral（Cathedral of the Trinity, Troitskii Cathedral）
主显圣容大教堂（普列奥布拉任斯基大教堂）Cathedral of the Transfiguration of the Savior（Preobrazhenskii Cathedral, Собор Преображения Господня Всей Гвардии）

行政机构及附属建筑：
参议院和宗教圣会堂大楼Senate and Holy Synod Buildings
宫廷马厩Court Stables（Royal Stables）
国家银行State Bank
海关大楼Customs House
海关货栈Customs Warehouses
海军部Admiralty
近卫骑兵军团营房Barracks of the Cavalry Guards Regiment
军械库Arsenal
帕夫洛夫斯基军团营房Barracks of the Pavlovskii Regiment
骑兵卫队驯马厅Manege of the Horse Guards Regiment
骑士厅Equestrian Department
"十二部院大楼"Building of the Twelve Colleges
市政厅City Hall
卫队总部Guards Corps Headquarters（Guards Staff Building）
邮政局Post Office
总参谋部（大楼）Headquarters of the General Staff（General

Staff Building）

　　拱门Arch

文化及教育机构：

博物馆Kunstkammer

帝国艺术学院Imperial Academy of Arts

国家图书馆（公共图书馆）National Library（Public Library）

科学院Academy of Sciences

矿业学院Mining Institute

马林斯卡娅医院（利泰内医院）Mariinskaya Hospital（Liteinyi Hospital）

玛丽剧院Mariinskii Theater

米哈伊洛夫斯基剧院（现小剧院）Mikhailovsky Theatre（Maliy Theater）

普尔科沃天象台Pulkovo Observatory

施蒂格利茨博物馆和工艺设计学校Stieglitz Museum and School of Technical Design

市政工程学院（原建筑学校）Institute of Civil Engineering（Construction School）

斯莫尔尼学院Smolnyi Institute

亚历山大剧院Alexandrine Theater

亚历山德罗夫学院Aleksandrovskii Institute

叶卡捷琳娜学院Catherine Institute

商业及工业建筑：

阿尼奇科夫商业中心Anichkov Trading Rows

阿普拉克辛场院（市场，商业中心）Apraksin Dvor（Market, Trading Center）

车夫市场Coachman's Market（Iamskoi Market）

互助信用社大楼Mutual Credit Society Building

交易所Bourse（Stock Exchange）

　　北库房Northern Warehouse

　　南库房South Warehouse

廊厅（涅瓦大街的）Passage（on Nevskii Prospekt）

"商人场院"'Gostinnyi Dvor'（Merchants' Yard）

新荷兰仓储区New Holland Warehouses

　　新荷兰拱门New Holland Arch

银器系列（珠宝店）Silver Rows

私人府邸及公寓：

巴辛（N.P.）公寓Basin（N.P.）Apartment House

别兹博罗德科郊区别墅Bezborodko Dacha（Country House of Kushelev-Bezborodko）

荷兰改革派教会公寓Apartment House of the Dutch Reformed Church

季娜伊达·尤苏波娃府邸Zinaida Iusupova House

杰米多夫-加加林娜宅邸Demidov-Gagarina House

杰米多夫宅邸Demidov House

科托明公寓Kotomin Building

拉季科夫-罗日诺夫公寓（格里博耶多夫运河滨河路71号，宫殿码头）Ratkov-Rozhnov House（Griboedov Canal Embankment 71, Palace Quay）

拉瓦尔府邸Laval House（Laval Mansion）

兰斯科伊府邸Lanskoi Mansion

洛巴诺夫-罗斯托夫斯基宫邸Lobanov-Rostovskii Mansion（House）

涅瓦大街25号Nevskii Prospekt 25

舍列梅捷夫（P.B.）伯爵宫Palace of Count P.B.Sheremetev

斯特罗加诺夫别墅Stroganov Dacha

耶稣会团大楼House of the Jesuit Order

圣路易斯Saint Louis

圣路易大教堂Cathedral Basilica of St.Louis

圣西里尔-别洛焦尔斯克修道院（圣西里尔白湖修道院）St.Cyril-Belozersk Monastery

弗拉基米尔教堂Церковь Владимира

基里尔教堂Церковь Кирилла

圣母安息大教堂Успенский Собор

圣母安息修道院Успенский Монастырь

卫城Острог

新城Новый Город

叶皮法尼教堂Церковь Епифания

伊万修道院Ивановский Монастырь

圣谢尔久斯三一修道院Trinity-St.Sergius Monastery（Lavra）

餐厅Refectory

三一大教堂Trinity Cathedral（Cathedral of the Trinity）

圣灵教堂Church（of the Descent）of the Holy Spirit

圣母安息大教堂Cathedral of the Dormition

圣谢尔久斯餐厅教堂Refectory Church of St.Sergius

圣佐西马和圣萨瓦季教堂Church of Sts.Zosima and Savvatii

施洗者约翰教堂（门楼教堂）Gate Church of John the Baptist

"鸭塔"'Utochii Tower'

钟塔Bell Tower

斯德哥尔摩Stockholm

王宫Royal Palace
斯堪的纳维亚（半岛）Scandinavia
斯拉维扬卡河Slavianka River
斯摩棱斯克Smolensk
　　城堡（克里姆林）Citadel（Kremlin）
　　　　布布列伊卡塔楼Bubleyka Tower（Башня Бублейка）
　　　　顿聂茨塔楼Donec Tower（Башня Донец）
　　　　雷电塔Gromovaya Tower（Громовая Башня）
　　　　纳德福拉特塔楼Kopytenskaya Tower（Надвратная Башня）
　　　　日姆布尔卡塔楼Zimbulka Tower
　　　　韦塞卢哈塔楼Veselukha Tower（Башня Веселуха）
　　　　沃尔科瓦塔楼Volkova Tower（Башня Волкова）
　　　　鹰塔Eagle Tower（Башня Орел）
　　大天使米迦勒教堂Church of Archangel Michael
　　克洛科瓦河畔三一修道院Trinity Monastery on the Klokva
　　圣巴西尔教堂Church of St Basil
　　斯米亚迪诺修道院Smiadino Monastery
斯摩棱斯克省Smolensk province
斯帕斯-韦日Spas-Vezhi
　　主显圣容教堂Church of the Transfiguration
斯塔里察Staritsa
　　圣鲍里斯和格列布大教堂Cathedral of Sts.Boris and Gleb
斯特列利纳Strel'na（Стрéльна）
　　主宫（乡间宫邸，康士坦丁宫）Main Palace（Country Palace, Palais de Constantin）
　　祖博夫家族陵寝Zubov Family Mausoleum
斯图加特Stuttgart
斯托Stowe
斯托罗日山（"守望山"）Storozhi Hill
斯维亚日斯克Sviiazhsk
　　城堡Fort
苏比亚科Subiaco
　　本笃会修道院Benedictine Monastery
　　圣斯科拉斯蒂卡教堂Church of St.Scolastica
苏兹达尔Suzdal（Суздаль）
　　木建筑博物馆（木建筑及民俗博物馆）Suzdal Museum of Wooden Architecture（Музей Деревянного Зодчества и Крестьянского Быта）
　　　　格洛托沃圣尼古拉教堂Saint Nicholas Church from Glotovo
　　　　科兹利亚捷沃显容教堂Church of Transfiguration in Kozlyatyevo
　　　　帕塔基诺耶稣复活教堂Church of the Resurrection of Christ from Patakino
　　圣德米特里修道院St.Dmitry's Monastery
　　圣母代祷修道院Intercession（Pokrovskii）Convent
　　　　圣安妮怀胎餐厅教堂Refectory Church of the Conception of St.Anne
　　　　圣母代祷大教堂Cathedral of the Intercession of the Mother of God
　　　　天使报喜门楼教堂Gate Church of the Annunciation
　　　　钟塔Bell Tower
　　　　圣母圣诞（或安息）教堂Church of the Nativity（or Dormition）of the Mother of God
　　　　圣母圣诞大教堂Cathedral of the Nativity of the Virgin
　　　　　　西门廊West Portal
　　　　　　"金门"Golden Doors
　　圣母圣袍女修道院Convent of the Deposition of the Robe of the Mother of God
　　　　大门Gateway
　　圣亚历山大·涅夫斯基修道院Monastery of St.Alexander Nevskii
　　　　耶稣升天教堂Church of the Ascension
　　　　钟塔Bell Tower
　　圣叶夫菲米-救世主修道院Savior-St.Evfimii Monastery
　　　　圣母安息餐厅教堂Refectory Church of the Dormition
　　　　施洗者约翰钟楼及礼拜堂Bell Tower and Chapel of John the Baptist
　　　　主显圣容大教堂Cathedral of the Transfiguration of the Savior
　　　　主塔Main Tower
苏兹达利亚地区（Suzdalia）
索非亚Sofia
索利维切戈茨克Sol'vychegodsk
　　圣母圣殿献主修道院Monastery of the Presentation of the Virgin in the Temple
　　圣母圣殿献主大教堂Cathedral of the Presentation of the Virgin in the Temple
索洛维茨克岛Solovetsk Island
　　显容修道院Monastery of the Transfiguration
　　显容大教堂Cathedral of the Transfiguration
索斯纳河Sosna River

T

塔甘罗格Taganrog

阿尔费拉基宫Alferaki Palace
塔拉什基诺（庄园）Talashkino（estate）
　　大门Gates
　　玛丽亚·捷尼舍娃纪念像Monument of Maria Tenisheva
　　圣三一教堂Church of Holy Spirit
　　小楼Teremok
塔鲁萨Tarussa
坦波夫（省）Tambov
特维尔Tver
　　基督圣诞大教堂Christ's Nativity Cathedral
提契诺（州）Ticino
图宾根Tübingen
图霍利亚Tukholia
　　圣尼古拉教堂Church of St. Nichola
图拉Tula
　　城堡（克里姆林）Citadel（Kremlin）
图塔耶夫Tutaev
　　耶稣复活大教堂Cathedral of the Resurrection
托博尔斯克Tobol'sk
　　城堡（克里姆林）Kremlin
　　商业区Trading District
　　圣索菲亚宫院St.Sophia Court
托尔若克Torzhok
　　尼科利斯克（切连奇齐）庄园Nikolskoe（Cherenchitsy）Estate
　　　教堂-陵寝Church-Mausoleum
　　圣鲍里斯和格列布修道院Monastery of Sts.Boris and Gleb
　　　圣鲍里斯和格列布大教堂Cathedral of Sts.Boris and Gleb
　　　烛塔Candle（Svechnaia）Tower
　　　钟塔和奇迹救世主教堂Колокольня надвратная с церковью Спаса Нерукотворного Образа（Bell Tower and Church of the Miraculous Image of the Savior）
　　兹纳缅斯克-拉耶克庄园Znamenskoe-Raek Estate
　　　主显圣容大教堂Church of the Transfiguration（Спасо Преображенский Собор）
托木斯克Tomsk
　　大教堂Cathedral

W

瓦尔代Valdai
　　伊韦尔斯克圣母修道院Monastery of the Iversk Mother of God
　　　圣母安息大教堂Cathedral of the Dormition

瓦卢埃沃Valuevo
　　府邸Estate House
　　猎庄Hunting House
威尼斯Venice
　　圣马可大教堂Cathedral of St. Mark
　　圣马可学校Scuola di San Marco
威尼托（地区）Veneto（region）
韦尔霍夫（村）Верховь
韦利卡亚河（大河）Velikaia River
韦利科雷斯克Velikoretsk
韦什尼亚基Veshniaki
韦特卢加Vetluga
　　圣叶卡捷琳娜教堂St.Catherine Church
维堡Vyborg
维尔纽斯Vilnius
　　总统府Presidential Palace
维罗纳Verona
　　斯卡利杰里城堡及桥Castle and Ponte Scaligeri
维切格达河Vychegda River
维索基-奥斯特罗夫Vysokii Ostrov
　　圣尼古拉教堂Church of St.Nicholas
维索科耶（村）Vysokoye
维特卡河Vitka
维亚济奥梅Viaziomy
　　三一教堂（后易名为主显圣容教堂）Church of the Trinity（Church of the Transfiguration of the Savior，Церковь Спасо-Преображения в Больших Вяземах）
　　钟楼Bell Tower
维亚特卡Vyatka（Viatka）
　　亚历山大花园Alexander Garden
　　亚历山大·涅夫斯基大教堂Alexander Nevsky Cathedral
沃尔霍夫河（诺夫哥罗德的）Volkhov River（Novgorod）
沃罗涅日Voronezh
沃罗诺沃Voronovo
　　救世主教堂Church of the Savior
沃洛格达Vologda
　　克里姆林（城堡）Кремль
　　圣索菲亚大教堂Cathedral of St.Sophia
沃洛科拉姆斯克Volokolamsk
　　约瑟夫-沃洛科拉姆斯克修道院Joseph Volokolamsk Monastery

（Иосифо-Волоколамский Монастырь）

 彼得和保罗门楼教堂Надвратная церковь Петра и Павла

 复活塔楼Воскресенская Башня

 圣母升天教堂Assumption Cathedral（Cathedral of the Dormition）

 钟塔Bell Tower

乌格利奇Uglich

 大公宫邸Chambers of the Appanage Princes

 圣阿列克西修道院Monastery of St.Aleksii

 圣母安息餐厅教堂Refectory Church of the Dormition（Divnaia）

 主显大教堂Epiphany Cathedral

乌拉尔山脉Ural Mountains

X

西伯利亚（地区）Siberia

锡安山Zion

锡格蒂纳Sigtuna

 瓦兰吉城堡Varangian Fortress

下诺夫哥罗德Nizhnii Novgorod（Нижний Новгород）

 大天使米迦勒大教堂Cathedral of Archangel Michael

 克里姆林Kremlin

  阿尔汉格尔斯克大教堂Архангельский Собор

  白塔Белая Башня

  鲍里斯塔楼Борисоглебская Башня

  北塔Северная Башня

  残墟塔Зачатская Башня

  德米特里塔楼Dmitrovskaya Tower

  火药塔楼Пороховая Башня

  救世主大教堂Спасский Собор

  科罗梅斯洛瓦塔楼Коромыслова Башня

  克拉多夫塔楼Кладовая Башня

  密塔Тайницкая Башня

  尼古拉教堂Церковь Николы на Бичеве

  尼古拉塔楼Никольская Башня

  排水塔（已毁）Отводная Башня

  乔治塔楼Georgiyevskaya Tower

  伊万塔Ивановская Башня

  钟塔Часовая Башня

 全俄工业和艺术博览会（1896年）All-Russia Industrial and Art Exhibition（1896）

  水塔Water Tower

  椭圆阁Oval Pavilion

  圆堂Round Pavilion

  远北阁Pavilion of the Far North

 圣诞教堂Church of the Nativity

  钟塔Bell Tower

 伊林卡耶稣升天教堂Ascension Church on Ilinka

 主显圣容大教堂Cathedral of the Transfiguration of the Savior

下乌夫秋加Nizhny Uftiug

 安息教堂Church of the Dormition

小雅罗斯拉韦茨Maloyaroslavets

 多尔斯克村Dolskoye

小亚细亚Asia Minor

谢尔吉耶夫镇Sergiyevo-Posadsky district

谢利格尔湖Lake Seliger

辛特拉Sintra

 佩纳宫Palácio de Pena

新切尔卡斯克Novocherkassk

 北凯旋门North Triumphal Arch

 西凯旋门West Triumphal Arch

新耶路撒冷New Jerusalem

 伊斯特河畔复活修道院（新耶路撒冷修道院）Monastery of the Resurrection（New Jerusalem Monastery）on Istra

  埃列翁山礼拜堂Mount Eleon Chapel

  复活大教堂Resurrection Cathedral

  主入耶路撒冷门楼教堂Gate Church of the Entry into Jerusalem

Y

雅罗斯拉夫尔Iaroslavl

 大天使米迦勒教堂Church of Archangel Michael

 基督诞生教堂（圣诞教堂）Church of the Nativity of Christ

  喀山圣母圣像礼拜堂Chapel of the Icon of the Kazan Mother of God

  圣阿金丁礼拜堂Chapel of St.Akindin

  圣尼古拉（神奇创造者）礼拜堂Chapel of St.Nicholas the Miraculous

 救世主修道院（主显圣容修道院）Spasskii Monastery（Monastery of the Transfiguration of the Savior）

  主显圣容大教堂Cathedral of the Transfiguration

 克罗夫尼基Korovniki

  弗拉基米尔圣母教堂（冬季教堂）Church of the Vladimir Mo-

ther of God（l'Eglise d'hiver）
"圣门"Holy Gate
圣约翰·克里索斯托教堂（夏季教堂）Church of St.John Chrysostom（l'Eglise d'été）
钟塔Bell Tower
圣狄奥多尔·斯特拉季拉特斯教堂Church of St.Theodore Stratilates
圣母安息大教堂Cathedral of the Dormition
托尔奇科沃Tolchkovo
　　施洗者约翰教堂Church of John the Baptist
　　　"圣门"Holy Gate
　　　钟塔Bell Tower
　　先知以利亚教堂Church of the Prophet Elijah
　　　礼拜堂Chapel of the Deposition of the Robe
　　主显教堂Church of the Epiphany
亚历山德罗夫-斯洛博达（亚历山德罗夫-克里姆林、亚历山德罗夫-城堡）Aleksandrova Sloboda（Alexandrov-Kremlin）
　　圣母安息教堂Church of the Dormition
　　圣母代祷大教堂（圣三一教堂）Cathedral of the Intercession（Holy Trinity Church）
　　圣三一餐厅教堂（圣母庇护教堂）Refectory Church of the Trinity（Church of the Protection of the Theotokos）
　　耶稣蒙难教堂Church of the Crucifixion
　　　钟塔Bell Tower
亚美尼亚Armenia
亚速海Azov Sea
耶路撒冷Jerusalem
　　圣墓教堂（复活堂）Church of the Holy Sepulcher（Church of the Resurrection，Church of the Anastasis，Anastasis Rotunda）
叶尔加瓦Jelgava
　　米塔瓦宫（叶尔加瓦宫）Mitava Palace（Jelgava Palace）
叶列茨Yelets
　　耶稣升天教堂Church of the Ascension

伊奥扎河Iauza River（Yauza River）
伊尔库茨克Irkutsk
伊斯特河Istra River
伊万哥罗德Ivangorod
　　城堡Castle
　　　大琥珀堂Large Ambar
　　　井塔Kolodeznaja Tower
　　　军需塔Провиантская башня
　　　宽塔Broad Tower
　　　门塔Vorotnaya Tower
　　　圣母升天大教堂Cathedral of the Assumption
　　　圣尼古拉教堂Church of St.Nicholas
　　　新塔（水塔）New Tower（water）
尤里耶夫-波利斯基Iurev-Polskoi（Юрьев-Польский）
　　圣乔治大教堂Cathedral of St.George（重建前名Church of St. George）
尤罗姆墓地Юромский Погост
幼发拉底河Euphrates River

Z

扎顿斯克Zadonsk
　　弗拉基米尔圣母教堂Church of Our Lady of Vladimir
扎戈尔斯克Zagorsk（见圣谢尔久斯三一修道院Trinity-St.Sergius Monastery）
扎赖斯克Zaraisk
　　城堡（克里姆林）Kremlin
兹纳缅卡（村）Znamenka
　　圣母圣像教堂Church of the Icon of the Sign
兹韦尼哥罗德Zvenigorod
　　萨维诺-斯托罗热夫斯基修道院Savvino（Savva）-Storozhevskii Monastery
　　　圣母圣诞大教堂Cathedral of the Nativity of the Virgin
　　　圣母安息大教堂Cathedral of the Dormition
　　叶尔绍沃村三一教堂Church of the Trinity at Ershovo

附录二　人名（含民族及神名）中外文对照表

A

阿波罗（神）Apollo
阿杜安-芒萨尔，朱尔Hardouin-Mansart, Jules
阿尔古诺夫，费奥多尔Argunov, Fedor
阿尔古诺夫，帕维尔Argunov, Pavel
阿尔古诺夫，伊万Argunov, Ivan
阿尔特列边，N.A.，Artleben, N. A.
阿尔谢尼（诺夫哥罗德主教）Arsenii, Archbishop (Novgorod)
阿夫拉米（梁赞大主教）Avraamii, Metropolitan (Riazan)
阿基姆（赫尔松的，主教）Joachim, Bishop (Kherson)
阿喀琉斯（神话人物）Achilles
阿克萨科夫，谢尔盖·季莫费耶维奇Aksakov, Sergey Timofeyevich（Акса́ков, Серге́й Тимофе́евич）
阿克萨米托夫，德米特里Aksamitov, Dmitrii
阿拉伯（人）Arabs
阿拉克切夫，阿列克谢Arakcheev, Aleksei
阿列克谢（大主教）Aleksei, Metropolitan
阿列克谢·彼得罗维奇（王子）Aleksei Petrovich, Tsarevich
阿列克谢·米哈伊洛维奇（沙皇）Aleksei Mikhailovich（Алексе́й Миха́йлович），Tsar
阿列克谢耶芙娜，纳塔莉亚Alekseevna, Natalia
阿列维兹（"老"）Aleviz ('the elder')
阿列维兹（"新"）Aleviz ('the New')
阿林皮（教士）Alimpii, Monk
阿米科，别尔纳季诺Amico, Bemadino
阿纳斯塔西娅（伊凡四世之妻）Anastasia (wife of Ivan IV)
阿普拉克辛，M.F.，Apraksin, M.F.
阿普拉克辛，费奥多尔Apraksin, Fedor
埃阿斯（神话人物）Ajax
埃拉托（神）Erato
埃伦斯韦德，卡尔·奥古斯特Ehrensvärd, Carl August
爱森斯坦，谢尔盖·米哈伊洛维奇Eisenstein, Sergei Mikhailovich（Эйзенштейн, Сергей Михайлович）
安德烈（大，乌格利奇大公）Andrei the Big, Prince (Ulgich)
安德烈（圣徒）Andrew, Apostle
安德烈维奇，谢苗Andreevich, Semion
安德烈一世·尤里耶维奇（绰号：安德烈·博戈柳布斯基，意"上帝宠幸的安德烈"，大公）Andrei I Yuryevich (Andrei Bogolyubsky, Андрей Боголюбский), Grand Prince
安德罗尼克（修道院院长）Andronik, prior
安东·弗里亚津Anton Friazin
安东尼（洞窟修士）Antony of the Caves (Антоний Печерский), monk
安娜（弗拉基米尔之妻）Anna (Anne, wife of Vladimir)
安娜·利奥波多芙娜（伊凡四世之母，摄政王）Anna Leopoldovna (mother of Ivan IV, regent)
安娜·伊凡诺芙娜（女皇）Anna Ivanovna（或Anna Ioannovna, Анна Ивановна, Анна Иоанновна），Empress
安托科尔斯基，马克·马特维耶维奇Antokolsky, Mark Matveyevich（Антоко́льский, Марк Матве́евич）
昂纳，休Honour, Hugh
奥多耶夫斯基，Ia.N.，Odoevskii, Ia.N.
奥尔洛夫，阿列克谢Orlov, Aleksei
奥尔洛夫，费奥多尔Orlov, Fedor
奥尔洛夫，格里戈里·格里戈里耶维奇Orlov, Grigory Grigoryevich
奥尔洛夫斯基，鲍里斯·I.，Orlovskii, Boris I.
奥古尔佐夫，巴任Ogurtsov, Bazhen
奥古斯特二世Augustus II
奥古斯都三世（弗里德里克·奥古斯特二世）Augustus III (Frederick August II)
奥莉加（基辅女大公）Olga (Св. Ольга), Princess (Kiev)
奥列阿里，亚当Olearius, Adam
奥列格（基辅大公）Oleg, Prince (Kiev)
奥列格（诺夫哥罗德大公）Oleg, Prince (Novgorod)
奥列宁，A.N.，Olenin, A.N.

奥讷库尔，维拉尔·德Honnecourt, Villard de
奥斯内，康拉德Ossner, Conradt
奥斯特尔曼，安德烈·伊万诺维奇（伯爵）Osterman, Andrey Ivanovich（Count）（Остерман, Андрей Иванович）

B

巴尔马Barma
巴卡列夫，阿列克谢Bakarev, Aleksey
巴拉诺夫斯基，彼得Baranovsky, Peter
巴雷什尼科夫（家族）Baryshnikovs
巴雷什尼科夫，I.I., Baryshnikov, I.I.
巴热诺夫，瓦西里·伊万诺维奇Bazhenov, Vasilii Ivanovich（Баже́нов, Васи́лий Ива́нович）
巴塔绍夫，I.R., Batashov, I.R.
巴托里，斯蒂芬（波兰国王）Báthory, Stephen, king（Poland）
巴西尔二世（拜占廷皇帝）Basil II, Byzantine Emperor
巴西尔三世Basil III
拔都（金帐汗国君主）Batu Khan（Бат хаан, хан Баты́й, Бату хан）
白令，维图斯·约纳森Bering, Vitus Jonassen
柏拉图Plato
邦施泰特，路德维希Bonstedt, Ludwig
保加利亚（人）Bulgarians
保罗（西伯利亚大主教）Paul, Metropolitan of Siberia
保罗一世（王子，大公，沙皇）Paul I（Tsarevich, Grand Duke, Emperor）
鲍里索娃，叶连娜·A., Borisova, Elena A.
贝当古，奥古斯丁·德Béthencourt, Augustín de
贝尔尼尼，吉安·洛伦佐Bernini, Gian Lorenzo
贝科夫斯基，德米特里Bykovskii, Dmitrii
贝科夫斯基，康士坦丁Bykovskii, Konstantin
贝科夫斯基，米哈伊尔Bykovskii, Mikhail
贝罗纳（神）Bellona
孛儿只斤·窝阔台（大汗）Grand Khan Ugedei, Ögedei Khan
本肯多夫，亚历山大·冯（伯爵）Benckendorff, Alexander von（Count）
比龙（比伦），恩斯特·约翰·冯Biron（Bühren）, Ernst Johann von

彼得（大师）Peter, Master
彼得（莫斯科大主教）Peter, Metropolitan（Moscow）
彼得二世·阿列克谢耶维奇Peter II Alexeyevich（Пётр II Алексеевич）
彼得罗夫（波塔波夫？），帕尔芬Petrov（Potapov ?）, Parfen
彼得罗夫，伊万·帕夫洛维奇·罗佩特（笔名伊万·尼古拉耶维奇·彼得罗夫）Petrov, Ivan Pavlovich Ropet（Ivan Nikolaevich Petrov）
彼得罗克·马雷（彼得·弗里亚津）Petrok Malyi（Petr Friazin）
彼得一世（大帝）Peter I（the Great）
彼得三世Peter III
别茨科伊，伊万·伊万诺维奇Betskoi, Ivan Ivanovich
别洛谢利斯基-别洛泽尔斯基，K.E., Beloselskii-Belozerskii, K.E.
别洛泽罗夫，弗拉基米尔Belozerov, Vladimir
别斯图热夫-留明，米哈伊尔Bestuzhev-Riumin, Mikhail
别兹博罗德科，亚历山大·安德烈耶维奇Bezborodko, Alexander Andreyevich（Безборо́дко, Алекса́ндр Андре́евич）
波戈金，米哈伊尔Pogodin, Mikhail
波将金，格里戈里Potemkin, Grigorii
波捷欣，帕维尔Potekhin, Pavel
波克雷什金，彼得Pokryshkin, Peter
波利亚科夫，亚历山大Polyakov, Alexander
波列诺夫，瓦西里·德米特里耶维奇Polenov, Vasily Dmitrievich（Поле́нов, Васи́лий Дми́триевич）
波列诺娃，叶连娜·德米特里耶夫娜Polenova, Yelena Dmitrievna（Поленова, Елена Дмитриевна）
波罗霍夫希科夫，亚历山大Porokhovshchikov, Alexander
波罗米尼，弗朗切斯科Borromini, Francesco
波洛韦茨（人）Polovtsi
波梅兰采夫，亚历山大·尼卡诺罗维奇Pomerantsev, Alexander Nikanorovich（Померанцев, Александр Никанорович）
波尼亚托夫斯基，斯坦尼斯瓦夫Poniatowski, Stanislaw
波齐，斯特凡诺Pozzi, Stefano

波斯尼科夫，亚历山大Postnikov, Alexander
波斯佩洛夫，安德烈·梅尔库列维奇Pospelov, Andrei Merkurevich
波塔波夫，彼得Potapov, Peter
波托茨基，斯坦尼斯瓦夫（伯爵）Potocki, Stanisław（Count）
波希纳，拉斯Porsenna, Lars
波扎尔斯基，德米特里·米哈伊洛维奇（王公）Pozharsky, Dmitry Mikhaylovich（Пожарский, Дмитрий Михайлович）, Prince
伯努瓦，尼古拉·列昂季耶维奇Benois, Nikolai (Nicholas) Leontievich（Бенуá, Николáй Леóнтьевич）
伯努瓦，亚历山大·尼古拉耶维奇Benois, Alexandre Nikolayevich（Бенуá, Александр Николáевич）
博布里谢夫，伊万Bobrishchev, Ivan
博恩·弗里亚津Bon Friazin
博尔霍维季诺夫，欧根Bolkhovitinov, Eugene
博罗维科夫斯基，瓦西里Borovikovskii, Vasilii
博洛托夫，安德烈Bolotov, Andrei
博斯，哈拉尔德Bosse, Harald
博韦，奥西普·伊万诺维奇（另名约瑟夫·让-巴蒂斯特·夏尔·德·博韦）Bové, Osip Ivanovich（Бове, Осип Иванович, Joseph Jean-Baptiste Charles de Beauvais）
博韦，米夏埃尔Bové, Michaele
博韦，亚历山德罗Bové, Alessandro
博亚尔·罗曼诺夫（家族）Boiars Romanov
博伊尔，理查德（伯林顿勋爵）Boyle, Richard（Lord Burlington）
布赫沃斯托夫，雅科夫·格里戈里耶维奇Bukhvostov, Yakov Grigorievich（Бухвостов, Яков Григорьевич）
布拉曼特，多纳托Bramante, Donato
布兰克，卡尔·伊万诺维奇Blank, Karl Ivanovich
布兰克，伊万Blank, Ivan
布劳恩施泰因，约翰·弗里德里希Braunstein, Johann Friedrich
布留洛夫，保罗Briullov, Paul
布留洛夫，卡尔Briullov, Karl
布留洛夫，亚历山大·帕夫洛维奇Briullov, Alexander Pavlovich（Брюллов, Александр Павлович）
布隆代尔，尼古拉-弗朗索瓦Blondel, Nicholas-François
布隆代尔，雅克-弗朗索瓦Blondel, Jacques-François
布鲁内莱斯基，菲利波Brunelleschi, Filippo
布鲁斯，雅各布Bruce, Jacob
布伦菲尔德，威廉·克拉夫特Brumfield, William Craft
布伦纳，温琴佐Brenna, Vincenzo
部雷，艾蒂安-路易Boullée, Etienne-Louis

C

采列捷利，祖拉布Tsereteli, Zurab
参孙（《旧约·圣经》人物）Samson
查理十二世Charles XII
成吉思汗Genghis Khan

D

达朗贝尔，让·勒龙d'Alembert, Jean le Rond
达尼埃尔（大主教）Daniel, Metropolitan
达维莱，奥古斯丁-夏尔，D'Aviler, Augustin-Charles
鞑靼（人）Tatars
大卫（王）David, King
大卫·罗斯季斯拉维奇（斯摩棱斯克大公）David Rostislavich, Prince（Smolensk）
大卫·斯韦亚托斯拉维奇（切尔尼希夫大公）David Sviatoslavich, Prince（Chernigov）
丹尼尔·亚历山德罗维奇（莫斯科大公）Daniil Aleksandrovich（Даниил Александрович）, Prince（Moscow）
丹尼洛维奇，瓦西里（波维尔）Danilovich, Vasilii（boyar）
道，乔治Dawe, George
得墨忒耳（神）Demeter
德蒙维尔，弗朗索瓦·拉辛de Monville, François Racine
德米特里（萨洛尼卡的），圣, St.Demetrius of Salonika
德米特里·伊凡诺维奇（顿河的，莫斯科大公）Dmitry Ivanovich Donskoy（Дмитрий Иванович Донской）, Prince（Moscow）
德米特里·伊凡诺维奇（王子）Dmitrii Ivanovich, Tsarevich
德穆特-马利诺夫斯基，瓦西里Demut-Malinovskii, Vasilii
德热尔内，夏尔De Gerne, Charles
德托利，米哈伊尔·巴克莱de Tolly, Mikhail Barclay

狄安娜（神）Diana
狄奥多尔·斯特拉季拉特斯Theodore Stratilates
狄奥多西Theodosius
狄奥凡（希腊人）Theophanes the Greek
狄德罗，德尼Diderot, Denis
迪库申，格里戈里Dikushin, Grigorii
杜拉索夫，N.A.，Durasov, N.A.
多尔戈夫，A.I.，Dolgov, A.I.
多尔戈鲁基（家族）Dolgorukiis
多尔戈鲁基，瓦西里Dolgorukii, Vasilii
多夫蒙特Dovmont（Daumantas，Довмонт）

F

法尔科内，艾蒂安·莫里斯Falconet, Etienne Maurice
菲奥拉万蒂，阿里斯托泰莱Fioravanti, Aristotele
菲奥拉万蒂，安德烈亚斯Fioravanti, Andreas
菲拉雷特，安东尼奥·阿韦利诺Filarete, Antonio Averlino
菲拉列特（主教）Philaret, Patriarch
菲利普（大主教）Philip, Metropolitan
菲利普（科雷舍夫，大主教）Philip（Kolychev）, Metropolitan
菲洛费（修士）Philotheus（Филофей）, monk
腓特烈一世（红胡子）Friedrich I Barbarossa
腓特烈-威廉三世Frederick-William III
腓特烈四世Frederick IV
费奥多尔一世·伊万诺维奇（沙皇）Fyodor（Theodore）I Ivanovich（Фёдор I Иванович）, Tsar
费奥多尔二世·鲍里索维奇·戈杜诺夫Fyodor II Borisovich Godunov（Фёдор II Борисович Годунов）
费奥多尔三世·阿列克谢耶维奇（沙皇）Fyodor III Alekseevich, Tsar
费奥多罗夫，费奥多尔Fedorov, Fedor
费奥多西Feodosii
费奥格诺斯特（大主教）Feognost, Metropolitan
费尔滕，乔治·弗里德里希Velten（Veldten）, Georg Friedrich（Фéльтен, Юрий Матвéевич）
费拉里，贾科莫Ferrari, Giacomo
芬兰-乌戈尔（部族）Finno-Ugric
丰塔纳，卡洛Fontana, Carlo
丰塔纳，乔瓦尼·马里奥Fontana, Giovanni Mario

弗拉基米尔（基辅大公）Vladimir, Prince（Kiev）
弗拉基米尔·莫诺马赫（大公）Vladimir Monomakh, Grand Prince
弗拉基米尔·雅罗斯拉维奇（诺夫哥罗德大公）Vladimir Yaroslavich（Владимир Ярославич, Prince of Novgorod）
弗拉基米尔·亚历山德罗维奇（大公）Vladimir Alexandrovich, Grand Prince
弗拉基米罗夫，奥西普Vladimirov, Osip
弗拉克斯曼，约翰Flaxman, John
弗拉西拉，埃莉娅Flaccilla, Aelia
弗赖登贝格，鲍里斯·维克托罗维奇Freydenberg, Boris Victorovich
弗兰西斯一世Francis I
弗里德里希-威廉一世Friedrich-Wilhelm I
弗鲁别利，米哈伊尔·亚历山德罗维奇Vrubel, Mikhail Aleksandrovich（Врýбель, Михаи́л Александрович）
弗罗洛夫，A.A.，Frolov, A.A.
弗罗伊登贝格，鲍里斯Freudenberg, Boris
弗洛拉（神）Flora
弗谢沃洛德（大公，雅罗斯拉夫之子）Vsevolod, Prince（son of Iaroslav）
弗谢沃洛德，米哈伊尔Vsevolod, Mikhail
弗谢沃洛德·奥尔戈维奇（切尔尼希夫大公）Vsevolod Olgovich, Prince（Chernigov）
弗谢沃洛德·姆斯季斯拉维奇（诺夫哥罗德大公）Vsevolod Mstislavich, Prince（Novgorod）
弗谢沃洛德三世·尤雷耶维奇（弗拉基米尔大公）Vsevolod III Yuryevich（Vsevolod III Great Nest或Vsevolod III the Big Nest, Всéволод III Ю́рьевич Большóе Гнездó）, Prince（Vladimir）
伏尔加河保加利亚（人）Volga Bulgars
伏尔泰，弗朗索瓦-马里·阿鲁埃Voltaire, François-Marie Arouet
福尔索夫，P.I.，Fursov, P.1.

G

戈杜诺夫，鲍里斯·费奥多罗维奇Godunov, Boris Fedorovich（Годунóв, Борúс Фёдорович）
戈杜诺瓦，伊琳娜Godunova, Irina
戈尔杰夫，费奥多尔Gordeev, Fedor

戈利岑，S.M.，Golitsyn，S.M.
戈利岑，鲍里斯Golitsyn，Boris
戈利岑，德米特里Golitsyn，Dmitrii
戈利岑，米哈伊尔Golitsyn，Mikhail
戈利岑，尼古拉Golitsyn，Nikolai
戈利岑，瓦西里Golitsyn，Vasilii
戈利克，威廉Golike，Wilhelm
戈洛温（另译费岳多），费奥多尔·阿列克谢耶维奇 Golovin，Feodor Alekseyevich（Головин，Фёдор Алексеевич）
哥萨克（人）Cossack
格贝尔，尼古拉·弗里德里希Göbel，Nicholas Friedrich
格季克，罗伯特Gedike，Robert
格拉巴尔，伊戈尔Grabar，Igor
格里博耶多夫，亚历山大Griboedov，Alexander
格里戈里Stroganov，Grigorii
格里戈里耶夫（普列汉诺夫？），德米特里Grigorev（Plekhanov？），Dmitrii
格里戈里耶夫，阿法纳西Grigorev，Afanasii
格里戈罗维奇-巴尔斯基，伊万Grigorovich-Barskii，Ivan
格列博夫，F.I.，Glebov，F.I.
格列高利Gregory
格林，弗里德里希·梅尔希奥Grimm，Friedrich Melchior
格林斯卡娅，叶连娜Glinskaia，Elena
格龙季（大主教）Gerontii，Metropolitan
贡扎戈，彼得罗·Gonzago，Pietro
古宾，M.P.，Gubin，M.P.
古尔德，威廉Gould，William
果戈里，尼古拉·瓦西里耶维奇Gogol，Vasilievich Nikolai（Го́голь，Никола́й Васи́льевич）

H

哈尔贝格，S.I.，Gal'berg，S.I.
哈尔比希，约翰Halbig，Johann
哈洛威，克里斯托弗Halloway，Christophe
哈特曼，维克托·亚历山德罗维奇Hartmann，Viktor Alexandrovich（Га́ртман，Ви́ктор Александро́вич）
海伦娜（帝王君士坦丁之母）Elena（Helen），mother of Constantine
海洛夫，叶梅利扬Khailov，Emelyan

荷马Homer
赫尔岑，亚历山大Herzen，Alexander
赫尔摩根（大主教）Hermogen，Patriarch
赫耳墨斯（神）Hermes
赫拉克勒斯（神话人物）Hercules
赫鲁晓夫，A.P.，Khrushchev，A.P.
赫鲁晓夫，尼基塔Khrushchev，Nikita
黑尔曼，玛丽亚·卡罗琳Hellmann，Maria Caroline
黑斯蒂，威廉Hastie，William
洪察雷夫，K.，Honcharev，K.

J

基尔兴斯泰因，约翰Kirchenstein，Johann
基金，亚历山大·瓦西里耶维奇Kikin，Alexander Vasilievich（Кикин，Александр Васильевич）
基里洛夫，阿韦尔基Kirillov，Averkii
基里琴科，E.I.，Kirichenko，E.I.
基特内，叶罗尼姆Kitner，Ieronim（Китнер，Иероним）
基亚韦里，加埃塔诺Chiaveri，Gaetano
吉贝尔蒂，洛伦佐Ghiberti，Lorenzo
吉洪诺夫娜，玛丽亚Tikhonovna，Maria
吉拉尔迪，多梅尼科Gilardi，Domenico
吉拉尔迪，乔瓦尼Gilardi，Giovanni
季奥尼西Dionisii
季列茨基，尼古拉·帕夫洛维奇Diletsky，Nikolay Pavlovich（Дилецкий，Николай Павлович）
季乌林，叶夫格拉夫Tiurin，Evgraf（Turin，Yevgraf）
济科夫，P.，Zikov，P.
加加林，M.V.，Gagarin，M.V.
加加林，尼古拉·S.，Gagarin，Nikolai S.
加加林，谢尔盖·S.，Gagarin，Sergei S.
加加林娜，V.F.，Gagarina，V.F.
加尼耶，夏尔Garnier，Charles
焦纳（梁赞的，大主教）Jonah of Riazan，Archbishop
焦纳·瑟索耶维奇（罗斯托夫大主教），Jonah Sysoevich，Metropolitan of Rostov
杰尔查文，加甫里尔Derzhavin，Gavriil
杰梅尔佐夫，费奥多尔Demertsov，Fedor
杰米多夫，I.I.，Demidov，I.I.
杰米多夫，阿金菲Demidov，Akinfii
杰米多夫，尼古拉Demidov，Nikolai

杰米多夫，尼基塔Demidov, Nikita
杰米多夫，帕维尔Demidov, Pavel
杰米多夫，普罗科皮Demidov, Prokopii
杰尼索夫，阿列克谢Denisov, Aleksey
捷列别尼奥夫，亚历山大Terebenev（Terebenyov），Alexander
捷尼舍娃，玛丽亚·克拉夫杰夫娜Tenisheva, Maria Klavdievna
君士坦丁（帝王）Constantine, emperor
君士坦丁（梁赞大公）Constantine, prince（Ryazan）
君士坦丁十一世（帝王）Constantine XI, emperor

K

卡尔布里斯，马里诺斯Carburis, Marinos（Χαρμπούρης, Μαρίνος）
卡尔卡诺，阿洛伊西奥·达Carcano, Aloisio da
卡尔诺维奇，什蒂凡Karnovich, Stefan
卡夫特列夫，瓦西里Kaftyrev, Vasilii
卡拉姆津，尼古拉Karamzin, Nikolai
卡拉瓦克，路易Caravaque, Louis
卡林，谢苗·A., Karin, Semion A.
卡梅伦，查理Cameron, Charles
卡齐-格莱（克里米亚可汗）Kazy-Girei, Crimean Khan
卡沃斯，阿尔贝特Kavos, Albert
卡扎科夫，罗季翁Kazakov, Rodion
卡扎科夫，马特维·费奥多罗维奇Kazakov, Matvei Fyodorovich（Казаков, Матвéй Фёдорович）
坎贝尔，科伦Campbell, Colen
坎波雷西，弗朗切斯科Camporesi, Francesco
坎捷米尔（家族）Kantemirs
坎捷米尔，S., Kantemir, S.
坎捷米尔，安季奥赫Kantemir, Antiokh
坎捷米尔，德米特里Kantemir, Dmitrii
坎皮奥尼，S.P., Campioni, S.P.
康士坦丁·弗谢沃洛季奇（大公）Konstantin Vsevolodich, Prince
康士坦丁诺夫，安季普Konstantinov, Antip
考克斯，威廉Coxe, William
科杜奇，毛罗Codussi, Mauro
科恩，费奥多尔Kon', Fyodor
科尔尼利（大主教）Kornilii, Metropolitan
科科里诺夫，亚历山大Kokorinov, Alexander
科科里诺夫，伊万Kokorinov, Ivan
科林夫斯基，米哈伊尔·P., Korinfskii, Mikhail P.
科罗博夫，伊万Korobov, Ivan
科罗温，康士坦丁·阿列克谢耶维奇Korovin, Konstantin Alekseyevich（Корóвин, Константи́н Алексéевич）
科洛，玛丽-安妮Collot, Marie-Anne
科丘别伊（公主）Kochubey（Princess）
科任，彼得Kozhin, Pyotr
科瓦列夫，L., Kovalev, L.
科西亚科夫，瓦西里Kosyakov, Vasily
科兹洛夫斯基，米哈伊尔·伊万诺维奇Kozlovsky, Mikhail Ivanovich
克库舍夫，列夫·尼古拉耶维奇Kekushev, Lev Nikolayevich（Кекушев, Лев Николаевич）
克拉夫特，彼得Krafft, Peter
克拉考，乔治Krakau, Georg
克拉克，马修Clark, Mathew
克拉姆斯科伊，伊万Kramskoi, Ivan
克莱里索，夏尔-路易Clérisseau, Charles-Louis
克莱因，罗曼Klein, Roman
克勒，卡尔Kler, Karl
克雷洛夫，M.G., Krylov, M.G.
克雷洛夫，伊万Krylov, Ivan
克雷芒七世（教皇）Clement VII, pope
克里夫佐夫，伊凡Krivtsov, Ivan
克里米亚鞑靼（人）Crimean Tatars
克利马库，约翰Climacus, John
克列托夫，N.V., Kretov, N.V.
克卢切夫斯基Kluchevsky
克鲁格，弗朗茨Krüger, Franz
克伦茨，莱奥·冯Klenze, Leo von
克洛格里沃夫，尤里Kologrivov, Iurii
克洛特，彼得·卡尔洛维奇Klodt, Pyotr Karlovich（Клодт, Пётр Карлович）
克瓦索夫，阿列克谢Kvasov, Aleksei
克瓦索夫，安德烈Kvasov, Andrei
刻瑞斯（神）Ceres
肯特，威廉Kent, William
库科利尼克，涅斯托尔·瓦西里耶维奇Kukolnik, Nestor Vasilievich（Кукольник, Нестор Васильевич）

库拉金，斯捷潘Kurakin, Stepan
库兰Courland
库图佐夫，米哈伊尔Kutuzov, Mikhail
夸伦吉，贾科莫Quarenghi, Giacomo（Кваре́нги, Джа́комо）

L

拉多夫斯基，尼古拉Ladovskii, Nikolai
拉斐尔Raphael
拉格勒内，路易·让-弗朗索瓦Lagrenée, Louis Jean-François
拉克索尔，纳撒尼尔（爵士）Wraxall, Nathaniel（Sir）
拉斯特列里，巴尔托洛梅奥·弗朗切斯科Rastrelli, Bartolomeo Francesco
拉斯特列里，卡洛·巴尔托洛梅奥（伯爵）Rastrelli, Count Carlo Bartolomeo
拉瓦尔，A.G-，Laval, A.G-
拉瓦尔，叶卡捷琳娜Laval, Ekaterina
拉扎列夫，维克托·尼基季奇Lazarev, Viktor Nikitich（Ла́зарев, Ви́кторНики́тич）
拉祖莫夫斯基（家族）Razumovskiis
拉祖莫夫斯基，阿列克谢·格里戈里耶维奇Razumovskii, Aleksei Grigorievich（Разумо́вский, Алексе́й Григо́рьевич）
拉祖莫夫斯基，基里尔·格里戈里耶维奇Razumovskii, Kirill Grigoryevich（Разумо́вский, Кирилл Григо́рьевич）
拉祖莫夫斯基，列夫·K.，Razumovskii, Lev.K.
莱布尼茨，戈特弗里德·威廉Leibniz, Gottfried Wilhelm
莱蒙托夫，米哈伊尔Lermontov, Mikhail
兰斯科伊，A.D.，Lanskoi, A.D.
朗瑟洛，布朗（"潜力"布朗）Lancelot, Brown（'Capability' Brown）
劳伦佐（梅迪奇的）Lorenzo de Medici
勒布兰，夏尔Le Brun, Charles
勒布隆，让-巴蒂斯特·亚历山大Le Blond, Jean-Baptiste Alexandre
勒杜，克洛德-尼古拉Ledoux, Claude-Nicolas
勒福尔，弗朗索瓦Lefort, François
勒马松，路易Le Masson, Louis
勒莫安，让-巴蒂斯特Lemoyne, Jean-Baptiste
勒诺特，安德烈Le Nôtre, André
勒沃，路易Le Vau, Louis
雷贝格，伊万Rerberg, Ivan
雷恩，克里斯托弗Wren, Christopher
雷科夫，鲍里斯（波维尔）Lykov, Boris（boiar）
雷普顿，汉弗莱Repton, Humphry
里姆利亚宁，安东尼Rimlianin, Antonii
里姆斯基-科尔萨科夫，尼古拉·安德烈耶维奇Rimsky-Korsakov, Nikolai Andreyevich（Ри́мский-Ко́рсаков, Никола́й Андре́евич）
里纳尔迪，安东尼奥Rinaldi, Antonio
里希特，弗里德里克·F.，Rikhter, Friedrich F.
利沃夫，尼古拉Lvov, Nikolai
列昂季（主教）Leontii, Bishop
列奥纳多·达·芬奇Leonardo da Vinci
列宾，伊利亚·叶菲莫维奇Repin, Ilya Yefimovich（Ре́пин, Илья́ Ефи́мович）
列格兰，尼古拉Legran, Nikolai
列梅佐夫，米哈伊尔Remezov, Mikhail
列梅佐夫，谢苗Remezov, Semion
列宁，弗拉基米尔Lenin, Vladimir
列琴斯基，斯坦尼斯瓦夫一世Leszczyński, Stanisław I
列维茨基，拉斐尔·谢尔盖耶维奇Levitsky, Rafail Sergeevich（Леви́цкий, Рафаи́л Серге́евич）
列扎诺夫，亚历山大Rezanov, Alexander
留里克·罗斯季斯拉维奇（斯摩棱斯克的）Riurik Rostislavich (Smolensk)
留里克Riurik（瓦兰吉人）
留里克家族Riurikovich line
卢基尼，乔瓦尼Lucchini, Giovanni
卢克（诺夫哥罗德大主教）Luke, Archbishop（Novgorod）
卢宁P.M.，Lunin, P.M.
卢梭，让-雅克Rousseau, Jean-Jacques
鲁本斯，彼得·保罗Rubens, Peter Paul
鲁布列夫，安德烈Rublev, Andrei
鲁缅采夫，彼得Rumiantsev, Peter
鲁斯卡，路易吉·伊万诺维奇Rusca, Luigi Ivanovich（Руска, Алоизий Иванович）
路易十四Louis XIV

罗巴切夫斯基，尼古拉Lobachevskii, Nikolai
罗贝尔，于贝尔Robert, Hubert
罗季翁Rodion
罗曼努斯二世Romanos II
罗曼诺夫（家族）Romanovs
罗蒙诺索夫，米哈伊尔Lomonosov, Mikhail
罗西，卡洛Rossi, Carlo
洛巴诺夫-罗斯托夫斯基Lobanov-Rostovskii
洛克，约翰Locke, John
洛朗，皮埃尔Laurent, Pierre
洛普欣，阿夫拉姆Lopukhin, Avraam
洛普欣，大卫Lopukhin, David
洛先科，安东Losenko, Anton

M

马代尔纳，卡洛Maderna, Carlo
马尔科·弗里亚津Marco Friazin
马尔凯西，路易吉Marchesi, Luigi
马尔斯（神）Mars
马哈耶夫，米哈伊尔Makhaev, Mikhail
马卡里（大主教）Makarii（Macarius，Макарий），Metropolitan
马卡连科，梅科拉Makarenko, Mykola
马迈Mamai
马蒙托夫，安德烈Mamontov, Andrei
马蒙托夫，沙夫瓦·伊万诺维奇Mamontov, Savva Ivanovich（Мáмонтов, Сáвва Ивáнович）
马蒙托夫，伊万·费奥多罗维奇Mamontov, Ivan Feodorovich
马蒙托娃，伊丽莎白Mamontova, Elizaveta
马塔尔诺维，乔治-约翰Mattarnovy, Georg-Johann
马祖林，维克多·亚历山德罗维奇Mazyrin, Viktor Aleksandrovich
玛丽亚（弗谢沃洛德之妻）Maria（wife of Vsevolod）
玛丽亚·费奥多罗芙娜（沙皇保罗之妻）Maria Fedorovna（wife of Emperor Paul）
玛丽亚·尼古拉耶芙娜Maria Nikolaïevna
玛丽亚·亚历山德罗芙娜（沙皇亚历山大二世之妻）Maria Alexandrovna
迈斯纳，A.F.，Meisner, A.F.
芒萨尔，弗朗索瓦Mansart, François

梅迪奇，巴纳巴斯Medici, Barnabas
梅迪奇，劳伦佐·迪Medici, Lorenzo di
梅尔尼科夫，斯捷潘Melnikov, Stepan
梅涅拉斯，亚当Menelaws（Menelas），Adam
梅什金Myshkin
梅斯马赫尔，马克西米利安Mesmakher, Maximilian
梅滕雷特，雅各布Mettenleiter, Jakob
门斯，安东·拉斐尔Mengs, Anton Raphael
蒙塔尼亚纳，阿尔维斯·兰贝蒂·达（可能即"新"阿列维兹）Montagnana, Alvise Lamberti de（Alevlz Novyi）
蒙特费朗，奥古斯特·里卡尔·德Montferrand, Auguste Ricard de
孟德斯鸠，夏尔·德·塞孔达（男爵）Montesquieu（Baron de）, Charles de Secondat
米德，詹姆斯Meader, James
米哈伊尔·费奥多罗维奇·罗曼诺夫（米哈伊尔一世，沙皇）Mikhail Fyodorovich Romanov（Mikhail I，Михаи́л Фёдорович Рома́нов），Tsar
米哈伊洛夫，安德烈Mikhailov, Andrei
米赫利亚耶夫Mikhliaev
米凯蒂，尼古拉Michetti, Niccola
米罗涅格，彼得Miloneg, Peter
米罗诺夫，阿列克谢Mironov, Aleksei
米罗诺夫斯基，伊万Mironovskii, Ivan
米丘林，伊万Michurin, Ivan
密茨凯维奇，亚当Mickiewicz, Adam
密涅瓦（神）Minerva
缅格利-格莱（克里米亚可汗）Mengli-Girei, Crimean Khan
缅希科夫，亚历山大·丹尼洛维奇Menshikov, Alexander Danilovich
明尼希，布哈德·克里斯托夫·冯（伯爵）Münnich, Buchard Christophe（Count）
缪斯（神）Muses
莫尔，托马斯More, Thomas
莫夫察尼夫斯基，T.M.，Movchanivskyi, T.M.
莫罗佐娃，瓦尔瓦拉Morozova, Varvara
莫尼格季，伊波利特Monighetti, Ippolit
莫希拉，彼得Mohila, Peter
墨丘利（神）Mercury

姆斯季斯拉夫（切尔尼希夫大公）Mstislav, Prince (Chernigov)
姆斯季斯拉夫·弗拉基米罗维奇（诺夫哥罗德大公）Mstislav Vladimirovich, Prince (Novgorod)
穆罕默德·厄兹贝格（可汗）Muhammad Ozbeg
穆罕默德·格莱（可汗）Mohammed Girei, Khan
穆辛-普希金，亚历山大Musin-Pushkin, Alexander

N

拿破仑·波拿巴Napoleon Bonaparte
纳雷什金（家族）Naryshkins
纳雷什金，列夫Naryshkin, Lev
纳雷什金娜，纳塔莉亚Naryshkina, Natalia
纳扎列夫，阿金金Nazarev, Akindin
纳扎列夫，古里Nazarev, Gurii
纳扎罗夫，叶利兹沃伊Nazarov, Elizvoi
尼丰特（主教）Nifont, Archbishop
尼古拉一世Nicholas I
尼古拉二世Nicholas II
尼古拉·亚历山德罗维奇（皇太子）Nikolai Alexandrovich
尼古拉耶维奇，米哈伊尔Nikolaevich, Mikhail
尼古拉耶维奇，尼古拉Nikolaevich, Nikolai
尼基京，彼得Nikitin, Peter
尼基京，古里Nikitin, Gurii
尼基京，尼古拉Nikitin, Nikolai
尼基特尼科夫，格里戈里Nikitnikov, Grigory
尼孔（修道院院长）Nikon (Никон), Patriarch
尼普顿（神）Neptune
涅克拉索夫，A.I., Nekrasov, A.I.
涅洛夫，瓦西里Neëlov, Vasilii
涅洛夫，伊利亚Neëlov, Ilia
涅米罗维奇-丹钦科，弗拉基米尔·伊万诺维奇Неми-ро́вич-Да́нченко, Влади́мир Ива́нович
涅姆齐（人）Nemtsi
涅恰耶夫-马利佐夫，尤里Nechaev-Maltsov, Yury
涅日丹诺夫，费奥多尔Nezhdanov, Fedor
涅日丹诺夫，伊万Nezhdanov, Ivan
涅斯捷罗夫，米哈伊尔·瓦西里耶维奇Nesterov, Mikhail Vasilyevich (Не́стеров, Михаи́л Васи́льевич)
宁芙（仙女）Nymphs

P

帕夫洛维奇，米哈伊尔Pavlovich, Mikhail
帕夫诺维奇，君士坦丁（大公）Pavlovich, Constantine (Grand Prince)
帕拉第奥Palladio
帕兰，阿尔弗雷德·亚历山德罗维奇Parland, Alfred Aleksandrovich（Парланд, Альфред Александрович）
帕兰，亚历山大Parland, Alexander
帕兰，约翰Parland, John
帕里斯Paris
帕利岑，阿夫拉米Palitsyn, Avraamii
帕什科夫，A.I., Pashkov, A.I.
帕什科夫，P.E., Pashkov, P.E.
派普斯，理查德Pipes, Richard
佩罗，克洛德Perrault, Claude
佩通季，F.I., Pettondi, F.I.
佩因，詹姆斯Paine, James
皮拉内西，乔瓦尼·巴蒂斯塔Piranesi, Giovanni Battista
皮拉斯Pyrrhus
皮缅诺夫，斯捷潘·S., Pimenov, Stepan S.
皮诺，尼古拉Pineau, Nicolas
皮亚特尼茨基，彼得·G., Piatnitskii, Peter G.
皮耶芒，菲利普Pillement, Phillipe
普加乔夫，叶梅利扬·伊万诺维奇Pugachev, Yemelyan Ivanovich（Пугачёв, Емелья́н Ива́нович）
普拉兹，马里奥Praz, Mario
普鲁塔克Plutarch
普罗霍尔（戈罗杰茨的）Prokhor of Gorodets
普罗科波维奇，费奥凡Prokopovich, Feofan
普罗科菲耶夫，伊万Prokofiev, Ivan
普罗佐罗夫斯基，B.I., Prozorovskii, B.I.
普希金，亚历山大Pushkin, Alexander
普绪喀（神）Psyche

Q

奇彭代尔，托马斯Chippendale, Thomas
奇普里亚尼，塞巴斯蒂亚诺Cipriani, Sebastiano
奇恰戈夫，德米特里Chichagov, Dmitrii
奇恰戈夫，米哈伊尔Chichagov, Mikhail
钱伯斯，威廉Chambers, William
乔尔内，丹尼尔Chornyi, Daniil

乔格洛科夫，米哈伊尔Choglokov, Mikhail（Чоглоков, М.И.）
切尔卡斯基（家族）Cherkasskii
切尔卡斯基，阿列克谢Cherkasskii, Aleksei
切尔卡斯基，玛丽亚Cherkasskii, Maria
切尔卡斯基，米哈伊尔Cherkasskii, Mikhail
切尔卡斯卡娅，瓦尔瓦拉·阿列克谢耶芙娜Cherkasskaya, Varvara Alekseevna
切尔内绍夫，伊万Chernyshev, Ivan
切舒林，德米特里·N.，Chechulin, Dmitri N.
切瓦金斯基，萨瓦Chevakinskii, Savva

R

热利亚泽维奇，鲁道夫Zheliazevich, Rudolf
热姆丘戈娃Zhemchugova
茹科夫斯基，瓦西里Zhukovskii, Vasilii
茹林，奥列格·伊戈列维奇Zhurin, Oleg Igorevich（Журин, Олег Игоревич）

S

撒克逊（人）Saxon
萨波日尼科夫，格里戈里Sapozhnikov, Grigory
萨布林，阿基曼德里特·博戈列普Sablin, Archimandrite Bogolep
萨布罗娃，所罗门尼娅Saburova, Solomoniia
萨尔特科夫，F.P.，Saltykov, F.P.
萨马林，尤里Samarin, Iurii
萨姆金，N.A.，Samgin, N.A.
萨瓦（修士）Savva, monk
萨瓦季Savvatii
萨温，西拉Savin, Sila
瑟尔科夫，德米特里Syrkov, Dmitrii
瑟尔科夫，伊凡Syrkov, Ivan
沙尔格兰，让·法兰西斯·泰雷兹Chalgrin, Jean François Thérèse
沙菲罗夫，P.P.，Shafirov, P.P.
沙鲁京，特列菲尔Sharutin, Trefil
绍欣，尼古拉Shokhin, Nikolai
舍德尔，戈特弗里德·约翰Schädel, Gottfried Johann
舍尔武德，弗拉基米尔Shervud（Sherwood）, Vladimir
舍列梅捷夫（家族）Sheremetevs
舍列梅捷夫，安娜Sheremetev, Anna
舍列梅捷夫，鲍里斯Sheremetev, Boris
舍列梅捷夫，彼得（小）Sheremetev, Peter（the Younger）
舍列梅捷夫，彼得·鲍里索维奇Sheremetev, Peter Borisovich（Шереме́тев, Пётр Бори́сович）
舍列梅捷夫，尼古拉·彼得罗维奇Sheremetev, Nikolai Petrovich（Шереметев, Никола́й Петро́вич）
舍列梅捷夫，瓦尔瓦拉Sheremetev, Varvara
舍斯塔科夫，费奥多尔Shestakov, Fedor
舍维廖夫，伊万Shevyrev, Ivan
申克尔，卡尔·弗里德里希Schinkel, Karl-Friedrich
圣巴西尔（大，神学家）St.Basil the Great（theologian）
圣鲍里斯St. Boris
圣格列布St. Gleb
圣科斯马及达米安Saints Cosmas and Damian
圣乔治（卡帕多基亚的）St.George of Cappadocia
圣西里尔（亚历山德里亚的）St. Cyril of Alexandria
圣西普里安和乌斯季尼娅Sts.Cyprian and Ustinia
圣谢尔久斯（拉多内日的）St.Sergius of Radonezh
施蒂格利茨，亚历山大·冯（男爵）Stieglitz, Alexander von, Baron（Штиглиц, Александр Людвигович, Барон）
施赖特尔，维克托Shreter, Viktor（Шретер, Виктор）
施吕特，安德烈亚斯Schlüter, Andreas
施密特，阿尔贝特·J.，Schmidt, Albert J.
施塔肯施奈德，安德烈·伊万诺维奇·Shtakenshneider（亦作Stackenschneider和Stuckenschneider）, Andrei Ivanovich（Штакеншнейдер, Андрей Иванович）
施滕德，格里戈里Shtender, Grigorii
施韦特费格，特奥多尔Schwertfeger, Theodor
舒宾，费多特Shubin, Fedot
舒霍夫，弗拉基米尔·格里戈里耶维奇Shukhov, Vladimir Grigoryevich（Шу́хов, Влади́мир Григо́рьевич）
舒利亚克，L.M.，Shuliak, L.M.
舒马赫尔，伊万Shumakher, Ivan
舒马科夫，安德烈Shmakov, Andrei
舒瓦洛夫，P.A.，Shuvalov, P.A.
舒瓦洛夫，彼得Shuvalov, Peter
舒瓦洛夫，伊万Shuvalov, Ivan
斯大林，约瑟夫Stalin, Joseph（Сталин, Ио́сиф）
斯福尔扎（家族）Sforzas

斯福尔扎，弗朗切斯科Sforza, Francesco
斯捷潘诺维奇，阿法纳西Stepanovich, Afanasii
斯卡埃沃拉，加伊乌斯·穆奇乌斯Scaevola, Gaius Mucius
斯科蒂，彼得罗Scotti, Pietro
斯科蒂，卡洛Scotti, Carlo
斯科蒂，乔瓦尼-巴蒂斯塔Scotti, Giovanni Battista
斯克里平（兄弟）Skripin（brothers）
斯奈德斯，弗朗斯Snyders, Frans
斯塔尔采夫，奥西普Startsev, Osip
斯塔尔采夫，伊万Startsev, Ivan
斯塔罗夫，伊万Starov, Ivan
斯塔索夫，瓦西里·彼得罗维奇Stasov, Vasilii Petrovich
斯坦尼斯拉夫斯基，康斯坦丁·谢尔盖维奇Stanislavsky, Konstantin Sergeyevich（Станисла́вский, Константи́н Серге́евич）
斯特列什涅夫（家族）Streshnevs
斯特罗加诺夫（家族）Stroganovs
斯特罗加诺夫，帕维尔Stroganov, Pavel
斯特罗加诺夫，谢尔盖（男爵）Stroganov, Sergei（Baron）
斯特罗加诺夫，亚历山大·谢尔盖耶维奇（伯爵）Stroganov, Alexander Sergeyevich（Count）
斯滕温克尔，汉斯·范Steenwinkel, Hans van
斯滕温克尔，洛伦斯Steenwinkel, Lourens
斯韦尔奇科夫，I.M.，Sverchkov, I.M.
斯维阿托波尔克（大公，伊贾斯拉夫之子）Sviatopolk, Prince, son of Iziaslav
斯维亚托波尔克·弗拉基米罗维奇（"恶棍"）Sviatopolk Vladimirovich（Святопо́лк Влади́мирович Окая́нный, Sviatopolk the Accursed, Accursed Prince）
斯维亚托斯拉夫·弗谢沃洛多维奇Sviatoslav Vsevolodovich
斯维亚托斯拉夫·雅罗斯拉维奇（基辅大公，雅罗斯拉夫之子）Sviatoslav Iaroslavich, Grand Prince（Kiev）, son of Iaroslav
斯维亚托斯拉夫一世·伊戈列维奇Sviatoslav I Igorevich（Святослав I Игоревич）
斯温因，瓦西里Svinin, Vasilii
苏丹诺夫，尼古拉·弗拉基米罗维奇Sultanov, Nikolai Vladimirovich（Султа́нов, Никола́й Влади́мирович）

苏夫洛，雅克·热尔曼Sufflot（Soufflot）, Jacques Germain
苏哈列夫，L.P.，Sukharev, L.P.
苏里科夫，瓦西里·伊万诺维奇Суриков, Василий Иванович
苏斯洛夫，V.V.，Suslov, V.V.
苏沃洛夫，亚历山大Suvorov, Alexander
所罗门（王）Solomon, King
索菲娅（佐伊）·帕列奥洛格（原名佐伊·帕莱奥洛吉娜）Sophia Paleologue（Sophia Palaiologina, София Фоминична Палеолог；Zoe Palaiologina, Ζωή Παλαιολογίνα）
索菲娅·阿列克谢耶夫娜（公主，女摄政）Sophia Alekseyevna（Со́фья Алексе́евна）, Tsarevna
索科洛夫，叶戈尔Sokolov, Egor
索拉里，彼得罗·安东尼奥Solari, Pietro Antonio
索罗金，叶夫格拉夫Sorokin, Evgraf

T

塔尔西亚，巴尔托洛梅奥Tarsia, Bartolomeo
塔季谢夫，米哈伊尔Tatishchev, Mikhail
塔曼斯基，彼得Tamanskii, Peter
特雷齐尼，彼得罗·安东尼奥Trezzini, Pietro Antonio
特雷齐尼，多梅尼科Trezzini, Domenico
特雷齐尼，朱塞佩Trezzini, Giuseppe
特里斯科尔尼，保罗Triscorni, Paolo
特列恰科夫，巴维尔·米哈依洛维奇Tretyakov, Pavel Mikhaylovich（Третьяко́в, Па́вел Миха́йлович）
特列恰科夫，谢尔盖·米哈依洛维奇Третьяко́в, Серге́й Миха́йлович
特龙巴罗，贾科莫Trombaro, Giacomo
特鲁别茨卡娅，叶卡捷琳娜Trubetskaia, Ekaterina
特鲁别茨科伊（家族）Trubetskois
特鲁别茨科伊，谢尔盖Trubetskoi, Sergei
特辛，尼科迪默斯（老）Tessin, Nicodemus（the elder）
特辛，尼科迪默斯（小）Tessin, Nicodemus（the younger）
提埃坡罗，乔瓦尼·巴蒂斯塔Tiepolo, Giovanni Battista
帖木儿Tamerlane
图尔恰尼诺夫，谢尔盖Turchaninov, Sergei
托恩，康士坦丁Ton（Thon）, Konstantin

托尔布津，谢苗Tolbuzin, Semion
托卡列夫，N.A., Tokarev, N.A.
托雷利，斯特凡诺Torelli, Stefano
托蒙，让-弗朗索瓦·托马斯·德Thomon, Jean-François Thomas de
脱脱迷失Tokhtamysh
陀思妥耶夫斯基，费奥多尔·米哈伊洛维奇Dostoyevsky, Fyodor Mikhailovich（Достоевский, Фёдор Михайлович）

W

瓦莱里亚尼，朱塞佩Valeriani, Giuseppe
瓦兰·德拉莫特，让-巴蒂斯特·米歇尔Vallin de la Mothe, Jean-Baptiste Michel
瓦兰吉（人，另译瓦良格人，维京人）Varangians (Viking)
瓦斯涅佐夫，阿波利纳里·米哈伊洛维奇Vasnetsov, Apollinary Mikhaylovich（Васнецов, Аполлинарий Михайлович）
瓦斯涅佐夫，维克托·米哈伊洛维奇Vasnetsov, Viktor Mikhaylovich（Васнецов, Виктор Михайлович）
瓦西里，圣（Vasilii the Blessed, Василий Блаженный）
瓦西里一世·德米特里耶维奇（莫斯科大公）Vasilii I Dmitriyevich（Василий I Дмитриевич）, Grand Prince (Moscow)
瓦西里二世·瓦西里耶维奇·乔姆尼（盲者，莫斯科大公）Vasilii II Vasiliyevich Tyomniy (Blind)（Василий II Васильевич Тёмный）, Grand Prince (Moscow)
瓦西里三世（圣瓦尔拉姆，莫斯科大公）Vasilii III (St. Varlaam), Grand Prince (Moscow)
瓦西里四世·伊万诺维奇·舒伊斯基Vasilii IV Ivánovich Shúyskiy（Василий IV Иванович Шуйский）
瓦伊，夏尔·德Wailly, Charles de
万维泰利，路易吉Vanvitelli, Luigi
威灵顿公爵，阿瑟·韦尔斯利Arthur Wellesley, Duke of Wellington
韦列夏金（旧译魏列夏庚），瓦西里Vereshchagin, Vasilii
韦列夏金，V.P., Vereshchagin, V.P.
韦奇伍德，乔赛亚Wedgwood, Josiah
维阿热姆斯基，A.A., Viazemskii, A.A.

维奥莱-勒-迪克，欧仁Viollet-le-Duc, Eugene
维吉，安东尼奥Vighi, Antonio
维吉尔Virgil
维纳斯（神）Venus
维尼奥拉，贾科莫·巴罗齐达Vignola, Giacomo Barozzi da
维珀，鲍里斯Vipper, Boris
维萨里昂（尼西亚的）Vissarion of Nicea
维塔利，伊万Vitali, Ivan
维特贝格，亚历山大·拉夫连季耶维奇（原名维特贝格，卡尔·芒努斯）Vitberg, Aleksander Lavrentyevich（Витберг, Александр Лаврентьевич; Vitberg, Karl Magnus）
维特鲁威·波利奥，马库斯Vitruvius Pollio, Marcus
伪德米特里一世（格里高利·奥特列别夫？）False Dmitriy I（Лжедмитрий I, Григорий Отрепьев？）
翁特贝格尔，克里斯托弗Unterberger, Christopher
沃龙佐夫（家族）Vorontsovs
沃龙佐夫，米哈伊尔（伯爵）Vorontsov, Mikhail (Count)
沃伦斯基，阿尔捷米Volynsky, Artemy
沃罗季洛夫，斯捷潘Vorotilov, Stepan
沃罗尼欣，安德烈·尼基福罗维奇Voronikhin, Andrey (Andrei) Nikiforovich（Воронихин, Андрей Никифорович）
沃洛斯（神）Volos（Волос）
渥波尔，霍勒斯Walpole, Horace
乌赫托姆斯基，德米特里Ukhtomskii, Dmitrii
乌萨乔夫，P.N., Usachev, P.N.
乌萨乔夫，V.N., Usachev, V.N.
乌沙科夫，拉里翁Ushakov, Larion
乌沙科夫，西蒙（小）Ushakov, Simon (the young)

X

希施费尔德，C.C., Hirschfeld, C.C.
夏尔马涅，路德维希Charlemagne, Ludovic
夏里亚宾，费奥多尔·伊万诺维奇Chaliapin, Feodor Ivanovich（Шаляпин, Фёдор Иванович）
夏皮罗，迈耶Schapiro, Meyer
谢德林，费奥多西Shchedrin, Feodosii
谢利霍夫，I.A., Selikhov, I.A.
谢罗夫，瓦伦丁·亚历山德罗维奇Serov, Valentin Ale-

xandrovich（Серо́в，Валенти́н Алекса́ндрович）
谢苗诺夫，阿纳托利Semenov, Anatolii
谢什捷尔，费奥多尔·奥西波维奇Schechtel, Fyodor Osipovich（Шёхтель，Фёдор О́сипович）
休恩，安德烈Huhn, Andrei
休金，彼得Shchukin, Peter
休科，弗拉基米尔Shchuko, Vladimir
休谢夫（旧译舒舍夫），阿列克谢Aleisei, Shchusev
休佐尔，帕维尔·尤利耶维奇Siuzor, Pavel Yulievich（Сюзор，Павел Юльевич）
修昔底德Thucydides

Y

雅科，保罗Jacot, Paul
雅罗斯拉夫一世（雅罗斯拉夫·弗拉基米罗维奇，"智者"雅罗斯拉夫，基辅大公）Yaroslav I（Yaroslav Vladimirovich, Yaroslav the Wise, Яросла́в Му́дрый），Prince（Kiev）
亚伯拉罕Abraham
亚当，罗伯特Adam, Robert
亚科夫列夫，波斯尼克Iakovlev, Postnik
亚里斯多德Aristotle
亚历山大（大帝）Alexander the Great
亚历山大，圣（斯维尔的）Alexander（of Svir），St.
亚历山大·涅夫斯基（诺夫哥罗德大公）Alexander Nevskii, Prince（Novgorod）
亚历山大一世Alexander I
亚历山大二世Alexander II
亚历山大三世Alexander III
亚历山德拉·费奥多罗芙娜（沙皇尼古拉之妻）Alexandra Fedorovna
亚罗波尔克（大公，伊贾斯拉夫之子）Iaropolk, Prince, son of Iziaslav
亚沃尔斯基，斯蒂芬（大主教）Iavorskii, Metropolitan Stefan
叶尔莫林，瓦西里Ermolin, Vasilii
叶尔莫林斯Ermolins
叶尔莫洛娃，玛丽亚·尼古拉耶夫娜Yermolova, Maria Nikolayevna（Ермолова，Мария Николаевна）
叶菲莫夫，尼古拉Yefimov, Nikolai
叶夫多基娅（顿河德米特里之妻）Eudoxia, wife of Dmitrii Donskoi
叶夫菲米（诺夫哥罗德大主教）Evfimii, Metropolitan（Novgorod）
叶夫菲米（诺夫哥罗德主教）Evfimii（Euthymius），Archbishop（Novgorod）
叶夫拉舍夫，阿列克谢Evlashev, Aleksei
叶戈托夫，彼得Egorov, Peter
叶戈托夫，伊万Egotov（Yegotov），Ivan
叶卡捷琳娜一世Catherine I
叶卡捷琳娜二世·阿列克谢耶夫娜（大帝）Catherine II·Alekseyevna（Catherine the Great，Екатерина Алексеевна，Екатерина II Великая）
叶连娜（弗谢沃洛德三世之母）Elena, mother of Vsevolod III
叶列明，列昂季Eremin, Leontii
叶罗普金，彼得Eropkin, Peter
叶梅利亚诺夫，F.E.，Emelianov, F.E
叶潘恰（大公）Epancha, Prince
伊凡一世·丹尼洛维奇·卡利塔（"富豪"）（Ivan I Daniilovich Kalita, Ива́н I Дании́лович Калита́）
伊凡三世（伊凡大帝）Ivan III Vasilyevich（Ivan the Great, Ива́н III Васи́льевич, Иван Великий）
伊凡四世·瓦西里耶维奇（伊凡雷帝）Ivan IV（Ivan the Terrible, Ива́н IV Васи́льевич, Ива́н Гро́зный）
伊凡五世Ivan V
伊凡六世·安东诺维奇Ivan VI Antonovich（Иван VI Антонович）
伊戈尔（基辅大公）Igor, Prince（Kiev）
伊格纳泰夫，费奥多尔Ignatev, Fedor
伊贾斯拉夫（基辅大公）Iziaslav, Prince（Kiev）
伊拉利翁（大主教）Ilarion（Hilarion或Ilarion, Иларион），Metropolitan
伊丽莎白，巴罗尔梅斯Elizaveta, Barormess
伊丽莎白·彼得罗夫娜（女皇）Elizabeth Petrovna [Елизаве́та（Елисаве́т）Петро́вна]，Empress
伊特鲁里亚（人）Etruscans
伊万诺夫，安德烈Ivanov, Andrei
伊万诺夫，亚历山大Ivanov, Alexander
伊万诺芙娜，普拉斯科维娅Ivanovna, Praskovya
伊西多尔（大主教）Isidore, Metropolitan
以利亚（诺夫哥罗德大主教）Elijah, Archbishop（Nov-

gorod）
尤里（乔治）Iurii（George）
尤里（兹韦尼哥罗德大公）Iurii, Prince（Zvenigorod）
尤里·弗谢沃洛多维奇（大公）Iurii Vsevolodovich, Prince
尤里一世·弗拉基米罗维奇（绰号尤里·多尔戈鲁基，意"长枪尤里"）（Yuri I Vladimirovich（Юрий I Владимирович，Yuri Dolgorukiy，Юрий Долгорукий）
尤什科夫，加布里埃尔Yushkov, Gabriel
尤苏波夫（家族）Iusupovs
尤苏波夫，尼古拉Iusupov, Nikolai
尤苏波娃，Z.I.，Iusupova, Z.I.
尤瓦拉，菲利波Juvarra, Filippo
约伯（莫斯科大主教）Job, Metropolitan of Moscow
约翰（施洗者）John the Baptist
约瑟法特（罗斯托夫大主教）Josephat, Metropolitan of Rostov

Z

泽姆佐夫，米哈伊尔·格里戈里耶维奇Zemtsov, Mikhail Grigorievich（Земцóв, Михаи́л Григо́рьевич）
扎别林，伊万·叶戈罗维奇Zabelin, Ivan Yegorovich（Забелин, Иван Егорович）
扎宾，翁齐福尔Zhabin, Ontsyfor
扎哈罗夫，安德烈扬·德米特里耶维奇Zakharov, Andreian（Adrian）Dmitirievich
扎鲁德内，伊万Zarudnyi, Ivan
扎马拉耶夫，加夫里尔Zamaraev, Gavriil
扎沃茨基，P.V.，Zavodskii, P.V.
詹森，大卫Jensen, David
詹西莫尼，尼科洛Giansimoni, Niccolo
宙斯（神）Zeus
朱庇特（神）Jupiter
朱斯特，约翰Just, Johann
祖博夫，阿列克谢Zubov, Aleksei
祖博夫，费奥多尔Zubov, Fyodor
祖布恰尼诺夫，阿列克谢Zubchaninov, Aleksei
佐洛塔廖夫，P.M.，Zolotarev, P.M.
佐洛塔廖夫，卡尔普Zolotarev, Karp
佐西马Zosima

附录三　主要参考文献

George Heard Hamilton：***The Art and Architecture of Russia***，Yale University Press，1983
William Craft Brumfield：***A History of Russian Architecture***，Cambridge University Press，1997
David Roden Buxton：***Russian Mediaeval Architecture，with an Account of the Transcaucasian Styles and their Influence in the West***，Cambridge University Press，2014
Pavel A.Rappoport：***Building the Churches of Kievan Russia***，VARIORUM，1995
Tatiana Vichnevskaïa et autres：***Moscou，Architecture Histoire***，Editions d'art Yarki Gorod，Saint-Petersbourg，2006
Popova Nathalia et autres：***Saint-Petersbourg et Ses Environs***，Editions d'art《P-2》，Saint-Petersbourg，2007
William Craft Brumfield：***Landmarks of Russian Architecture，a Photographic Survey***，Gordon and Breach Publishers，1997
Академия Стройтельства и Архитестуры СССР：***Всеобщая История Архитестуры***，I，Государственное Издательство Литературы по Стройтельству，Архитектуре и Стройтельным Материалам，Москва，1958
Академия Стройтельства и Архитестуры СССР：***Всеобщая История Архитестуры***，II，Государственное Издательство Литературы по Стройтельству，Архитектуре и Стройтельным Материалам，Москва，1963
Альбедиль Маргарита Федоровна（автор текста）：***Санкт-Петервург，История и Архитектура***，Издательство《Яркий город》，Санкт-Петервург，2005
V.M.Alpato：***Trésors de l'Art Russe***，Paris，1966
V.Chernov and M.Girard：***Splendours of Moscow and its Surroundings***，Cleveland，1967
A.L.Kaganovich：***Arts of Russia，17th and 18th Centuries***，Cleveland and New York，1968
K.Kornilovich：***Arts of Russia，from the Origins to the End of the 16th Century***，1967
P.Kovalevsky：***Altas Historique et Culturel de la Russie et du Monde Slave***，Paris，1961
I.A.Bartenev：***North Russian Architecture***，Moscow，1972
K.Berton：***Moscow，An Architectural History***，London，1977
M.K.Karger：***Novgorod the Great，Architectural Guidebook***，Moscow，1973
A.L.Kaganovich：***Splendors of Leningrad***，New York，1969
V.N.Lazarev：***Old Russian Murals and Mosaics from the XI to the XVI Century***，London，1966
E.I.Kirichenko：***Moscow，Architectural Monuments of the 1830-1910s***，Moscow，1977
A.Kennett：***The Palaces of Leningrad***，London，1973
Vladimir Matveyev（text by）：***The State Hermitage***，P-2 Art Publishers，St Petersburg，2007
T.Lobanova（text by）：***The Fountains of Peterhof***，Golden Lion Publishing House，2012
Nikolaï Koutovoï et Denis Lazarev：***Saint-Petersbourg***，Editions《P-2》，Saint-Petersbourg，2007
Nikolai Nagorski（texto por）：***La Catedral de San Issac***，Editorial "P-2"，San Petersburgo，2004
Meg Greene：***The Russian Kremlin***，Lucent Books，inc.，2001
John Julius Norwich（general editor）：***Great Architecture of the World***，Da Capo Press，2000
D.M.Field：***The World's Greatest Architecture，Past and Present***，Chartwell Books，Inc.
Dan Cruickshank（ed.）：***Sir Banister Fletcher's A History of Architecture***，20th edition，Architectural Press，1996